“十四五”职业教育四川省规划教材
国家级在线开放课程配套教材
职业教育·道路运输类专业教材

工程岩土

孙　熠　主　编
邓宏科　黄　宁　副主编
吉　锋　主　审

人民交通出版社
北　京

内 容 提 要

《工程岩土》是国家级在线开放课程、四川省省级课程思政示范课“工程岩土”的配套数实融合教材，是“十四五”职业教育四川省规划教材。全书共分为五个模块，分别为：岩土体工程性质分析、工程地质条件识别与勘察、地基变形与地基承载力分析、土压力计算及土坡稳定性分析、区域性岩土问题分析。

本书可以作为高职本科教育及高职专科教育道路与桥梁工程技术、道路工程检测技术、道路养护与管理、建筑工程技术等相关专业的教材。同时可供从事路桥设计、道路检测、土建施工、道路养护等的工程技术人员参考。

图书在版编目(CIP)数据

工程岩土 / 孙熠主编. — 北京 : 人民交通出版社股份有限公司, 2025. 1. — ISBN 978-7-114-19787-1

Ⅰ. TU4

中国国家版本馆CIP数据核字第2024WQ2217号

“十四五”职业教育四川省规划教材
国家级在线开放课程配套教材
职业教育·道路运输类专业教材
Gongcheng Yantu

书　　名：工程岩土
著 作 者：孙　熠
责任编辑：王景景
责任校对：赵媛媛　刘　璇
责任印制：张　凯
出版发行：人民交通出版社
地　　址：(100011)北京市朝阳区安定门外外馆斜街3号
网　　址：http://www.ccpcl.com.cn
销售电话：(010)85285911
总 经 销：人民交通出版社发行部
经　　销：各地新华书店
印　　刷：北京市密东印刷有限公司
开　　本：787×1092　1/16
印　　张：23.5
字　　数：551千
版　　次：2025年1月　第1版
印　　次：2025年1月　第1次印刷
书　　号：ISBN 978-7-114-19787-1
定　　价：69.00元(含主教材和实训指导书)

前·言

PREFACE

工程岩土课程是道路与桥梁工程技术、道路工程检测技术、道路养护与管理、建筑工程技术等专业的基础课,主要学习工程岩土体基本性质、与道路工程相关的岩土问题识别与整治,以及与路桥工程相关的岩土体沉降分析、土压力计算等内容。本教材编写团队在编写前深入多家企业走访调研,全面分析公路工程建设相关工作岗位所需的知识及技能,分析提炼岗位群典型工作任务,根据典型工作任务梳理知识目标、能力目标,优化教材内容,旨在培养学生解决实际工程岩土相关问题的能力。

1.教材编写理念

教材编写以"能力本位"为核心理念,以职业能力培养为出发点,根据岗位群典型工作任务重构、优化教材内容,由易到难对应形成五个学习模块。学生在学习完所有模块后便可初步具备胜任岗位群工作的职业能力。

教材应用建构主义学习理论来提升学生对教材的理解水平和有效学习程度。本教材以脚手架的形式为学生创设贴近实际的学习情境,引导学生带着问题学习,通过对所学内容的反思解决问题,从而提高学生思维能力和问题解决能力。链接工程案例及课外阅读内容拓展学生视野,帮助学生在已有知识经验基础上建构新的学习,促成对知识的深度学习。

教材内容集视、听、说、练于一体,教材配套国家级在线开放课程和省级课程思政示范课程,倡导学生与教材深度互动,学生之间交流互助,从而提高学习效率和质量,培养自主学习的能力及团队合作精神。本教材是一本可视、可听、可练、可互动的纸数融合新型教材。

2.教材内容设计

教材共分为五大模块,内容涵盖了土木工程最常用、最经典的知识,语言表达本着准确、适切、简约的原则。内容设计分模块按照"夯实基础—能力提升—知行合一"的主线递进呈现。模块一对应的典型工作任务比较简单,重在帮助学生夯实基础;模块二到模块五对应不同典型工作任务,注重逐级提升学生职业技能。每个模块下设置学习单元,各学习单元下逐点呈现知识点,引导学生按照典型工作任务流程依次学习。通过五大模块的学习,学生获得的所有职业能力叠加便是胜任岗位群工作的职业能力,从而达到知行合一的学习效果。教材内容同时注重德技并修、铸魂育人,课外阅读资料注重正能量的价值引领,帮助学生提高认知理解水平,掌握专业技能,具备职业素养。

3.教材特色与创新

(1)双元共建,体现职教特色

教材以《国家职业教育改革实施方案》(简称"职教20条")为指导,由校企联合共同开发,及时将新技术、新工艺、新规范纳入教材内容,充分保证先进性、针对性和适用性。编写团队成员来自职业院校和行业企业,有国家级课程思政教学名师、获得首届全国优秀教材二等奖的教材主编、岩土工程师、公路水运试验检测工程师等。他们长期从事工程岩土一线教学及相关工程实践,有非常丰富的教学及实践经验。主编孙熠为"工程岩土"国家级在线开放课程负责人和"工程岩土"四川省课程思政示范课程负责人,是全国高校黄大年式教师团队成员、国家"双高计划"专业群骨干教师,也是四川省教师教学能力大赛一等奖获得者。企业专家朱鲜花教授级高工长期从事岩土勘察工作,行业经验丰富,曾获四川省五一巾帼标兵、四川省地矿局十大杰出青年等称号。邓宏科教授级高工曾获多项地质勘察奖。

(2)德技并修,注重职业素质养成

编写团队从课程涉及的专业、行业、文化、历史等角度,将正能量的育人元素有机融入教材内容,注重价值引领,聚焦德技并修。

(3)纸数融合,助力职业教育数字化转型

教材围绕岗位群典型工作任务采用模块化体例,共分为五大模块,下设14个学习单元,单元下设学习知识点,每个知识点由问题导学、知识讲解、小组学习、要点总结、知识小测等板块串联,逐层启发,引导学生在学习过程中多维互动,深入思考,同时给予学生互动式、沉浸式学习体验,充分调动学生学习积极性,最终达成良好的学习效果。设计意图从导学、助学、促学、拓学逐层递进,充分体现学生主体学习地位。从在线课程、微课视频、要点音频、教学课件、授课教案、工程案例、拓展阅读、习题考试等方面配套教学资源,实现纸质教材与数字化资源全面融合,打造可视、可听、可练、可互动的数字化教材。从教材学习内容到课程学习活动,实现学习效果多维度精准评价与增值评价相结合。

(4)课证融通,凸显职教能力本位

教材在内容编排上打破以知识传授为主要特征的传统学科教材编写模式,转变为以典型工作任务为核心优化教材内容。充分考虑1+X证书制度试点工作需求,结合1+X职业技能证书和全国注册岩土工程师职业资格证书考证要求,将施工员、公路水运试验检测员等职业技能等级标准有机融入教材内容与习题中。

在内容选取上,注重知识点与企业工程案例、育人拓展资源相链接。立足高职"学、做、拓"一体化,设计"三位一体"的教材。

本教材参考学时为80学时,参考学分为5学分。

参考学时分配表

模块	参考学时分配	
	理论	试验
模块一　岩土体工程性质分析	6	18
模块二　工程地质条件识别与勘察	16	
模块三　地基变形与地基承载力分析	12	4

续上表

模块	参考学时分配	
	理论	试验
模块四　土压力计算及土坡稳定性分析	10	
模块五　区域性岩土问题分析	14	
合计	58	22

本教材编写工作量大,书中很多地方凝聚着各位编者的智慧和劳动。

本教材编写团队成员来自职业院校和交通、地质相关企业,校企协同,充分发挥各自的优势。他们分别是湖南交通职业技术学院杨侣珍,河北建材职业技术学院王岩,四川交通职业技术学院孙熠、黄宁、王震宇、王丽、罗婧、刘国民、乔晓霞,以及四川省地质矿产勘查开发局朱鲜花教授级高工和中铁二院工程集团有限责任公司地勘岩土工程设计研究院邓宏科教授级高工。教材主审为成都理工大学吉锋教授(博士生导师)。教材由主编孙熠负责统稿、初稿校对等,邓宏科、黄宁协助统稿和校对。具体编写分工见下表。

编写分工

内容		编写人员
模块一	单元一	王岩、黄宁
	单元二	乔晓霞、邓宏科
模块二	单元一、单元二、单元三	孙熠
	单元四、单元五	罗婧
模块三	单元一、单元二、单元三	孙熠、刘国民
模块四	单元一、单元二	王震宇、朱鲜花
模块五	单元一	王丽
	单元二	杨侣珍

本教材在编写过程中,参考和引用了大量的文献资料及图片,在此向原作者致以崇高的敬意和诚挚的谢意!同时,教材从设计构思到编写修改,都得到了人民交通出版社李瑞编辑的悉心指导和帮助,在此向她表示衷心的感谢!

由于编者水平有限,书中不足之处在所难免,敬请读者批评指正!

编　者

2024年4月

目·录

CONTENTS

模块一

岩土体工程性质分析

岩石的工程性质是指在设计和建造各种工程建筑物时所必须掌握的岩石工程特性。岩石类型的不同决定了岩石的工程性质也不同。在工程中,路基、桥梁及各种建筑物地基承载力问题、隧道围岩稳定性问题、边坡稳定性问题以及石料场的选择问题都与岩石的工程性质有着密切的关系。

土体工程性质是指在设计和建造各种工程建筑物时所必须掌握的天然土体或填筑土料的工程特性,包括土体的物理力学性质等,其直接影响地基、桥基、边坡及与土体有关的构筑物的安全稳定和耐久性,并且不同类别的工程,对土的物理力学性质的要求各不相同。

因此,只有掌握常见岩土体的基本特征和工程性质,才能更好地确保工程质量。

本模块包含岩石工程性质判定和土体物理力学性质指标测定两个学习单元,如下图所示。学生通过对这两个单元的学习,可掌握岩石和土体的工程分类、工程性质等。同时本模块内容对标《公路施工现场管理人员(施工员)》及《公路水运工程试验检测专业技术人员职业资格考试大纲》考试内容,可为学生毕业后从事施工员、检测员等岗位打下良好的基础。

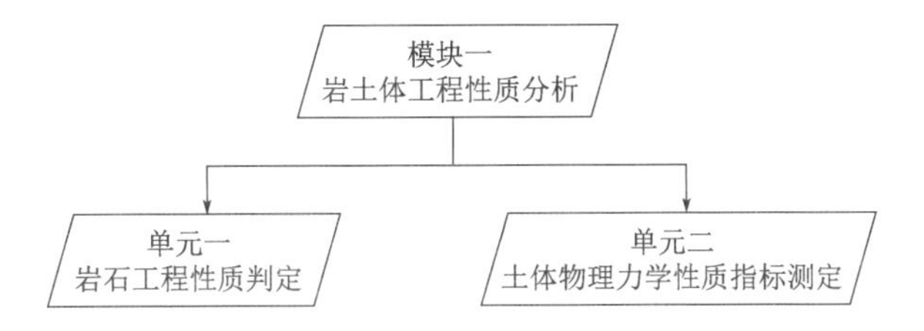

单元一 岩石工程性质判定

知识目标

1.知道常见造岩矿物的名称;知道矿物的光学性质中条痕、透明度、颜色及光泽的定义;知道矿物的力学性质中硬度、解理与断口的定义。

2.知道摩氏硬度计中10种代表性矿物。

3.知道岩浆岩、沉积岩、变质岩的成因;理解岩石结构、构造的定义;知道岩浆岩、沉积岩、变质岩的基本结构和构造特征;知道常见的三大类岩石名称及典型特征。

4.知道岩石的物理性质中密度、相对密度、孔隙率定义;知道岩石的水理性质中吸水性、透水性、溶解性、软化性和抗冻性相关指标及概念。

5.知道岩石的力学性质中岩石抗压强度、抗拉强度、抗剪强度和变形指标的相关概念及其对岩石力学性质的影响。

6.知道岩石工程分类中关于岩石坚硬程度和风化程度的分类。

能力目标

1.能识别常见的造岩矿物;能根据矿物的光学性质和力学性质鉴定常见的造岩矿物。

2.能根据岩石的基本特性识别常见的三大类岩石;能根据岩石的结构和构造特点鉴定常见的三大岩类,能初步判断岩石的性质。

3.能说出岩石结构、构造及主要矿物成分对岩石工程性质的影响。

4.能根据岩石单轴饱和抗压强度划分岩石坚硬程度;能对岩石的坚硬程度和风化程度进行定性划分。

素质目标

1.养成团结协作、甘当路石的职业素养。

2.提升生态文明意识,筑牢生态优先理念。

情境描述

某在建高速公路全长近500km,是建设“一带一路”“长江经济带”的重要项目,也是服务乌蒙山区、大小凉山彝族聚居区的重要扶贫大通道,项目计划2025年全线通车。该高速公路其中一个隧道位于宁攀段,是一座双洞分离式隧道。隧道左线设计长度为683m、右线设计长度为672m。隧道围岩主要为强-中风化碎屑长石砂岩、中风化的碳质页岩和中风化的千枚岩。强风化岩体完整性较差,岩质较软。

该工程施工需要大量优质的石料,如果你是勘察技术人员,请根据《公路路基设计规范》(JTG D30—2015)、《公路路基施工技术规范》(JTG/T 3610—2019)、《公路桥涵地基与基础设计规范》(JTG 3363—2019)、《公路隧道施工技术规范》(JTG/T 3660—2020)、《公路工程集料试验规程》(JTG 3432—2024)和《公路工程岩石试验规程》(JTG 3431—2024)等规范合理选择工程所需石料。

规范选择工程所需土石材料之前,你需要先完成每个任务点下的问题导学,然后带着问题学习矿物鉴定、岩石鉴定、岩石工程性质的相关知识。

任务点1 矿物鉴定

问题导学

在该工程施工过程中,材料检测人员发现了一种纯白色的矿物,它的形状近似规则的立方体,滴稀盐酸会剧烈起泡,用指甲刻划会留下痕迹,偶尔会发现其间有海百合的化石。请根据以上信息完成以下题目。

1. 该矿物是(　　　),可通过(　　　　　　　　　　　　)、(　　　　　　　　　　　　)、(　　　　　　　　　　　　)、(　　　　　　　　　　　　)、(　　　　　　　　　　　　)等方面的性质来判断。

2. 这种矿物大多存在于(　　　)中,其主要化学成分为(　　　)。

3. 这种矿物如果大规模出露,有何经济价值?

(　　　　　　　　　　　　　　　　　　　　　　　　　　　　)。

4. 这种矿物和长石有何区别?怎么区分?

(　　　　　　　　　　　　　　　　　　　　　　　　　　　　)。

5. 如何区别比较该矿物和滑石、纤维状石膏、高岭石?

(　　　　　　　　　　　　　　　　　　　　　　　　　　　　)。

6. 该矿物性质对岩石性质有何影响?请举例说明。

(　　　　　　　　　　　　　　　　　　　　　　　　　　　　)。

知识讲解

一、矿物

矿物鉴定

矿物是自然界中的化学元素在一定的物理化学条件下形成的单质和化合物。矿物一般是自然产出且内部质点(原子、离子)排列有序的均匀固体。所谓自然产出,是指地球中的矿物都是通过地质作用形成的。矿物是组成岩石的基本单位,世界上有3000多种矿物,其中硅酸盐类矿物最多,约占矿物总量的50%。

地壳中的矿物除少数呈液态(如水银、水)和气态(如CO_2和H_2S等)外,绝大多数都呈固态。一般来说,那些具有玻璃光泽的矿物称为某某石,如金刚石、方解石;具有金属光泽或能从中提炼出金属的矿物则称为某某矿,如黄铁矿、方铅矿;玉石类矿物称为某某玉,如刚玉、硬玉;硫酸盐矿物称为某某矾,如胆矾、铅矾;地表上松散的矿物称为某某华,如砷华、钨华。虽然叫法不一样,但它们都是矿物。

(一)矿物分类

已经形成的矿物在不同环境中还会受到破坏或变成新的矿物。如阳光、风、水以及地质变化使矿物受到高温高压等从而分解,分解后的物质又可能在另外的环境中与其他物质再次结合而形成新矿物。因此,自然界中的矿物按其成因可分为三大类型:

(1)原生矿物:岩浆熔融体经冷凝结晶所形成的矿物,如石英、长石等。

(2)次生矿物:原生矿物遭受化学风化而形成的新矿物,如正长石经水解后形成高岭石。

(3)变质矿物:在变质过程中形成的矿物,如变质结晶片岩中的蓝晶石和十字石等。

(二)常见的造岩矿物

构成岩石的矿物有30余种,此类矿物称为造岩矿物,它们大部分是硅酸盐矿物及碳酸盐矿物。常见的造岩矿物有长石、石英、萤石、方解石、白云石、云母、滑石、蛇纹石、辉石、角闪石、石膏、石棉、橄榄石、石榴子石、黏土矿、高岭石、铝土矿、黄铁矿、黄铜矿等。长石是地壳中最重要的造岩矿物，占比达到60%，石英则是占比第二的造岩矿物。常见的造岩矿物如图1-1-1所示。

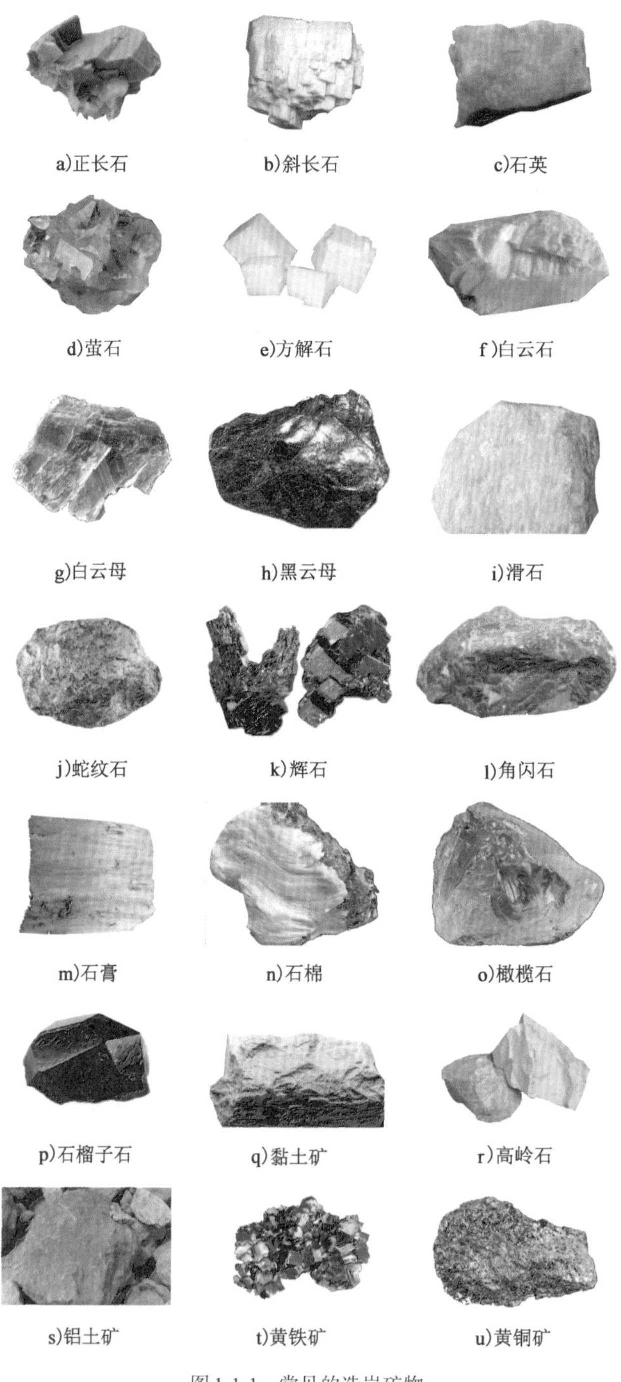

a)正长石 b)斜长石 c)石英 d)萤石 e)方解石 f)白云石 g)白云母 h)黑云母 i)滑石 j)蛇纹石 k)辉石 l)角闪石 m)石膏 n)石棉 o)橄榄石 p)石榴子石 q)黏土矿 r)高岭石 s)铝土矿 t)黄铁矿 u)黄铜矿

图1-1-1 常见的造岩矿物

(1)正长石:呈短柱状或厚板状,颜色为肉红色或黄褐色,玻璃光泽,硬度6,中等解理,易风化,完全风化后形成高岭石、绢云母、铝土矿等次生矿物。长石是制作陶瓷和玻璃的原料,色泽美丽的长石还被人们当作宝石。

(2)斜长石(plagioclase):源自希腊词plagios(斜的)和klasis(断口,解理),名称取自两组解理面斜交的现象。颜色为白色或灰白色,如出现其他色调,往往是由杂质引起的。硬度大于小刀,晶面或解理面上常见密集的聚片双晶纹,产于深色岩(辉长岩、橄榄岩等),常与普通辉石、橄榄石等共生。一般将斜长石划分为六个种属,包括钠长石、奥长石、中长石、拉长石、培长石和钙长石。斜长石广泛分布于岩浆岩、变质岩和沉积碎屑岩之中,是制作陶瓷和玻璃的主要原材料,色泽美丽、优良者可作为宝石材料,如日光石。最常见的斜长石是奥长石,最少见的是培长石。

(3)石英:常常为粒状、块状或一簇簇的(晶簇)。纯净的石英无色透明,像玻璃一样有光泽,但很多情况下石英中夹杂了其他物质,透明度降低并且有了颜色。像水晶,有无色的,有紫色的,有黄色的,等等。石英无解理,断口有油脂光泽,硬度7,透明度较好,玻璃光泽。化学性质稳定,抗风化能力强,含石英越多的岩石,岩性越坚硬。

石英在现代有着广泛的用途,它不仅是重要的光学材料,也常被用于电子技术领域,比如光纤、电子石英钟等。石英更是制作玻璃的重要原料,不太纯的石英则用于建筑。石英还被人们用来制作多种高级器皿、工艺美术品和宝石等。

(4)萤石:呈立方体,通常是黄、绿、蓝、紫等色,无色者少,玻璃光泽,硬度4,四组完全解理,加热时或在紫外线照射下显荧光。萤石来自火山岩浆。在岩浆冷却过程中,从岩浆分离出来的气水溶液内含氟,在溶液沿裂隙上升的过程里,气水溶液中的氟离子与周围岩石中的钙离子结合,形成氟化钙,冷却结晶后即形成萤石。萤石存在于花岗岩、伟晶岩、正长岩等岩石内。在工业方面,萤石又称“氟石”,是制取氢氟酸的唯一矿物原料,能够提取制备氟及其各种化合物。颜色艳丽、结晶形态美观的萤石标本可用于收藏、装饰和雕刻工艺品。

(5)方解石:呈菱面体或六方柱,无色或乳白色,玻璃光泽,硬度3,三组完全解理,遇稀盐酸有起泡反应。方解石是组成石灰岩的主要成分,用于制造水泥和石灰等建筑材料。

方解石的色彩因其中含有的杂质不同而变化,如含铁锰时为浅黄色、浅红色、褐黑色等,但一般多为白色或无色。无色透明的方解石也叫冰洲石,这样的方解石有一个奇妙的特点,就是透过它看物体时出现双重影像。因此,冰洲石是重要的光学材料。方解石是组成石灰岩和大理岩的主要矿物。

(6)白云石:晶体结构与方解石类似,晶形为菱面体,多呈块状、粒状集合体。纯白云石为白色,因含其他元素和杂质有时呈灰绿、灰黄、粉红等色,玻璃光泽。三组菱面体完全解理,性脆。硬度3.5~4,遇稀盐酸时微弱起泡。白云石可用于建材、陶瓷、玻璃和耐火材料制作,以及化工、农业、环保、节能等领域。主要用作碱性耐火材料和高炉炼铁的熔剂,生产钙镁磷肥和制取硫酸镁。

(7)白云母:呈片状、鳞片状,薄片无色透明,珍珠光泽,硬度2~3,薄片有弹性,一组极完全解理,有高电绝缘性。抗风化能力较强,主要分布在变质岩中。

(8)黑云母:颜色为深黑色,其他性质与白云母相似。易风化,风化后可变成蛭石,薄片失去弹性,当岩石中含云母较多时,强度会降低。

(9)滑石:一般呈块状、叶片状、纤维状或放射状,颜色为白色、灰白色,也会因含有其他杂质而带各种颜色。珍珠光泽,硬度1,富有滑腻感。为富镁质超基性岩、白云岩等变质后形成的主要变质矿物。柔软的滑石可以代替粉笔画出白色的痕迹。滑石的用途很多,如用作耐火材料、造纸、橡胶的填料、农药吸收剂、皮革涂料、化妆材料及雕刻用料等。

(10)蛇纹石:一般为细鳞片状、显微鳞片状以及致密块状集合体,因其花纹似蛇皮而得名,最常见的颜色为绿色和褐色。摩氏硬度在2.5~4之间。含大量的镁,源于火成岩。蛇纹石的结构常呈卷曲状,像纤维一样。这样的蛇纹石常被当作石绵用。块状蛇纹石光泽如蜡,纤维状的蛇纹石光泽如丝。蛇纹石可用作建材或耐火材料,颜色好看的还可以制成装饰品或工艺品。除此以外,蛇纹石还可用来制造化肥。

(11)辉石:一种常见的硅酸盐造岩矿物,广泛存在于岩浆岩和变质岩中。辉石主要分布在基性、超基性岩浆岩和变质岩中,晶形为短柱状,柱面夹角接近90°,半透明,玻璃光泽,硬度5~6。辉石有20个品种,其中最为大众熟知的叫硬玉,俗称翡翠,是名贵的宝石。硬玉的晶体细小且紧密地结合在一起,因此非常坚硬,缅甸及我国西藏、云南等地是世界著名的硬玉产地。

辉石具有玻璃光泽,颜色不一,从白色到灰色,浅绿色到黑绿色,甚至褐色至黑色,这主要是由于含铁量的不同。含铁量越高的辉石,颜色越深,而含镁多的辉石则呈古铜色。含铁量高的辉石,其硬度也高。

(12)角闪石:分布很广的造岩矿物,晶体呈长柱状。镁、铁、钙、钠、铝等的硅酸盐或铝硅酸盐。一般为深色,从绿色、棕色、褐色到黑色。玻璃光泽,硬度5~6。两组发育中等的解理面交角为124°和56°。直闪石、钠闪石、透闪石、阳起石有时呈具丝绢光泽的纤维状集合体,统称为角闪石石棉,是工业上的绝缘、绝热材料。隐晶质致密块状的透闪石、阳起石为软玉,是工艺美术品材料。

(13)石膏:集合体呈致密块状或纤维状,一般为白色,硬度2,其中致密块状石膏呈现玻璃光泽,纤维状石膏呈现丝绢光泽。一组完全解理,广泛用于建筑、医学等方面,可入药。

(14)石棉:呈纤维状,绿黄色或白色,分裂成絮时呈白色,丝绢光泽,透明,硬度2.0~2.5,纤维富有弹性。具有丝的光泽和好的可纺性。石棉具有高度耐火性、电绝缘性和绝热性,是重要的防火、绝缘和保温材料。但是由于石棉纤维能引起石棉肺、胸膜间皮瘤等疾病,许多国家选择全面禁止使用这种危险性物质。

(15)橄榄石:橄榄绿至黄绿色,无条痕,玻璃光泽,硬度6.5~7,无解理,断口贝壳状。普通橄榄石能耐1500℃的高温,可以用作耐火砖。完全蛇纹石化的橄榄石通常用作装饰石料。

(16)石榴子石:常形成等轴状单晶体,集合体呈粒状和块状。颜色随铁含量增加而加深,如从浅黄白色、绿色、深褐色到黑色。玻璃光泽,硬度6~7.5,无解理。断口为贝壳状或参差状。

(17)黏土矿:组成黏土岩和土壤的主要矿物,属于次生矿物,往往具有土状光泽。它们是以铝、镁等为主的含水硅酸盐矿物。颗粒极细,一般小于0.01mm。加水后具有不同程度的可塑性。黏土矿包括高岭石族、伊利石族、蒙脱石族、蛭石族以及海泡石族等矿物，主要用作陶瓷和耐火材料，并用于石油、建筑、纺织、造纸、油漆等工业。

其中高岭石呈致密块状、白色、土状光泽，断口平坦状，潮湿后具可塑性，但无膨胀性。干燥时易捏成粉末，可用作陶瓷原料、耐火材料和造纸工业等；优质高岭土可制金属陶瓷，用于导弹、火箭工业。高岭石因首先发现于我国景德镇的高岭而得名。

(18)铝土矿：实际上是指工业上能利用的，主要由三水铝石、一水软铝石或一水硬铝石组成的矿石的统称。铝土矿的应用领域有金属和非金属两个方面，主要应用于金属领域，是生产金属铝的最佳原料，其用量占世界铝土矿总产量的90%以上。铝土矿的非金属用途主要是用作耐火材料、研磨材料、化学制品及高铝水泥的原料。

(19)黄铁矿：立方体，颜色为浅黄铜色，金属光泽，不规则断口，硬度6，易风化，风化后生成硫酸和褐铁矿。常见于岩浆岩和沉积岩的砂岩和石灰岩中。

(20)黄铜矿：常为致密块状集合体，铜黄色，条痕绿黑色。金属光泽，硬度3~4，小刀可刻划。性脆。相对密度4.1~4.3。与黄铁矿相比，黄铜矿颜色较深且硬度较小。

二、矿物的物理性质

矿物的物理性质包括光学性质、力学性质、磁性、电性等。矿物的光学性质是指矿物在可见光作用下所表现的性质，如颜色、透明度、光泽、条痕；矿物的力学性质是指矿物在外力作用下所表现的性质，如硬度、解理与断口等。

(一)颜色

通常所讲的物体颜色，是指物体在白光照射下所显示的颜色。在矿物学上，通常分为自色、他色和假色三种颜色。

1. 自色

自色是指在成因上与矿物本身的固有化学成分直接有关的颜色。对一种矿物而言，自色是相当固定的，是鉴定矿物的重要特征之一。如蓝铜矿的蓝色、孔雀石的绿色和辰砂的红色等，如图1-1-2所示。

a)蓝铜矿

b)孔雀石

c)辰砂

图1-1-2 矿物的自色

2. 他色

他色是指非矿物本身固有的因素引起的颜色。可以是矿物中因机械混入微量杂质所引起，也可以是因在类质同象过程中起替代作用的微量杂质元素所产生，还可以发生在矿物中存在某种晶格缺陷的情况下。如纯净的石英为无色,若含有微量杂质元素,则可呈现紫色(含三价铁)、玫瑰色(含锰和钛)、烟灰色(含三价铝)等颜色(图1-1-3)。

a)紫水晶　b)蔷薇水晶　c)烟灰色水晶

图1-1-3　矿物的他色

3. 假色

假色是由于光的干涉、衍射等物理光学过程所引起的呈色,如矿物表面上出现的氧化膜即可产生假色,如斑铜矿表面独特的蓝、靛、红、紫混杂的斑驳彩色,和彩虹色有明显的差异;冰洲石矿物表面常出现如同水面上的油膜所形成的彩虹般的色带,为晕色(图1-1-4)。

a)斑铜矿的鲜艳锖色

b)冰洲石的晕色

图1-1-4　矿物的假色

(二)透明度

透明度是指矿物透过可见光的能力。一般来说,矿物薄片(厚0.03mm)能透过光线者,称为透明矿物;不能透过光线者,称为不透明矿物。

(三)光泽

光泽是指矿物对可见光的反射能力。根据矿物光泽的强弱进行分级,一般分为金属光泽和非金属光泽,非金属光泽又细分为半金属光泽、金刚光泽和玻璃光泽等。造岩矿物绝大部分具有非金属光泽。光泽是鉴定矿物的依据之一,也是评价宝石的重要标志。

1. 金属光泽

反射能力很强,类似镀铬金属的平滑表面的反射光,如方铅矿的光泽、黄铁矿的光泽(图1-1-5)。

a)方铅矿的金属光泽

b)黄铁矿的金属光泽

图1-1-5 矿物的金属光泽

2. 非金属光泽

矿物的非金属光泽(图1-1-6)按其反光强弱可细分为以下几种:

(1)半金属光泽:指反光能力较强,似未经磨光的金属表面的反光。半透明,条痕以深彩色(如红色、褐色等)为主。如辰砂、黑色闪锌矿等。

(2)金刚光泽:呈金刚石状光亮。半透明或透明,条痕为浅彩色(如浅黄、浅绿色等)及无色、白色。如金刚石、浅色闪锌矿等。

(3)玻璃光泽:如同玻璃表面所反射的光泽,透明,条痕为无色或白色。如石英、萤石、方解石等。

(4)丝绢光泽:透明矿物呈纤维状集合体时,表面具丝绢光亮。如纤维状石膏、石棉等。

(5)珍珠光泽:透明矿物在极完全解理面上具珍珠状光亮。如白云母、黑云母等。

(6)油脂光泽:透明矿物解理不发育,在不平坦的断口上具油脂状光亮。如石英、磷灰石等。

(7)沥青光泽:半透明或不透明的黑色矿物,解理不发育,在不平坦的断口上具沥青状光亮。如锡石、磁铁矿、沥青铀矿等。

(8)蜡状光泽:某些隐晶质块体或胶凝体矿物表面,呈现出如石蜡表面的光泽。如块状蛇纹石、滑石等。

(9)土状光泽:粉末状和土状集合体的矿物,表面暗淡无光。如高岭石、黏土矿等。

a)辰砂的半金属光泽

b)黑色闪锌矿的半金属光泽

c)金刚石的金刚光泽

图 1-1-6

d)浅色闪锌矿的金刚光泽　e)萤石的玻璃光泽　f)方解石的玻璃光泽

g)纤维状石膏的丝绢光泽　h)石棉的丝绢光泽　i)白云母的珍珠光泽

j)黑云母的珍珠光泽　k)石英的油脂光泽　l)磷灰石的油脂光泽

m)锡石的沥青光泽　n)磁铁矿的沥青光泽　o)块状蛇纹石的蜡状光泽

p)滑石的蜡状光泽　q)高岭石的土状光泽　r)黏土矿的土状光泽

图1-1-6　矿物的非金属光泽

(四)条痕

条痕是指矿物粉末的颜色。它对于某些金属矿物具有重要的鉴定意义。如黄铁矿条痕为绿黑色;赤铁矿颜色可呈赤红、铁黑或钢灰等色,而其条痕恒为樱红色(图1-1-7)。

透明矿物的条痕都是白色或近于白色,均无鉴定意义。

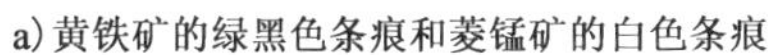

a)黄铁矿的绿黑色条痕和菱锰矿的白色条痕　　b)赤铁矿的樱红色条痕

图1-1-7　矿物的条痕

(五)硬度

硬度是指矿物抵抗外力作用的强度。在用肉眼鉴定时,主要指矿物抵抗外力刻划的能力。硬度的大小主要由矿物内部原子、离子或分子联结力的强弱所决定。通常用摩氏硬度计作为标准进行测量。摩氏硬度计由10种硬度不同的矿物组成(表1-1-1)。其中滑石硬度最低,为1;金刚石硬度最高,为10。测定某矿物的硬度,只需将该矿物同摩氏硬度计中的标准矿物相互刻划,进行比较即可。若某矿物能刻划方解石,又能被萤石划动,则该矿物的硬度介于3和4之间。

摩氏硬度计　　表1-1-1

硬度等级	代表矿物	硬度等级	代表矿物
1	滑石	4	萤石
2	石膏	5	磷灰石
3	方解石	6	长石

续上表

硬度等级	代表矿物	硬度等级	代表矿物
7	石英	9	刚玉
8	黄玉	10	金刚石

通常还利用其他常见的物体代替硬度计中的矿物。如指甲的硬度为2~2.5,铜钥匙为3,小钢刀为5~5.5,玻璃为6。可用这些物品刻划矿物来确定其大体硬度范围。

摩氏硬度计只能测定各种矿物硬度的相对高低,不能测定硬度的绝对值,如滑石的硬度为1,石英的硬度为7,并不代表石英的硬度是滑石的7倍。而用测硬计测出的刻划硬度值,滑石为2.3,石英为300,后者约为前者的130倍。

(六)解理与断口

1. 解理

解理是指晶体受到外力打击时能够沿着一定结晶方向分裂成为平面(即解理面)的能力。这种性能受内部结构的特征所制约。某些矿物的内部原子、离子或分子在几个方向上的结合力都比较弱,这些矿物就可能沿几个方向产生解理面,如方解石(图1-1-8)。以金属键相结合的矿物,如自然金、自然铜等,因其内部自由电子呈弥散状态,矿物受外力作用后,只发生内部晶格间的滑移,并不沿固定方向破裂,它们具有高度的延展特性,而不产生解理。

a)云母一组极完全解理

b)方解石三组完全解理

图1-1-8　矿物的解理

不同矿物产生的解理方向和完好程度是不同的。根据解理的完好程度,可分为极完全、完全、中等、不完全四级。解理的特征是识别矿物的重要标志,如云母有一个方向的极完全解理,沿此方向极易分裂成为薄片;方解石有三个方向的完全解理,故受力打击后极易沿此三个方向破裂,形成一系列斜平行六面体小块。

2. 断口

断口是矿物受外力打击后不沿固定的结晶方向开裂而形成的断裂面。断裂面方向无规律,断口的形态多样,如贝壳状、平坦状、锯齿状、土状等(图1-1-9)。断口主要见于解理不发育的矿物或矿物集合体中,如石英等。

a)石英的贝壳状断口　b)蛇纹石的平坦状断口

c)自然铜的锯齿状断口　d)高岭石的土状断口

图1-1-9　矿物的断口

小组学习

学习了矿物的相关知识后,请完成实训指导书实训项目一造岩矿物肉眼鉴定表。

要点总结

矿物鉴定要点总结

知识小测

学习了任务点1内容，请大家扫码完成知识小测并思考以下问题。

1. 矿物的光泽和矿物的形成原因或矿物的类别有何关系？
2. 矿物的性质比如硬度、解理等对岩石有何影响？

任务点2 岩石鉴定

问题导学

该高速公路其中一个隧道围岩主要为强-中风化碎屑长石砂岩、中风化的碳质页岩和中风化的千枚岩。强风化岩体完整性较差，岩质较软。请根据以上信息完成以下题目。

1. 长石砂岩属于(　　)岩类，碳质页岩属于(　　)岩类，这类岩石的成岩环境一般是(　　)，这类岩石从存在形态来看与其他岩类的明显区别为(　　)。
2. 千枚岩属于(　　)岩类，它的形成原因是(　　)。
3. 当碳质页岩位于隧道围岩区，隧道开挖时应该注意什么问题？为什么？
(　　　　　　　　　　　　　　　　　　　　　　　　　　　　　　　　)。

知识讲解

岩石是由天然产出的、具有稳定外形的一种或几种矿物组成的集合体。由一种矿物组成的岩石称为单矿岩，如大理岩由方解石组成，石英岩由石英组成，等等；由数种矿物组成的岩石称为复矿岩，如花岗岩由石英、长石、角闪石和云母等矿物组成，辉长岩由基性斜长石和辉石组成，等等。

岩石按其地质成因划分为岩浆岩、沉积岩与变质岩三大类。

一、岩浆岩

岩浆岩又称火成岩，是由岩浆喷出地表或侵入地壳后冷却凝固所形成的岩石。它是来自地球内部的熔融物质在不同地质条件下冷凝固结而成的岩石。岩浆岩分喷出岩和侵入岩两种。熔浆由火山通道喷溢出地表凝固形成的岩石，称为喷出岩或火山岩。常见的喷出岩有玄武岩、安山岩和流纹岩等(图1-1-10)。熔岩上升未达地表而在地壳一定深度凝结形成的岩石，称为侵入岩，按侵入部位不同又分为深成岩和浅成岩。花岗岩、辉长岩、闪长岩是典型的深成岩(图1-1-11)，花岗斑岩、辉长玢岩和闪长玢岩是常见的浅成岩(图1-1-12)。

岩浆岩鉴定

a) 玄武岩

b) 安山岩

c) 流纹岩

图1-1-10　常见的喷出岩

a)花岗岩　b)辉长岩　c)闪长岩

图1-1-11　常见的深成岩

a)花岗斑岩　b)辉长玢岩　c)闪长玢岩

图1-1-12　常见的浅成岩

(一)岩浆岩的成分

1.化学成分

岩浆岩的主要元素是O、Si、Al、Fe、Mg、Ca、Na、K、Ti,这些元素的总含量占岩浆岩组成的99.25%。

2.矿物成分

岩浆岩根据其化学成分特点分成硅铝矿物和铁镁矿物两大类。硅铝矿物(又称浅色矿物)中SiO_2和Al_2O_3含量高,不含Fe、Mg,如石英、长石[见图1-1-13a)花岗岩];铁镁矿物(又称暗色矿物)中FeO、MgO较多,SiO_2和Al_2O_3较少,如橄榄石、辉石类及黑云母类矿物[见图1-1-13b)斜长角闪岩]。

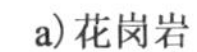

a)花岗岩　b)斜长角闪岩

图1-1-13　含浅色矿物和暗色矿物的岩浆岩

(二)岩浆岩的结构

岩浆岩的结构有多种分类方法,可以按照矿物结晶程度、颗粒大小及自形程度(矿物晶体发育的完整程度)等分类。

1.按结晶程度分类

结晶程度是指岩石中结晶物质和非结晶玻璃质的含量比例。岩浆岩的结构按照矿物结晶程度分为三大类(图1-1-14):

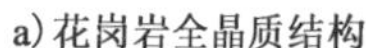

a)花岗岩全晶质结构

b)流纹岩半晶质结构

c)珍珠岩玻璃质结构

图1-1-14 按矿物结晶程度分类的岩浆岩结构

(1)全晶质结构:岩石全部由结晶矿物组成。如花岗岩里的角闪石、石英、长石(图1-1-15)。

图1-1-15 花岗岩全晶质结构

(2)半晶质结构:岩石由结晶物质和玻璃质两部分组成。

(3)玻璃质结构:岩石全部由玻璃质组成。

2.按颗粒大小分类

颗粒大小是指岩石中矿物颗粒的绝对大小和相对大小。岩浆岩的结构可按照矿物颗粒大小进行分类。

(1)按颗粒的绝对大小分为巨粒结构(颗粒直径大于10mm),粗粒结构(颗粒直径5~10mm),中粒结构(颗粒直径2~5mm),细粒结构(颗粒直径0.2~2mm),微粒结构(颗粒直径小于0.2mm)。

(2)按颗粒的相对大小分为等粒结构、不等粒结构、斑状结构、似斑状结构(图1-1-16)。

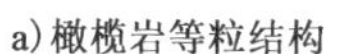
a)橄榄岩等粒结构

b)石英闪长岩不等粒结构

c)花岗斑岩斑状结构

d)花岗岩似斑状结构

图1-1-16　按矿物颗粒的相对大小分类的岩浆岩结构

①等粒结构是指岩石中同种主要矿物颗粒大小大致相等。

②不等粒结构是指岩石中同种主要矿物颗粒大小不等。

③斑状结构是指岩石中矿物颗粒分为大小截然不同的两群，大的为斑晶，小的及未结晶的玻璃质为基质。

④似斑状结构外貌类似于斑状结构，只是基质为显晶质的。

3. 自形程度

矿物的自形程度是指矿物晶体发育的完整程度。根据全晶质岩石中的矿物的自形程度，岩浆岩可以分为三种结构：自形结构、他形结构、半自形结构，如图1-1-17所示。

a)橄榄岩自形结构

b)他形结构(海绵陨铁结构)

c)花岗闪长岩半自形结构

图1-1-17　按矿物自形程度分类的岩浆岩结构

(三)岩浆岩的构造

构造是指岩石中不同矿物集合体之间的排列方式及充填方式。岩浆岩的主要构造类型有块状构造、气孔构造、杏仁构造、流纹构造(图1-1-18)。

a)角闪岩块状构造

b)浮岩气孔构造

c)玄武岩杏仁构造

d)流纹岩流纹构造

图1-1-18　岩浆岩的主要构造类型

侵入岩由于在地下深处冷凝，故结晶好，常具有全晶质结构，块状构造，矿物成分一般用肉眼即可辨认；喷出岩是岩浆突然喷出地表，在温度、压力突变的条件下形成的，矿物不易结晶，常具隐晶质或玻璃质结构，气孔构造、杏仁构造和流纹构造，矿物成分一般用肉眼较难辨认。

(四)岩浆岩分类及常见的岩浆岩

在划分岩浆岩类型时，岩石化学特征中的酸度和碱度是主要考虑因素之一。岩石的酸度是指岩石中含有SiO_2的百分数。通常SiO_2含量高时，酸度高；SiO_2含量低时，酸度低。而岩石酸度低时，说明它的基性程度比较高。SiO_2是岩浆岩中最主要的一种氧化物，因此，它的含量是岩浆岩分类的主要依据。根据酸度，也就是SiO_2含量，可以把岩浆岩分成四个大类：超基性岩（SiO_2含量小于45%）、基性岩（SiO_2含量为45%～52%）、中性岩（SiO_2含量为52%～65%）和酸性岩（SiO_2含量大于65%）。通常，超基性岩中没有石英，长石也很少，主要由暗色矿物组成；而酸性岩中暗色矿物很少，主要由浅色矿物组成；基性岩和中性岩的矿物组成介于两者之间，浅色矿物和暗色矿物各占有一定的比重。

通常根据岩浆岩的成因、矿物成分、化学成分、结构、构造等综合特征对其进行分类，见表1-1-2。常见的岩浆岩如图1-1-19所示。

岩浆岩分类 表1-1-2

<table>
<tr><td colspan="3">岩石类型</td><td>超基性岩</td><td>基性岩</td><td>中性岩</td><td>酸性岩</td></tr>
<tr><td colspan="3">SiO_2含量(%)</td><td><45</td><td>45～52</td><td>52～65</td><td>>65</td></tr>
<tr><td colspan="3">主要矿物</td><td>橄榄石、辉石</td><td>拉长石、辉石、少量角闪石</td><td>中长石(碱性长石)、角闪石、黑云母</td><td>钾长石、钠长石、石英、黑云母</td></tr>
<tr><td colspan="3">色率(%)</td><td>>75</td><td>35～75</td><td>20～35</td><td>< 20</td></tr>
<tr><td colspan="2">喷出岩</td><td>玻璃质或隐晶质结构，气孔、杏仁、流纹构造</td><td>科马提岩</td><td>玄武岩</td><td>安山岩(粗面岩)</td><td>流纹岩</td></tr>
<tr><td rowspan="2">侵入岩</td><td>浅成岩</td><td>斑状、细粒或隐晶质结构</td><td>少见</td><td>辉绿岩</td><td>闪长斑岩(正长斑岩)</td><td>花岗斑岩</td></tr>
<tr><td>深成岩</td><td>全晶质、粗粒或似斑状结构</td><td>橄榄岩、辉石岩</td><td>辉长岩</td><td>闪长岩(正长岩)</td><td>花岗岩</td></tr>
</table>

a)超基性岩橄榄岩

b)基性岩玄武岩

c)中性岩石英闪长岩

d)酸性岩花岗岩

图1-1-19 常见的岩浆岩

在实际工程使用中发现，碱性集料与沥青的黏附性更好，而酸性集料虽然石质坚硬、致密、耐磨性强，但与沥青的黏附性却不好，容易在水分的作用下造成沥青膜的剥落，很快导致沥青路面产生掉粒、松散、坑槽等水损害相关病害，因此在使用酸性集料拌和沥青混合料时往往需要使用抗剥落剂。

二、沉积岩

沉积岩鉴定

沉积岩又称水成岩，是在地表不太深的地方，其他岩石的风化产物和一些火山喷发物经过水流或冰川的搬运、沉积、成岩作用形成的岩石。在地球表面，有70%的岩石是沉积岩，但在地球表面到地下16km的整个岩石圈，沉积岩只占5%。沉积岩主要包括石灰岩、砂岩、页岩等（图1-1-20）。沉积岩中所含有的矿产，占全部世界矿产蕴藏量的80%。相较于火成岩及变质岩，沉积岩中的化石所受破坏较少，也较易完整保存，它是判定地质年龄和研究古地理环境的珍贵资料，被称作记录地球历史的“书页”和“文字”。

a）石灰岩

b）砂岩

c）页岩

图1-1-20　常见的沉积岩

（一）沉积岩的组成

（1）陆源碎屑矿物：指从母岩中继承下来的一部分矿物，呈碎屑状态出现，是母岩物理风化的产物，如石英、长石、云母等。

（2）自生矿物：是沉积岩形成过程中，母岩分解出的化学物质沉积形成的矿物，其中方解石、白云石、黏土矿、石膏、硬石膏等是沉积岩的特有矿物（图1-1-21）。

a）方解石

b）黏土矿

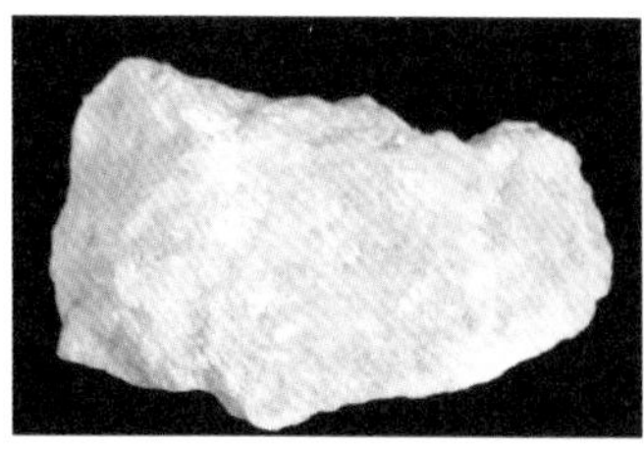

c）硬石膏

图1-1-21　沉积岩的特有矿物

（3）次生矿物：是遭受风化作用而形成的矿物，如碎屑长石风化而成的高岭石以及伊利石、蒙脱石等（图1-1-22）。

（4）有机质及生物残骸：由生物残骸或经有机化学变化而形成的物质。

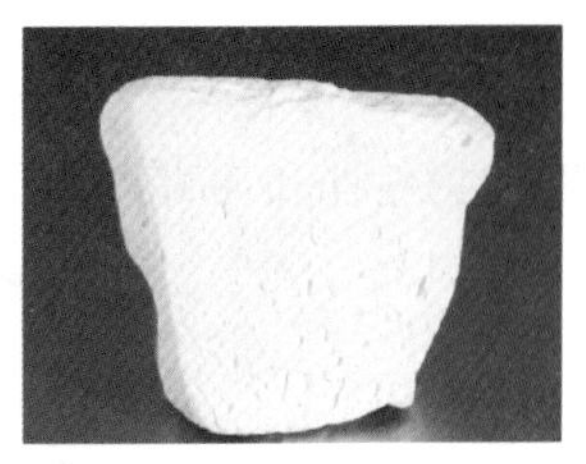

a)高岭石　b)伊利石　c)蒙脱石

图1-1-22　沉积岩的次生矿物

(5)胶结物:指充填于沉积颗粒之间,并使之胶结成块的某些矿物质。胶结物主要来自粒间溶液和沉积物的溶解产物,通过粒间沉淀和粒间反应等方式形成。胶结物的含量与碎屑颗粒之间的胶结形式,对岩石的强度有极大的影响。

常见的胶结物有:

硅质胶结(SiO_2):胶结物质主要为石英、玉髓及蛋白石等,其形成的岩石最坚硬。

铁质胶结(Fe_2O_3、FeO):胶结物质主要为赤铁矿、褐铁矿等,颜色常为铁红色,所形成岩石的强度仅次于硅质胶结。

钙质胶结($CaCO_3$):胶结物质主要为方解石、白云石等,遇酸性水极易溶解。

泥质胶结(黏土矿物):极易软化。

按成因沉积岩可分为碎屑岩、黏土岩和化学岩(包括生物化学岩)。

(二)沉积岩的结构

沉积岩的结构是指组成岩石的物质颗粒大小、形状及组合关系,它是沉积岩分类、命名的重要依据。

1.碎屑结构

由原岩经机械破碎和搬运的碎屑物质(包括矿物碎屑和岩石碎屑),在沉积成岩过程中被胶结而成的结构,称为碎屑结构。碎屑结构是碎屑岩特有的结构。

按碎屑粒径的大小可分为砾状结构、砂状结构和粉砂状结构,见表1-1-3。

碎屑结构分类　表1-1-3

结构名称		碎屑粒径(mm)	碎屑岩名称
砾状结构	砾状结构	>2.0	砾岩
	角砾状结构		角砾岩
砂状结构	粗砂状结构	0.5～2.0	粗砂岩
	中砂状结构	0.25～0.5	中砂岩
	细砂状结构	0.05～0.25	细砂岩
粉砂状结构		0.005～0.05	粉砂岩

2.黏土结构(泥质结构)

由粒径小于0.005mm的陆源碎屑和黏土矿物经过机械沉积而成的结构,称为黏土结构。黏土结构外观呈均匀致密的泥质状态,其特点是用手摸有滑感,用刀切呈平滑面,断口平坦状。泥岩和页岩都属于黏土结构(图1-1-23),其主要成分都是黏土矿物,但页岩具有书页状构造(页理),混杂有石英、长石及其他矿物而形成砂质条带。

a)泥岩的黏土结构

b)页岩的黏土结构

图1-1-23 黏土结构的沉积岩

泥岩具有均质性,因此其生成的油气都运移出来了,不能储集。页岩具有非均质性,其生成的油气难以排出而就地成了矿藏。页岩中的砂质条带越发育,就越具有开发潜力。

3.化学结晶结构

化学结晶结构是溶液中沉淀或重结晶,纯化学成因所形成的结构。它是溶液中溶质达到过饱和后逐渐积聚形成的。石灰岩、白云岩多具有该结构(图1-1-24)。

a)石灰岩的化学结晶结构

b)白云岩的化学结晶结构

图1-1-24 化学结晶结构的沉积岩

4.生物结构

岩石大部分或全部由生物遗体或碎片组成的结构,称为生物结构。如生物灰岩、贝壳灰岩等(图1-1-25)。

a)生物灰岩的生物结构

b)贝壳灰岩的生物结构

图1-1-25 生物结构的沉积岩

(三)沉积岩的构造

1.层理构造

层理构造是指沉积物沉积时在层内形成的成层构造。层理是沉积岩层最重要的沉积特征,研究层理具有重要的理论意义和实际意义,有助于正确划分和对比地层,恢复地层的正常产状。层理按厚度分类见表1-1-4。层理构造分为水平层理、交错层理、块状层理、平行层理、波状层理、递变层理、韵律层理等(图1-1-26)。

层理按厚度分类　　表1-1-4

层理的厚度类型	单层厚度(m)	层理的厚度类型	单层厚度(m)
块状层理	>2	薄层理	0.01~0.1
厚层理	0.5~2	微细层或页状层	<0.01
中层理	0.1~0.5		

a)水平层理　b)交错层理　c)块状层理

d)平行层理　e)波状层理　f)递变层理

图1-1-26　沉积岩的层理构造

2.层面构造

性质不同的岩石之间的接触面称为层面,上下层面间成分基本一致的岩石称为岩层。层面构造是指未固结的沉积物,由于搬运介质的机械原因或自然条件的变化及生物活动,在层面上留下痕迹并被保存下来,如波痕、泥裂、雨痕、雹痕、流痕、缝合线、结核、虫迹(图1-1-27)。

a)波痕　b)泥裂　c)雨痕

图　1-1-27

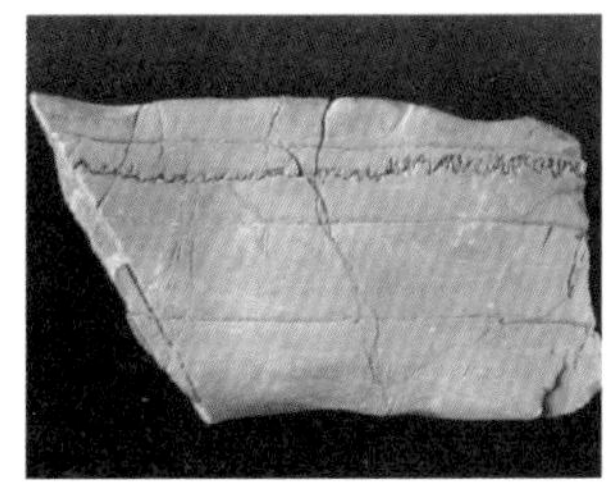

d)缝合线

e)结核

f)虫迹

图1-1-27 沉积岩的层面构造

3.层间构造

层间构造是指不同厚度、不同岩性的层状岩石之间层位上发生变化的现象,有尖灭、透镜体、夹层等类型。有些岩层一端厚,另一端逐渐变薄以致消失,这种现象称为尖灭;若岩层中间厚,而在两端不远处的距离内尖灭,则称为透镜体(图1-1-28)。

a)尖灭

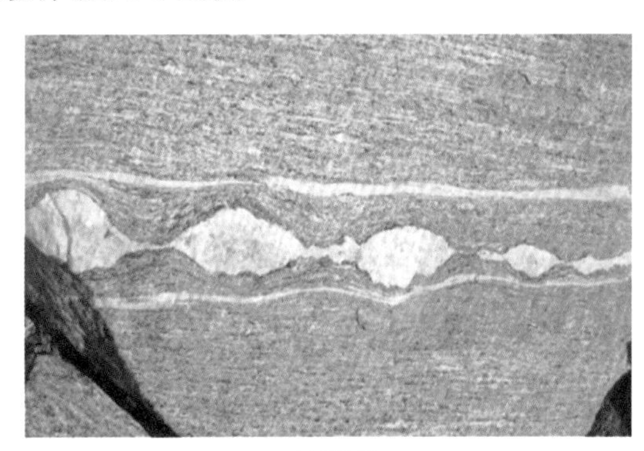
b)透镜体

图1-1-28 沉积岩的层间构造

4.结核

在沉积岩中常含有与围岩成分有明显区别的某些矿物质团块,称为结核。其形状有球状、椭球状、透镜体状、不规则状等。如石灰岩中含有燧石结核,砂岩中含有铁结核(图1-1-29),此外还有黄铁矿、菱铁矿、磷灰石等结核,现代海底有大量的铁锰结核。

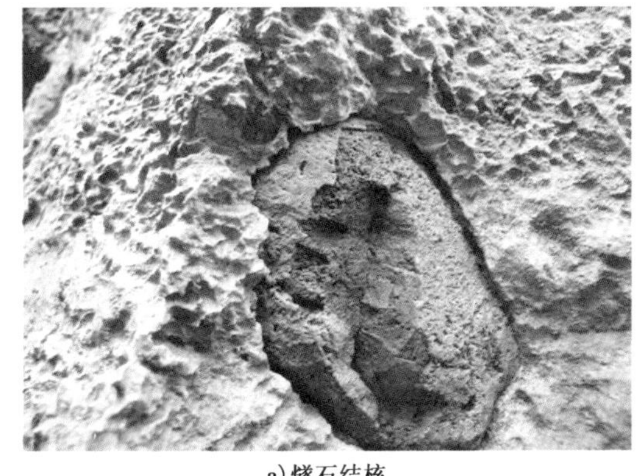
a)燧石结核

b)砂岩中的铁结核

图1-1-29 沉积岩结核

5.化石构造

在沉积岩中,特别是在古生代以来的沉积岩中,常常保存着大量的种类繁多的生物化石,这是沉积岩区别于其他岩类的重要特征之一(图1-1-30)。根据化石不仅可以研究生物的演化规律,确定沉积岩的形成时代,而且还可了解和恢复沉积当时的地理环境。

a)沉积岩中的鱼化石

b)沉积岩中的三叶虫化石

图1-1-30 沉积岩的化石构造

(四)常见的沉积岩

1.砾岩、角砾岩

砾岩、角砾岩指具有砾状或角砾状结构,由含量大于30%的砾石、基质、胶结物组成的岩石。碎屑为圆形或次圆形者为砾岩,碎屑为棱角形或半棱角形者为角砾岩。

2.砂岩

砂岩指具有砂状结构的碎屑岩石。碎屑成分常为石英、长石、白云母、岩屑、生物碎屑及黏土矿物。岩石颜色多样,随碎屑成分与填隙物成分而异。如富含有机质则颜色较暗;含三价铁质者为紫红色;碎屑为石英,胶结物为SiO_2者呈灰白色。按照碎屑粒径大小可分为粗(粒)砂岩、中(粒)砂岩、细(粒)砂岩。

3.粉砂岩

粉砂岩指具有粉砂状结构的岩石。碎屑成分常为石英及少量长石与白云母,颜色为灰黄、灰绿、灰黑、红褐等色。其进一步分类定名的原则与砂岩相同。黄土是一种半固结的粉砂岩。

4.黏土岩

黏土岩指由黏土矿物组成并常具有泥质结构的岩石。其硬度低,用指甲能刻划。主要黏土矿物有高岭石、蒙脱石、伊利石等,其中高岭石最常见。黏土岩中固结微弱者,称为黏土;固结较好但没有层理者,称为泥岩;固结较好且具有良好层理者,称为页岩。

5.石灰岩

石灰岩主要由方解石($CaCO_3$)组成,遇稀盐酸剧烈起泡。岩石为灰色、灰黑色或灰白色。石灰岩性脆,常具有燧石结核及缝合线,有颗粒结构与非颗粒结构两种类型。

6.白云岩

白云岩由白云石[$CaMg(CO_3)_2$]组成,遇冷的稀盐酸不起泡。岩石常为浅灰色、灰白色,少数为深灰色。断口呈晶粒状。其晶粒往往较石灰岩粗,硬度和密度均较石灰岩略大,岩石风化面上有刀砍状溶蚀沟纹。

沉积岩中由碳酸盐组成的岩石,以石灰岩和白云岩分布最为广泛,石灰岩在常温下遇稀盐酸剧烈起泡;白云岩在常温下遇冷的稀盐酸不起泡,但加热或研成粉末后则起泡。多数岩石结构致密,性质坚硬,强度较高,具有可溶性,在水流的作用下易形成溶蚀裂隙、洞穴、地下河等。常见的沉积岩如图1-1-31所示。

a)砾岩　b)砂岩　c)泥岩

d)页岩　e)石灰岩　f)白云岩

图1-1-31　常见的沉积岩

三、变质岩

变质岩鉴定

由变质作用(由地球内力作用促使岩石发生矿物组成及结构、构造变化的作用称为变质作用,详见模块二单元一任务点1地质作用)所形成的岩石,称为变质岩。变质岩是组成地壳的主要成分,占地壳体积的27.4%。一般变质岩是在地下深处的高温(大于150℃)高压下产生的,后来由于地壳运动而出露地表。

变质岩是由地壳中先形成的岩浆岩或沉积岩,在环境条件改变的影响下,矿物成分、化学成分以及结构、构造发生变化而形成的。它的岩性特征,既受原岩的影响,具有一定的继承性,又因经受了不同的变质作用,在矿物成分和结构、构造上具有新生性(如含有变质矿物和定向构造等)。变质岩与沉积岩和岩浆岩的区别有两点:第一点,变质作用形成于地壳一定的深度,也就是发生于一定的温度和压力范围,既不是沉积岩的地表或近地表常温常压条件,也不同于岩浆岩形成时的高温高压条件;第二点,变质作用中的矿物转变是在固态情况下完成的，而不是岩浆岩那种从液态的岩浆中结晶形成的。

通常，由岩浆岩经变质作用形成的变质岩称为正变质岩，如花岗岩变质形成花岗片麻岩；由沉积岩经变质作用形成的变质岩称为副变质岩，如普通石灰岩由于重结晶变成大理岩，如图1-1-32所示。变质岩根据成因，可分为热接触变质岩、区域变质岩和动力变质岩等。因岩浆涌出造成的周围岩石变质称为热接触变质岩，因地壳构造错动造成的岩石变质称为动力变质岩，而整个区域发生大的环境改变造成的岩石变质称为区域变质岩。

a）花岗片麻岩

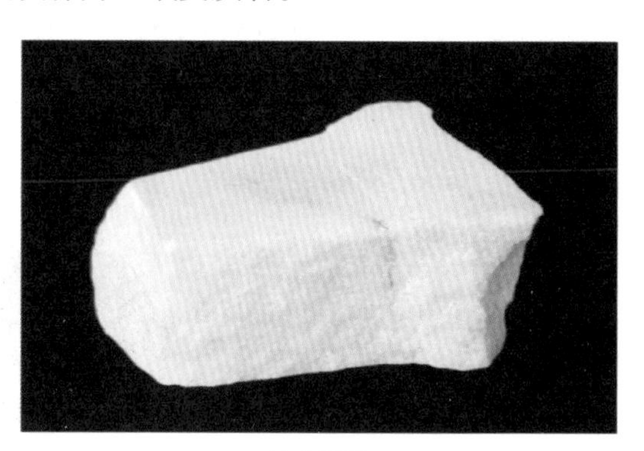

b）大理岩

图1-1-32　正变质岩和副变质岩

原岩受变质作用的程度不同，变质情况也不同，一般分为低级变质、中级变质和高级变质。变质级别越高，变质程度越深。如沉积岩中的页岩等在低级变质作用下，形成板岩或千枚岩；在中级变质作用下形成千枚岩或云母片岩；在高级变质作用下形成片麻岩。如岩浆岩中的玄武岩在中级变质作用下形成绿岩，在高级变质作用下形成片岩（图1-1-33）。变质作用的程度随温度、压力、地壳深度等的变化如图1-1-34所示。

图1-1-33　岩石类别随变质程度加深的变化

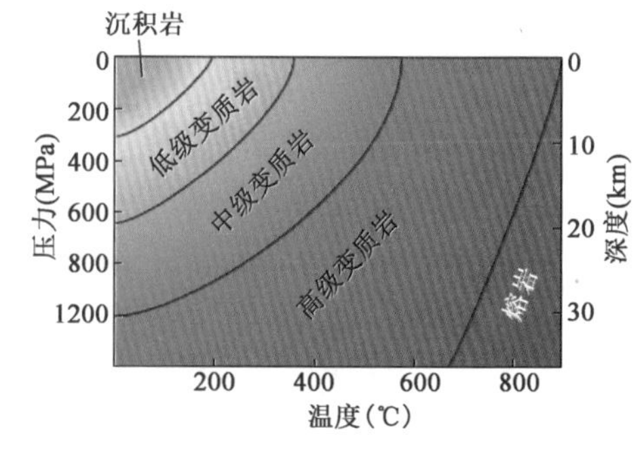

图1-1-34　变质作用的程度受温度、压力影响规律图

(一)变质岩的矿物成分

组成变质岩的矿物可以分成以下两类。

1.三大类岩石中共存的矿物——贯通矿物

贯通矿物是指在较大范围的温度、压力条件下形成和存在的矿物,当这类矿物单独出现时,一般不具有指示变质条件的意义。如石英、长石、云母、角闪石、辉石、磷灰石等。

2.变质岩中特有的矿物——特征变质矿物

变质岩常具有某些特征性矿物,这些矿物只能由变质作用形成,称为特征变质矿物。特征变质矿物有绿泥石、绢云母、石榴子石、蓝晶石、红柱石、透闪石、紫苏辉石、夕线石、滑石等(图1-1-35)。变质矿物的出现就是发生过变质作用的最有力证据。变质矿物是鉴别变质岩的重要标志。

图1-1-35 特征变质矿物

(二)变质岩的结构

变质岩的结构是指变质岩中矿物的颗粒大小、形态及晶体之间的相互关系。变质岩结构按成因可划分为下列各类。

1.变余结构

变余结构又称残留结构，是由于变质结晶和重结晶作用不彻底而保留下来的原岩结构的残余。如变余砂状结构(保留岩浆岩的斑状结构)、变余辉绿结构、变余岩屑结构等，根据变余结构可查明原岩的成因类型。

2.变晶结构

变晶结构是岩石在变质结晶和重结晶作用过程中形成的结构，它表现为矿物形成、长大且晶粒相互紧密嵌合。变晶结构是变质岩的主要特征，是其成因和分类研究的基础。

3.交代结构

交代结构是经交代作用形成的结构，表示原有矿物被化学成分不同的另一新矿物置换，但仍保持原来矿物的晶形甚至解理等内部特点。一种变质岩有时具有两种或更多种结构，如兼具斑状变晶结构、鳞片变晶结构等。

4.变形结构

碎裂结构是岩石在定向应力作用下，发生碎裂、变形而形成的结构。按碎裂程度，可分为碎裂结构、碎斑结构、碎粒结构等。

(三)变质岩的构造

变质岩的构造有片理构造和块状构造。片理构造指岩石中矿物定向排列所形成的构造，是变质岩中最常见、最具特征性的构造。根据矿物的组合和重结晶程度，片理构造可以分为以下5类：

1.板状构造

板状构造指岩石中由微小晶体定向排列而形成的板状劈理构造。板理面平整而光滑，并微有丝绢光泽，沿着劈理可形成均匀薄板，如板岩。

2.千枚状构造

千枚状构造指由细小片状变晶矿物定向排列而形成的构造。不易用肉眼辨别矿物成分，常具丝绢光泽，如千枚岩。

3.片状构造

片状构造相当于狭义的片理构造。岩石主要由较粗的柱状或片状矿物(如云母、绿泥石、滑石、石墨等)组成，它们平行排列，形成连续的片理构造，如片岩等。

4.片麻构造

片麻构造又称片麻状构造，岩石主要由较粗的粒状矿物(如长石、石英)构成，但又有一定数量的柱状、片状矿物(如角闪石、黑云母、白云母)在粒状矿物中定向排列且不均匀分布，形成连续条带状构造，如片麻岩。

5.条带状构造

条带状构造指变质岩中浅色粒状矿物(如长石、石英、方解石等)和暗色片状、柱状或粒状矿物(如角闪石、黑云母、磁铁矿等)定向交替排列所形成的构造。

变质岩的构造是变质岩命名的主要依据。常见的构造对应的变质岩如图1-1-36所示。

a)板岩的板状构造　b)千枚岩的千枚状构造　c)片岩的片状构造

d)片麻岩的片麻构造　e)变质岩的条带状构造　f)石英岩的块状构造

图1-1-36　变质岩的构造

(四)常见的变质岩

1.板岩

板岩是岩性致密、板状劈理发育、能裂开成薄板的低级变质岩。常有变余结构和板状构造。板岩原岩为黏土岩、粉砂岩或中酸性凝灰岩。板岩裂开的方向与原岩层理无关,而与其受应力作用的方向有关。板岩可根据颜色或所含杂质进一步划分,如碳质板岩、钙质板岩、黑色板岩等。

2.千枚岩

千枚岩是显微变晶片理发育,面上呈丝绢光泽的低级变质岩。

原岩为黏土岩、粉砂岩或中酸性凝灰岩,是低级区域变质岩。因原岩类型不同,矿物组合也有所不同,从而形成不同类型的千枚岩。如黏土岩可形成硬绿泥石千枚岩,粉砂岩可形成石英千枚岩,酸性凝灰岩可形成绢云母千枚岩,中基性凝灰岩可形成绿泥石千枚岩,等等。

3.片岩

片岩是完全重结晶、具有片状构造的变质岩。片理主要由片状或柱状矿物(云母、绿泥石、滑石、角闪石等)定向排列构成。很多片岩都具有平行褶皱,这是由各个方向的作用力不同引起的。

4.片麻岩

片麻岩是主要由长石、石英组成,具有片麻构造或条带状构造的变质岩。片麻岩可用作建筑石材和铺路原料。片麻岩上的条带状是由岩石中不同比例的矿物或不同大小的颗粒分布形成的,比如深色条带中含镁铁质矿物,浅色条带中含长石、石英物质多。

5.石英岩

石英岩是主要由石英组成,由石英砂岩及硅质岩经变质作用形成,常为粒状变晶结构,具有块状构造的变质岩。其主要用途是作冶炼有色金属的溶剂、制造酸性耐火砖(硅砖)和冶炼硅铁合金等。纯质的石英岩可用来制作石英玻璃,提炼结晶硅。

6.大理岩

大理岩是主要由方解石、白云石等碳酸盐类矿物组成的变质岩,其中方解石和白云石含量在50%以上,因盛产于云南大理而得名。大理岩具有各种美丽的颜色和花纹,常见的颜色有浅灰色、浅红色、浅黄色、蓝色、褐色、黑色等,产生不同颜色和花纹的主要原因是大理岩中含有少量的有色矿物和杂质。大理岩是由石灰岩变质而成,主要成分为碳酸钙,因此它也是制造水泥的原料。纯白的大理岩被称为汉白玉。

常见的变质岩如图1-1-37所示。

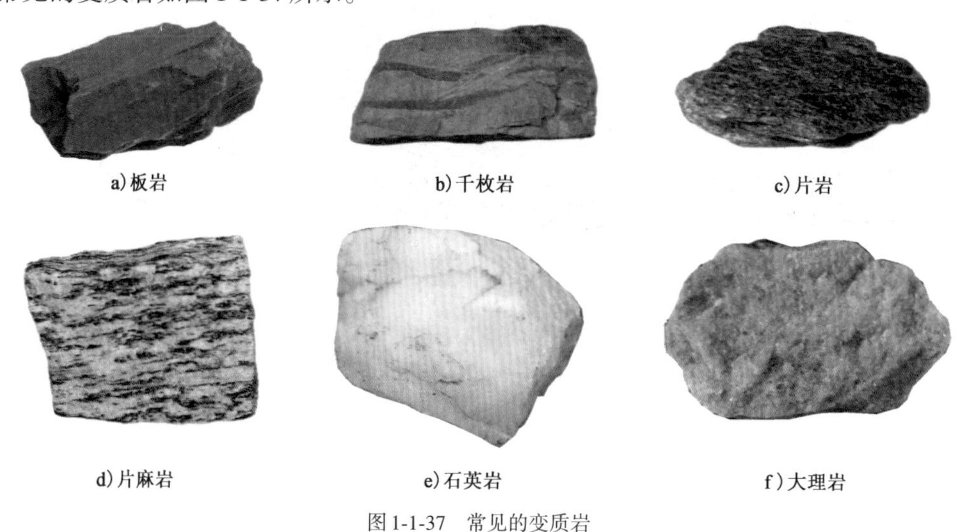

a)板岩　b)千枚岩　c)片岩　d)片麻岩　e)石英岩　f)大理岩

图1-1-37　常见的变质岩

四、三大类岩石的互相转化

沉积岩、岩浆岩和变质岩是地球上组成岩石圈的三大类岩石,它们都是各种地质作用的产物。然而,一旦改变原有岩石所处的环境,其将随之发生改变,转化为其他类型的岩石。

出露到地表的岩浆岩、变质岩与沉积岩,在大气圈、水圈与生物圈的共同作用下,可以经过风化、剥蚀、搬运作用而变成沉积物。沉积物埋藏到地下浅处就硬结成岩——重新形成沉积岩。埋到地下深处的沉积岩或岩浆岩,在温度不太高的条件下,可以在基本保持固态的情况下发生变质,变成变质岩。不管什么岩石,一旦进入高温(高于700~800℃)状态,岩石将逐渐熔融成岩浆,岩浆在上升过程中温度降低,成分复杂化,或在地下浅处冷凝成侵入岩,或喷出地表而形成火山岩。在岩石圈内形成的岩石,由于地壳上升,上覆岩石遭受剥蚀,有机会变成出露地表的岩石。三大岩类之间的相互转化如图1-1-38所示。

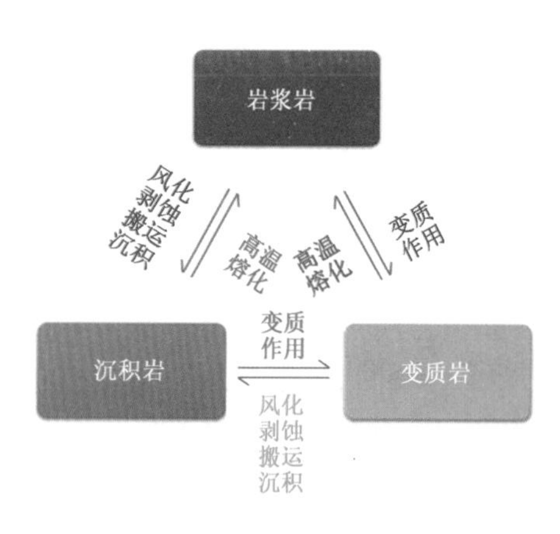

图1-1-38　三大岩类之间的相互转化

五、岩石性质对工程性质的影响因素

影响岩石工程性质的因素是多方面的，最重要的有两个方面：一个是岩石的地质特征，如岩石的矿物成分、结构、构造及成因等；另一个是岩石形成后所受外部因素的影响，如水的作用、风化作用等。因此，在进行公路工程地质勘查时，对岩石的成因、年代、名称、颜色、矿物成分、结构、构造、风化程度和岩层厚度等应给予重视。

1.矿物成分

岩石是由矿物组成的，岩石的矿物成分会对岩石的物理力学性质产生直接影响。从工程要求来看，大多数岩石的强度要求相对来说都是比较高的。所以，在对岩石的工程地质性质进行分析和评价时，更应该注意那些可能降低岩石强度的因素，如石灰岩、砂岩中黏土矿物的含量是否过高。石灰岩和砂岩中黏土矿物的含量超过20%时，强度和稳定性就会直接降低。

从岩石矿物组成来看，属于硬岩的有全部岩浆岩，沉积岩中的硅质、铁质及钙质胶结的碎屑岩、石灰岩、白云岩等，变质岩中的石英岩、片麻岩、大理岩等；属于软岩的有沉积岩中的黏土岩及黏土含量高的碎屑岩、化学沉积岩，变质岩中的千枚岩、片岩等。

2.结构

岩石的结构特征是影响岩石物理力学性质的一个重要因素。根据岩石的结构特征，可将岩石分为两类：一类是结晶联结的岩石，如大部分的岩浆岩、变质岩和一部分沉积岩；另一类是由胶结物联结的岩石，如沉积岩中的碎屑岩等。

矿物的结晶颗粒靠直接接触产生的力牢固地联结在一起，结合力强，孔隙度小，结晶联结的岩石较由胶结物联结的岩石具有更高的强度和稳定性。结晶颗粒的大小对结晶联结的岩石的强度有明显影响，一般晶粒越大，强度越低，晶粒越小，强度越高。

3.构造

构造对岩石物理力学性质的影响，主要是由矿物成分在岩石中分布的不均匀性和岩石结构的不连续性所决定的。前者是指某些岩石所具有的片状构造、板状构造、千枚状构造、片麻构造以及流纹构造等。岩石的这些构造，往往使矿物成分在岩石中的分布极不均匀。岩石受力破坏和遭受风化，首先都是从岩石的这些构造中开始发生的。

4.水

岩石饱水后强度降低。当岩石受到水的作用时，水就沿着岩石中可见和不可见的孔隙、裂隙浸入，浸湿岩石自由表面上的矿物颗粒，并继续沿着矿物颗粒间的接触面向深部浸入，削弱矿物颗粒间的联结，使岩石的强度受到影响。

5.风化

风化是在温度、水、气体及生物等综合因素影响下，改变岩石状态、性质的物理化学过程。它是自然界最普遍的一种地质现象。风化作用促使岩石的原有裂隙进一步扩大，并产生新的风化裂隙，使岩石矿物颗粒间的联结松散，使矿物颗粒沿解理面崩解。

风化作用能促使岩石的结构、构造和整体性遭到破坏，孔隙度增大，密度减小，吸水性和透水性显著提高，强度和稳定性大为降低。随着风化作用的加强，岩石中的某些矿物会发生次生变化，从根本上改变岩石原有的工程性质。

小组学习

学习了岩石的相关知识，请讨论完成实训指导书实训项目2～4中的岩石肉眼鉴定表。

要点总结

岩石鉴定要点总结

知识小测

学习了任务点2内容，请大家扫码完成知识小测并思考以下问题。

1. 岩浆岩有哪些基本类型？其化学成分的差别是什么？
2. 沉积岩有哪些常见的原生构造？识别它们有何地质意义？
3. 简述三大类岩石的形成和演化关系。

任务点3 岩石工程性质分析

问题导学

该高速公路某料场勘察中，勘察技术员对料场的调查情况如下：岩石为石灰岩，岩质新鲜，偶见风化痕迹，用地质锤锤击声音清脆，有回弹，难击碎，基本无吸水反应。通过取样进行室内试验，得出试验指标平均值数据，见表1-1-5。请根据调查情况，对料场岩石进行分类，根据岩样室内试验指标平均值数据，对料场石料质量进行工程性质分析评价。

岩样室内试验指标平均值数据 表1-1-5

岩样试验指标名称		岩样试验指标平均值
岩石天然状态质量(g)		m_1=926.1
岩石饱和状态质量(g)		m_2=994.7
岩石常压吸水后质量(g)		m_3=960.4
岩石干燥状态质量(g)		m_4=891.8
岩石体积(cm^3)		V=343
岩石饱和状态下的抗压强度试验指标	试件破坏时的荷载(N)	P_1=469910
	试件的截面积(mm^2)	A_1=4900
	抗压强度(kPa)	
岩石干燥状态下的抗压强度试验指标	试件破坏时的荷载(N)	P_2=512126
	试件的截面积(mm^2)	A_2=4900
	抗压强度(kPa)	

1. 分别计算该料场石灰岩在饱和状态下和干燥状态下的抗压强度，并填入表1-1-17中。

2. 根据计算结果计算软化系数，并判定该石灰岩属于强软化岩石还是弱软化岩石，工程性质如何。

（　　　　　　　　　　　　　　　　　　　　　　　　　　　　　　　）。

3. 根据岩石单轴饱和抗压强度判断该石灰岩属于坚硬岩、较坚硬岩、较软岩、软岩还是极软岩。

（　　　　　　　　　　　　　　　　　　　　　　　　　　　　　　　）。

知识讲解

岩石具有的特定的相对密度、孔隙率、抗压强度和抗拉强度等物理力学性质，是建筑、钻探、掘进等工程需要考虑的因素。岩石的工程性质较为复杂，涉及多个方面，主要包括物理性质、水理性质和力学性质。岩石的物理性质包括密度、相对密度、孔隙率等；岩石的水理性质包括吸水性、透水性、溶解性、软化性和抗冻性等；岩石的力学性质则包括岩石的强度指标[即抗压强度、抗拉强度、抗剪强度（抗剪断强度、抗剪强度、抗切强度）]和岩石的变形指标（变形模量）等。

岩体的结构特征和完整性

一、岩石的物理性质

岩石的物理性质是岩石的基本工程性质，主要是指岩石的质量性质和孔隙性。

（一）岩石的质量性质

1. 岩石的密度

岩石密度（ρ）是指岩石单位体积的质量，在数值上它等于岩石试件的总质量（含孔隙中水的质量）与其总体积（含孔隙体积）之比。

$$\rho = \frac{m}{V} \tag{1-1-1}$$

式中：m——岩石试件的总质量，g；

V——岩石试件的总体积，m^3。

对于同一种岩石，若密度大的结构致密、孔隙性小，则强度和稳定性相对较高。

2. 岩石的相对密度

岩石的相对密度（G_s）是单位体积岩石固体部分（不含孔隙）的重量与同体积4℃的水的重量之比。一般岩石的相对密度在2.65左右，相对密度大的可达3.3。

$$G_s = \frac{W_s}{V_s \times \gamma_w} \tag{1-1-2}$$

式中：W_s——岩石固体部分的重量，kN；

V_s——岩石固体部分的体积，m^3；

γ_w——单位体积4℃的水的重量，kN/m^3。

(二)岩石的孔隙性

岩石中的空隙包括孔隙和裂隙。岩石的空隙性是岩石的孔隙性和裂隙性的总称,可用空隙率、孔隙率、裂隙率来表示其发育程度。但人们已习惯用孔隙性来代替空隙性。即用岩石的孔隙性,反映岩石中孔隙、裂隙的发育程度。

岩石的孔隙率(或称孔隙度)是指岩石中孔隙(含裂隙)的体积与岩石总体积的比值,常以百分数表示,即

$$n = \frac{V_n}{V} \times 100\% \tag{1-1-3}$$

式中:n——岩石的孔隙率,%;

V_n——岩石中孔隙(含裂隙)的体积,cm^3;

V——岩石的总体积,cm^3。

常见岩石的物理性质指标见表1-1-6。

常见岩石的物理性质指标 表1-1-6

岩石名称	相对密度 G_s	重度 γ(kN/m^3)	孔隙率 n(%)
花岗岩	2.50~2.84	23.0~28.0	0.04~2.80
正长岩	2.50~2.90	24.0~28.5	—
闪长岩	2.60~3.10	25.2~29.6	0.18~5.00
辉长岩	2.70~3.20	25.5~29.8	0.29~4.00
斑岩	2.60~2.80	27.0~27.4	0.29~2.75
玢岩	2.60~2.90	24.0~28.6	2.10~5.00
辉绿岩	2.60~3.10	25.3~29.7	0.29~5.00
玄武岩	2.50~3.30	25.0~31.0	0.30~7.20
安山岩	2.40~2.80	23.0~27.0	1.10~4.50
凝灰岩	2.50~2.70	22.9~25.0	1.50~7.50
砾岩	2.67~2.71	24.0~26.6	0.80~10.00
砂岩	2.60~2.75	22.0~27.1	1.60~28.30
页岩	2.57~2.77	23.0~27.0	0.40~10.00
石灰岩	2.40~2.80	23.0~27.7	0.50~27.00
泥灰岩	2.70~2.80	23.0~25.0	1.00~10.00
白云岩	2.70~2.90	21.0~27.0	0.30~25.00
片麻岩	2.60~3.10	23.0~30.0	0.70~2.20

续上表

岩石名称	相对密度 G_s	重度 γ(kN/m³)	孔隙率 n(%)
花岗片麻岩	2.60 ~ 2.80	23.0 ~ 33.0	0.30 ~ 2.40
片岩	2.60 ~ 2.90	23.0 ~ 26.0	0.02 ~ 1.85
板岩	2.70 ~ 2.90	23.1 ~ 27.5	0.10 ~ 0.45
大理石	2.70 ~ 2.90	26.0 ~ 27.0	0.10 ~ 6.00
石英岩	2.53 ~ 2.84	28.0 ~ 33.0	0.10 ~ 8.70
蛇纹岩	2.40 ~ 2.80	26.0	0.10 ~ 2.50
石英片岩	2.60 ~ 2.80	28.0 ~ 29.0	0.70 ~ 3.00

二、岩石的水理性质

岩石的水理性质,指岩石与水作用时所表现的性质,主要有岩石的吸水性、透水性、溶解性、软化性、抗冻性等。

(一)岩石的吸水性

岩石吸收水分的性能称为岩石的吸水性,常以吸水率、饱和吸水率两个指标表示。

1.岩石的吸水率

岩石吸水率是单位体积岩石在大气压力下所吸收水分的重量与干燥岩石重量之比,以百分数表示。它反映岩石中裂隙的发育程度。

$$\omega_1 = \frac{G_w}{G_s} \times 100\% \tag{1-1-4}$$

式中:ω_1——岩石吸水率,%;

G_w——单位体积岩石在大气压力下所吸收水分的重量,kN;

G_s——干燥岩石的重量,kN。

岩石的吸水率与岩石的孔隙量、大小、开闭程度和空间分布等因素有关。岩石的吸水率越大,则水对岩石的侵蚀、软化作用就越强,岩石强度和稳定性受水作用的影响也就越显著。

2.岩石的饱和吸水率

岩石的饱和吸水率是单位体积岩石在 150×10^5Pa 或真空条件下所吸收水分的重量与干燥岩石重量之比,以百分数表示。

$$\omega_2 = \frac{G_w}{G_s} \times 100\% \tag{1-1-5}$$

式中:ω_2——岩石饱和吸水率,%;

G_w——岩石在 150×10^5Pa 或真空条件下所吸收水分的重量,kN;

G_s——干燥岩石的重量,kN。

岩石的吸水率与饱和吸水率的比值,称为岩石的饱水因数,其大小与岩石的抗冻性有关,一般认为饱水因数小于0.8的岩石是抗冻的。

常见岩石的吸水性见表1-1-7。

常见岩石的吸水性 表1-1-7

岩石名称	吸水率ω_1(%)	饱和吸水率ω_2(%)	饱水因数ω_1/ω_2
花岗岩	0.46	0.84	0.55
石英闪长岩	0.32	0.54	0.59
玄武岩	0.27	0.39	0.69
基性斑岩	0.35	0.42	0.83
云母片岩	0.13	1.31	0.10
砂岩	7.01	11.99	0.58
石灰岩	0.09	0.25	0.36
白云质石灰岩	0.74	0.92	0.80

(二)岩石的透水性

岩石的透水性是指岩石允许水通过的能力。岩石的透水性大小,主要取决于岩石孔隙、裂隙的大小和连通情况。

岩石的透水性用渗透系数k来表示,常见岩石的渗透系数见表1-1-8。

常见岩石的渗透系数 表1-1-8

岩石名称	岩石渗透系数k(m/s)	
	室内试验	野外试验
花岗岩	$10^{-11}\sim10^{-7}$	$10^{-9}\sim10^{-4}$
玄武岩	10^{-12}	$10^{-7}\sim10^{-2}$
砂岩	$8\times10^{-8}\sim3\times10^{-3}$	$3\times10^{-8}\sim10^{-3}$
页岩	$5\times10^{-13}\sim10^{-9}$	$10^{-11}\sim10^{-8}$
石灰岩	$10^{-13}\sim10^{-5}$	$10^{-7}\sim10^{-3}$
白云岩	$10^{-13}\sim10^{-5}$	$10^{-7}\sim10^{-3}$
片岩	10^{-8}	2×10^{-7}

(三)岩石的溶解性

岩石的溶解性是指岩石溶解于水的性质,常用溶解度或溶解速度表示。岩石的溶解性,主要取决于岩石的化学成分,和水的性质也有密切关系,如富含CO_2的水,具有较大的溶解能力。同样条件下,岩盐溶蚀速度最快。常见的可溶性岩石有石灰岩、白云岩、石膏、岩盐等。

(四)岩石的软化性

岩石的软化性是指岩石在水的作用下,强度和稳定性降低的性质。岩石的软化性主要取决于岩石的矿物成分和结构、构造特征。岩石中黏土矿物含量高、孔隙率大、吸水率高,则易与水作用而软化,强度和稳定性大大降低甚至丧失。

岩石软化性指标为岩石软化系数,指饱和与干燥状态下(或自然含水状态下)岩石试件单轴抗压强度之比。它是判定岩石耐风化、耐水浸能力的指标之一。当岩石软化系数等于或小于0.75时,应判定为软化岩石;反之,则为弱软化或不软化岩石。岩石软化系数的值越小,表示岩石在水的作用下的强度和稳定性愈差。

$$K = \frac{f}{F} \tag{1-1-6}$$

式中:K——岩石的软化系数;

f——岩石在水饱和状态下的单轴抗压强度,MPa;

F——岩石在干燥状态下的单轴抗压强度,MPa。

未受风化影响的岩浆岩和某些变质岩、沉积岩,软化系数大于0.75,是弱软化或不软化的岩石,工程性质较好,其抗水性、抗风化能力和抗冻性强;软化系数小于或等于0.75的岩石,是软化的岩石,工程性质较差,如黏土岩类。常见岩石的软化系数见表1-1-9。

常见岩石的软化系数 表1-1-9

岩石名称	软化系数	岩石名称	软化系数
花岗岩	0.72~0.97	泥质砂岩、粉砂岩	0.21~0.75
闪长岩	0.60~0.80	泥岩	0.40~0.60
闪长玢岩	0.78~0.81	页岩	0.24~0.74
辉绿岩	0.33~0.90	石灰岩	0.70~0.94
流纹岩	0.75~0.95	泥灰岩	0.44~0.54
安山岩	0.81~0.91	片麻岩	0.75~0.97
玄武岩	0.30~0.95	变质片状岩	0.70~0.84
凝灰岩	0.52~0.86	千枚岩	0.67~0.96
砾岩	0.50~0.96	硅质板岩	0.75~0.79
砂岩	0.93	泥质板岩	0.39~0.52
石英砂岩	0.65~0.97	石英岩	0.94~0.96

(五)岩石的抗冻性

岩石的孔隙、裂隙中有水存在时,水一结冰,体积膨胀,则产生较大的压力,使岩石的构造等遭受破坏。岩石抵抗这种冰冻作用的能力,称为岩石的抗冻性。在高寒冰冻地区,抗冻性是评价岩石工程性质的一个重要指标。

岩石的抗冻性,与岩石的饱水因数、软化系数有着密切关系。一般是饱水因数越小,岩石的抗冻性越强。易于软化的岩石,其抗冻性也低。温度变化剧烈,岩石反复冻融,其抗冻能力则降低。

岩石的抗冻性有不同的表示方法，一般用岩石在抗冻试验前后抗压强度的降低率表示。抗压强度降低率小于或等于25%的岩石，被认为是抗冻的；大于25%的岩石，被认为是非抗冻的。

三、岩石的力学性质

（一）岩石的强度指标

岩石的抗压强度最高，抗剪强度居中，抗拉强度最小。岩石越坚硬，各强度指标值相差越大。岩石的抗剪强度和抗压强度是评价岩石稳定性的重要指标。

石料抗压强度试验

1.抗压强度

抗压强度是指圆柱状或方柱状岩石试件在单轴压力作用下被破坏时，试件横断面上的平均压应力。岩石的抗压强度受试件断面形状和试件尺寸影响。试件断面为方形时抗压强度比断面为圆形时略低；试件尺寸不同，抗压强度也不同，但当试件尺寸超过某一范围时抗压强度趋于常值。

$$R = \frac{P}{A} \tag{1-1-7}$$

式中：R——岩石的抗压强度，MPa；

P——试件破坏时的荷载，N；

A——试件的截面积，mm^2。

2.抗拉强度

抗拉强度是指岩石试件在拉应力作用下破坏时，与拉力垂直的断面上的平均拉应力。大多采用劈裂法间接拉伸试验测定岩石抗拉强度。

3.抗剪强度

抗剪强度是指岩石在剪切荷载作用下破坏时所能承受的最大剪应力。研究岩石抗剪强度的目的主要是为大坝、边坡和地下洞室岩体稳定性分析提供抗剪强度参数。

岩石抗剪强度按试验方法详见《公路工程岩石试验规程》(JTG 3431—2024)不同分为岩石直剪强度和岩石三轴抗剪强度。

（二）岩石的变形指标

岩石的变形模量是岩石在弹性范围内应力与应变之比，它反映了岩石抵抗变形的能力，通常用弹性模量（E）来表示。弹性模量越大，岩石抵抗变形的能力越强。常见岩石弹性模量见表1-1-10。

常见岩石弹性模量 表1-1-10

岩石名称	$E(\times10^4MPa)$	泊松比μ
闪长岩	10.1021 ~ 11.7565	0.26 ~ 0.37
斑状花岗岩	5.4938 ~ 5.7537	0.13 ~ 0.23

续上表

岩石名称	$E(\times10^4\text{MPa})$	泊松比μ
石英砂岩	5.3105 ~ 5.8585	0.12 ~ 0.14
片麻花岗岩	5.0800 ~ 5.4164	0.16 ~ 0.18
正长岩	4.8387 ~ 5.3104	0.18 ~ 0.25
片岩	4.3298 ~ 7.0129	0.12 ~ 0.25
玄武岩	4.1366 ~ 9.6206	0.23 ~ 0.32
绢云母页岩	3.3677	—
花岗岩	2.9823 ~ 6.1087	0.17 ~ 0.35
细砂岩	2.7900 ~ 4.7622	0.15 ~ 0.25
中砂岩	2.5782 ~ 4.0308	0.10 ~ 0.22
石英岩	1.7946 ~ 6.9374	0.12 ~ 0.27
粗砂岩	1.6642 ~ 4.0306	0.10 ~ 0.45
片麻岩	1.4043 ~ 5.5125	0.20 ~ 0.34
页岩	1.2603 ~ 4.1179	0.09 ~ 0.35
大理岩	0.962 ~ 7.4827	0.06 ~ 0.35

岩石的变形模量可以通过室内岩石力学试验和现场原位试验等测定。

一般来说,岩石的变形模量越大,其抗压强度和抗剪强度越大,反之亦然。

四、岩石的工程分类

(一)岩石坚硬程度分类

岩石按照单轴饱和抗压强度可以划分为坚硬岩、较坚硬岩、较软岩、软岩和极软岩,见表1-1-11。

岩石坚硬程度划分 表1-1-11

岩石单轴饱和抗压强度R_c(MPa)	$R_c>60$	$60\geq R_c>30$	$30\geq R_c>15$	$15\geq R_c>5$	$R_c\leq5$
坚硬程度	坚硬岩	较坚硬岩	较软岩	软岩	极软岩

岩石按坚硬程度的定性分类见表1-1-12。

岩石按坚硬程度的定性分类 表1-1-12

坚硬程度		定性鉴定	代表性岩石
硬质岩	坚硬岩	锤击声清脆,有回弹,震手,难击碎,基本无吸水反应	未风化~微风化的花岗岩、闪长岩、辉绿岩、玄武岩、安山岩、片麻岩、石英岩、石英砂岩、硅质砾岩、硅质石灰岩等
	较坚硬岩	锤击声较清脆,有轻微回弹,稍震手,较难击碎,有轻微吸水反应	(1)微风化的坚硬岩; (2)未风化~微风化的大理岩、板岩、石英岩、白云岩、钙质砂岩等

续上表

坚硬程度		定性鉴定	代表性岩石
软质岩	较软岩	锤击声不清脆，无回弹，较易击碎，浸水后指甲可刻出印痕	(1)中等风化～强风化的坚硬岩或较坚硬岩； (2)未风化～微风化的凝灰岩、千枚岩、泥灰岩、砂质泥岩等
	软岩	锤击声哑，无回弹，有凹痕，易击碎，浸水后手可掰开	(1)强风化的坚硬岩或较坚硬岩； (2)中等风化～强风化的较软岩； (3)未风化～微风化的页岩、泥岩、泥质砂岩等
极软岩		锤击声哑，无回弹，有较深凹痕，手可捏碎，浸水后可捏成团	(1)全风化的各种岩石； (2)各种半成岩

(二)岩石风化程度分类

岩石风化程度可按表1-1-13划分。当波速比k_v、风化系数k_f及野外特征与表1-1-13中所列不符时，岩石风化程度宜综合判定。

岩石风化程度划分 表1-1-13

风化程度	野外特征	风化程度参数指标	
		波速比k_v	风化系数k_f
未风化	岩质新鲜，偶见风化痕迹	0.9～1.0	0.9～1.0
微风化	结构基本未变，仅节理面有渲染或略有变色，有少量风化裂隙	0.8～0.9	0.8～0.9
中风化	结构部分破坏，沿节理面有次生矿物，风化裂隙发育，岩体被切制成岩块，用镐难挖，岩芯钻方可钻进	0.6～0.8	0.4～0.8
强风化	结构大部分破坏，矿物成分已显著变化，风化裂隙很发育，岩体破碎，用镐可挖，干钻不易钻进	0.4 ～0.6	<0.4
全风化	结构基本破坏，但尚可辨认，有残余结构强度，可用镐挖，干钻可钻进	0.2～0.4	—

注：1. 波速比k_v为风化岩石与新鲜岩石的弹性纵波速度之比。

2. 风化系数k_f为风化岩石与新鲜岩石的单轴饱和抗压强度之比。

小组学习

结合本单元情境描述中的工程案例，请思考并讨论前述工程施工选择石料时该从哪些方面评价石料的工程性质。

要点总结

岩石工程性质要点总结

知识小测

学习了任务点3内容,请大家扫码完成知识小测并思考以下问题。

1. 岩石的物理性质评价指标有哪几方面?

2. 岩石的变形模量研究对于实际工程有何意义?

3.(2011年全国注册岩土工程师真题)开挖深埋的隧道或洞室时,有时候会遇到岩爆,除了地应力高外,下列选项中的因素容易引起岩爆的是(　　)。

A. 抗压强度低的岩石　　B. 富含水的岩石

C. 质地坚硬性脆的岩石　　D. 开挖断面不规则的部分

课外阅读

玄武岩纤维增强聚合物锚杆在岩土锚固中的研究进展

岩土锚固在土木工程中是一个非常重要的领域,我国于20世纪50年代开始研发应用锚杆技术。70多年间岩土锚固技术飞速发展,在矿井、地下工程、基坑、边坡、水库坝堤、地铁等工程中应用广泛,取得了许多骄人的成就。但近年来钢筋锚杆锈蚀问题引起业界广泛关注,钢筋锈蚀使锚杆长期使用的耐久性以及建筑结构的安全性令人担忧。故有锚杆成为“定时炸弹”之说。许多研究表明被动的防腐蚀措施技术很难从根本上解决钢筋锈蚀问题,还会增加工程成本,得不偿失。在这种背景下纤维增强聚合物锚杆脱颖而出。

玄武岩纤维是一种新型环保、绿色高性能无机非金属材料,具有优越的力学性能,其原材料在我国分布广泛,生产、制作过程均无污染,被誉为“21世纪新材料”。BFRP(basalt fiber reinforced polymer,玄武岩纤维增强聚合物)锚杆是以玄武岩纤维为增强材料,以合成树脂为基体材料,将天然玄武岩经过特殊工艺高温熔融、拉丝成型,并加入适量辅助剂经过拉挤固化成型的一种新型复合材料聚合物锚杆。FRP锚杆合成制作过程中使用的基体材料种类很多。当前BFRP锚杆所用的合成树脂主要有两种,分别为环氧树脂和乙烯基酯树脂,吴刚等对分别以这两种树脂为基体的锚杆进行耐腐蚀性能对比试验,研究发现以环氧树脂为基体的锚杆腐蚀前后的强度比以乙烯基酯树脂为基体的锚杆强度高,耐碱性能更好。BFRP锚杆具有抗拉强度高、弹性模量大等特点,凭借良好的抗酸碱腐蚀性能、优异的力学性能、绿色无污染的生产工艺、良好的材料兼容性、良好的化学稳定性和绝缘性等优点在岩土锚固领域有着广阔的发展前景。

(素材改编自王海刚,白晓宇,张明义,等. 玄武岩纤维增强聚合物锚杆在岩土锚固中的研究进展[J]. 复合材料科学与工程,2020(8):113-122)

“点石成金”不是梦,玄武岩纤维材料来证明!

“点石成金”这个成语,出自西汉刘向《列仙传》:“许逊,南昌人。晋初为旌阳令,点石化金,以足逋赋。”可以看出,“点石成金”曾是一个神话故事,是一个化腐朽为神奇的比喻。但如今,这种美梦居然成真了:人们用大自然中一种普通的石头——玄武岩,进行拉丝,制作成连续玄武岩纤维(continuous basalt fiber,CBF),并在此基础之上生产出各种高级产品,从航天器材到武器装备,从防弹服、防火服到刹车片、钓鱼竿……玄武岩纤维被广泛应用于航天、航空、军工、消防、汽车、船舶、建筑、环保、体育等领域,具有广阔的应用前景! 曾经不值钱的坚硬石头华丽变身,成了高附加值的21世纪绿色新材料!

(素材来源:“中科院地质地球所”微信公众号于2021年10月24日发布的文章)

单元二 土体物理力学性质指标测定

知识目标

1. 知道土体的三个基本特性,知道土的三相组成。
2. 领会土体的物理性质指标,区别土体的三大实测指标和六大换算指标。
3. 知道土的物理性质指标计算及试验方法。
4. 领会土的物理状态指标,知道土的物理状态指标计算及试验方法。
5. 领会土的工程分类方法。

能力目标

1. 能熟练操作土工试验测定土的物理性质指标和物理状态指标,为工程设计施工提供数据依据。
2. 能根据土体实测指标熟练计算土体换算指标。
3. 能根据土体的物理力学性质,合理选择路基填料。
4. 能分析土体压实对路基压实度的影响,并为施工措施调整提供依据。
5. 能根据试验结果进行土的工程分类。

素质目标

1. 坚定科技报国的家国情怀和使命担当。
2. 养成“不忘质量初心、秉承工程匠心”的职业素养。

情境描述

某一级公路路基施工,某段填土路堤,路基设计宽度为10m,填土高度为8m。假设你是公路施工技术人员,受业主委托,请根据现场勘察的特点及要求,结合相关规范及设计文件完成此路段的路基填筑工作。

任务点1 土的三相组成分析

土的三相组成

问题导学

根据现场勘察,附近取土场土体为黑褐色砂性土和粉土,请结合以下问题完成任务点1的学习:

1. 这两种土是否适合作为路堤填料? 优选哪种?
2. 路堤填料有级配要求,如何判断该土级配是否满足要求?
3. 如果附近只有粉土,粉土是否适合作为上路床填料? 为什么?
4. 如果施工期刚好遇到梅雨季节,填料遭雨水浸泡,水分过多,该如何处理?

知识讲解

土是地壳母岩经强烈风化作用的产物,包括岩石碎块(如漂石)、矿物颗粒(如石英砂)和黏土矿物(如高岭土)。

不同成因的土一般都是由固相、液相、气相三相组成的体系,如图1-2-1所示。

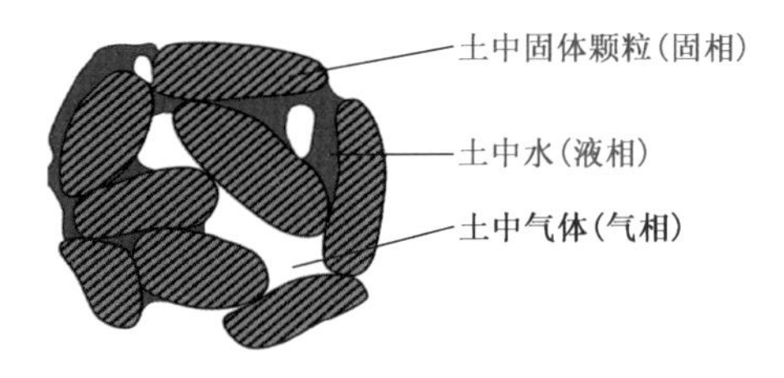

图1-2-1 土的三相组成

一、土中固体颗粒(固相)

固相土粒是土的最主要的物质组成,构成土的主体,是最稳定、变化最小的成分,在三相相互作用过程中,一般占主导地位,其粒度成分、矿物成分决定着土的工程性质。

(一)粒度成分

土粒组成土体的骨架,各个土粒的特征以及土粒集合体的特征,对土的工程性质有着决定性的影响。

1. 粒组

《公路土工试验规程》(JTG 3430—2020)中的粒组划分见图1-2-2。《土的工程分类标准》(GB/T 50145—2007)粒组划分除粉粒(0. 002 ~ 0. 075)、黏粒(≤0. 005)不同之外,其余粒组划分均相同。

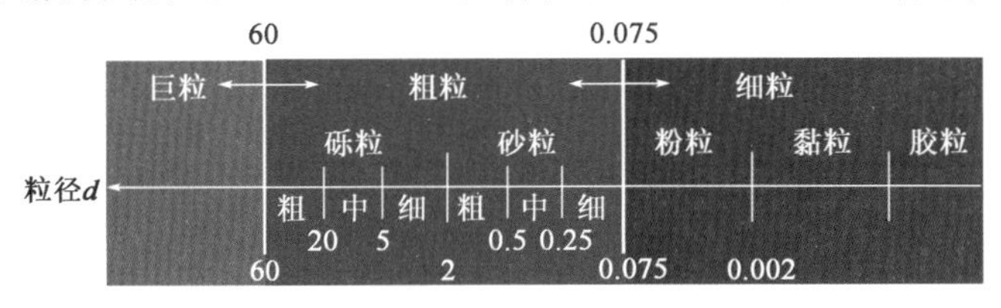

图1-2-2 粒组划分(单位:mm)

筛分试验

2.粒度成分及其分析方法

土的粒度成分是指土中各种不同粒组的相对含量(以干土质量的百分比表示)。或者说土是由不同粒组以不同数量配合,又称为颗粒级配。

为了准确地测定土的粒度成分所采用的各种手段统称为粒度成分分析方法或颗粒分析方法,具体方法见表1-2-1。

粒度成分分析方法 表1-2-1

试验方法	适用范围	试验原理	检测方法
筛分法	粒径范围0.075~60mm的粗粒土	不同粒径土粒通过不同筛孔	T 0115—1993
密度计法	粒径小于0.075mm的细粒土	根据司笃克斯定律测定。利用土壤密度计通过测量不同深度处悬液的密度和土粒沉降的距离来计算不同粒径土粒所占的百分比	T 0116—2007
移液管法	粒径小于0.075mm的细粒土	根据司笃克斯定律计算出某种粒径的颗粒自液面下沉到一定深度所需的时间,在此预计的时间内用移液管在该深度处取出固定体积的悬液。烘干悬液中水分,然后称干土质量,从而可计算出该粒径土粒所占百分比	T 0117—1993

注:1. 当土中粗细粒兼有时,上述方法可联合使用。

2. 有关上述粒度成分分析试验的详细内容,请参见《公路土工试验规程》(JTG 3430—2020)有关内容。T 0115—1993、T 0116—2007、T 0117—1993出自《公路土工试验规程》(JTG 3430—2020)。

3.粒度成分的表示方法

常用的粒度成分的表示方法为累计曲线法。

累计曲线法

累计曲线法是一种图示的方法,通常用半对数坐标纸绘制,横坐标(按对数比例尺)表示某一粒径d_i,纵坐标表示小于某一粒径的土粒的累计百分含量P_i(某筛孔的通过百分率)。根据表1-2-3提供的资料,在半对数坐标系绘制出各粒组累计百分含量及粒径对应的点,然后将各点连接成一条平滑曲线,即得该土样的粒径级配累计曲线,如图1-2-3所示。

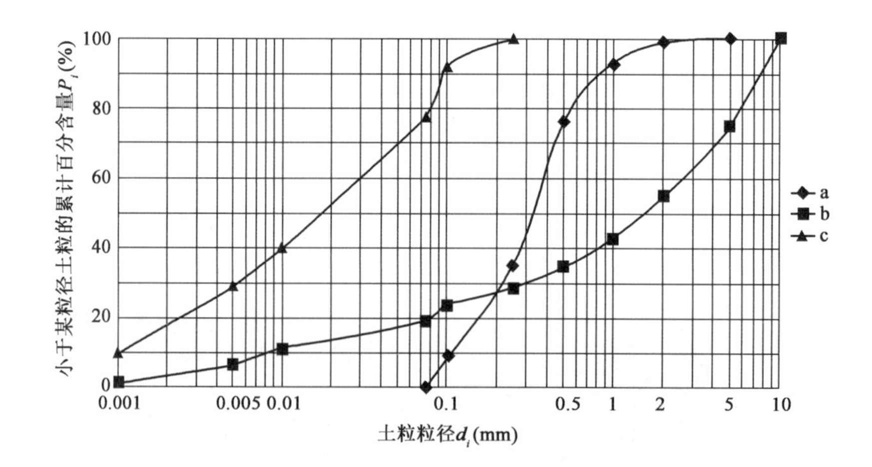

图1-2-3 粒度成分累计曲线

累计曲线的用途主要有以下几方面：

第一，由累计曲线可以直观判断土中各粒组的分布情况（图1-2-3）。

第二，由累计曲线可确定土粒的级配指标C_u和C_c。

不均匀系数：

$$C_u = \frac{d_{60}}{d_{10}} \tag{1-2-1}$$

曲率系数：

$$C_c = \frac{d_{30}^2}{d_{10} \cdot d_{60}} \tag{1-2-2}$$

式中：d_{10}、d_{30}、d_{60}——分别表示累计百分含量为10%、30%和60%的土粒粒径，其中d_{10}称为有效粒径，d_{60}称为限制粒径。

不均匀系数C_u反映不同大小粒组的分布情况（颗粒级配的不均匀程度）。C_u越大，表明土粒大小分布范围越大，土颗粒大小越不均匀。

曲率系数C_c是描述累计曲线的分布范围，反映累计曲线整体形状的指标。一般认为$1 \leqslant C_c \leqslant 3$时，土的级配连续。

在工程上，常利用累计曲线确定的土粒的两个级配指标值来判定土的级配情况。当同时满足不均匀系数$C_u \geqslant 5$和曲率系数$1 \leqslant C_c \leqslant 3$这两个条件时，土为级配良好的土。

（二）矿物成分

1. 土的矿物类型

土的固相部分，实质上都是矿物颗粒，所以土也是一种多矿物体系。不同的矿物，其性质各不相同，它们在土中的相对含量和粒度成分一样，也是影响土的工程地质性质的重要因素。土的矿物成分可分为原生矿物、次生矿物和有机质。

2. 矿物成分对土的工程性质的影响

土的矿物成分和粒度成分是土最重要的物质基础，它们对土的工程性质的影响很大。随着组成土的矿物成分不同，其工程性质也有所不同。

（1）原生矿物——石英、长石、云母

①塑性：黑云母最大，石英无。

②毛细上升高度：

粒径大于0.1mm时，云母>浑圆石英>长石>尖棱石英；

粒径小于0.1mm时，云母>尖棱石英>长石>浑圆石英。

③孔隙度：云母>长石>尖棱石英>浑圆石英。

④渗透系数：云母>长石>尖棱石英。

⑤内摩擦角：尖棱石英>浑圆石英>云母。粒径小于0.1mm时，各种矿物的内摩擦角近似。

（2）次生矿物——不溶性黏土矿物

①亲水性：蒙脱石>伊利石>高岭石。

②渗透性：伊利石>高岭石>蒙脱石。

③压缩性：蒙脱石>高岭石。

④内摩擦角:蒙脱石的内摩擦角小,在石英中加入蒙脱石,则石英的内摩擦角可减小到原来的三分之一或更小。

(3)次生可溶盐

从存在的状态看,固态的可溶盐(碳酸盐类)起胶结作用,把土粒胶结起来,使土的孔隙度减小,强度增大。可溶盐分布常常不均匀,有时是结核状的、斑点状的,对土的影响不一。液态的可溶盐包围着土的颗粒,在其周围起介质作用。

二、土中水(液相)

土中水是土的液相的组成部分,它以不同形式和不同的形态存在着,具体见图1-2-4。

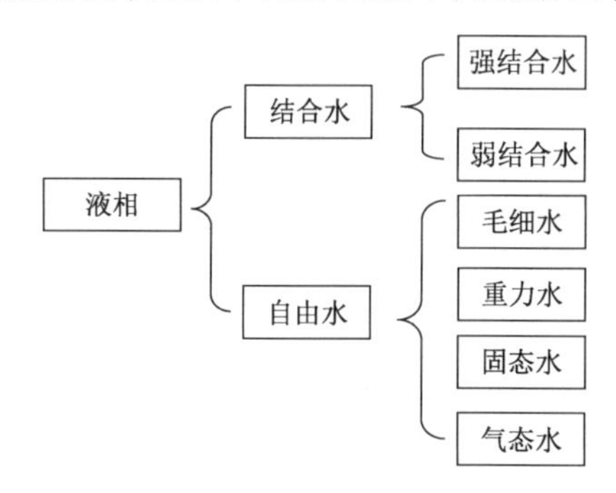

图1-2-4 土中水

(一)结合水

土中的结合水分为强结合水和弱结合水。

强结合水紧靠土颗粒表面,与普通水不同,其性质接近固体,不传递静水压力,100℃不蒸发,具有很大的黏滞性、弹性和抗剪强度。

黏土只含强结合水时呈固体坚硬状态,砂土含强结合水时呈散粒状态。

在距离土粒表面较远地方的结合水称为弱结合水,如图1-2-5所示。

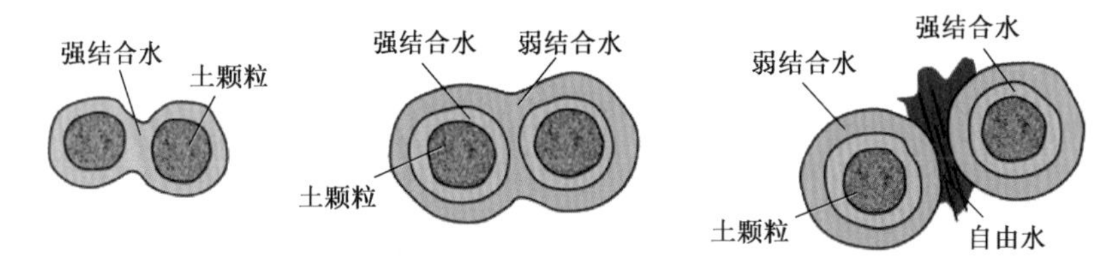

图1-2-5 土颗粒及水的分布

(二)自由水

自由水离土粒较远,在土粒表面的电场作用以外,水分子自由散乱地排列,主要受重力作用。自由水包括毛细水和重力水。

1. 毛细水

毛细水位于地下水位以上土颗粒细小孔隙中,是介于结合水与重力水之间的一种过渡型水。毛细水不仅受到重力的作用,还受到表面张力的支配,能沿着土的细孔隙从潜水面上升到一定的高度。这种毛细上升对于公路路基土的干湿状态及建筑物的防潮有重要影响，尤其在寒冷地区由毛细水作用引起的路基冻胀翻浆问题。

2. 重力水

重力水位于地下水以下较粗颗粒的孔隙中，是只受重力作用，不受土粒表面吸引力影响的普通液态水。重力水在重力或压力差作用下能在土中渗流，对于土颗粒和结构物都有浮力作用，在土力学计算中应当考虑这种渗流及浮力的作用力，另外重力水具有溶解土中可溶盐的作用。毛细水和重力水分布如图1-2-6所示。

图1-2-6 毛细水和重力水分布

三、土中气体(气相)

土中气体是指土的固体矿物颗粒之间的孔隙中，没有被水充填的部分。土的含气量和含水量有密切关系，二者对土的性质有很大的影响。土中密闭气体的存在能降低土层透水性，阻塞土中的渗透通道，降低土的渗透性。

小组学习

学习了土的三相组成，请用思维导图整理本任务点的内容，要求包含三相之间的关系。

要点总结

土的三相组成要点总结

知识小测

学习了任务点1内容，请大家扫码完成知识小测并思考以下问题。

1. 累计曲线法在工程上有何用途？

2. 何谓土的颗粒级配？土的粒度成分累计曲线的纵坐标表示什么？不均匀系数C_u反映土的什么性质？

3.(2020年公路水运工程试验检测师道路工程真题)土是由土颗粒、水、气体三种物质组成的集合体。(　　)

A. 正确　　　　B. 错误

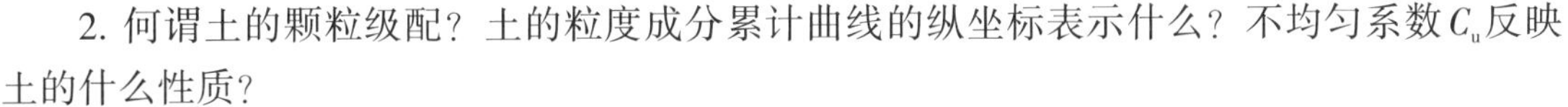

任务点2 土的物理性质指标测定及计算

土的物理性质指标及物理状态指标，反映土的工程性质的特征，具有重要的实用价值。

问题导学

结合前述情境，路堤填筑前需对填料进行试验，根据试验指标判断是否适用，请结合以下问题完成该任务点学习：

1. 根据《公路路基施工技术规范》(JTG/T 3610—2019)，请问要对该填料做哪些物理性质指标试验?

2. 这些土的物理性质指标中哪几个可以直接测定？常用测定方法是什么?

3. 在公路路基施工过程中，从土样含水率把控角度，你对施工人员有何建议？为什么?

4. 这些物理性质指标对施工质量把控有何意义?

知识讲解

土的物理性质指标

土的物理性质指标，就是指土中固相、液相、气相三者在体积和质量方面的相互配比的数值。为了导得三相比例指标，把土体中实际上分散的三个相，抽象地分层集合在一起：固相集中于下部，液相居于中部，气相集中于上部，构成理想的三相图，如图1-2-7所示。在三相图的右边注明各相的体积，左边注明各相的质量。

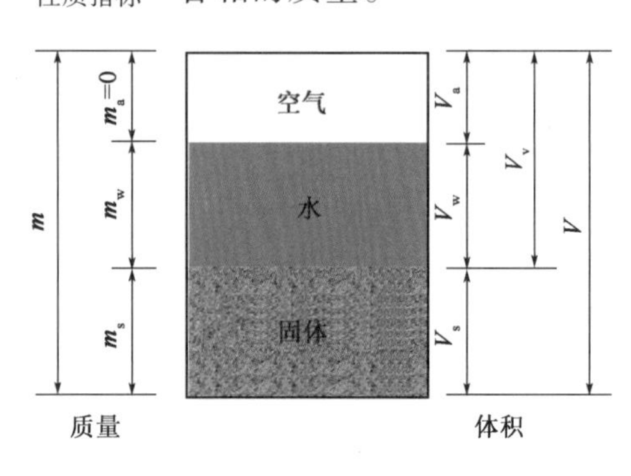

图1-2-7 土的三相图

土样的体积V可由式(1-2-3)表示。

$$V=V_s+V_w+V_a \tag{1-2-3}$$

式中：V_s、V_w、V_a——分别表示土粒、水、空气的体积。

土样的质量m可由式(1-2-4)、式(1-2-5)表示。

$$m=m_s+m_w+m_a \tag{1-2-4}$$

或

$$m \approx m_s+m_w, m_a=0 \tag{1-2-5}$$

式中：m_s、m_w、m_a——分别表示土粒、水、空气的质量。

下面分别介绍土的物理性质指标及其换算。

一、土的物理性质指标

(一)土的密度(ρ)和重度(γ)

1.物理意义

土的密度(ρ)是指单位体积土的质量，即土的总质量(m)与土的总体积(V)之比。

天然重度，指天然状态下，单位体积土的重量，即单位体积土粒的重力和孔隙中天然水分的重力，即$\gamma = \rho g \approx 10\rho$(kN/m³)。

2.表达式

天然状态下土的密度称天然密度，以式(1-2-6)表示：

$$\rho = \frac{土的总质量}{土的总体积} = \frac{m}{V} = \frac{m_s + m_w}{V_s + V_v} \tag{1-2-6}$$

式中：ρ——土的密度，g/cm^3；

m——土的总质量，g；

m_s——干土粒的质量，g；

m_w——土中水的质量，g；

V——土的总体积，cm^3；

V_s——干土粒的体积，cm^3；

V_v——土粒间空隙的体积（包括土粒间空气体积及土粒间充填的水的体积），cm^3。

土的密度可在室内及野外现场直接测定，土的密度测定方法有环刀法、灌水法、灌砂法。

（二）土的比重（G_s）

1. 物理意义

土的比重是指土在105～110℃下烘至恒重时的质量与同体积4℃蒸馏水质量的比值。

2. 表达式

$$G_s = \frac{m_s}{V_s \rho_w} = \frac{\rho_s}{\rho_w}（数值上近似） \tag{1-2-7}$$

式中：G_s——土粒的比重，无量纲；

ρ_s——土粒的密度，g/cm^3；

ρ_w——4℃水的密度，g/cm^3。

土粒比重试验

砂土：G_s=2.65～2.69；粉土：G_s=2.70～2.71；黏性土：G_s=2.72～2.75。

土的比重测定方法有比重瓶法、浮力法、浮称法、虹吸筒法。

（三）含水率（w）

1. 物理意义

天然含水率是在天然状态下土中所含水分的数量，简称含水率，即土中水的质量（m_w）与土中所含土粒质量（m_s）的比值，一般用百分数表示。

土的含水率试验

2. 表达式

$$w = \frac{m_w}{m_s} \times 100\% \tag{1-2-8}$$

式中：w——土的含水率，%。

一般情况下，砂土的天然含水率不超过40%，多为10%～30%；黏性土为20%～50%。

土的含水率常用测定方法有烘干法、酒精燃烧法。

二、土的物理性质指标换算

土的物理性质指标换算

（一）反映土的松密程度的指标

1. 孔隙度（孔隙率）（n）

（1）物理意义

在天然状态下，土的单位体积中孔隙的总体积，称为孔隙度或孔隙率，即某一土样中孔隙的体积(V_n)与该土样的总体积(V)的比值,用百分数表示。

(2)表达式

$$n = \frac{V_n}{V} \times 100\% \tag{1-2-9}$$

2.孔隙比(e)

(1)物理意义

孔隙比是指土中孔隙的体积(V_n)与土粒的体积(V_s)的比值,常用小数表示。

(2)表达式

$$e = \frac{V_n}{V_s} \tag{1-2-10}$$

砂土:e=0.5~1.0;黏性土:e=0.5~1.2。

土的孔隙比可直接反映土的密实程度,孔隙比愈大,土愈疏松;孔隙比愈小,土愈密实。一般在天然状态下的土,若$e<0.6$,土呈密实状态,为良好的地基;若$e>1$,表明土中$V_n>V_s$,为软弱地基,是工程性质不良的土。

n与e都是反映孔隙性的指标,但在应用上却有所不同。

(二)反映土中含水程度的指标

饱和度(S_r)也称饱水系数,是土中水的体积(V_w)与土的全部孔隙的体积(V_n)的比值,表示孔隙被水充满的程度,用百分数表示。

$$S_r = \frac{V_w}{V_n} \times 100\% \tag{1-2-11}$$

饱和度对砂土和粉土有一定的实际意义,砂土以饱和度作为湿度划分的标准,在工程地质学中将土划分为三种湿度状态:$0<S_r\leq0.5$,稍湿的;$0.5<S_r\leq0.8$,很湿的;$0.8<S_r\leq1$,饱和的。

颗粒较粗的砂性土,对含水率的变化不敏感,当发生某种改变时,它的物理力学性质变化不大,所以砂性土的物理状态可以用S_r来表示。但黏性土对含水率的变化十分敏感,随着含水率增加体积膨胀,结构也发生了改变。当处于饱和状态时,其力学性质可能降低为0;同时还因黏粒间多是结合水,而不是普通液态水,这种水的密度大于1,则S_r值也偏大,故对黏性土一般不用S_r这一指标。

(三)特定条件下土的密度及重度

1.土粒密度(ρ_s)和土粒重度(γ_s)

(1)物理意义

土粒密度是指固体颗粒的质量(m_s)与其体积(V_s)之比,即单位体积土粒的质量。

土粒重度是土粒的重量与土粒的体积之比,即$\gamma_s = \rho_s g \approx 10\rho_s$(kN/m^3)。

(2)表达式

$$\rho_s = \frac{m_s}{V_s} \tag{1-2-12}$$

土粒密度仅说明土的固相部分的质量与体积的比例关系，实质上是土中各种矿物密度的加权平均值。大多数造岩矿物的密度相差不大，因此土粒密度值一般在2.65~2.80g/cm^{3}之间。若含铁镁矿物较多，密度较大，含有机质较多，则密度较小。砂土颗粒主要由石英、长石、云母等矿物组成，这些矿物的密度在2.65g/cm^{3}左右，所以砂土的土粒密度一般为此值。黏粒中黏土矿物的密度并不大，但倍半氧化物的密度较大，所以黏性土的密度稍高：亚砂土的土粒密度一般在2.68g/cm^{3}左右，亚黏土为2.68~2.72g/cm^3，黏土为2.70~2.75g/ cm^3，甚至更大。

2. 土的干密度(ρ_d)和干重度(γ_d)

(1)物理意义

土的干密度(ρ_d)是指土的孔隙中完全没有水时的密度，即单位体积干土的质量，固体颗粒的质量与土的总体积的比值。

土的干重度是指干燥状态下单位体积土的重量(重力)，即$\gamma_d = \rho_d g \approx 10\rho_d$(kN/m^3)。

(2)表达式

$$\rho_d = \frac{m_s}{V} \tag{1-2-13}$$

土的干密度一般在1.3~2.0g/cm^{3}范围内，土的干重度一般在13~20kN/m^{3}范围内。

土的干密度通常用作人工填土压实重量控制的指标。土的干密度ρ_d(或干重度γ_d)越大，表明土体压得越密实，工程质量越好，但花费的压实费用也越高。一般认为$\rho_d \geq 1.6$g/cm^3，土就比较密实了。在填土工程(如堤、坝、路基)常以干密度作为反映填土压密程度的指标。

必须注意土粒密度与土的干密度的区别：前者是单位体积土粒的质量，后者是单位体积干土(包括孔隙)的质量。

3. 土的饱和密度(ρ_{sat})和饱和重度(γ_{sat})

(1)物理意义

土的饱和密度为孔隙完全被水充满时的密度，亦指土的孔隙中全部充满液态水时的单位体积土的质量。

土的饱和重度为孔隙中全部充满水时，单位体积土的重量(重力)，即$\gamma_{sat} = \rho_{sat} g \approx 10\rho_{sat}$(kN/m^3)。

(2)表达式

$$\rho_{sat} = \frac{m_s + V_v \rho_w}{V} \tag{1-2-14}$$

式中：ρ_w——水的密度，g/cm^3；

V_v——土粒间孔隙中水的体积，cm^3。

土的饱和密度的常见值为1.80~2.30g/cm^3。

特别提示：

土的密度与土粒密度不同，密度测定要用原状土样，而比重测定则可以用扰动土样法，因为它与土的结构和含水率无关，即不考虑土的孔隙性。

4. 土的有效密度(ρ')和有效重度(浮重度)(γ')

(1)物理意义

土的有效密度指地下水位以下，土体受水的浮力作用时，单位体积土的质量。

土的有效重度指地下水位以下，土体受水的浮力作用时，单位体积土的重量(重力)，即$\gamma' = \rho' g \approx 10\rho'$(kN/m^3)。

(2)表达式

$$\rho' = \rho_{sat} - \rho_w \tag{1-2-15}$$

(四)物理性质指标之间的换算

上述土的密度ρ、比重G_s、含水率w、孔隙比e、孔隙度n、饱和度S_r、干密度ρ_d、饱和密度ρ_{sat}和有效密度ρ'，并非各自独立、互不相关的。ρ、G_s、w必须由试验测定，其余的指标均可由三个试验指标计算得到，其换算关系见表1-2-2。

三相指标的换算关系　　表1-2-2

指标名称	换算公式	指标名称	换算公式
干密度ρ_d	$\rho_d = \dfrac{\rho}{1+w}$	饱和密度ρ_{sat}	$\rho_{sat} = \dfrac{\rho(\rho_s - 1)}{\rho_s(1+w)} + 1$
孔隙比e	$e = \dfrac{\rho_s(1+w)}{\rho} - 1$	饱和度S_r	$S_r = \dfrac{\rho_s \cdot \rho \cdot w}{\rho_s(1+w) - \rho} \times 100\%$
孔隙度n	$n = 1 - \dfrac{\rho}{\rho_s(1+w)} \times 100\%$	有效重度γ'	$\gamma' = \dfrac{\gamma(\gamma_s - \gamma_w)}{\gamma_s(1+w)}$

这些换算公式可以通过绘制三相草图推导，根据三个已知指标数值和各物理性质指标的意义进行计算。可以令土的总体积V=1或土粒体积V_s=1，因为三相量的指标都是相对的比例关系，不是量的绝对值，因此取三相图中任一个量等于任何数值进行计算都应得到相同的结果。假定的已知量选取合理，可以减少计算的工作量。

【例1-2-1】 某原状土样经试验，实测指标为：$\rho = 1.70\text{g/cm}^3$，$\rho_s = 2.72\text{g/cm}^3$，$w = 10.0\%$，试求该土样的$e$和$S_r$。

解：令$V = 1$，则$m = \rho \cdot V = 1.70 \times 1 = 1.7$(g)

$$m_s = \frac{m}{1+w} = \frac{1.7}{1+0.1} = 1.55$$

$$m_w = w \cdot m_s = 0.1 \times 1.55 = 0.155(\text{g})$$

$$V_w = \frac{m_w}{\rho_w} = \frac{0.155}{1} = 0.155(\text{cm}^3)$$

$$V_s = \frac{m_s}{\rho_s} = \frac{1.55}{2.72} = 0.570(\text{cm}^3)$$

$$V_n = V - V_s = 1 - 0.570 = 0.430(\text{cm}^3)$$

所以，$e = \dfrac{V_n}{V_s} = \dfrac{0.430}{0.570} = 0.754$

$$n = \frac{V_n}{V} = \frac{0.430}{1} = 43\%$$

$$S_r = \frac{V_w}{V_n} = \frac{0.155}{0.430} \times 100\% = 36\%$$

为方便读者进一步了解各指标的内容及其相互关系，现将上述各项指标的名称、表达式、参考数值来源以及实际应用等归纳于土的主要物理性质指标一览表（表1-2-3），供对照参考。

土的主要物理性质指标一览表 表1-2-3

指标名称	表达式	参考数值	来源	实际应用
比重G_s	$G_s=\frac{m_s}{V_s\cdot\rho_w}$	2.65~2.75	由试验测定，试验方法有比重瓶法、浮力法、浮称法、虹吸筒法	(1)换算n、e、ρ_d； (2)工程计算
密度ρ (g/cm³)	$\rho=\frac{m}{V}$	1.60~2.20	由试验测定，试验方法有环刀法、灌水法、灌砂法	(1)换n、e； (2)说明土的密度
干密度ρ_d (g/cm³)	$\rho_d=\frac{m_s}{V}$	1.30~2.00	$\rho_d=\frac{\rho}{1+w}$	(1)换算n、e、S_r； (2)粒度分析、压缩试验资料整理
饱和密度ρ_{sat} (g/cm³)	$\rho_{sat}=\frac{m_s+V_w\rho_w}{V}$	1.80~2.30	$\rho_{sat}=\frac{\rho(\rho_s-1)}{\rho_s(1+w)}+1$	
有效密度（浮密度）ρ' (g/cm³)	$\rho'=\rho_{sat}-\rho_w$ $\rho'=\frac{m_s-V_s\rho_w}{V}$	0.80~1.30	$\rho'=\frac{\rho(\rho_s-1)}{\rho_s(1+w)}$	(1)计算潜水面以下地基自重应力； (2)分析人工边坡稳定性
天然含水率w	$w=\frac{m_w}{m_s}$	$0<w<1$	由试验测定，试验方法有烘干法、酒精燃烧法	(1)换算S_r、ρ_d、n、e； (2)计算土的稠度指标
饱和度S_r	$S_r=\frac{V_w}{V_n}$	0~1	$S_r=\frac{\rho_s\cdot\rho\cdot w}{\rho_s(1+w)-\rho}$	(1)说明土的饱水状态； (2)砂土、黄土计算地基承载力
孔隙度n	$n=\frac{V_n}{V}$		$n=1-\frac{\rho}{\rho_s(1+w)}$	(1)地基承载力； (2)土估计密度和渗透系数； (3)压缩试验资料整理
孔隙比e	$e=\frac{V_n}{V_s}$		$e=\frac{\rho_s(1+w)}{\rho}-1$	(1)说明土中孔隙体积； (2)换算e和ρ'

在表1-2-3，G_s、ρ、w是通过试验直接测定的，称为实测指标；其他的如ρ_d、ρ_{sat}、ρ'、w_g、S_r、n、e等七项指标可用实测指标换算导出，故称为换算指标或导出指标。

小组学习

学习了土的物理性质指标，请用思维导图总结归纳该任务点的内容，土的实测指标要求包含试验方法，土的换算指标要求包含重点换算公式。

土的物理性质指标要点总结

知识小测

学习了任务点2内容，请大家扫码完成知识小测并思考以下问题。

1. 土的密度ρ与土的重度γ的物理意义和单位有何区别？说明天然重度γ、饱和重度γ_{sat}、有效重度γ'和干重度γ_d之间的相互关系，并比较其数值的大小。

2. 何谓孔隙比？何谓饱和度？用三相草图计算时，为什么要设总体积V=1？什么情况下设V_s=1计算较简便？

3. 土粒比重G_s的物理意义是什么？如何测定G_s值？砂土的G_s是多少？黏土的G_s是多少？

4. 下列土的物理性质指标中，哪几项对黏性土有意义？哪几项对无黏性土有意义？①粒径级配；②塑性指数；③液性指数。

5. 已知甲土的含水率w_1大于乙土的含水率w_2，试问甲土的饱和度S_{r1}是否大于乙土的饱和度S_{r2}？

6. 取得某湿土样1955g，测知其含水率为15%，若在土样中加入85g水，试问此时该土样的含水率为多少？

7. 装在环刀内的饱和土样加垂直压力后高度自2.0cm压缩至1.95cm，取出土样测得其含水率w=28.0%，已知土粒比重G_s=2.70，求压缩前土的孔隙比。

8.（2017年公路水运试验检测工程师道路工程真题）用环刀法检测压实度时，如环刀打入深度较浅，则检测结果会（　　）。

A. 偏大　　B. 没影响　　C. 偏小　　D. 不确定

9.（2020年公路水运试验检测工程师道路工程真题）以下关于土的含水率描述正确的是（　　）。

A. 土中水的质量与含水土的质量之比

B. 土中水的体积与土中固体颗粒的体积之比

C. 土中水的质量与土中固体颗粒的质量之比

D. 土中水气的质量与土的质量之比

10.（2020年公路水运试验检测工程师道路工程真题）环刀法检测土的密度试验需进行二次平行测定，结果取其算术平均值，相应平行差值不得大于（　　）。

A. 0.01g/cm^3　　B. 0.02g/cm^3　　C. 0.03g/cm^3　　D. 无要求

11.（2020年公路水运试验检测工程师道路工程真题）土的含水率试验需进行平行试验，当含水率在40%以下时允许平行差不大于1%（　　）。

A. 正确　　B. 错误

12.（2020年公路水运试验检测工程师道路工程真题）以下土质不宜采用酒精燃烧法测定含水率的有（　　）。

A. 含有机质土　　B. 细粒土　　C. 粗粒土　　D. 含石膏土

13.（2020年公路水运试验检测工程师道路工程真题）以下属于反映土的物理性能指标的有（　　）。

A. 含水率　　B. 干密度　　C. 孔隙率　　D. 饱和度

任务点3　土的物理状态指标计算

问题导学

结合前述情境，附近取土场土体为黑褐色砂性土和粉土，路堤填筑前需对填料进行试验，根据试验指标判断是否适用，请结合以下问题完成任务点3学习：

1. 根据《公路路基施工技术规范》（JTG/T 3610—2019），请问要对该土体做哪些物理状态指标试验？

2. 如何判断砂性土的密实程度？

3. 如何确定土样的塑性指数？塑性指数I_P与吸水能力有何关系？

知识讲解

所谓土的物理状态，对于粗粒土，是指土的密实程度；对于细粒土，是指土的软硬程度或黏性土的稠度。

一、粗粒土（无黏性土）的密实度

土的物理状态指标

无黏性土如砂、卵石均为单粒结构，它们最主要的物理状态指标为密实度。工程上常用孔隙比e、相对密实度D_r和标准贯入试验中的锤击数N作为划分密实度的标准。

（一）以孔隙比e为标准

《公路桥涵地基与基础设计规范》（JTG 3363—2019）以孔隙比e作为粉土密实度划分标准，见表1-2-4。

按孔隙比e划分粉土密实度　　表1-2-4

孔隙比e	$e<0.75$	$0.75\leq e\leq 0.90$	$e>0.90$
密实度	密实	中密	稍密

用一个指标e来划分砂土的密实度，无法反映影响土的颗粒级配的因素。例如：两种级配不同的砂，一种颗粒均匀的密砂，其孔隙比为e_1，另一种级配良好的松砂，孔隙比为e_2，结果$e_1>e_2$，即密砂孔隙比反而大于松砂的孔隙比。为了克服用一个指标e难以准确判断级配不同的砂土密实程度的缺陷，工程上引用相对密实度D_r这一指标。

(二)以相对密实度D_r为标准

用天然孔隙比e与同一种砂的最疏松状态孔隙比e_{max}和最密实状态孔隙比e_{min}进行对比，看e是接近e_{max}还是接近e_{min}，以此来判别它的密实度，即相对密实度法。

$$D_r = \frac{e_{max} - e}{e_{max} - e_{min}} \tag{1-2-16}$$

当D_r=0，即e=e_{max}时，表示砂土处于最疏松状态；当D_r=1，即e=e_{min}时，表示砂土处于最紧密状态。

(三)标准贯入试验

标准贯入试验是在现场进行的一种原位测试。这项试验的方法是：用卷扬机将质量为63.5kg的钢锤提升76cm高度，让钢锤自由下落，打击贯入器，将使贯入器贯入土中深为30cm所需的锤击数记为N。标准贯入器如图1-2-8所示。

图1-2-8　标准贯入器

《公路桥涵地基与基础设计规范》(JTG 3363—2019)中规定用N来判定砂土的密实度，见表1-2-5。

砂土的密实度　　表1-2-5

标准贯入锤击数N	N>30	15<N≤30	10<N≤15	N≤10
密实度	密实	中密	稍密	松散

(四)重型动力触探试验

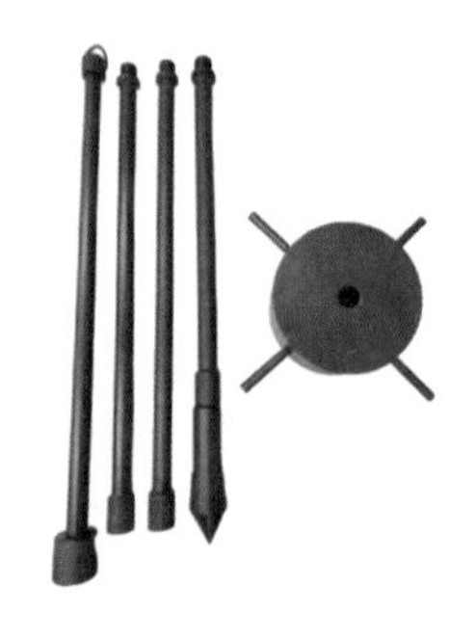

图1-2-9　重型动力触探装置

重型动力触探试验也是在现场进行的一种原位测试。这项试验的方法同标准贯入试验较相似，区别在于将贯入器贯入土中深为10cm所需的锤击数记为$N_{63.5}$。重型动力触探装置如图1-2-9所示。

碎石土密实度可根据重型动力触探锤击数$N_{63.5}$按表1-2-6进行分级。当缺乏试验数据时，碎石土平均粒径大于50mm或最大粒径大于100mm时，可按《公路桥涵地基与基础设计规范》(JTG 3363—2019)附录表A.0.2鉴别其密实度。

碎石土密实度　　表 1-2-6

锤击数 $N_{63.5}$	$N_{63.5}>20$	$10<N_{63.5}\leqslant 20$	$5<N_{63.5}\leqslant 10$	$N_{63.5}\leqslant 5$
密实度	密实	中密	稍密	松散

注：1. 本表适用于平均粒径小于或等于50mm且最大粒径不超过100mm的卵石、碎石、圆砾、角砾。

2. 表内 $N_{63.5}$ 为经修正后锤击数的平均值。

黏性土的稠度状态

二、细粒土（黏性土）的稠度

（一）黏性土的稠度

黏性土因含水率变化而表现出来的各种不同物理状态，称稠度，稠度实质上是反映由于土的含水率不同，土粒相对活动的难易程度或土粒间的联结程度。

随着含水率的变化，黏性土由一种稠度状态转变为另一种状态，对应于转变点的含水率称界限含水率，也称稠度界限。

在工程实践中，各种稠度界限中意义最大的是从半固态过渡到塑态的塑限 ω_P 和从塑态过渡到液态的液限 w_L。当黏性土的含水率在这两个稠度界限范围内时，土处于塑态，具塑性体性质。只有黏性土才可能处于塑态，具有可塑性。所谓可塑性，是指土在外力作用下可以被揉塑成任意形状而不破坏土粒间的联结，并且在外力解除以后也不恢复原来形状，仍然保持已有的变形。

由于黏性土的可塑性是在含水率界于液限和塑限之间才表现出来，故可塑性的强弱可由这两个界限含水率的差值大小来反映，其差值愈大，意味着黏性土处于塑态的含水率变化范围愈大，可塑性愈强；反之，差值愈小，可塑性愈弱。这个差值称为塑性指数 I_P，计算见式（1-2-17）。应用时通常省略百分号。

$$I_P=(w_L-w_P)\times 100 \tag{1-2-17}$$

土的天然含水率 w 虽然能表示天然状态下土的干湿状况，但不能具体说明稠度状态。通常采用液性指数 I_L 来鉴定土的稠度，I_L 计算见式（1-2-18）。

$$I_L=\frac{w-w_P}{w_L-w_P} \tag{1-2-18}$$

液塑性联合测定

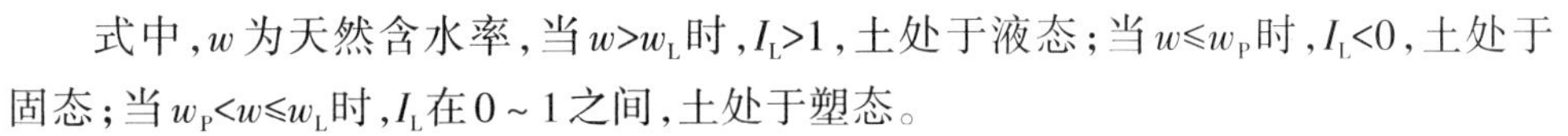

式中，w 为天然含水率，当 $w>w_L$ 时，$I_L>1$，土处于液态；当 $w\leqslant w_P$ 时，$I_L<0$，土处于固态；当 $w_P<w\leqslant w_L$ 时，I_L 在0～1之间，土处于塑态。

其中，w 可用烘干法、酒精燃烧法测定，w_L 可用液塑限联合测定法或液限碟式仪法测定，w_P 可用液塑限联合测定法或滚搓法测定。

黏性土的塑性指数大小，主要取决于土中黏粒、胶粒的含量及矿物成分的亲水性。即土中黏粒、胶粒含量越多，亲水性越强，土的塑性指数越大，反之则越小。《公路桥涵地基与基础设计规范》（JTG 3363—2019）中规定用塑性指数 I_P 对细颗粒土进行分类，如表1-2-7所示。

土按塑性指数（I_P）分类　　表 1-2-7

塑性指数 I_P	$I_P>17$	$10<I_P\leqslant 17$
土的名称	黏土	粉质黏土

《公路路面基层施工技术细则》(JTG/T F20—2015)中规定：级配碎石或砾石细集料的塑性指数应不大于12。不满足要求时，可加石灰、无塑性的砂或石屑掺配处理。

黏性土的软硬状态用液性指数I_L来划分，见表1-2-8。

黏性土的软硬状态分类 表1-2-8

液性指数I_L	$I_L \leq 0$	$0 < I_L \leq 0.25$	$0.25 < I_L \leq 0.75$	$0.75 < I_L \leq 1$	$I_L > 1$
状态	坚硬	硬塑	可塑	软塑	流塑

应当指出，根据液性指数所判定的稠度状态的标准值，是以室内扰动土样测定的，未考虑其土的结构影响，故只能作参考。在自然界中，除少数近代最新沉积的饱水黏性土外，一般黏土都具有较强的结构联结，故天然含水率大于塑限时，并不表现为塑性状态，仍呈半固态；天然含水率超过液限时，也不表现为液流状态。只有天然结构被破坏后才表现出塑态或流态。自然界黏性土的这种现象称为潜塑状态或潜流状态。

对此有关部门的土工试验规程建议在原状土样上直接用锥式液限仪的贯入深度判定土的状态，其划分标准见表1-2-9。

根据平衡锥贯入原状土深度确定土的天然稠度 表1-2-9

锥体入土深度(mm)	<2	2~3	3~7	7~10	>10
土的天然稠度状态	坚硬	硬塑	可塑	软塑	流塑
液性指数I_L	<0	0~0.125	0.125~0.625	0.625~1.0	>1.0
物理状态	半固态	塑态			液态

灵敏度为黏性土的原状土无侧限抗压强度与原土结构完全破坏的重塑土的无侧限抗压强度的比值，其表达式见式(1-2-19)：

$$S_t = \frac{q_u}{q_u'} \tag{1-2-19}$$

式中：S_t——土的灵敏度；

q_u——无侧限条件下，原状土抗压强度；

q_u'——无侧限条件下，扰动土抗压强度。

灵敏度反映黏性土结构性的强弱。根据灵敏度的数值大小黏性土可按表1-2-10划分。

黏性土结构性强弱划分 表1-2-10

灵敏度S_t	≥8	4~8	2~4
结构性强弱	特别灵敏性黏土	灵敏性黏土	一般黏土

遭遇灵敏度高的土，施工时应特别注意保护基槽，防止人来车往，践踏基槽，破坏土的结构，降低地基强度。

当黏性土结构受扰动时，土的强度降低，但静置一段时间，土的强度又逐渐增强，这种性质称为土的触变性。例如，在黏性土中打预制桩，桩周围土的结构受破坏，强度降低，使桩容易被打入。

(二)黏性土稠度状态变化的本质

黏性土随着含水率不断增加,土的状态变化为固态→半固态→塑态→液态(图1-2-10),相应地,地基土的承载力基本值由f_0>450kPa逐渐下降为f_0<45kPa,即承载力基本值相差10倍以上。由此可见,黏性土最主要的物理特性是土粒与土中水相互作用产生的稠度,即土的软硬程度或土对外力引起变形或破坏的抵抗能力。

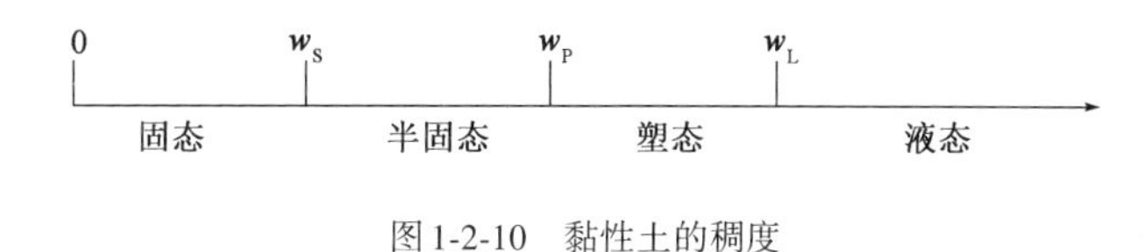

图1-2-10 黏性土的稠度

小组学习

学习了土的物理状态指标,请用思维导图总结归纳该任务点的内容。请思考引用相对密实度的概念评价砂土的密实程度的原因,引用液性指数的概念评价黏性土的稠度状态的原因,以及在实际应用中应注意的问题。

土的物理状态指标要点总结

知识小测

学习了任务点3内容,请大家完成知识小测并思考以下问题。

1. 无黏性土最主要的物理状态指标是什么?用孔隙比e、相对密实度D_r和标准贯入试验锤击数N来划分密实度各有何优缺点?

2. 黏性土最主要的物理特征是什么?何谓塑限?如何测定?何谓液限?如何测定?

3. 塑性指数的定义和物理意义是什么?

4. (2017年公路水运试验检测工程师道路工程真题)液塑限联合测定法测定土的液限和塑限,主要步骤如下:①试杯装好土样;②接通电源,调平机身打开开关,提上锥体;③使锥尖接触土样表面;④锥体立刻自行下沉;⑤5秒时自动停止下落;⑥指示灯亮停止旋动旋钮;⑦锥体复位,读数显示为零。正确的测定顺序是( )。

A. ①②③④⑤⑥⑦　　B. ②①③⑥④⑤⑦

C. ②①③④⑤⑥⑦　　D. ①②③⑥④⑤⑦

5. (2017年公路水运试验检测工程师道路工程真题)砂的相对密度测定过程中,首先测定下面主要参数( ),然后通过计算得到砂的相对密度。

A. 最大孔隙比　　B. 含水率　　C. 天然孔隙比　　D. 最小孔隙比

任务点4 土的压实性测定

问题导学

路堤填筑施工过程中，压实是最重要的环节，如果你是路基施工技术人员，该如何控制压实质量？请结合以下问题完成该任务点学习：

1. 影响路基土压实效果的因素有哪些？
2. 通过控制哪些指标可以提高压实效果？
3. 土的击实试验获得两个指标有何工程意义？
4. 压路机碾压遍数越多，路基土是否越密实？为什么？

知识讲解

在工程建设中，经常遇到填土压实的问题，例如修筑道路、堤坝、飞机场、运动场、挡土墙和埋设管道、建筑物基础的回填等。填土经过挖掘搬运之后，原状结构已被破坏，天然含水率亦有变化，其性质与原土有所不同。未经过压实的填土，其孔隙、空洞较多，强度较低，压缩量极大而不均匀，遇水很不稳定，不能作为土工构筑物或地基。必须按一定的标准，采用重锤夯实、机械碾压或振动等方法分层击实或压实。在动荷载作用下，土块或土粒移动重新排列，消除空洞、减少孔隙，填土的密实度增大，强度增强，压缩性降低，透水性减弱，遇水较稳定等，满足工程的要求。

一、土的压实性及其影响因素

研究土的填筑特性常用现场填筑试验和室内击实试验两种方法。现场填筑试验是在现场选一试验地段，按设计要求和施工方法进行填土，并同时进行有关测试工作，以探究填筑条件（如土料、堆填方法、压实机械等）和填筑效果（如土的密实度）的关系，它能反映实际情况，但所需时间和费用较多，只在重大工程中进行。室内击实试验是近似地模拟现场填筑情况，是一种半经验性的试验。室内击实试验是目前研究填土击实特性的一个重要方法。

土的压实度

（一）土的压实性

土的压实性是指通过振动、夯实和碾压等方法调整土粒排列，进而增加密实度、减小压缩性和渗透性。由于击实功是瞬时地作用于土体，土体内的气体有所排出，但含水率基本不变，土块或土粒移动靠近，土的孔隙体积变小，密实度增大。土的压密程度一般用干密度来表示，它与土的含水率和压实功的关系密切。研究土的压实性的目的在于揭示击实作用下土的干密度、含水率和击实功三者之间的关系和基本规律，从而选定符合工程需求的填土的干密度与相应含水率，以及达到相应击实标准所需要的最小击实功。

（二）土压实性的影响因素

影响土压实性的因素有内因和外因两方面，内因主要是含水率和土的性质，外因指压实功、压实厚度、压实机具和压实方法等。

1.含水率

土的含水率对压实效果的影响比较显著。当土的含水率较小时，粒间引力使土保持着比较疏松的状态或凝聚结构，土中空隙大都互相连通，水少而气多，在一定的外部实功的作用下，虽然土粒空隙中的气体易被排出，密度增大，但由于水膜润滑作用不明显及外部压实功作用不足以克服粒间引力，土粒相对移动不容易，压实效果比较差；当含水率逐渐增大时，水膜变厚，引力缩小，水膜起润滑作用，外部压实功比较容易使土体发生相对移动，压实效果渐佳；当土的含水率过大时，空隙中出现了自由水，气体无法被排出，压实功的一部分被自由水抵消，有效压力减小，压实效果变差。因此，在一定压实功的作用下，含水率的变化会导致土的干密度随之变化，当达到某一含水率（最佳含水率）时，土的干密度达到最大值，即最大干密度。土的含水率与干密度的关系曲线如图1-2-11所示。

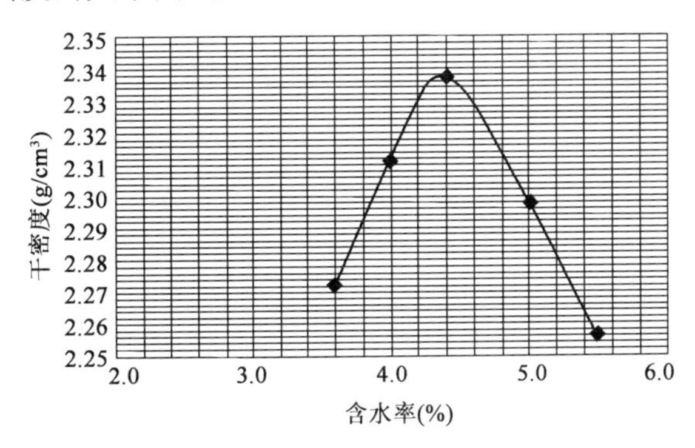

图1-2-11 土的含水率和干密度的关系曲线

然而，当含水率较小时，土粒间的引力较大，虽然干密度较小，但其数值可能比最佳含水率对应的干密度数值还要高，而且此时密实度较低，空隙较多，一经饱水，其数值会急剧下降。因此，可得出一个结论，即在最佳含水率条件下压实的土的水稳性最好。

2.土的性质

在同一压实功的作用下，含粗粒越多的土，其最大干密度越大，最佳含水率越小。不同性质的土，其击实曲线相似，但最大干密度与最佳含水率不同。不同土的击实试验结果表明，分散性较高的土，其最佳含水率的值较大，最大干密度的值较小；亚砂土和亚黏土的压实性能较好，而黏性土的压实性能较差。

3.压实功

同一类土，其最佳含水率随压实功的增大而减小，而最大干密度则随压实功的增大而增大。当土偏干时，增大压实功对提高干密度的影响较大，当土偏湿时则收效甚微。故对偏湿的土用增大压实功的办法来提高其密实度是不经济的，若土的含水率过大，此时增大压实功就会出现“弹簧”现象。另外，当压实功增大到一定程度时，对减小最佳含水率和增大最大干密度的影响都不再明显，这就说明单纯通过增大压实功来增大土的密实度未必合算，而且压实功过大还会破坏土体的结构。

4.压实厚度

在相同土质和相同压实功的条件下，压实效果随压实厚度的增加而减弱。试验证明，表层的压实效果最佳,越到下面压实效果越差。因此,用不同的压实机械对不同的土质进行压实时控制的层厚不同。

5.压实机具

压实机具对压实的影响反映在两个方面:一方面,压实机具不同,压力传播的有效深度不同,一般情况下,夯击式机具的压力传播最深,振动式次之,静力式最浅;另一方面,压实机具的质量较小,碾压遍数越多,土的密实度越高,但密实度的增长速度随碾压遍数的增加而减小,并且密实度的增长有一个限度,达到限值后,继续以原来的压实机具对土体进行压实,只能引起弹性变形,而不能进一步提高密实度。当压实机具较重时,土的密实度随碾压遍数的增加而迅速增大,但超过某一极限后,土的变形急剧增大而发生破坏。

当前,压实度不达标是路面破损、使用状况差、通行能力差、交通事故多的主要原因。这些给路面使用性能的发挥带来了不利影响。公路上经常看到路面开裂、沉陷等病害,究其原因,病害出现在路面上,但病根往往在路基上。路基及回填土的压实,目的在于提高其强度和稳定性,降低路基的透水性,减少由其引起的不均匀变形,从而保证路面具有足够的抵抗车辆荷载作用的力学强度和稳定性,延长道路的使用年限。在公路施工中,掌握影响路基压实度的因素才能对压实质量加以控制,确保路基施工的顺利完成。

土的击实试验

二、土的压实试验

土的压实试验主要包括土的击实试验,以及无黏性自由排水粗粒土和巨粒土的表面振动压实试验。

(一)黏性土

1.黏性土击实特性

当含水率较低时,土的干密度较小,随着含水率的增加,土的干密度也逐渐增大,表明压实效果逐步提高;当含水率超过某一限量时,干密度则随着含水率的增大而减小,即压实效果下降。这说明土的压实效果随着含水率变化而变化,并且击实曲线上会出现一个峰值,与这个峰值对应的含水率就是最优含水率。

黏性土的击实机理:当含水率较小时,土中水主要是强结合水,土粒周围的水膜很薄,颗粒间具有很大的分子引力阻止颗粒移动,颗粒受到外力作用时不易改变原来位置,因此压实就比较困难。当含水率增大时,土中结合水膜变厚,土粒间的联结力减弱,土粒易于移动,压实效果就变好。但当含水率继续增大时,土中水膜变厚,以致土中出现了自由水,击实时由于土样受力时间较短,孔隙中过多的水分不易立即被排出,势必阻止土粒的靠拢,所以击实效果下降。

2.击实试验

模拟工程现场的夯实原理,利用标准化的击实仪和操作规程,对土料施加一定的冲击荷载以压实,从而确定所需的最大干密度和最佳含水率,作为填土施工质量控制的主要依据。具体操作详见《公路土工试验规程》(JTG 3430—2020)。

(二)无黏性土

1.无黏性土压实特性

无黏性土(主要是砂和砂砾等粗粒土)的压实性也与含水率有关,不过一般不存在一个最优含水率,在完全干燥或者充分饱和的情况下容易压实到较大的干密度。潮湿状态下,由于毛细压力增加了粒间阻力,压实干密度显著降低。粗砂在含水率为4%~5%、中砂在含水率为7%左右时,压实干密度最小。所以,在压实砂砾时可充分洒水使土料饱和。工程实践证明,对于粗粒土的压实,应该有一定静荷载与动荷载联合作用,以达到较好的压实度。所以,对于不同性质的粗粒土,振动碾是最为理想的压实工具之一。

2.表面振动压实试验

利用振动器将粗粒土加速度作用于试验样品上,通过周期性的振动来压实粗粒土。在振动过程中,土颗粒之间的接触频率增加,粗粒土颗粒之间的摩擦力增大,从而使粗粒土排列更加紧密。同时,土颗粒的排列更加紧密,从而提高粗粒土的密度和坚实度。具体操作详见《公路土工试验规程》(JTG 3430—2020)。

小组学习

(1)假设某新建一级公路土方路基工程施工中,K2+600~K3+823填土高度为0~80cm,施工方选择细粒土,分两层进行碾压。在路基施工现场,推土机首先将土推平,之后洒水车进行洒水作业,接着平地机进行找平,在这样的工序下,土体变得松散,土颗粒之间空隙很多,那么压路机碾压到什么程度才是合格的呢?在施工过程中如何控制压实质量呢?

(2)根据学习到的土的压实性知识,请用思维导图表示土的压实性影响因素及原因分析,要求包含提高压实效果的措施。

要点总结

土的压实性要点总结

知识小测

学习了任务点4内容,请大家完成知识小测并思考以下问题。

1.(2017年公路水运工程试验检测工程师道路工程真题)围绕土的击实试验原理和方法回答下列问题。

(1)击实试验结果处理时所用的含水率是(　　)。

A. 最佳含水率　　B. 天然含水率

C. 预配含水率　　D. 试件实测含水率

(2)在黏性土中加入砂后,其击实特性的变化是(　　)。

A. 最大干密度减小,最佳含水率增大

B. 最大干密度增大,最佳含水率减小

C. 最大干密度增大,最佳含水率不变

D. 最大干密度和最佳含水率都基本不变

(3)击实试验可分别采用干法制样和湿法制样,下列说法不正确的是(　　)。

A. 干法制样的土可以重复使用,加水按2%~3%含水率递增

B. 干法制样和湿法制样的土都不能重复使用,加水按2%~3%递增

C. 湿法制样的土可以重复使用,加水按2%~3%含水率递增

D. 干法制样和湿法制样的土都可以重复使用,加水按2%~3%含水率递增

(4)从击实试验的结果可以得到土的含水率与干密度关系曲线,下列有关该曲线的描述不正确的是(　　)。

A. 击实曲线一般有个峰点,这说明在一定击实功作用下,只有当土的含水率为某一定值(最佳含水率)时,土才能击实至最大干密度。若土的含水率小于或大于最佳含水率,则所得到的干密度都小于最大值

B. 当土偏干时,含水率的变化对干密度的影响要比土偏湿时含水率的变化对其的影响更为明显,一般曲线的左段较右段陡

C.《公路土工试验规程》(JTG 3430—2020)中含水率与干密度曲线右侧的一根曲线称为饱和曲线,它表示当土在饱和状态时的含水率与干密度之间的关系,饱和曲线与击实曲线永远不相交

D. 增加击实功就能将土中气体全部排出,击实曲线就能与饱和曲线相交

2.(2020年公路水运试验检测工程师道路工程真题)采用表面振动压实仪法测定材料的最大干密度,其适用条件包括(　　)。

A. 通过0.075mm标准筛的土颗粒质量百分数不大于15%

B. 堆石料

C. 无黏性自由排水粗粒土

D. 无黏性自由排水巨粒土

3.(2022年公路水运试验检测工程师道路工程真题)某试验检测人员根据《公路土工试验规程》(JTG 3430—2020)开展土的击实试验,请根据击实试验相关要求完成下列题目。

(1)击实试验的试样准备,可以采用的方法有(　　)。

A. 干土法,土样可重复使用

B. 干土法,土样不宜重复使用

C. 湿土法,土样可重复使用

D. 湿土法,土样不宜重复使用

(2)关于击实曲线绘制的一般做法描述正确的有(　　)。

A. 以干密度为纵坐标,含水率为横坐标

B. 以干密度为横坐标,含水率为纵坐标

C. 曲线不能绘出明显的峰值点时,可补点

D. 曲线不能绘出明显的峰值点时,可重做

(3)同一个土样品,在相同条件下,关于轻型和重型击实的干密度试验结果表述正确的是(　　)。

A. 重型击实结果偏大　　B. 轻型击实结果偏大

C. 结果相同　　D. 无规律

(4)关于击实试验结果的确定表述正确的有(　　)。

A. 根据击实曲线上峰值点位置可确定最大干密度、最佳含水率

B. 试样中含有大于40mm的颗粒时,无须对试验所得的最佳含水率进行校正

C. 试样中含有大于40mm的颗粒时,应对试验所得的最大干密度进行校正

D. 最大干密度计算结果应精确至0.01g/cm^3

(5)按照单位体积击实功差异,击实试验方法可分为(　　)。

A. 轻型击实　　B. 重型击实

C. 旋转压实　　D. 表面振动压实

任务点5　土的工程分类

问题导学

根据现场勘察,附近取土场的土体为黑褐色砂性土和粉土,请结合以下问题完成该任务点学习:

1. 根据《公路土工试验规程》(JTG 3430—2020),请问砂性土属于巨粒土、粗粒土还是细粒土?
2. 砂性土是如何命名的?其代号是什么?
3. 粉土是如何命名的?其代号是什么?
4. 如何判断取土场中土体是否为有机质土?

知识讲解

土是自然地质历史的产物,它的成分、结构和性质千变万化,其工程性质也千差万别。为了能大致地判断土的基本性质,合理地选择研究内容及方法,以及方便科学技术交流,有必要对土进行科学分类。

总体看来,国内外对分类的一般原则是:①粗粒土按粒度成分及级配特征分类;②细粒土按塑性指数和液限,即塑性图法分类;③有机土和特殊土则分别单独各列为一类。

一、《公路土工试验规程》(JTG 3430—2020)中土的分类

(一)一般规定

(1)土的工程分类适用于公路工程用土的鉴别、定名和描述,以便对土的性状作定性评价。

(2)土的分类应依据下列指标:

①土的颗粒组成特征。

②土的塑性指标:液限(w_L)、塑限(w_P)和塑性指数(I_P)。

③土中有机质含量。

(3)土的颗粒应根据图1-2-12所列粒径范围划分粒组。

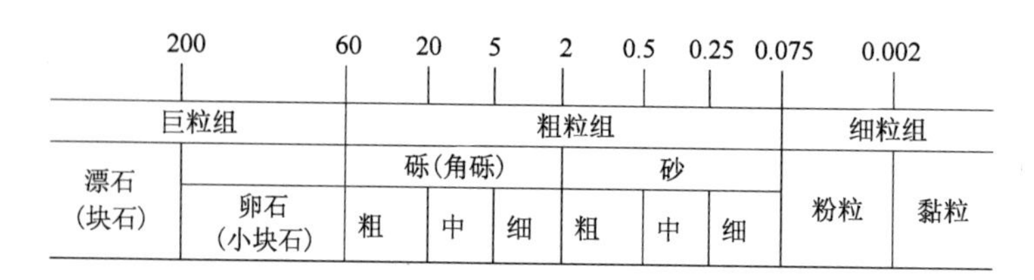

图1-2-12 粒组划分图(单位:mm)

(4)土可分为巨粒土、粗粒土、细粒土和特殊土,对于特殊成因和年代的土类尚应结合其成因和年代特征定名,土分类总体系见图1-2-13。

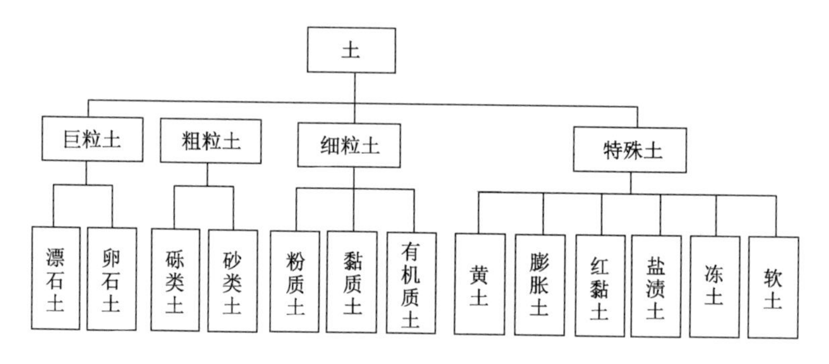

图1-2-13 土分类总体系

(5)细粒土应根据塑性图分类。土的塑性图是以液限(w_L)为横坐标、塑性指数(I_P)为纵坐标构成。

(6)土的成分、级配、液限和特殊土等基本代号应按下列规定构成:

①土的成分代号如表1-2-11所示。

土的分类代号 表1-2-11

土的分类	漂石	块石	卵石	小块石	砾	角砾	砂	粉土	黏土	细粒土	混和土(粗、细粒土合称)	有机质土
代号	B	Ba	Cb	Cba	G	Ga	S	M	C	F	SI	O

②土的级配代号:级配良好——W;级配不良——P。

③土液限高低代号:高液限——H;低液限——L。

④特殊土代号:黄土——Y;膨胀土——E;红黏土——R;盐渍土——St;冻土——Ft;软土——Sf。

(7)土类的名称和代号见表1-2-12。

土类的名称和代号

表1-2-12

名称	代号	名称	代号	名称	代号
漂石	B	粉土质砾	GM	含砂低液限粉土	MLS
块石	Ba	黏土质砾	GC	高液限黏土	CH
卵石	Cb	级配良好砂	SW	低液限黏土	CL
小块石	Cba	级配不良砂	SP	含砾高液限黏土	CHG
漂石夹土	BSl	粉土质砂	SM	含砾低液限黏土	CLG
卵石夹土	CbSl	黏土质砂	SC	含砂高液限黏土	CHS
漂石质土	SlB	高液限粉土	MH	含砂低液限黏土	CLS
卵石质土	SlCb	低液限粉土	ML	有机质高液限黏土	CHO
级配良好砾	GW	含砾高液限粉土	MHG	有机质低液限黏土	CLO
级配不良砾	GP	含砾低液限粉土	MLG	有机质高液限粉土	MHO
含细粒土砾	GF	含砂高液限粉土	MHS	有机质低液限粉土	MLO

土的工程分类在公路路基施工中是非常重要的。不同的土质及不同的土层厚度,选取的压实机具也不同,对于砂性土,振动式的压实效果较好,夯击式次之,碾压式较差。对于黏性土,宜选用碾压式或夯击式,振动式压实效果较差甚至无效。做好工程分类才能让工程顺利开展。

(二)巨粒土分类

(1)巨粒土应按图1-2-14定名分类。

①巨粒组质量大于总质量75%的土称漂(卵)石。

②巨粒组质量为总质量50%~75%(含75%)的土称漂(卵)石夹土。

③巨粒组质量为总质量15%~50%(含50%)的土称漂(卵)石质土。

④巨粒组质量小于或等于总质量15%的土,可扣除巨粒,按粗粒土或细粒土的相应规定分类定名。

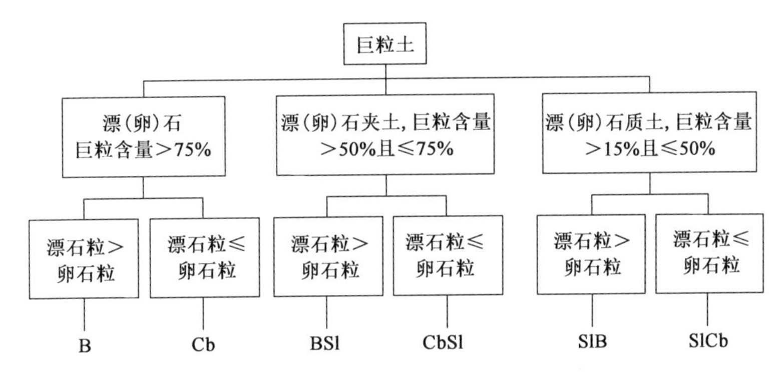

图1-2-14 巨粒土分类体系

注:1.巨粒土分类体系中的漂石换成块石,B换成Ba,即构成相应的块石分类体系。

2.巨粒土分类体系中的卵石换成小块石,Cb换成Cba,即构成相应的小块石分类体系。

(2)漂(卵)石应按下列规定定名:

①漂石粒组质量大于卵石粒组质量的土称漂石,记为B。

②漂石粒组质量小于或等于卵石粒组质量的土称卵石,记为Cb。

(3)漂(卵)石夹土应按下列规定定名:

①漂石粒组质量大于卵石粒组质量的土称漂石夹土,记为BSl。

②漂石粒组质量小于或等于卵石粒组质量的土称卵石夹土,记为CbSl。

(4)漂(卵)石质土应按下列规定定名:

①漂石粒组质量大于卵石粒组质量的土称漂石质土,记为SlB。

②漂石粒组质量小于或等于卵石粒组质量的土称卵石质土,记为SlCb。

③如有必要,可按漂(卵)石质土中的砾、砂、细粒土含量定名。

(三)粗粒土分类

(1)试样中巨粒组土粒质量小于或等于总质量15%,且巨粒组土粒与粗粒组土粒质量之和大于总土质量50%的土称粗粒土。

(2)粗粒土中砾粒组质量大于砂粒组质量的土称砾类土。砾类土应根据其中细粒含量和类别以及粗粒组的级配进行分类,分类体系见图1-2-15。

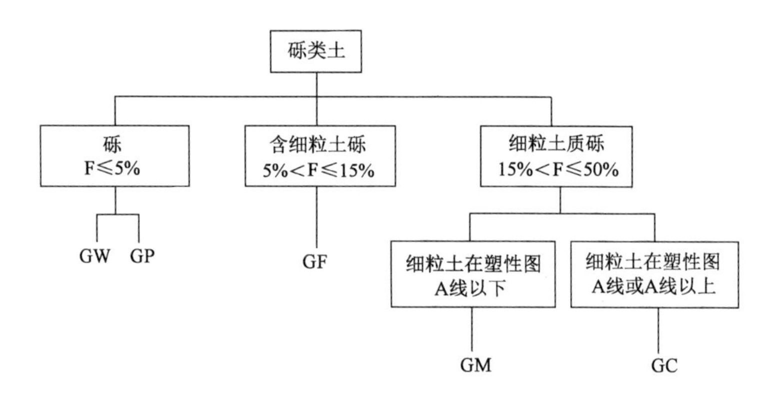

图1-2-15 砾类土分类体系

注:砾类土分类体系中的砾石换成角砾,G换成Ga,即构成相应的角砾土分类体系。

①砾类土中细粒组质量小于或等于总质量5%的土称砾,按下列级配指标定名:

当C_u≥5,且C_c=1~3时,称级配良好砾,记为GW;否则称级配不良砾,记为GP。

②砾类土中细粒组质量为总质量5%~15%(含15%)的土称含细粒土砾,记为GF。

③砾类土中细粒组质量大于总质量的15%,并小于或等于总质量的50%的土称细粒土质砾,按细粒土在塑性图中的位置定名:

a. 当细粒土位于塑性图A线以下时,称粉土质砾,记为GM。

b. 当细粒土位于塑性图A线或A线以上时,称黏土质砾,记为GC。

(3)粗粒土中砾粒组质量小于或等于砂粒组质量的土称砂类土。砂类土应根据其中细粒含量和类别以及粗粒组的级配进行分类,分类体系见图1-2-16。

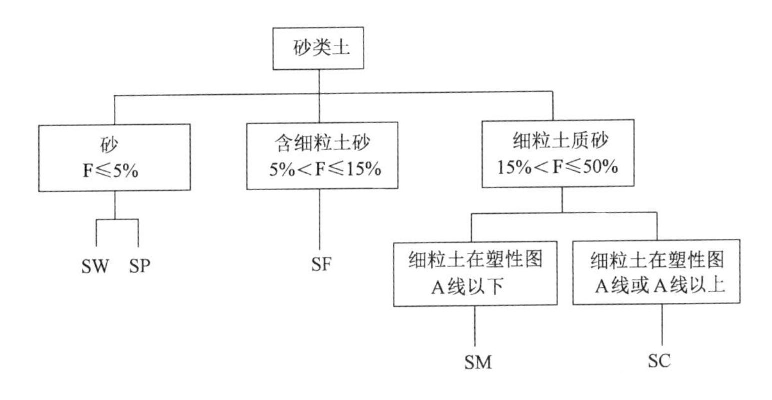

图1-2-16 砂类土分类体系

注:需要时,砂可进一步细分为粗砂、中砂和细砂,定名时应根据颗粒级配由大到小以最先符合者确定。

根据粒径分组由大到小,以首先符合者命名。

①砂类土中细粒组质量小于或等于总质量5%的土称砂,按下列级配指标定名:

当$C_u \geqslant 5$,$C_c=1 \sim 3$时,称级配良好砂,记为SW;否则称级配不良砂,记为SP。

②砂类土中细粒组质量为总质量5%~15%(含15%)的土称含细粒土砂,记为SF。

③砂类土中细粒组质量大于总质量的15%,并小于或等于总质量的50%的土称细粒土质砂,按细粒土在塑性图中的位置定名:

a. 当细粒土位于塑性图A线以下时,称粉土质砂,记为SM。

b. 当细粒土位于塑性图A线或A线以上时,称黏土质砂,记为SC。

《公路路面基层施工技术细则》(JTG/T F20—2015)中规定:用作被稳定材料的粗集料宜采用各种硬质岩石或砾石加工成的碎石,也可直接采用天然砾石。作为高速公路、一级公路底基层和二级及二级以下公路基层、底基层被稳定材料的天然砾石材料宜满足粗集料技术要求的规定,并应级配稳定、塑性指数不大于9。

《公路路基施工技术规范》(JTG/T 3610—2019)中对路基填料作出规定:宜选用级配好的砾类土、砂类土等粗粒土作为填料。高速公路、一级公路路床填料宜采用砂砾、碎石等水稳性好的粗粒料,也可采用级配好的碎石土、砾石土等;粗粒料缺乏时,可采用无机结合料改良细粒土。

(四)细粒土分类

(1)试样中细粒组土粒质量大于或等于总质量50%的土称细粒土,分类体系见图1-2-17。

(2)细粒土应按下列规定划分:

①细粒土中粗粒组质量小于或等于总质量25%的土称粉质土或黏质土。

②细粒土中粗粒组质量为总质量25%~50%(含50%)的土称含粗粒的粉质土或含粗粒的黏质土。

③试样中有机质含量大于或等于总质量的5%的土称有机质土;试样中有机质含量大于或等于10%的土称为有机土。

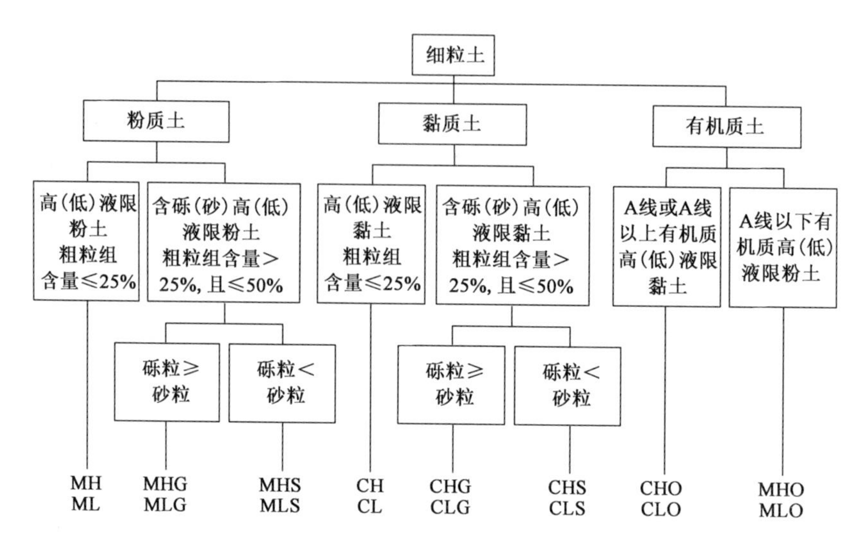

图1-2-17　细粒土分类体系

《公路路基施工技术规范》(JTG/T 3610—2019)中对路基填料作出规定:粉质土不宜直接用于填筑二级及二级以上公路的路床,不得直接用于填筑冰冻地区的路床及浸水部分的路堤。粉质土毛细作用明显,冻胀量大,其力学性能受含水率影响明显,因此不宜直接用于二级及二级以上公路的路床,也不得直接用于冰冻地区的路床和路堤浸水部分。

(3)细粒土应按塑性图分类。本"分类"的塑性图见图1-2-18,采用下列液限分区:低液限w_L<50%;高液限w_L≥50%。

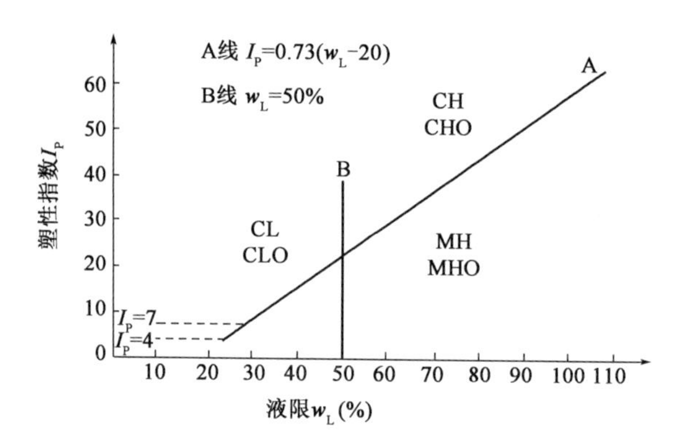

图1-2-18　塑性图

(4)细粒土应按其在图1-2-18所示塑性图中的位置确定土名称。

①当细粒土位于塑性图A线或A线以上时,按下列规定定名:

a. 在B线或B线以右,称高液限黏土,记为CH。

b. 在B线以左,I_P=7线以上,称低液限黏土,记为CL。

②当细粒土位于A线以下时,按下列规定定名:

a. 在B线或B线以右,称高液限粉土,记为MH。

b. 在B线以左,I_P=4线以下,称低液限粉土,记为ML。

③黏土~粉土过渡区(CL~ML)的土可以按相邻土层的类别考虑定名。

(5)本“分类”确定的是土的学名和代号,必要时允许附列通俗名称或当地习惯名称。

(6)含粗粒的细粒土应先按上述规定确定细粒土部分的名称,再按以下规定最终定名:

①当粗粒组中砾粒组质量大于砂粒组质量时,称含砾细粒土,应在细粒土代号后缀以代号“G”。

②当粗粒组中砂粒组质量大于或等于砾粒组质量时,称含砂细粒土,应在细粒土代号后缀以代号“S”。

(7)土中有机质包括未完全分解的动植物残骸和完全分解的无定形物质。后者多呈黑色、青黑色或暗色,有臭味,有弹性和海绵感。借目测、手摸及嗅感判别。

当不能判定时,可采用下列方法:将试样在105～110℃的烘箱中烘烤。若烘烤24h后试样的液限小于烘烤前的75%,该试样为有机质土。当需要测有机质含量时,按有机质含量试验进行。

(8)有机质土应根据图1-2-18按下列规定定名。

①位于塑性图A线或A线以上时:

在B线或B线以右,称有机质高液限黏土,记为CHO。

在B线以左,I_P=7线以上,称有机质低液限黏土,记为CLO。

②位于塑性图A线以下时:

在B线或B线以右,称有机质高液限粉土,记为MHO。

在B线以左,I_P=4线以下,称有机质低液限粉土,记为MLO。

③黏土～粉土过渡区(CL～ML)的土可以按相邻土层的类别考虑定名。

(五)特殊土分类

(1)各类特殊土应根据其工程特性进行分类。

《公路路基施工技术规范》(JTG/T 3610—2019)中对路基填料作出规定:泥炭土、淤泥、冻土、强膨胀土、有机质土及易溶盐超过允许含量的土等,不得直接用于填筑路基;确需使用时,应采取技术措施进行处理,经检验满足要求后方可使用。

《公路路面基层施工技术细则》(JTG/T F20—2015)中规定:用作级配碎石或砾石的粗集料应采用具有一定级配的硬质石料,且不应含有黏土块、有机物等。

(2)盐渍土根据含盐性质和盐渍化程度按表1-2-13、表1-2-14进行分类,其他特殊土的进一步细分可根据相关规范和工程要求进行。

盐渍土按含盐性质分类 表1-2-13

盐渍土名称	离子含量比值	
	Cl^-/SO_4^{2-}	$(CO_3^{2-}+HCO_3^-)/(Cl^-+SO_4^{2-})$
氯盐渍土	>2.0	—
亚氯盐渍土	1.0～2.0	—
亚硫酸盐渍土	0.3～1.0	—
硫酸盐渍土	<0.3	—
碳酸盐渍土	—	>0.3

注:离子含量以1kg土中离子的毫摩尔数计(mmol/kg)。

盐渍土按盐渍化程度分类 表1-2-14

盐渍土类型	细粒土的平均含盐量（以质量百分数计）		粗粒土通过1mm筛孔土的平均含盐量（以质量百分数计）	
	氯盐渍土及亚氯盐渍土	硫酸盐渍土及亚硫酸盐渍土	氯盐渍土及亚氯盐渍土	硫酸盐渍土及亚硫酸盐渍土
弱盐渍土	0.3 ~ 1.0	0.3 ~ 0.5	2.0 ~ 5.0	0.5 ~ 1.5
中盐渍土	1.0 ~ 5.0	0.5 ~ 2.0	5.0 ~ 8.0	1.5 ~ 3.0
强盐渍土	5.0 ~ 8.0	2.0 ~ 5.0	8.0 ~ 10.0	3.0 ~ 6.0
过盐渍土	>8.0	>5.0	>10.0	>6.0

注：离子含量以100g干土内的含盐总量计。

《公路路基施工技术规范》(JTG/T 3610—2019)中对路基填料作出规定：盐渍土路堤的施工，应从基底处理开始连续施工。在设置隔断层的地段，宜连续填筑到隔断层的顶部。地下水位高的黏性盐渍土地区，宜在夏季施工；砂性盐渍土地区，宜在春季和夏初施工；强盐渍土地区，宜在表层含盐量低的春季施工。

二、《公路桥涵地基与基础设计规范》(JTG 3363—2019)中土的分类

1. 碎石土

碎石土为粒径大于2mm的颗粒含量超过总质量50%的土。碎石土可按表1-2-15分类。

碎石土的分类 表1-2-15

土的名称	颗粒形状	粒组含量
漂石	圆形及亚圆形为主	粒径大于200mm的颗粒含量超过总质量50%
块石	棱角形为主	
卵石	圆形及亚圆形为主	粒径大于20mm的颗粒含量超过总质量50%
碎石	棱角形为主	
圆砾	圆形及亚圆形为主	粒径大于2mm的颗粒含量超过总质量50%
角砾	棱角形为主	

注：碎石土分类时根据粒组含量从大到小以最先符合者确定。

2. 砂土

砂土为粒径大于2mm的颗粒含量不超过总质量50%且粒径大于0.075mm的颗粒超过总质量50%的土。砂土可按表1-2-16进行分类。

砂土分类 表1-2-16

土的名称	粒组含量
砾砂	粒径大于2mm的颗粒含量占总质量25% ~ 50%
粗砂	粒径大于0.5mm的颗粒含量超过总质量50%
中砂	粒径大于0.25mm的颗粒含量超过总质量50%
细砂	粒径大于0.075mm的颗粒含量超过总质量85%
粉砂	粒径大于0.075mm的颗粒含量超过总质量50%

注：砂土分类时根据粒组含量从大到小以最先符合者确定。

3. 粉土

粉土为塑性指数I_p≤10且粒径大于0.075mm的颗粒含量不超过总质量50%的土。

4. 黏性土

黏性土为塑性指数I_p>10且粒径大于0.075mm的颗粒含量不超过总质量50%的土。黏性土应根据塑性指数按表1-2-17进行分类。

黏性土的分类 表1-2-17

塑性指数I_p	土的名称	塑性指数I_p	土的名称
$I_p>17$	黏土	$10<I_p\leq 17$	粉质黏土

5. 特殊性土

具有一些特殊成分、结构和性质的区域性地基土应定为特殊性土，如软土、膨胀土、湿陷性土、红黏土、盐渍土和填土等。

(1)对滨海、湖沼、谷地、河滩等处天然含水率高、天然孔隙比大、抗剪强度低且符合表1-2-18规定的细粒土应定为软土，如淤泥、淤泥质土、泥炭、泥炭质土等。

软土地基鉴别指标 表1-2-18

指标名称	天然含水率w	天然孔隙比e	直剪内摩擦角φ	十字板剪切强度C_u	压缩系数a_{1-2}
指标值	≥35%或液限	≥1.0	宜小于5°	<35kPa	宜大于0.5MPa^{-1}

在静水或缓慢的流水环境中沉积，并经生物化学作用形成，其天然含水率大于液限、天然孔隙比大于或等于1.5的黏性土应定为淤泥。当天然含水率大于液限而天然孔隙比小于1.5但大于或等于1.0的黏性土或粉土可定为淤泥质土。

(2)土中黏粒成分主要由亲水性矿物组成，同时具有显著的吸水膨胀和失水收缩特性，其自由膨胀率大于或等于40%的黏性土应定为膨胀土。

(3)浸水后产生附加沉降且湿陷系数大于或等于0.015的土应定为湿陷性土。

(4)碳酸盐岩系的岩石经红土化作用形成的液限大于50的高塑性黏土应定为红黏土。红黏土经再搬运后仍保留其基本特征且其液限大于45的土应定为次生红黏土。

(5)土中易溶盐含量大于0.3%，并具有溶陷、盐胀、腐蚀等工程特性的土应定为盐渍土。

(6)填土根据其组成和成因，可分为素填土、压实填土、杂填土、冲填土。素填土为由碎石土、砂土、粉土、黏性土等组成的填土；经过压实或夯实的素填土为压实填土；杂填土为含有建筑垃圾、工业废料、生活垃圾等杂物的填土；冲填土为由水力冲填泥沙形成的填土。

小组学习

学习了土的工程分类，请用思维导图梳理比较《公路土工试验规程》(JTG 3430—2020)和《公路桥涵地基与基础设计规范》(JTG 3363—2019)中土的分类方法，要求包含土的类别及分类依据。

要点总结

土的工程分类要点总结

知识小测

学习了任务点5内容，请大家完成知识小测并思考以下问题。

1. 某土样已测得其液限 w_L=35%，塑限 w_P=20%，请利用塑性图查出该土的符号，并给该土定名。

2. 某饱和土样含水率为38.2%，土粒的相对密度2.73，密度1.71t/m³，水的密度取1.0g/cm³，塑限27.5%，液限42.1%。问：若要制备完全饱和、含水率为50%的土样，则每立方米土应加多少水？加水前和加水后土各处于什么状态？其定名各是什么？

3.（2022年公路水运试验检测工程师道路工程真题）根据土的工程分类，以下属于特殊土的是(　　)。

A. 粉质土　　B. 砂类土　　C. 卵石土　　D. 黄土

砂垫层和砂石垫层换填处理软土地基

砂垫层和砂石垫层是使用夯(压)实的砂或石垫层替换基础下部一定厚度的软土层，以起到提高基础下地基强度、承载力，减少沉降量，加速软土层的排水固结的作用，目前使用较为广泛。

1. 材料要求

砂垫层和砂石垫层所用材料，宜采用级配良好、质地坚硬的中砂、粗砂、砾砂、碎(卵)石、石屑或其他工业废粒料。在缺少中、粗砂和砾砂地区，也可采用细砂，同时掺入一定数量的碎石或卵石，其掺量按设计规定(含石量不大于50%)。所用砂石材料，不得含有草根、垃圾等有机杂质。用作排水固结地基的材料，含泥量宜不大于30%。碎石和卵石最大粒径宜不大于50mm。

2. 施工准备

施工前应验槽，先将浮土清除，基槽(坑)的边坡必须稳定，草地和两侧如有孔洞、沟、井等应加以填实。在地下水位高于基槽(坑)地面施工时，应采取排水或降低地下水位的措施，使基槽(坑)处于无积水状态。人工级配的砂、石材料，应按级配拌和均匀，再行铺填捣实。

3. 施工要点

砂垫层和砂石垫层的底面宜铺设在同一高程上，深度不同时，施工应按先深后浅的程序进行。土面应挖成台阶或斜坡搭接，搭接处应注意捣实。分段施工时，接头处应作成斜坡，每层错开0.5～1m，并应充分捣实。采用碎石垫层时，为防止基坑底面的表层软土发生局部破坏，应在基坑底部及四侧先铺一层砂，然后铺碎石垫层。垫层应分层铺垫，分层夯(压)实，铺设方法有平振法、插振法、水撼法、夯实法、碾压法等。平振法是用平板式振捣器来回振捣，振捣次数以简易测定密实度合格为准，振捣器移动时，每行应搭接1/3，以防振动面积不搭接。垫层铺设厚度为200～250mm，施工时最优含水率为15%～20%。此法不适用于细砂或含泥量较大的砂铺筑砂垫层。插振法是用插入式振捣器，根据机械的振幅大小来决定插入间距，不应插入下卧黏性土层,插入振捣完毕所留的孔洞,应用砂填实。每层铺设厚度应根据振捣器的插入深度确定。此法不适用于细砂或含泥量较大的砂铺筑砂垫层。夯实法适用木夯或机械夯,一夯压半夯,全面夯实。垫层铺设厚度为150～200mm,施工时最优含水率为8%～12%。此法较适用于砂石垫层。

(素材来源于网络)

模块二

工程地质条件识别与勘察

工程地质条件是指与工程建设有关的地质条件总和,它包括土和岩石的工程性质、地质作用、自然地质现象、地质构造、地貌、水文地质等几个方面。工程地质条件识别与勘察主要是通过对工程地质条件的综合分析,为工程建设提供科学依据,从而保障工程建设的安全、稳定和可持续性发展。它可以帮助工程设计人员了解地质条件,评估工程地质风险,从而制定出合理的工程设计方案,如在设计桥梁、隧道等工程时,需要考虑地质构造、地下水、岩土力学等地质条件对工程的影响;它可以为工程建造提供技术支持,如在进行土方开挖、基础施工等工程时,需要对地质条件进行分析和评估,以确定合适的施工方法和工程措施;它还可以为工程使用和维护提供科学依据,以保证工程的安全和可靠性,如在进行地铁、高速公路等的日常维护时,需要对地质条件进行监测和评估,以及时发现和处理地质灾害隐患等。

工程地质条件识别与勘察在工程建设的各个阶段都扮演着重要的角色,高度重视并加强其相关知识的学习和研究,可为工程建设提供更加可靠的技术支持。

本模块包含地质作用分析、地貌识别、水文地质条件分析、地质构造识别、工程地质勘察报告和工程地质图五个学习单元,如下图所示。学生通过对各单元的学习,可熟悉工程地质条件识别与勘察的全工作流程,为日后实际应用打下坚实的基础。

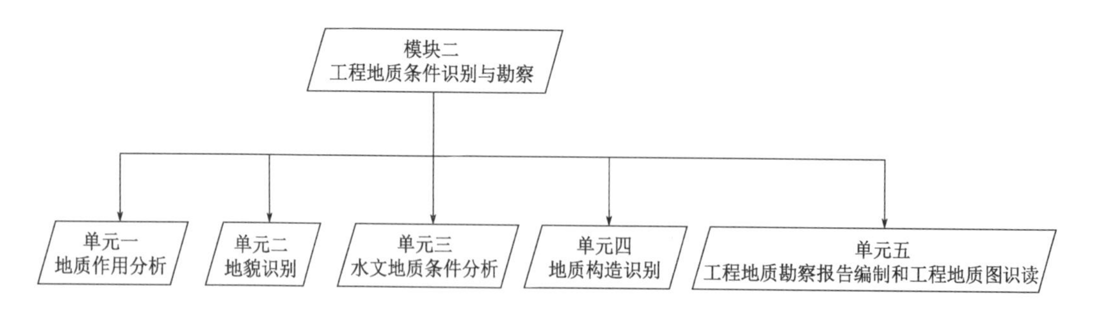

单元一 地质作用分析

知识目标

1.知道地质作用、内动力地质作用和外动力地质作用的定义;知道内、外动力地质作用各自包含的作用类型。

2.知道变质作用的类型;大体区分不同的变质作用;知道导致变质作用发生的影响因素。

3.知道风化作用的三种类型;理解岩石性质、结构、构造与风化作用的关系;理解风化作用与工程活动之间的关系。

4.知道地质年代定义;能区分地质年代单位和地层单位;知道相对地质年代法和绝对地质年代法的定义及使用方法。

5.领会地质年代口诀。

6.知道沉积岩相对地质年代确定的四种方法、岩浆岩相对地质年代确定的两种方法、沉积岩之间的接触关系、沉积岩和岩浆岩之间的接触关系;区分整合接触和不整合接触;区分沉积接触和侵入接触。

能力目标

1.能分析内动力地质作用和岩浆岩、变质岩成岩之间的关系;能分析外动力地质作用和沉积岩成岩之间的关系。

2.能分析内、外动力地质作用之间的关系及各自对地球面貌的塑造。

3.能应用地质年代表分析地层新老关系及岩层之间的接触关系。

4.能应用地质年代表判断局部地质图中岩层相对地质年代。

素质目标

1.养成甘当路石、敢于奉献的职业素养。

2.养成探索自然、严谨认真的科学态度。

情境描述

某铁路隧道为双洞分修隧道,左线全长19981m,右线全长20042m,隧道穿越龙门山活动断裂带及断层破碎带,最大埋深达1445m。作为首条“洞穿”龙门山断裂带的铁路隧道,该隧道堪称世界地质“博物馆”,先后遇到了活动断裂带、断层破碎带、岩爆、高地应力软岩大变形、高瓦斯及硫化氢有毒有害气体、高地温热害、岩溶富水构造等不良地质,该隧道工程的规模与建设难度都极为罕见。该隧道独头掘进约8000m,相继出现硫化氢及高瓦斯气体,是全国罕见的“双气”隧道,为极高风险隧道,也是全线的重难点工程之一。在隧道勘察设计之初,需要对当地的岩性、地质作用、地质年代等进行全面的研究分析。假设你是工程勘察或设计人员,请结合此情境完成以下任务点的学习。

任务点1 地质作用识别

问题导学

假设该隧道围岩岩性以碳质板岩、砂岩、辉绿岩为主。如果你是工程勘察或设计施工人员,请分析判断这三种岩石的形成原因及相互演变,并完成以下题目。

1. 地球表面有三大岩类,分别是(　　)、(　　)、(　　)。该隧道围岩中的碳质板岩、砂岩、辉绿岩分别属于(　　)、(　　)、(　　)。

2. 内动力地质作用在该隧道所处区域地貌形成中发挥了哪些作用?

(　　　　　　　　　　　　　　　　　　　　　　　　　　　　)。

3. 外动力地质作用和该隧道所处区域砂岩的形成有何关系?

(　　　　　　　　　　　　　　　　　　　　　　　　　　　　)。

知识讲解

地质作用是指由某种能量的作用引起的地壳组成物质、地壳构造、地表形态等不断变化和形成的作用。按照能量来源不同,地质作用可分为内动力地质作用和外动力地质作用。地质作用的自然力是地质营力,力是能的表现。来自地球内部的称为内能,主要有地内热能、重力能、地球旋转能、化学能和结晶能;来自地球外部的称为外能,主要有太阳辐射能、位能、潮汐能和生物能等。

一、内动力地质作用

由地球旋转能和地球中的放射性物质在衰减过程中释放出的热能所引起的地质作用称为内动力地质作用,包含地壳运动、岩浆作用、变质作用和地震作用,如图2-1-1所示。这类地质作用主要发生在地下深处,有的可波及地表。它使岩石圈发生变形、变位,或发生变质,或发生物质重熔,以致形成新的岩石。如岩浆作用导致形成各种岩浆岩,岩浆岩受到变质作用、地震作用等的影响又会生成变质岩。

内动力地质作用

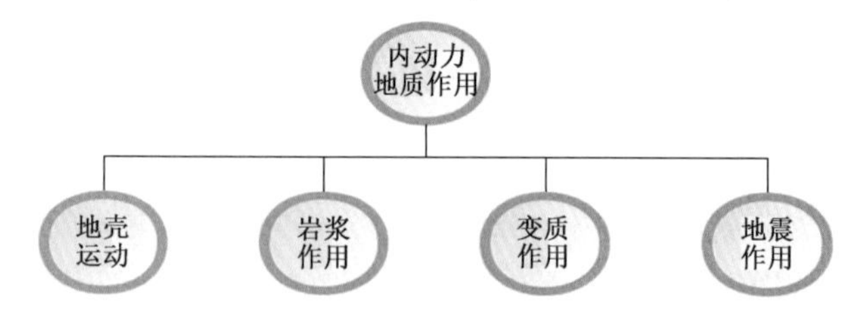

图2-1-1　内动力地质作用

(一)地壳运动

地壳运动有水平和垂直两种运动形式,可使岩石变形、变位,形成各种构造形迹,如

图2-1-2所示。

图2-1-2 地壳运动示意图

水平运动指组成地壳的岩层，沿平行于地球表面方向运动，也称造山运动或褶皱运动。这种运动常常可以形成巨大的褶皱山系（如著名的喜马拉雅山系）以及巨型凹陷、岛弧、海沟等（如非洲板块内部张裂形成东非大裂谷）。

垂直运动，又称升降运动、造陆运动，它使岩层表现为隆起和相邻区的下降，可形成高原、断块山及坳陷、盆地和平原，还可引起海侵和海退，使海陆变迁。如我国太行山、华北平原和庐山等都是地壳垂直运动的结果。

在内动力地质作用中，地壳运动是诱发地震，影响岩浆作用和变质作用的重要因素，也影响着外动力地质作用的强度和变化。因此，地壳运动在地质作用中占据主导地位。

（二）岩浆作用

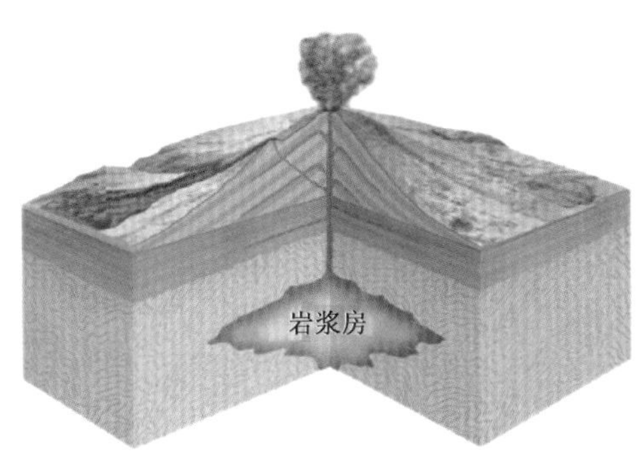

图2-1-3 岩浆作用示意图

岩浆作用是指岩浆从形成、运动到冷凝成岩的全过程中，岩浆本身的变化及其对围岩所产生的一系列影响（图2-1-3）。岩浆作用是地球内能向外释放的另一种表现形式，岩浆形成后循软弱带从深部向浅部运动，在运动中随温度、压力的降低，本身也发生变化，并与周围岩石相互作用。岩浆作用最终导致了三大岩类中岩浆岩的形成。岩浆作用可以分为喷发作用和侵入作用，相应形成的岩浆岩分别称为喷出岩和侵入岩。

（三）变质作用

岩石在基本处于固体状态下，受到温度、压力及化学活动性流体的作用，发生矿物成分、化学成分、岩石结构与构造变化的地质作用，称为变质作用。经历变质作用后形成的岩石称变质岩。变质岩形成后还可经历新的变质作用过程，有的变质岩是多次变质作用的产物。

变质作用类型（图2-1-4）具体如下：

1. 接触变质作用

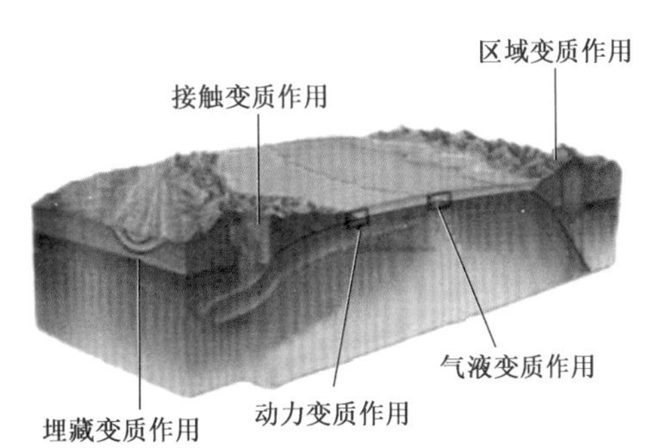

图2-1-4 变质作用示意图

接触变质作用也称热接触变质作用。接触变质作用是发育在与侵入岩体相接触围岩中的一种局部变质作用，侵入岩体的热能使围岩发生变晶作用和重结晶作用，形成新的矿物组合和结构构造，但变质前后岩石的化学成分基本没有变化。引起接触变质作用的主要因素是温度，典型的接触变质岩石有石英岩、大理岩和角岩。

2. 区域变质作用

在区域范围内大面积发生的变质作用,统称为区域变质作用。由于区域变质作用规模大、因素复杂、环境多样,其产物遍布大陆、大洋各大区域,种类繁多。常见的区域变质岩有长英质粒岩、角闪质岩、麻粒岩、榴辉岩等。

3. 动力变质作用

动力变质作用是发育在构造断裂带中,受构造应力影响而产生的一种局部变质作用,也称断层变质作用。断裂带中的岩石经过碎裂、变形和重结晶作用,结构构造发生变化形成动力变质岩。典型的动力变质岩石是糜棱岩、碎裂岩和断层角砾岩。

4. 气液变质作用

气液变质作用是化学性质比较活泼的气体和热液与固体岩石发生交代作用,使原来岩石的化学成分和矿物发生变化的一种变质作用。气液变质岩石多发育在侵入岩体的顶部及其内外接触带、断裂带及其附近、热液矿体的周围和火山活动区。云英岩、矽卡岩、绢英岩、青磐岩等是典型气液变质岩石。

5. 埋藏变质作用

它是随着地壳下沉被埋在地下深处的岩石,由于受上覆岩石的负荷压力和地热增温的影响,在大面积内发生的一种变质作用。它与造山运动或岩浆活动没有明显联系。变质温度很低,应力影响不明显,所形成的变质岩缺乏片理,常保存较多的原岩结构。埋藏变质作用代表区域变质作用的开始,它与成岩作用之间存在过渡关系,主要区别是岩石中开始出现浊沸石、葡萄石、绿纤石等很低温的变质矿物。

(四)地震作用

地震发源于地下深处,并波及地表(图2-1-5)。绝大多数地震是由于地壳运动引起岩石断裂。

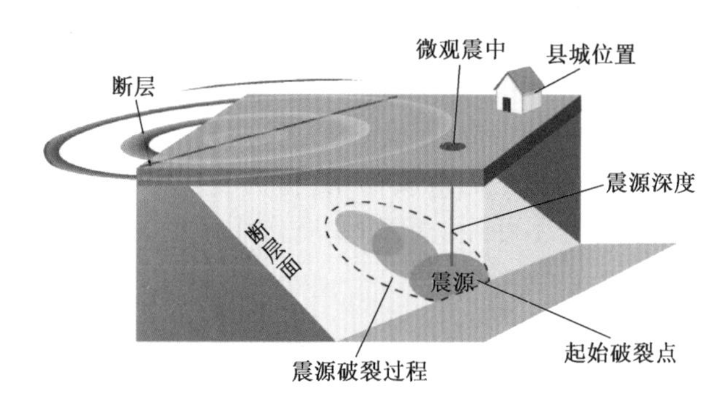

图2-1-5 地震作用示意图

二、外动力地质作用

外动力地质作用

外动力地质作用是因地球外部能量产生的,它主要发生在地表或地表附近,是使地表形态和地壳岩石组成发生变化的作用。外动力地质作用按其发生的序列可分为风化作用、剥蚀作用、搬运作用、沉积作用和成岩作用(图2-1-6)。

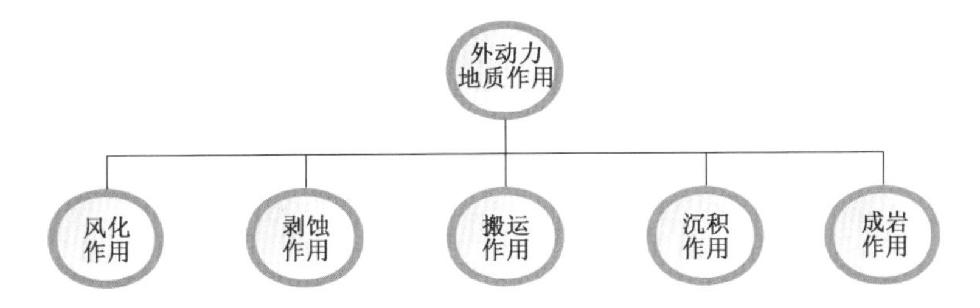

图2-1-6 外动力地质作用

(一)风化作用

根据产生风化作用的因素性质可将其分为三种类型:物理风化、化学风化和生物风化。

1. 物理风化(机械风化)

物理风化只改变岩石的完整性或改变已碎裂的岩石颗粒大小和形状,不会产生新矿物(图2-1-7)。

图2-1-7 岩石物理风化

2. 化学风化

化学风化是在改变岩石完整性的同时,会产生新矿物(如黏土矿物)。常见的化学风化有氧化作用、溶解作用和水解作用。图2-1-8所示张掖丹霞地貌就是化学风化的结果。

3. 生物风化

生物对岩石、矿物产生的机械的和化学的破坏作用,称为生物风化作用。生物对母岩的破坏方式既有机械作用(如根劈作用,见图2-1-9),也有生物化学作用(如植物、细菌分泌的有机酸对岩石的腐蚀作用),既有直接的作用,也有间接的作用。

图2-1-8 岩石化学风化(张掖丹霞地貌)

图2-1-9 岩石生物风化(根劈作用)

4. 岩石性质与风化的关系

(1)岩浆岩比变质岩和沉积岩易于风化。岩浆形成于高温高压的条件下,矿物质种类多,内部矿物抗风化能力差异大。

(2)岩浆岩中基性岩比酸性岩易于风化,基性岩中暗色矿物较多,颜色深,易于吸热、散热。

(3)沉积岩易溶岩石(如石膏、碳酸盐类等岩石)比其他沉积岩易于风化。

(4)差异风化:在相同的条件下,不同矿物组成的岩块由于风化速度不等,岩石表面凹凸不平。图2-1-10所示为泥岩和页岩在边坡上产生差异风化。

图2-1-10 泥岩和页岩差异风化

5. 岩石的结构构造与风化的关系

(1)结构较疏松的岩石易于风化。

(2)不等粒结构的岩石易于风化,粒度较粗的岩石易于风化。

(3)构造破碎带的岩石易于风化,往往形成洼地或沟谷。

6. 风化作用与工程活动的关系

(1)不宜将建筑物修筑在风化严重的岩层上,如果不能完全避开风化岩层,应注意加强工程防护。如隧道开挖要加强地质情况的观察,穿过节理发育、易于风化的岩层时要加强观测,合理开挖,防止塌方。

(2)风化岩层中的路堑边坡不宜太陡,同时还要采取防护措施。

(3)风化岩石不宜作为建筑材料。

因此,从工程建筑观点来研究岩石的风化特性、分布规律,对合理选择建筑物的位置(如隧道的进口位置)、路堑边坡坡度、隧道的支护方法及衬砌厚度、大型建筑物的地基承载力和开挖深度以及施工方法等有着重要的意义。

(二)剥蚀作用

剥蚀作用就是指各种运动的介质在其运动过程中,使地表岩石产生破坏并将其产物剥离原地的作用。剥蚀作用按照运动介质可分为地面流水(片流、洪流和河流)剥蚀作用、地下水剥蚀作用、冰川剥蚀作用、风蚀作用、海洋(湖泊)剥蚀作用等。图2-1-11所示为经河流剥蚀作用形成的地貌。

(三)搬运作用

搬运作用是各种地质营力(重力、风力、水力等)将风化、剥蚀作用形成的物质从原地搬往他处的过程。比如沙尘暴就是典型的风力搬运(图2-1-12)。

图2-1-11 河流的剥蚀作用

图2-1-12 风的搬运作用

（四）沉积作用

沉积作用是各种被外营力搬运的物质因营力动能减小，或介质的物化条件发生变化而沉淀、堆积的过程。如河流底部的河床及两侧的河漫滩源于河流的沉积作用（图2-1-13）。

（五）成岩作用

成岩作用是指在一定压力、温度的影响下，由松散的沉积物转变为沉积岩的过程。成岩作用多发生在地下几千米以内的地质环境中。成岩作用的主要方式有压实作用（如细小的软泥沉积物经压固后可成致密的黏土岩）、胶结作用（指矿物质在碎屑沉积物孔隙中沉淀，形成自生矿物并使沉积物固结为岩石的作用）、重结晶作用（指沉积下来的矿物质在温度、压力的影响下所进行的结晶作用）和新矿物的生长（图2-1-14）。

图2-1-13 河流的沉积作用

图2-1-14 成岩作用

学习了内、外动力地质作用，请思考：内、外动力地质作用与自然界岩石形成之间的关联，内、外动力地质作用对地球面貌塑造的影响，以及这两种作用之间的关系。

要点总结

地质作用要点总结

知识小测

学习了任务点1内容，请大家完成知识小测并思考以下问题。

1. 内动力地质作用包含哪几种类型？和岩石的形成有何关系？
2. 外动力地质作用中的风化作用受哪些因素影响？
3. 局部变质作用和区域变质作用分别有哪些特点？

任务点2 地质年代判定

问题导学

假设该隧道围岩勘察后绘制的局部地层如图2-1-15所示，请分析图中的地层各自所属地质年代。

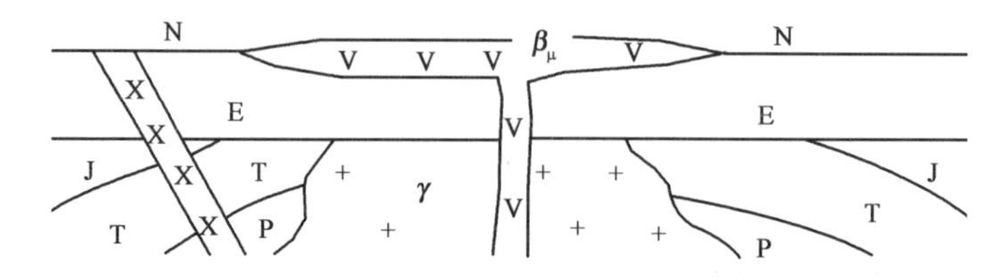

图2-1-15 局部地层示意图

1. 图中表现出来的地质年代有哪些？请从新到老依次列出来。

( )。

2. 请问图中的地质年代有无缺失？如果有，请指出来。

( )。

3. 从图上可以看出地层J、T、P之间的接触关系是( )。

4. 图中E表示( )年代，该年代的沉积岩和花岗岩(γ)之间的接触关系是( )，辉绿岩(β_μ)和花岗岩(γ)之间的接触关系是( )，花岗岩(γ)与二叠系(P)形成的沉积岩之间的接触关系是( )。

5. 请分析辉绿岩(β_μ)和花岗岩(γ)的成岩年代。

( )。

知识讲解

一、地质年代表及纪年方法

地质年代

在这漫长的地质历史中，地壳经历了许多强烈的构造运动、岩浆活动、海陆变迁、剥蚀和沉积作用等各种地质事件，形成了不同的地质体。查明地质事件发生或地质体形成的时代和先后顺序是十分重要的。

(一)地质年代单位和地层单位

地质年代是指一个地层单位的形成时代或年代。

地层是在地壳发展过程中形成的，具有一定层位的一层或一组岩层(包括沉积岩、岩浆岩和变质岩)，并具有时代的概念。

划分地质年代单位和地层单位的主要依据是地壳运动和生物演变。地质学家们根据几次大的地壳运动和生物界大的演变，把地质历史划分为宙，每个宙分为若干代，每代又分为若干纪，纪内再分为世、期等。宙、代、纪、世、期是国际通用的地质时间单位，与地质年代相对应的地层单位是宇、界、系、统、阶，如中生代三叠纪代表地质年代，相应地，在这一时代形成的地层称为中生界三叠系。地质年代表(表2-1-1)反映了地壳历史段的划分和生物的演化阶段。

地质年代表 表2-1-1

<table>
<tr><th>宙(宇)</th><th colspan="2">代(界)</th><th>纪(系)</th><th>距今年数</th><th>主要特征(生物开始出现时间)</th></tr>
<tr><td rowspan="12">显生宙(宇)</td><td rowspan="3" colspan="2">新生代(界)
K_Z</td><td>第四纪(系)Q</td><td>(1~2.6)百万年</td><td>人类时代
现代动物
现代植物</td></tr>
<tr><td>新近纪(系)N</td><td rowspan="2">(23~65)百万年</td><td>鸟类出现</td></tr>
<tr><td>古近纪(系)E</td><td>被子植物出现
兽类出现</td></tr>
<tr><td rowspan="3" colspan="2">中生代(界)
M_Z</td><td>白垩纪(系)K</td><td>1.45亿年</td><td></td></tr>
<tr><td>侏罗纪(系)J</td><td>2.01亿年</td><td rowspan="2">蜥龙、鱼龙出现
爬行动物时代</td></tr>
<tr><td>三叠纪(系)T</td><td>2.50亿年</td></tr>
<tr><td rowspan="6">古生代
(界)
P_Z</td><td rowspan="3">晚古生代
(界)</td><td>二叠纪(系)P</td><td>2.99亿年</td><td rowspan="2">裸子植物出现
两栖类动物出现</td></tr>
<tr><td>石炭纪(系)C</td><td>3.59亿年</td></tr>
<tr><td>泥盆纪(系)D</td><td>4.19亿年</td><td rowspan="2">鱼类出现、节蕨、石松、真蕨植物出现</td></tr>
<tr><td rowspan="3">早古生代
(界)</td><td>志留纪(系)S</td><td>4.43亿年</td></tr>
<tr><td>奥陶纪(系)O</td><td>4.85亿年</td><td rowspan="2">硬壳(无脊椎)动物出现
裸蕨植物出现</td></tr>
<tr><td>寒武纪∈(系)</td><td>5.41亿年</td></tr>
<tr><td rowspan="5">元古宙
(宇)</td><td rowspan="2" colspan="2">新元古代(界)P_{t3}</td><td>震旦纪(系)Z</td><td>8亿年</td><td rowspan="5">真核生物出现
(菌类及蓝藻)</td></tr>
<tr><td>青白口纪(系)</td><td>10亿年</td></tr>
<tr><td rowspan="2" colspan="2">中元古代(界)P_{t2}</td><td>蓟县纪(系)</td><td>14亿年</td></tr>
<tr><td>长城纪(系)</td><td>18亿年</td></tr>
<tr><td colspan="2">古元古代(界)P_{t1}</td><td></td><td>25亿年</td></tr>
<tr><td>太古宙
(宇)</td><td colspan="2">太古代A_r</td><td></td><td>46亿年</td><td>原核生物出现
生命现象开始出现</td></tr>
</table>

为便于记忆，根据地质年代表，结合对应的地质构造运动，地质工作者还编写出了地质年代口诀：

新生早晚三四纪，六千万年喜山期；

中生白垩侏叠三，燕山印支两亿年；

古生二叠石炭泥，志留奥陶寒武系；

震旦青白蓟长城，海西加东到晋宁。

注：1. 新生代分第四纪、新近纪和古近纪，构造动力属喜山期，从6500万年前开始。

2. 中生代从2.5亿年前开始，属燕山、印支两期，燕山期包括白垩纪、侏罗纪和三叠纪的一部分，印支期全在三叠纪内。

3. 古生代分为早、晚古生代，二叠纪、石炭纪、泥盆纪属晚古生代，属海西期(华力西期)；志留纪、奥陶纪、寒武纪在早古生代，属加里东期；震旦纪、青白口纪、蓟县纪、长城纪在元古代，震旦纪属加里东期，其余属晋宁期。

(二)相对纪年法和绝对纪年法

地质年代是用来描述地球历史事件的时间单位，通常在地质学和考古学中使用。计算地质年代的方法有相对纪年法和绝对纪年法。

1. 相对纪年法

根据生物的发展和岩石形成顺序，将地壳历史划分为对应生物发展的一些自然阶段，即相对地质年代。它可以表示地质事件发生的顺序、地质历史的自然分期和地壳发展的阶段。

2. 绝对纪年法

根据岩层中放射性同位素衰变产物的含量，测定出地层形成和地质事件发生的年代，即绝对地质年代。

二、相对地质年代的确定

各地层的新、老关系在判别褶皱、断裂等地质构造时，起着非常重要的作用，常用相对地质年代表示。

(一)沉积岩相对地质年代的确定

沉积岩相对地质年代是通过地层层序法、古生物化石法、岩性对比法、岩层接触关系法来确定的。

1. 地层层序法

沉积岩在形成过程中，下面的总是先沉积的地层，上覆的总是后沉积的地层，形成自然层序。

自然的层序总是先老后新，或称下老上新(图2-1-16)。但需注意，只有正常的地层层序才能按此规律判断；如果岩层发生了倒转，则无法直接判断地层的新老(图2-1-17)。

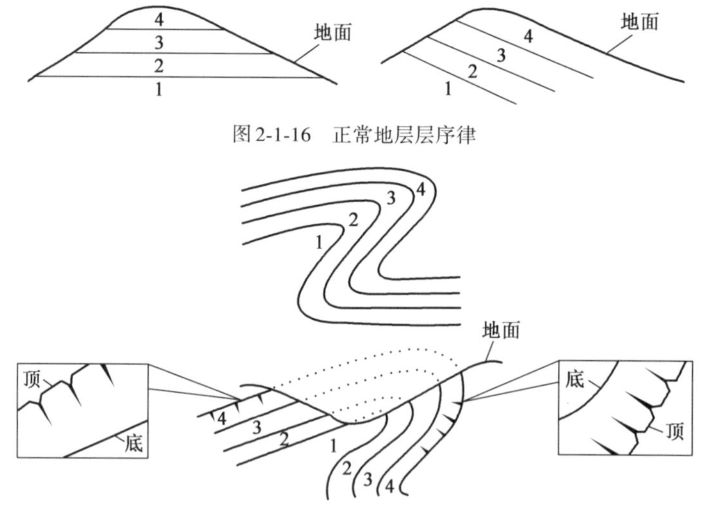

图2-1-16　正常地层层序律

图2-1-17　倒转地层层序律

2. 古生物化石法

不同时代的地层中具有不同的古生物化石组合，相同时代的地层中具有相同或相似的古生物化石组合，古生物化石组合的形态、结构越简单，地层的时代越老。这一规律称为化石层序律或生物演化律。

利用化石层序律，不仅可以确定地层的先后顺序，还可以确定地层形成的大致时代。一些演化较快、存在时间短、分布广泛、特征明显的标准化石可作为划分地层相对地质年代的依据（图2-1-18、图2-1-19）。

图2-1-18 寒武纪的三叶虫化石

图2-1-19 二叠纪的大羽羊齿化石

3. 标准地层对比法（岩性对比法）

在一定区域内，同一时期形成的岩层，其岩性特点是一致或相近的，可以把岩石的组成、结构、构造等特点作为岩层对比的基础。但是此方法具有一定的局限性和不可靠性。

4. 岩层接触关系法

岩层的接触关系，指层状堆积、上下叠置的岩层彼此之间的衔接状态。沉积岩层之间的接触关系一般分为整合接触与不整合接触。

（1）整合接触（图2-1-20）：指同一地区上下两套沉积地层在沉积层序上是连续的，且产状一致，没有出现沉积间断现象。

（2）不整合接触：指上下两套地层之间发生沉积间断，分为平行不整合接触和角度不整合接触。

①平行不整合（又称假整合）接触：指上下两套岩层之间有一明显的沉积间断，但产状基本一致或一致。

②角度不整合接触（图2-1-21）：指上下两套岩层之间有明显的沉积间断且两套岩层成一定角度相交。

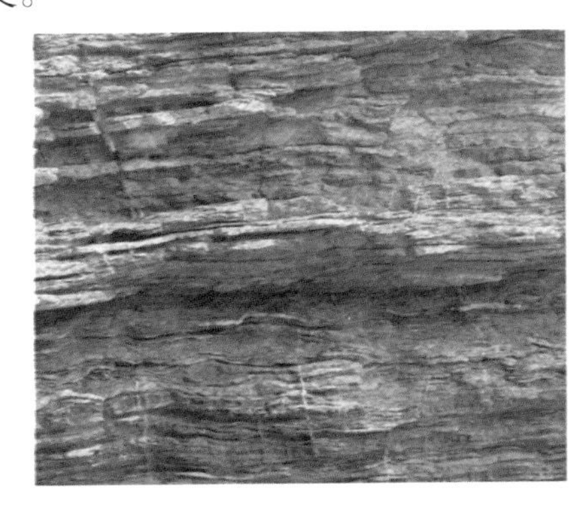

图2-1-20 沉积岩整合接触

图2-1-21 沉积岩角度不整合接触

(二)岩浆岩相对地质年代的确定

岩浆岩的相对地质年代,是通过它与沉积岩的接触关系以及它本身的穿插构造关系来确定的。

1. 侵入接触

沉积岩形成后,岩浆岩侵入沉积岩层之中,使围岩发生变质现象。这说明岩浆岩侵入体晚于发生变质的沉积岩层的地质年代,如图2-1-22所示。如果多次侵入,侵入体之间往往互相穿插。此时穿插其他岩体的侵入岩时代较新,被穿插的侵入岩时代较老。如图2-1-23所示,Ⅰ时代最老,Ⅲ时代最新。

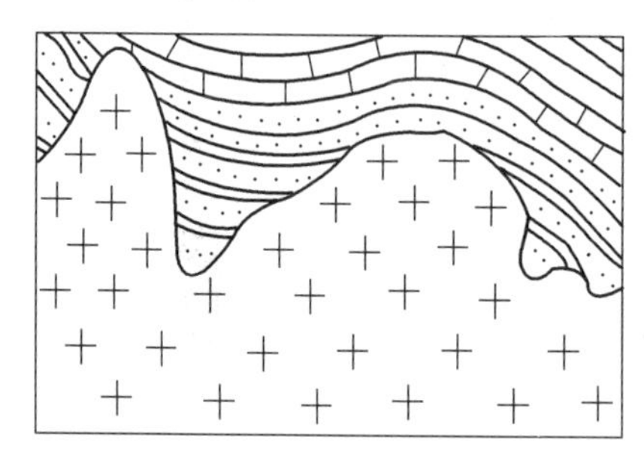

图2-1-22　岩浆岩侵入接触

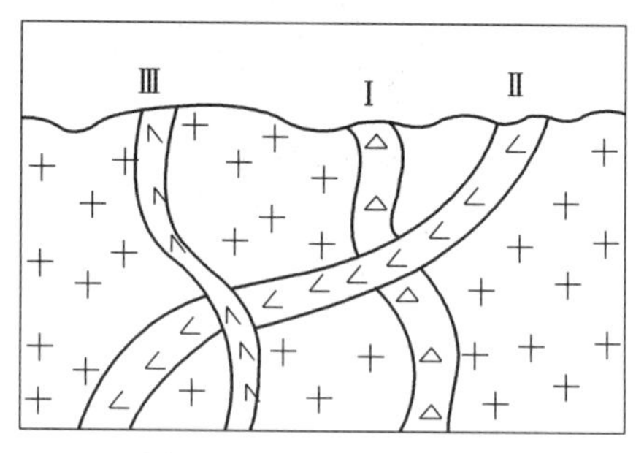

图2-1-23　岩浆岩穿插构造

2. 沉积接触

岩浆岩形成之后,经过长期风化剥蚀,后来在侵蚀面上又有新的沉积。侵蚀面上部的沉积岩层无变质现象,而沉积岩底部往往有由岩浆岩组成的砾岩或岩浆岩风化剥蚀痕迹,如图2-1-24所示,这说明岩浆岩的形成年代早于沉积岩的地质年代,视为沉积接触。

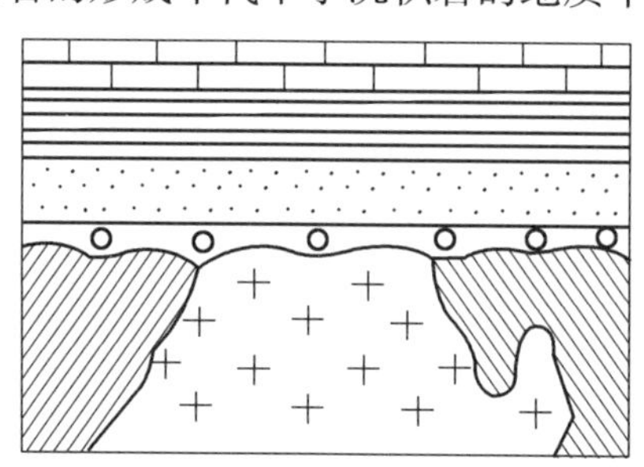

图2-1-24　岩浆岩沉积接触

小组学习

学习了地质年代,请用思维导图总结归纳该任务点的内容,要求包含沉积岩相对地质年代的确定和岩浆岩相对地质年代的确定。

地质年代要点总结

知识小测

学习了任务点2内容，请大家扫码完成知识小测并思考以下题目。

1. 绘图表示地层的整合接触、平行不整合接触和角度不整合接触，并作简要说明。
2. 岩浆岩与沉积岩之间的接触关系有哪些？简述如何分辨两者的相对地质年代新老。

课外阅读

山西省河津市鸽子庵隧道岩石风化防治措施

首先，鸽子庵隧道工程为了防治岩石风化，在隧道周围采用锚杆和水泥灌浆加固，以加强岩体的完整性和坚固性，防止该隧道的坍塌。其次，为了降低风化营力的强度，减慢岩石的风化速度，将水泥涂抹在被保护岩石的表面，形成保护膜，阻止风化营力与岩石的直接接触，以此来保护隧道周围的围岩强度长期不变。最后，隧道挖掘过程中，对于强烈风化带，采取支挡、加固和防排水措施，以保证施工期间洞室围岩的稳定和工程的顺利完工。

（素材来源于网络）

20亿年前玄武岩揭示月球演化奥秘

2020年12月17日，嫦娥五号样品舱成功着陆在我国内蒙古四子王旗，带回了1731g月球样品，这是我国首次完成地外天体样品采集，也是人类44年来再次取回新的月球样品。

在最新的研究中，科研人员利用超高空间分辨率铀-铅(U-Pb)定年技术，对嫦娥五号月球样品玄武岩岩屑中50余颗富铀矿物（斜锆石、钙钛锆石、静海石）进行分析，确定玄武岩形成年龄为20.30亿±0.04亿年，证实月球最“年轻”玄武岩年龄为20亿年。也就是说，月球直到20亿年前仍存在岩浆活动，比以往月球样品限定的岩浆活动停止时间延长了约8亿年。

（素材来源：“中科院之声”微信公众号）

单元二 地貌识别

公路是建筑在地壳表面的线形建筑物，它常常穿越不同的地貌单元，在公路勘测设计、桥隧位置选择等方面，经常会遇到各种不同的地貌问题。因此，地貌条件便成为评价公路工程地质条件的重要内容之一。

地貌形成及分类

知识目标

1. 知道平原地貌的特点。
2. 知道山地地貌类别及成因；识别不同山地地貌的特点。

3.知道山坡类型、垭口类型和典型的构造型垭口。
4.识别坡积层、洪积扇及冲沟地貌，区分三者的成因和特点。
5.知道冲沟发育四个阶段的定义、特点及简单的整治措施。
6.区别河谷地貌、阶地地貌及河曲地貌；区分不同流水地貌的特点和成因。
7.知道河流阶地形成原因；知道河曲地貌凹凸岸形成原理。

能力目标

1.能归纳平原地貌的地貌特点。
2.能分析不同山坡类型及不同垭口类型的特点；能分析断层张裂带型、单斜软弱层型和断层破碎带型三种不同构造型垭口的工程性质。
3.能区别比较坡积层和洪积扇工程性质。
4.能描述冲沟发育的四个阶段及每个阶段的整治措施。
5.能分析阶地工程条件及适宜展线的阶地级别。
6.能归纳遇到河曲地貌时河曲凹凸岸选线的注意事项。

素质目标

1.养成热爱自然、保护自然的生态文明意识。
2.弘扬优秀传统文化，增强文化自信。

情境描述

某高速公路是北京至昆明高速公路(G5)和八条西部大通道之一甘肃兰州至云南磨憨公路在四川境内的重要组成部分。该高速公路由四川盆地边缘向横断山区高地爬升，沿南丝绸之路穿越我国大西南地质灾害频发的深山峡谷地区，地形地貌多样，地质条件、气候等极为复杂，被国内外专家学者公认为国内乃至全世界自然环境最恶劣、工程难度最大、科技含量最高的山区高速公路之一。

该高速公路跨越青衣江、大渡河、安宁河等水系和12条地震断裂带，地震带地质活动频繁，泥石流灾害多发。公路还跨越了大相岭泥巴山和拖乌山，这里海拔高达3000m，并且有多个煤矿采空区、花岗岩开采区等。整条高速公路线展布在崇山峻岭之间，山峦重叠，地势险峻，每向前延伸一公里，平均海拔高程就将上升7.5m，有着"天梯高速"的别称。

由于该高速公路跨越的地貌类型丰富多样，为了处理好公路与地貌条件之间的关系，提高公路的勘测设计质量，工程勘察或设计施工人员需要识别各种地貌类型的特点，因地制宜进行针对性设计施工。假设你是工程勘察或设计施工人员，请结合此情境完成以下任务点的学习。

任务点1 平原地貌识别

问题导学

该高速公路由拖乌山下行至安宁河谷平原。安宁河是安宁河谷的血脉，安宁河谷平原(图2-2-1)是四川省的第二大平原，位于凉山彝族自治州。安宁河谷阶地发育，宽4~10km，坡度平缓，面积达1800km^2，为川西南最大河谷平原。由于谷地宽展，气候温暖，灌溉便利，土壤肥沃，故耕地连片，人烟集中，农业发达，是川西南主要产粮区。试结合以下问题学习平原地貌。

图 2-2-1 安宁河谷平原

1. 平原地貌分为两种，海拔 0～200m 的称为（ ），海拔高于 200m 的称为（ ），安宁河谷平原属于（ ）。

2. 安宁河谷平原是受哪些地质作用影响而形成的？

（ ）。

3. 如果沿安宁河谷布线，应该注意哪些问题？

（ ）。

知识讲解

平原地貌是地面平坦或起伏较小的一个较大区域，主要分布在大河两岸和濒临海洋的地区。平原有两大类型：一是独立型平原，是世界五大陆地基本地形之一，例如长江下游平原。二是从属型平原，是某种更大地形里的构成单位，高原可以包括盆地（青藏高原就包括柴达木盆地），而盆地里常有大小不同的平原和丘陵等，例如关中平原、成都平原和长江中游平原都在盆地里。

平原是地势低平坦荡、面积辽阔广大的陆地。根据平原的高度，海拔 0～200m 的称为低平原，如我国东北平原、华北平原、长江中下游平原；海拔高于 200m 的称为高平原，如我国成都平原。东北平原、华北平原、长江中下游平原是我国的三大平原，全部分布在我国东部，位于第三阶梯。东北平原是我国最大的平原，海拔 200m 左右，广泛分布着肥沃的黑土。华北平原是我国东部大平原的重要组成部分，大部分海拔 50m 以下，交通便利，经济发达。长江中下游平原大部分海拔 50m 以下，地势低平，河网纵横，向来有“水乡泽国”之称（图 2-2-2）。

平原地区多数是鱼米之乡，土地肥沃，水资源丰富，但是人口密集，特别是耕地尤为紧张，人均耕地大概 300～600m^2。修一条高等级公路要占用许多土地，因此在选线时，要考虑到尽可能少占耕地，不破坏农田水系，常用的方法是利用河堤老路。这种做法好处较多，除了节省耕地，不破坏水系外，还有以下一些好处：①以前的低等级公路大多数在河堤上建筑，长期的自重作用和车辆荷载作用使路基沉陷趋于稳定，在路基处理时可以节省费用；②由于老路的存在，沿线的拆迁工作量减少；③由于河堤较高，可以节约土地用量，减少耕地的开挖，节省了耕地；④充分利用土地资源，减少拆迁，就地取材，带动沿线城镇及地方经济的发展；⑤有利于公路网建设，利用老的低等级公路网进行技术改建，提高技术标准，改造成新型的高等级公路网，可以加快路网建设的速度。

图2-2-2 长江中下游平原

平原地区河道密布、沟塘众多，在交通工程建设中，特别是高等级公路建设中，桥涵构筑物及沟塘软基处理增多，使得工程造价大大增加。在一级公路中，桥涵构筑物和沟塘处理费用要占总造价的一半以上，因此所选路线直接影响着工程的总造价，在选线时要认真比较。绕避沟塘、减少中小桥涵的数量，合理选择大桥桥位使桥长缩短、交角变小，但这样往往又会使路线变长。估算比较大部分路线方案后选择造价较低的路线。有时在个别地段，由于地形限制，达到一级路的要求所需费用较多，例如沿河路线要跨越该河时，由于该河较宽且为等级航道，如果达到一级公路技术标准，要么使大桥以一定角度斜穿河道，要么在桥头设匝道。大桥以一定角度斜穿河道相应就增加了桥长和跨径，角度越大增幅越大，所需要的费用也就越多。在桥头设置匝道，由于是等级航道，通航净空较大，桥头较高，要使匝道部分平曲线、竖曲线达到一级路要求，匝道将会很长，也就是说路线长度、费用大大增加了。

线路穿越平原地貌时，应该注意以下事项：①正确处理道路与农田之间的关系；②合理考虑路线与城镇之间的关系；③处理好路线与桥位之间的关系；④注意土壤水文条件；⑤正确处理新旧路之间的关系。

小组学习

学习了平原地貌，你认为这种地貌与公路工程的关系如何？你能想到哪些好的措施来解决线路占用耕地的问题？

要点总结

平原地貌要点总结

知识小测

学习了任务点1内容,请大家扫码完成知识小测并思考以下问题。

1. 线路穿越平原地貌时有哪些注意事项?

2. 公路设计施工该如何利用平原地貌?请举例说明。

任务点2 山地地貌识别

问题导学

该高速公路通过区域崇山峻岭、深谷切割,路线海拔高度在630~2440m之间变化。项目区域降雨量、气温等气象要素在不同地区和海拔高度变化显著,雅安至大相岭泥巴山北坡为多雨潮湿区,泥巴山南坡至石棉为干旱河谷区,石棉至拖乌山为中雨区,拖乌山以南为干旱少雨高原区,此外泥巴山北坡和拖乌山北坡一定海拔高度以上还存在季节性冰冻积雪、浓雾、强暴雨等不良气候。请结合以下问题进行山地地貌学习。

1. 结合前述情境,请问该高速公路在修建过程中遇到的山地地貌有哪些特征?
(　　　　　　　　　　　　　　　　　　　　　　　　　　　　　　)。

2. 据资料分析,该区域的山地地貌成因可能是(　　　　　　　　　　　)。

3. 石棉至菩萨岗隧道为拖乌山北坡越岭线,敷设越岭线路往往会通过垭口,典型的构造型垭口分为(　　)、(　　)、(　　)三种。

知识讲解

一、山地分类

山地地貌

我国是个山地众多的国家,有著名的喜马拉雅山、天山、昆仑山等。山地地貌海拔在500m以上,切割度大于200m。通常按地质成因对山地进行分类。

(一)构造作用形成的山地

1. 单斜山

组成山体的各岩层单向倾斜。单斜山包括单面山和猪背山。

(1)单面山

单面山又称半屏山,是一边极斜一边缓斜的山。一般较缓、与岩层的倾斜方向一致的一侧为构造坡(后坡或顺向坡),较陡、与岩层的构造面不一致的一侧为剥蚀坡(前坡或逆向坡),如图2-2-3所示。

(2)猪背山

猪背山或猪背岭(图2-2-4)两侧都陡峻,构造坡与剥蚀坡的坡度与坡长相差不大;构成山体的单斜岩层几乎全为硬岩层,且倾角较大;山岭两坡的坡度和长度相当;山脊走线平直。

图2-2-3　单面山

图2-2-4　猪背山

单斜山工程评价:单斜山的前坡,由于地形陡峻,若岩层裂隙发育,风化强烈,则易发生崩塌,且其坡脚常分布有较厚的坡积物和倒石堆,稳定性差,故对敷设线路不利。单斜山的后坡由于山坡平缓,坡积物较薄,所以常是敷设线路的理想部位。但在岩层倾角小的后坡上深挖路堑时,如果开挖路堑与岩层倾向一致,坡脚开挖后会失去支撑,尤其是当地下水沿着其中的软弱岩层渗透时,易产生顺层滑坡。

2. 褶皱山

褶皱山是地表岩层受垂直或水平方向的构造作用力而形成的岩层弯曲的褶皱构造山地(图2-2-5)。新构造运动作用下形成的高大的褶皱构造山地是褶皱地貌中最大的类型。褶皱构造山地常呈弧形分布,延伸数百千米以上。

地球上高大的山峰,一般都是由于板块相互碰撞而形成的褶皱山。安第斯山脉是世界上典型的褶皱山,为世界上最长的山脉。亚洲的喜马拉雅山脉、欧洲的阿尔卑斯山、北美洲的落基山等绵延数千千米的大型山脉都属于褶皱山。

3. 断块山

断块山是由于断裂变动而形成的山地。这种山一般是山边线平直,山坡陡峻成崖,它可能一侧有断裂,也可能两侧均有断裂。断块山地的山麓地带发育断层崖、断层三角面。

断块山在我国华北和西北地区比较多见。比如我国的五岳名山,除河南嵩山为褶皱山之外,东岳泰山、西岳华山、南岳衡山、北岳恒山都是断块山。这五座山峰,各具特色,泰山之雄、华山之险、衡山之秀、恒山之幽、嵩山之峻名闻天下。其中西岳华山(图2-2-6),位于陕西省华阴市境内,由一块完整巨大的花岗岩体构成,由于地层在这里发生断裂,沿着断裂面一边上升,一边下降,故而形成了极其陡峻的山坡。

图2-2-5　褶皱山

图2-2-6　断块山华山

断块山工程评价:断块山地影响河谷发育。断块翘起的一坡河谷切割深,谷坡陡,谷地横剖面呈V形狭谷,纵剖面坡度大,多跌水、裂点。在断块的缓倾掀起的一坡,沟谷切割较浅,谷地较宽,纵剖面较缓。断块山地的断层活动常使阶地错断变形。

(二)侵蚀作用形成的山地

侵蚀山是地壳上升区,地面遭长期外力剥蚀和侵蚀作用而成的山地。这些山地有的是构造山或高原经外力作用塑造而成;也有经外力作用不断冲刷,坚硬岩层残留下来而成的蚀余山。多分布于上升的古陆地区和地台区。我国燕山山脉是一个典型的侵蚀山,其形成过程涉及地壳上升地区地面经外力侵蚀分割而形成的山地(图2-2-7)。

图2-2-7 燕山

(三)火山作用形成的山地

火山是一个由固体碎屑、熔岩流或穹状喷出物围绕着其喷出口堆积而成的隆起的丘或山。按活动情况,火山分为活火山、死火山、休眠火山三种。火山喷发类型按岩浆通道分为裂隙式喷发、熔透式喷发和中心式喷发三大类(图2-2-8)。

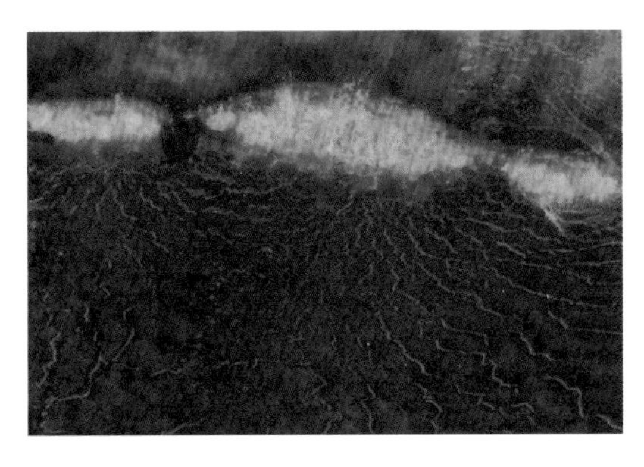

a)裂隙式喷发

b)熔透式喷发

图 2-2-8

c）中心式喷发

图2-2-8 火山喷发类型

二、山坡与垭口

山岭地区往往山高谷深，地形复杂，但山脉水系分明，这就基本上决定了山区路线方向选择的两种可能的方案：一是顺山沿水，二是横越河谷和山岭。顺山沿水路线又可按行经地带的部位分为沿河线、越岭线、山脊线、山腰线等线型。

（一）山坡

山坡是组成山地的主要要素，是介于山顶和山麓之间的部分（图2-2-9）。山坡按形状轮廓可以分为直线形坡、凸形坡、凹形坡和阶梯形坡，按纵向坡度可以分为微坡、缓坡、陡坡、垂直坡，各自的特征也有所区别，详见表2-2-1。公路路线绝大部分都设在山坡或靠近山顶的斜坡上，路基多采用半填半挖式。

图2-2-9 山坡

山坡分类 表2-2-1

分类依据	类别	特征
山坡的形状轮廓	直线形坡	岩性单一的山坡，其稳定性较高。单斜岩层构成的山坡，在开挖路基时应注意发生大规模的顺层滑坡。经剥蚀碎落和破面堆积而形成的山坡，稳定性最差
	凸形坡	山坡上缓下陡，坡度渐增，下部甚至呈直立状态。其稳定性取决于岩体结构，一旦发生坡体变形破坏，则会形成大规模的崩塌或滑坡

续上表

分类依据	类别	特征
山坡的形状轮廓	凹形坡	山坡上陡下缓，下部急剧变缓，可能是古滑坡的滑动面或崩塌体的依附面。其稳定性为所有山坡类型中较差的一种
	阶梯形坡	①由软硬岩层差异风化形成的山坡，其稳定性较高。 ②滑坡变形造成的山坡，施工时应小心，不合理的切坡将引起古滑坡复活。 ③河流阶地组成，其工程地质性质取决于河流堆积物的厚度
山坡的纵向坡度	微坡	坡度小于15°
	缓坡	坡度介于16°～30°
	陡坡	坡度介于31°～70°
	垂直坡	坡度大于70°

(二)垭口

垭口是山脊高程较低的鞍部，即相连的两山顶之间较低的部分(图2-2-10)，通常是在山地地质构造的基础上经外力剥蚀作用而形成的。在公路选线时，通常选择通过垭口翻越山岭。因此，垭口的地质条件和地形条件，尤为重要。

图2-2-10 垭口

根据垭口形成的主导因素，主要分为构造型垭口、剥蚀型垭口、剥蚀-堆积型垭口(图2-2-11)。

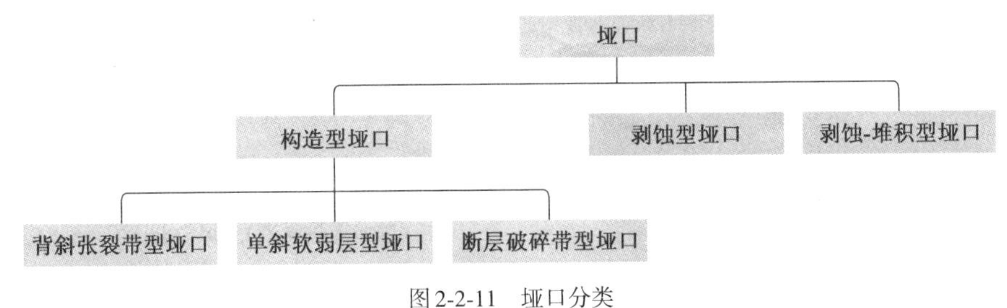

图2-2-11 垭口分类

1. 构造型垭口

构造型垭口主要由构造破碎带或软弱岩层经过外力剥蚀形成。常见的有背斜张裂带型垭口、单斜软弱层型垭口和断层破碎带型垭口三种。

(1)背斜张裂带型垭口(图2-2-12)

这类垭口虽然构造裂隙发育,岩层破碎,但工程地质条件较断层破碎带型垭口更好,因为两侧岩层外倾,有利于排除地下水和边坡稳定,一般可采用较大的边坡坡度,使挖方工程量和防护工程量都比较小。如果选用隧道方案,施工费用和洞内衬砌工作量都比较少,是一种较好的垭口类型。

(2)单斜软弱层型垭口(图2-2-13)

这类垭口主要由页岩、千枚岩等易风化的软弱岩层构成。两侧边坡多不对称,一侧岩层外倾可略陡一些。由于岩性松软,风化严重,稳定性差,故不宜深挖。若采取路堑深挖方案,与岩层倾向一致的一侧边坡的人工开挖坡脚应小于岩层的倾角,两侧边坡都应有防风化的措施,必要时应设置护坡或挡土墙。穿越这一类垭口,宜优先考虑隧道方案,可以避免风化带来的路基病害,还有利于降低越岭线的高程,减少展线工程量或提高公路纵坡标准。

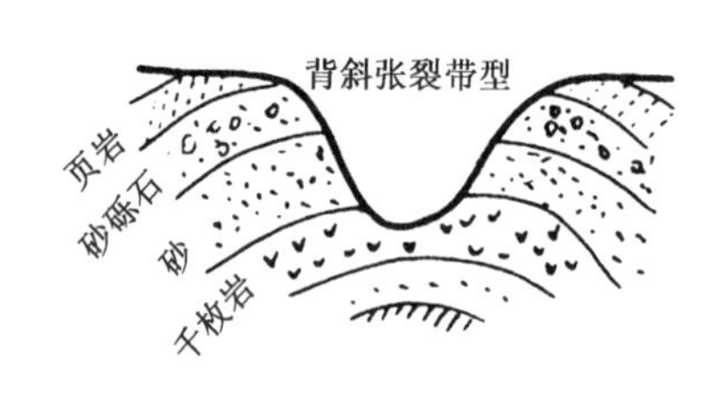

图2-2-12 背斜张裂带型垭口示意图

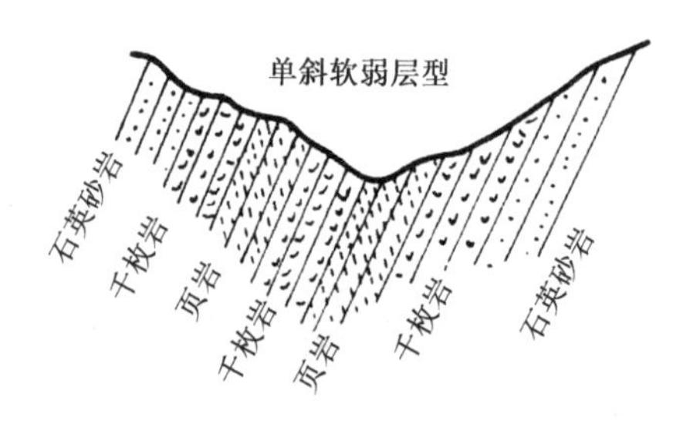

图2-2-13 单斜软弱层型垭口示意图

(3)断层破碎带型垭口(图2-2-14)

这类垭口的工程地质条件比较差。岩体的整体性被破坏,经地表水侵入和风化,岩体破碎严重,不宜采用隧道方案;如采用路堑,也需控制开挖深度或考虑边坡防护,以防止边坡发生崩塌。

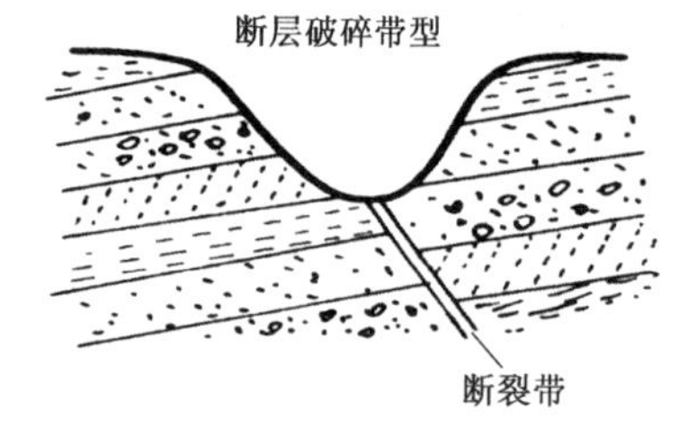

图2-2-14 断层破碎带型垭口示意图

2. 剥蚀型垭口

剥蚀型垭口是以外力强烈剥蚀为主导因素所形成的垭口。其形态特征与山体地质构造无明显联系。此类垭口的特点是松散覆盖层很薄,基岩多半裸露。剥蚀型垭口的"肥瘦"和形态特点主要取决于岩性、气候以及外力的切割程度等因素,是一种最好的垭口类型。在气候寒冷地带,岩石坚硬而切割较深的垭口本身瘦薄,宜采用隧道方案;采用路堑深挖也比较有利。地处气候温湿地区和岩性较软弱的垭口,本身平缓宽厚,采用低填浅挖的方式。在石灰岩地区的溶蚀性垭口,无论是明挖路堑还是开凿隧道,都应注意溶洞或其他地下溶蚀地貌的影响。

3. 剥蚀-堆积型垭口

剥蚀-堆积型垭口是在山体地质结构的基础上,以剥蚀和堆积作用为主导因素所形成的垭口。其开挖后的稳定条件主要取决于堆积层的地质特征和水文地质条件。这类垭口外形平缓、宽厚,易于展线,但松散堆积层厚度较大,有时还发育有湿地或是沼泽,水文地质条件差,故不宜降低过岭高程,通常以低填或是浅挖的断面形式通过。

小组学习

学习了构造型垭口,请你将三种不同的垭口区别比较后填入表2-2-2。

构造型垭口比较 表2-2-2

名称	形成原因分析	工程条件分析	施工注意事项

要点总结

山地地貌要点总结

知识小测

学习了任务点2内容,请大家扫码完成知识小测并思考以下问题。

1. 单面山布线有哪些注意事项?
2. 越岭线路一般选择什么样的过岭垭口较为理想?
3. 由断裂形成的山岭往往非常险峻,我国典型的断块山有哪些?如何评价断块山的工程条件?

任务点3 流水地貌识别

问题导学

该条高速公路流沙河大桥至石棉为大渡河瀑布沟库区河谷地貌。

大渡河流域内地形复杂,经川西北高原、横断山地东北部和四川盆地西缘山地。在绰斯甲河口以上上游上段属海拔3600m以上丘原,丘谷高差100~200m,河谷宽阔,支流多,河流浅切于高原面上,曲流漫滩发育。至泸定为上游下段,河流穿行于大雪山与邛崃山之间,河谷束狭,河流下切,岭谷高差在500m以上,谷宽100m左右,谷坡陡峻,河中巨石梗阻,险滩密布。中游泸定至石棉,蜿蜒于大雪山、小相岭与夹金山、二郎山、大相岭之间,地势险峻,谷宽200~300m,谷坡40°~70°,水面宽60~150m,河中水深流急;沿河有多处面积较广的冲积锥、洪积扇，向南河面逐渐展宽，河漫滩、阶地断续分布。石棉以下的下游段，河流急转东流，绕行于大相岭南缘，横切小相岭、大凉山北端及峨眉山后进入四川盆地西南部的平原丘陵地带，沿河两岸山势渐缓，河谷渐阔，汉源至峨边的局部河道狭窄，河宽60～100m，谷坡陡峭；轸溪至铜街子河长63km，直线距仅7km，形成一大河湾。河流两岸阶地分布广泛，并有较大面积的阶地。沙湾以下，河流进入乐山冲积平原。下游河中有河漫滩、沙洲分布。请结合文中的内容学习河谷地貌。

1. 河流的地质作用包括（　　）、（　　）和（　　）。大渡河上游河流穿行于大雪山与邛崃山之间，河谷束狭，岭谷高差在500m以上，河流的作用主要表现为（　　）。

2. 大渡河中游泸定至石棉沿河有多处面积较广的冲积锥、洪积扇，请结合背景资料完成下面连线题。

面流　　洪积扇

洪流　　冲积层

河流　　坡积层

3. 根据文中的描述，阶地分布于（　　），河漫滩分布位置是（　　），请画图表示。

（　　　　　　　　　　　　　　　　　　　　　　　　　　　　　　　　）。

4. 大渡河河流浅切于高原面上，曲流漫滩发育。请分析曲流的形成原因及该河段敷设沿溪线时应该注意的问题。

（　　　　　　　　　　　　　　　　　　　　　　　　　　　　　　　　）。

知识讲解

地表流水在陆地上是塑造地貌最重要的外动力。它在流动过程中，不仅能侵蚀地面，形成各种侵蚀地貌（如冲沟和河谷），而且能把侵蚀的物质经搬运后堆积起来，形成各种堆积地貌（如冲积平原），这些侵蚀地貌和堆积地貌统称为流水地貌。对流水地貌及其堆积物进行研究，对于水利、工程建筑、道路桥梁、农田、河运航道等建设均有重要意义。

地表的流水地貌可以根据其特征的差异分为暂时性流水地貌和永久性流水地貌。其中暂时性流水主要包括面流和洪流。永久性流水主要是指河流。

一、暂时性流水地貌

（一）面流和坡积层

1. 面流

面流或称片流，在降雨或融雪时，地表水一部分渗入地下，其余的沿坡面向下运动。这种暂时性的无固定流槽的地面薄层状、网状细流称为片流。片流对坡面的破坏作用称为洗刷作用。洗刷作用使坡面土石等物质被携带堆积到坡脚，形成坡积层。

面流及坡积层

2. 坡积层

坡积层是指山坡坡向由于降雨流水将岩石的风化产物洗刷、搬运到山坡下方或坡脚山麓地带所形成的堆积物，如图 2-2-15 所示。坡积层一般形状似衣裙，厚度不大，且不稳定。坡积层的岩性成分以亚黏土和亚砂土为主，并夹有砾石和碎屑，坡积物的分选性和砂砾磨圆度较差，大小混杂，结构疏松，常见有与山坡面大致平行的不很清楚的层理。

图 2-2-15 坡积层

坡积层属弱透水层或隔水层。一般说来，坡积层常具有孔隙度和压缩性较高，透水性和抗剪强度较低等性质。同时坡积层易沿斜坡发生滑动，尤其是在坡积物中开挖路堑和基坑时，常常导致滑坡。当路线通过坡积层时，应查明其厚度及物理力学性质，正确评价建筑物的稳定性。

（二）洪流、洪积扇和冲沟

1. 洪流

坡流逐渐汇聚成几段较大的线状水流，再向下汇聚成快速奔腾的洪流。洪流猛烈冲刷沟底、沟壁的岩石并使其遭受破坏，称为冲刷作用。

2. 洪积扇

洪积扇

洪积扇是由山区暴雨洪水所携带碎屑物质在山间河谷或山前平原地带堆积而成。在沟谷出山口后由于坡度的变化、水流的挟砂力降低而沉积下来形成的堆积物称为洪积物。由于形成的地貌多呈扇形，故称为洪积扇，如图 2-2-16 所示。

图 2-2-16 洪积扇

根据洪积扇的物质组成与分布特征，可将其分为三个部分：

（1）扇顶相：主要由砾石组成，含砂透体，有层理，磨圆度较差，孔隙度较大，透水性较强，压缩性弱，承载力大。

（2）扇中相：主要由砂、粉砂、亚黏土组成，含细砂透镜体，有清楚的层理。

（3）扇缘相：主要由细的亚黏土、黏土和部分粉砂组成，层理清晰，透水性弱，压缩性强，由于地下水的出露，常为干旱地区的绿洲所在之地。

3. 冲沟

冲沟地貌

冲沟是由间断流水在地表冲刷形成的沟槽。冲沟的形成与降雨性质、地形和岩性有关。下大雨时，冲沟的水量大，具有较大的能量，它冲刷沟谷，并通过溯源侵蚀（亦称向源侵蚀，指地表径流使侵蚀沟向水流相反方向延伸，并逐步趋近分水岭的过程）向源头伸长。冲沟地貌发育分为四个阶段。

（1）细沟（图 2-2-17）：冲沟发育的第一阶段是在斜坡上形成细沟。大气降水时，斜坡面流的水汇集到低洼处，在细小水流的冲刷下逐渐形成了细沟。随着细沟汇集的水流越来越多，侵蚀作用越来越强，细沟也变得越来越深。在此阶段一般只要填平沟槽，调节坡面流水不再汇注,种植草皮保护坡面,即可使冲沟不再发展。

(2)切沟(图2-2-18):在细沟加深的同时,细沟的长度也沿坡向下和向上扩展。细沟向分水岭一侧移动,在接近斜坡沟源头处会出现一个较大的落差,即形成所谓的顶部跌水,这相当于冲沟发育的第二阶段。该阶段一般可通过在沟头修截水沟、在沟底铺石加固、在沟壁修跌水石坎加固等方法来延缓切沟的加剧。

图2-2-17 细沟

图2-2-18 切沟

(3)冲沟(图2-2-19):以侵蚀基准面为准,开始冲沟发育的第三阶段。垂向侵蚀逐渐使得原来不平的沟谷变得平缓,沟底的纵剖面逐渐平滑。而其上游区沟底仍然较陡。在冲沟发育第三阶段应注意防止冲沟发生侧蚀和加固沟壁。

(4)拗谷:冲沟发育的第四个阶段中,垂向侵蚀减弱,沟谷顶部峭壁变缓,冲沟岸坡逐渐塌落,形成稳定的天然斜坡角,局部被植物覆盖。

冲沟侵蚀的强度与很多因素有关,如气候特征、局部地形、地质构成(岩石成分和埋藏特点)、植被覆盖情况等。对软弱岩石,冲沟因溯源侵蚀而迅速发育,如果不采取防范措施,大量可耕地就会遭到破坏。人类的经济活动如砍伐森林、不正确地翻耕土地等也常引起冲沟被侵蚀。表面由松散易冲刷的岩石组成的地区,冲沟常常发育得很快。例如,黄土高原地区,主要由第四纪未固结的黄土组成,冲沟的侵蚀作用极为强烈,发育大量的沟壑(图2-2-20)。

图2-2-19 冲沟

图2-2-20 黄土沟壑

二、永久性流水地貌

河流的
地质作用

(一)河流的地质作用

河流的地质作用包括侵蚀、搬运和沉积三种作用。

1. 侵蚀作用

一方面,河流向下冲刷切割河床,称为下蚀作用;另一方面,河水以自身动力以及挟带的砂石对河床两侧的谷坡进行破坏,称为侧向侵蚀。

2. 搬运作用

河水在流动过程中,搬运着河流自身侵蚀的和谷坡上崩塌、冲刷下来的物质。其中,大部分是机械碎屑物,少部分为溶解于水中的各种化合物。前者称为机械搬运,后者称为化学搬运。河流机械搬运量与河流的流量、流速有关,还与流域内自然地理、地质条件有关。

3. 沉积作用

当河床的坡度减小或搬运物质增加而引起流速变慢时,河流的搬运能力降低,河水挟带的碎屑物便逐渐沉积下来,形成层状的冲积物,称为沉积作用。

河流沉积物又称冲积物。河流沉积物不同于面流坡积物和洪流洪积物,三者的工程性质比较如表2-2-3所示。

三种堆积物比较　　表2-2-3

堆积物名称	洪流洪积物	面流坡积物	河流沉积物(冲积物)
特性	①具有明显的相变,但比较粗略,各带之间没有截然的界线。 ②具有明显的地域性,物质成分较单一,不同地点的洪积物岩性差别较大。 ③分选性差。 ④磨圆度较低。 ⑤层理不发育。 ⑥在剖面上呈现多元结构	①不具分带现象。 ②坡积物来自附近山坡,一般比洪积物成分更单纯,砾石少,碎屑多,而洪积物砾石丰富。 ③分选性比洪积物差。 ④比洪积物的磨圆度低。 ⑤坡积物略显层状。 ⑥坡积物多分布于坡麓,构成坡积裙,厚度小;而洪积物分布于沟口形成洪积扇,厚度较大	①具有明显的相变。 ②砾石成分复杂,往往呈叠瓦状排列。砂和粉砂的矿物成分中不稳定组分较多。 ③分选性较好。 ④磨圆度较高。 ⑤层理发育,类型丰富,层理一般倾向下游。 ⑥往往具有二元结构,下部为河床沉积,上部为河漫滩沉积

(二)河谷地貌

河谷地貌

河谷地貌(图2-2-21)是河谷形态及河谷内各种地貌类型的总称,由于河水侵蚀冲刷而形成。河谷主要包括谷坡和谷底两部分。谷坡是河谷两侧的斜坡,常有河流阶地发育。谷底比较平坦,由河床和河漫滩组成。谷坡与谷底的交界处称为坡麓,谷坡上缘与高地面交界处称为谷肩或谷缘。

图2-2-21 河谷地貌

(三)河流阶地

河流阶地是指由于地壳上升、河流下切而形成的阶梯状地貌。阶地主要是在地壳间歇式震荡上升运动的影响下,经河流下切侵蚀作用形成的,是地球内、外动力地质作用共同作用的结果。有几级阶地,就有过几次运动;阶地位置、级数越高,形成时代就越老(图2-2-22)。河流阶地面比较平坦,微向河流倾斜。阶地面以下为阶地陡坎,坡度较大。阶地高度一般指阶地面与河流平水期水面之间的垂直距离。

图2-2-22 河流阶地

河流阶地按组成物质及结构分为以下四类:

(1)侵蚀阶地:由基岩构成,阶地面上往往很少保留冲积物。

(2)堆积阶地:由冲积物组成。根据河流下切程度、形成阶地的切割叠置关系又可分为:上叠阶地,新阶地叠于老阶地之上;内叠阶地,新阶地叠于老阶地之内。

(3)基座阶地:阶地形成时,河流下切超过了老河谷谷底并出露基岩。

(4)埋藏阶地:早期的阶地被新阶地埋藏。

公路选线一般选择一、二级阶地,一方面可以减小工程施工的难度和挖填方量,另一方面阶地所处的位置在河漫滩以上,就算洪水来临也不会被淹没,相对比较安全。

(四)河曲

河曲地貌

河曲又称蛇曲,即蜿蜒曲折的一段河道,其形成原因较为复杂。河道水流除向下游流动外,还存在垂直于主流方向的横向流动,表层的横向水流与底部的横向水流方向相反,这样在过水断面上就形成一个闭合的横向环流。横向环流与纵向水流结合在一起,就形成了一股螺旋状前进的水流。在螺旋状水流的不断作用下,河曲地貌不断发育,如图2-2-23所示。

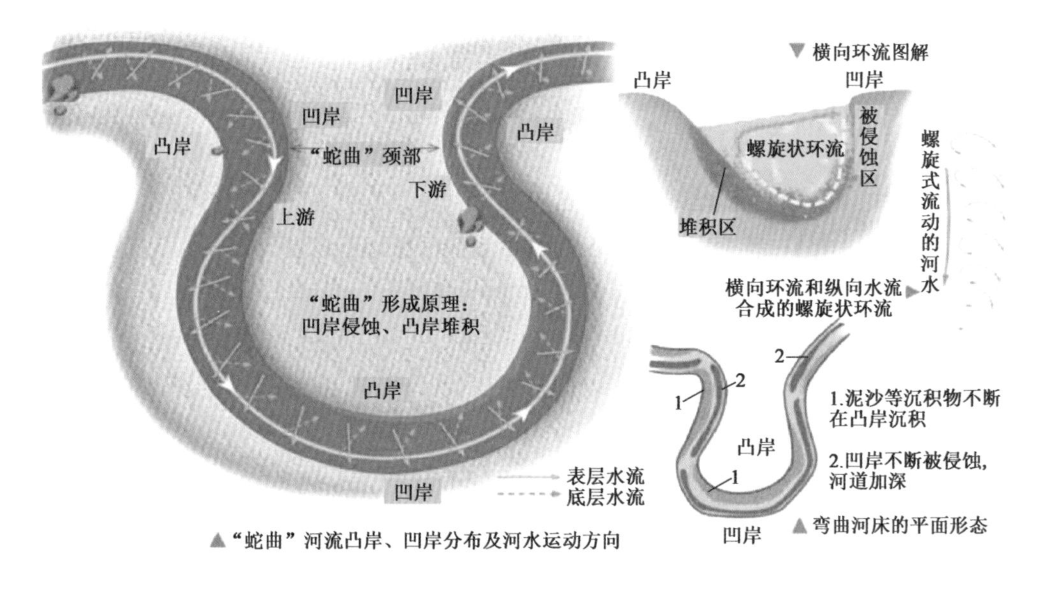

图2-2-23 横向环流示意图

受水流流动方向的影响,河流侧向冲刷淘蚀发生在河流的凹岸,而沉积则发生在凸岸。一旦河流弯曲,凹岸不断被淘蚀而凸岸不断沉积,河流变得愈来愈弯曲。这也是河曲地貌产生原因。河曲不断扩大,一旦河水再次截弯取直,原来的河道便变成牛轭湖(图2-2-24)。

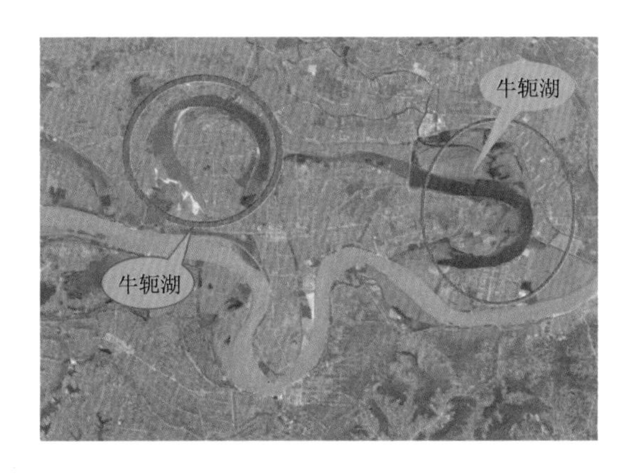

图2-2-24 牛轭湖形成示意图

小组学习

学习了流水地貌，请用思维导图总结归纳该任务点，要求包含不同流水地貌的成因及特点等内容。

要点总结

流水地貌要点总结

知识小测

学习了任务点3内容，请大家扫码完成知识小测并思考以下问题。

1. 公路选线穿越洪积扇区域时该如何选择？
2. 冲沟地貌发育主要经历哪四个阶段？这四个阶段的整治措施分别是什么？
3. 阶地的形成原因是什么？公路布线选择哪几级阶地最好？为什么？
4. 在河曲地貌中，公路布线应遵循什么原则？如果公路路线布设在凹岸，可采取哪些防护措施？

课外阅读

兰新高铁祁连山越岭段工程地质选线

兰新高铁是国家“八纵八横”铁路网主骨架之一陆桥通道的重要组成部分，在国民经济与路网中均具有非常重要的意义和作用。线路东起甘肃省省会兰州市，途经青海省省会西宁市，至新疆维吾尔自治区首府乌鲁木齐市，全长1776km，是横贯我国西北甘肃、青海、新疆三省区的第一条高速铁路，同时也是世界上一次性建成的最长高速铁路，于2014年12月26日通车运营。

祁连山越岭段位于甘肃与青海两省交界处，为国家级自然保护区，具有海拔高、高寒缺氧、生态脆弱、地层岩性及接触关系复杂多变、区域性深大断裂及复式褶皱等地质构造复杂、强富水、高地应力、“碎屑流”地层、软岩变形、多年冻土等不良地质和特殊岩土发育的特点。各类不良地质现象及复杂的地形地质和水文地质条件、自然保护区是地质选线及勘察的重点和难点。祁连山越岭段工程地质条件与水文地质条件极为复杂，涉及地质构造、不良地质与特殊岩土发育，地质选线贯穿于方案研究、初测、定测、补定测等各阶段。定测阶段从地质条件、施工安全、工期及投资等方面综合考虑，对初测推荐方案进行优化，本文重点从控制线路方案的地质构造、“碎屑流”地层、危岩落石和岩堆、高地应力、自然保护区等5个因素对初测阶段CK方案和定测阶段DK方案进行比选（图2-2-25）。

图2-2-25 祁连山越岭段路线方案平面示意图

CK方案起于大梁隧道进口DK333+000，止于元山隧道出口DK367+020，全长34.02km，工程设置为5座隧道和4座大桥，隧道总长33.2km，其中最长的祁连山隧道11.81km，最短的大平羌沟隧道5.64km，桥梁工程无特殊结构和高墩大跨。DK方案起于大梁隧道进口DK328+870，止于元山隧道出口DK366+039，全长37.169km，工程设置为7座隧道和6座大桥，隧道总长度34.7km，其中最长的祁连山隧道9.5km，最短的元山隧道0.939km，大平羌沟大桥桥高85m，为兰新高铁全线的最高桥梁。

1. 祁连山越岭段地质选线的主要原则

（1）地质构造

测区内地质构造发育，线路通过褶皱构造时应选择工程地质和水文地质条件较好的一侧翼部通过或以大角度与褶皱轴线相交通过；线路与断层构造应尽量垂直或以大角度相交通过，尽量以桥梁跨越。

（2）"碎屑流"地层

鉴于引硫济金引水洞工程施工过程中在该套地层所遇到的困难，线路应以绕避为主，如必须通过，则应选择水文地质条件较好地段以最短距离通过。

（3）危岩落石和岩堆

测区基岩裸露，山高坡陡，岩体节理裂隙非常发育，线路应绕避危岩落石和岩堆。

（4）高地应力

线路应与高地应力场区域最大主应力方向尽可能平行，但由于受到线路走向的影响，宜尽量与最大主应力方向以小角度相交。

2. 推荐意见

CK方案和DK方案通过测区的地层岩性与地质构造条件相当，不良地质均已绕避；线路与最大主应力方向尽可能以小角度相交，以减小高地应力对隧道工程的影响；线路从鸳鸟口中游—敖包沟上游复背斜南西翼通过，其余褶皱和断裂均以大角度通过。

（1）从地质构造对工程的影响方面分析

两方案均以大角度通过沿线地质构造，隧道通过的断裂破碎带长度CK方案较DK方案长

660m，且CK方案隧道通过的F2断裂地表常年流水，通过F8断裂处为浅埋冲沟，施工中有坍塌、冒顶、涌水突泥的风险。DK方案优于CK方案。

(2)从隧道洞口条件和不良地质对工程的影响方面分析

两方案对危岩落石和岩堆均进行了绕避；大梁隧道进、出口段CK方案合计约2km浅埋，DK方案约600m浅埋，均位于缓坡地段坡积层中，工程地质条件较差；CK方案祁连山隧道洞身段约3.3km通过"碎屑流"地层，地表发育常年流水的二道沟，隧道通过二道沟段位于引硫济金工程下游，较引硫济金工程埋深更小，施工中更易发生"碎屑流"；DK方案大梁隧道出口与祁连山隧道进口通过该套地层，由于地表水和地下水均不发育，无产生"碎屑流"条件。DK方案优于CK方案。

DK方案隧道洞口段位于斜坡浅埋段，施工开挖揭示二叠系和三叠系砂岩受构造作用强烈，岩体破碎，多呈散状，施工中局部受雨水下渗影响，有渗水现象，未发生"碎屑流"或塌方。

(3)从隧道围岩条件对工程的影响方面分析

根据综合勘察成果，对CK方案和DK方案隧道群围岩分级进行了统计。CK方案隧道总长度较DK方案短1.5km，但Ⅳ、Ⅴ级围岩均较DK方案长5.6km，施工难度和施工风险均超过DK方案。

综上所述，DK方案工程地质条件和水文地质条件均优于CK方案，推荐DK方案。

(素材来源：王进华．兰新高铁祁连山越岭段工程地质选线研究及回顾[J]．铁道标准设计，2021，65(6)：6-11.)

数字孪生技术　实现河道综合治理仅需"一张图"

嘉善河流湖荡纵横交错，是典型的江南水乡。2022年1月，嘉善县罗星街道以数字化改革为契机，依托数字孪生、5G、AR等先进技术，三维立体实时展现"源－网－管－口－河"污染溯源链以及设施运行态势，形成了一套河道水质安全预警预测管理库，赋能河道治理新机制。该机制运行半年以来，共实现了63次污染预判，防范了污染源扩散风险，确保水质持续达标，打造宜居宜业宜人的人居环境，为促进高质量发展、实现共同富裕提供了生动示范。

(素材来源：人民咨询)

单元三　水文地质条件分析

水文地质条件是指有关地下水形成、分布和变化规律等条件的总称，包括地下水的补给、埋藏、径流、排泄、水质和水量等。一个地区的水文地质条件随自然地理环境、地质条件，以及人类活动的影响而变化。开发利用地下水或防止地下水的危害，必须通过勘察查明水文地质条件。

知识目标

1. 知道包气带水、潜水、承压水的定义、特点及相互之间的关系。
2. 知道上层滞水的定义及危害。
3. 知道含水层厚度、地下水水位、地下水埋深和水力梯度的定义。
4. 知道地下水的补给和排泄关系。
5. 领会流砂、基坑涌水、路基翻浆、潜蚀的定义及危害。

能力目标

1. 能分析上层滞水对公路可能产生的危害。
2. 能识读潜水等水位线图,并分析潜水流向及地下水埋深。
3. 能分析流砂、基坑涌水、路基翻浆、潜蚀与地下水之间的关系。

素质目标

1. 建立系统意识及全局意识。
2. 养成吃苦耐劳、无私奉献的劳模精神。

情境描述

某国家高速公路全长83.567km,全部为新建。项目区地下水由高处向低处径流,由于切割深、地形陡、水力坡度大,径流通畅,途径一般不长,于地形低凹处溢出地表,具有就地补给、就地排泄的特点。区内地下水补给来源以大气降水为主,较为单一。受制于降水的控制,地下水水量季节性变化明显,地下水水位、流量动态变化较大。请结合以上信息分析及判断该区水文地质条件。

任务点1 地下水特征分析

问题导学

该公路项目地处黄土高原区,经过地质勘查,水文地质条件如下:

1. 松散岩类孔隙水

(1)河(沟)谷松散岩类孔隙水

主要分布于黄河河谷漫滩及Ⅰ、Ⅱ级阶地。为松散岩类,主要由砾石、砾石层、砂、亚砂土及黄土状土组成。含水层厚度3~28m,地下水埋深1~25m,单井涌水量100~1000m^3/d。河谷地下水主要来源为地表水、降水补给和地下潜水补给,地下水质一般,富水性弱~中等。水质类别主要为碳酸钙型水、碳酸钙镁型水和硫酸钙镁型水,矿化度为0.5~5g/L不等。

(2)黄土孔隙潜水

主要分布于黄土梁峁区及高阶地,这些地方岩性主要以黄土为主,质地均匀,结构疏松,多大孔隙,含水层多不连续,水量贫乏。富水性弱,其补给来源为大气降水,径流途径短。以泉的形式排泄,大部分在枯水季节干涸。单泉流量0.01~1.0L/s,枯水期地下径流模数小于1L/(s·km^2)。

2. 基岩裂隙水

(1)层状岩类裂隙水

主要分布含水层为新近系咸水河组(N1x)、白垩系河口群(K1hk)及前寒武系皋兰群(An ε gt)。

咸水河组(N1x)岩性主要为泥岩、砂岩和含砾砂岩。河口群(K1hk)岩性主要为页岩、砾岩、砂岩与黏土岩互层,夹少量杂色页岩及粉砂岩条带等。皋兰群(An ε gt)岩性主要为角闪片岩、云母片岩、绢云片岩夹薄层石英岩。裂隙潜水主要赋存于基岩风化裂隙及构造裂隙中。地下水来源以大气降水补给为主,经短途径流后,多以泉水的形式出露地表。富水性较弱,单井涌水量小于1L/s,一般地下水径流模数0.2~1L/(s·km^2)。矿化度为0.5~5g/L。

(2)块状岩类裂隙水

主要分布于项目区盐池沟一带,含水层为加里东早期侵入岩(γ31),岩性为红色花岗岩及灰白色花岗闪长石,二者渐变关系没有明显线。地下水多沿表层风化裂隙以泉的形式溢出。

1. 地下水按照含水层性质,分为(　　)、(　　)、(　　)。该区域主要的地下水类型有(　　)。

2. 该区域透水性好的岩层有哪些?透水性差的岩层有哪些?

(　　　　　　　　　　　　　　　　　　　　　　　　　　　　　　　　　)。

3. 该区域水质为HCO_3-Ca^{2+}、Cl-SO_4^{2-}-Ca^{2+}-Mg^{2+}、HCO_3-Ca^{2+}-Mg^{2+},矿化度为0.5~5g/L不等。请对这三种水质的优劣进行排序,从优到劣依次为(　　)、(　　)、(　　)。矿化度代表的含义是(　　　　　　　　　　)。矿化度0.5g/L为(　　)水,矿化度5g/L为(　　)水。

知识讲解

一、概述

地下水

自然界的岩石、土壤均是多孔介质,其固体骨架间存在着形状不一、大小不等的孔隙、裂隙或溶隙,其中有的含水,有的不含水,有的虽然含水却难以透水。通常把既能透水又饱含水的多孔介质称为含水介质,这是地下水存在的首要条件。所谓含水层,是指储存有地下水,并在自然状态或人为条件下能够流出地下水来的岩体。由于这类含水的岩体大多呈层状,故名含水层,如砂层、砂砾石层等。那些虽然含水,但几乎不透水或透水能力很弱的岩体,称为隔水层,如质地致密的火成岩、变质岩,以及孔隙细小的页岩和黏土层均可成为良好的隔水层。实际上,含水层与隔水层之间并无一条截然的界线,它们的划分是相对的,并在一定的条件下可以互相转化。如饱含结合水的黏土层,在寻常条件下,不能透水与给水,成为良好的隔水层;但在较大的水头作用下,由于部分结合水发生运动,黏土层就可以由隔水层转化为含水层。

地下水水文地质图是一种用于描述地下水分布和流动情况的地质学工具。该图通常由地下水埋深、地下水水位、水力梯度、地下水流向、含水层厚度等要素组成,能够直观地展现地下水的空间分布和水文地质特征。

如图2-3-1所示,含水层厚度(M)是指地下水存在的岩层、砂层或土层的厚度,也是地下水水文地质图的重要要素之一。地下水流向则是指地下水的流动方向,可以通过水文地质勘探和测量得到。地下水埋深(D)是指地下水水位距离地表面的垂直距离。地下水水位(H_1、H_2)是指水面距离隔水底板的垂直距离。水力梯度(I)是指地下水位的变化率,它的定义为单位长度上的水位变化量。计算公式为

$$I = \frac{H_1 - H_2}{L} \tag{2-3-1}$$

式中:I——水力梯度;

H_1、H_2——地下水水位高度,m;

L——两点之间的直线距离,m。

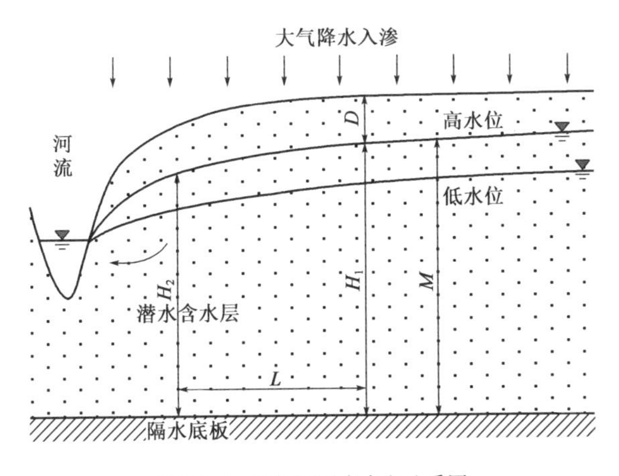

图2-3-1 局部地下水水文地质图

二、地下水分类

地下水是指赋存于地面以下岩石空隙中的水,狭义上是指地下水面以下饱和含水层中的水。地下水分类见图2-3-2。

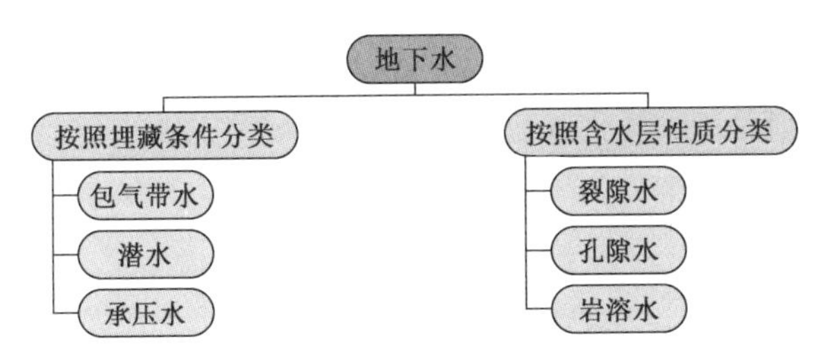

图2-3-2 地下水分类

地下水按照含水层性质分,分为孔隙水、裂隙水和岩溶水。孔隙水是存在于岩土孔隙中的地下水,如松散的砂层、砾石层和砂岩层中的地下水;裂隙水是存在于坚硬岩石和某些黏土层裂隙中的水;岩溶水又称喀斯特水,指存在于可溶岩石(如石灰岩、白云岩等)的洞隙中的地下水。

承压水

地下水按照埋藏条件的分类如图2-3-3所示,可分为包气带水、潜水和承压水三

大类。包气带水指潜水面以上包气带中的水，这里有吸着水、薄膜水、毛细水、气态水和暂时存在的重力水。包气带中局部隔水层之上季节性地存在的水称上层滞水。潜水存在于地表以下第一个稳定隔水层面，具有自由水面的重力。它主要来源为降水和地表水入渗补给。承压水（自流水）是埋藏较深的、赋存于两个隔水层之间的地下水。它承受压力，当上覆的隔水层被凿穿时，水能从钻孔上升或喷出。这种地下水往往具有较大的水压力，特别是当上下两个隔水层呈倾斜状时，隔层中的水体要承受更大的水压力。当井或钻孔穿过上层顶板时，强大的压力就会使水体喷涌而出，形成自流水。各类地下水的特征见表2-3-1。

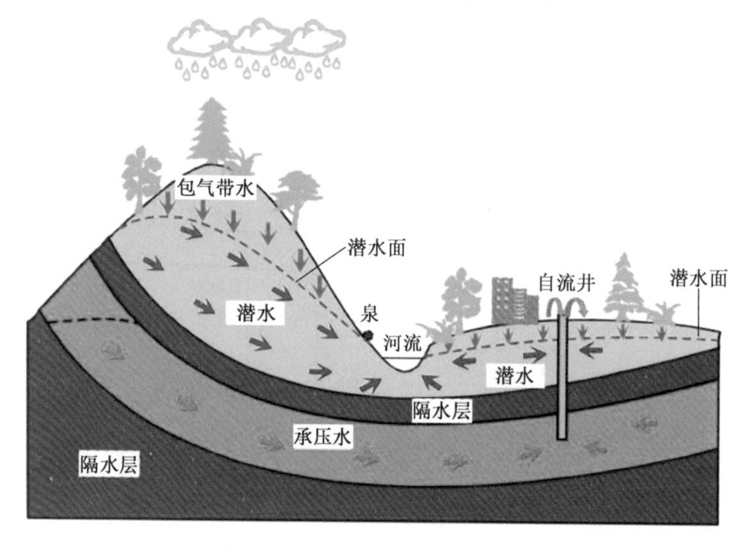

图2-3-3 地下水按埋藏条件分类

各类地下水的特征

表2-3-1

分类	特征	补给和排泄
包气带水	(1)在包气带局部隔水层上积聚具有自由水面的重力水，称为上层滞水。在雨季，由于上层滞水水位的上升，使土、石强度降低，造成道路翻浆和影响路基稳定性。 (2)包气带中还有一部分水称为毛细水，由于地下潜水位上升，毛细水上升高度增大，常导致冻胀、翻浆现象发生。通常细粒土的毛细水上升高度大于粗粒土	(1)分布最接近地表，接受大气降水的补给。 (2)以蒸发形式排泄或向隔水底板边缘排泄
潜水	(1)潜水在重力作用下，由水位高的地方向水位低的地方径流。 (2)潜水的动态(水位、水量、水温等)随季节不同而明显变化。 (3)水质变化较大，且易受到污染	(1)分布区和补给区基本一致，大气降水和地表水可通过包气带水入渗直接补给潜水。 (2)排泄方式：一种是水平排泄，以泉的方式排泄或流入地表水等；另一种是垂直排泄，通过包气带蒸发进入大气
承压水	(1)具有隔水顶板，地下水面承受静水压力，没有自由水面。 (2)具有隔水顶板，所以承压水的水位、水量、水温及水质等受气候、水文等因素的季节变化的直接影响较小。 (3)承压含水层的厚度较稳定，且比潜水埋藏更深，不易被污染	承压水上下都有隔水层，具有明显的补给区、承压区和排泄区。通常，补给区远小于分布区；补给区与排泄区通常相距较远

上层滞水是由于局部的隔水作用，下渗的大气降水停留在浅层的岩石裂缝或沉积层中所形成的蓄水体。一般分布不广，呈季节性变化，雨季出现，干旱季节消失，其动态变化与气候、水文因素的变化密切相关。在雨季由于上层滞水水位的上升，能使土、石强度降低，造成道路翻浆和导致路基稳定性的破坏。

道路翻浆

三、潜水等水位线图

潜水等水位线

潜水等水位线图（图2-3-4）中，研究区域内潜水位相等的各点连成一条曲线，称为等水位线，等水位线上各点的水位相等。

潜水等水位线图类似于地形等高线图，是潜水等水位线在水平上的投影组成的图，反映了潜水面的空间形态。根据工作区分布较均匀的井、泉、钻孔，在同一时间内测定的潜水位，按一定等高距连接而成。精度取决于测点的密度，密度愈大，精度愈高。一般以地形图为底图编绘。等水位线图可用于了解潜水的流向、水力坡度和潜水的补给、排泄情况，配合地形等高线，可进一步了解潜水埋藏深度。潜水流向的判定是从多个钻孔测定地下水位，确定等水位线，按水位由高到低的垂线方向即为潜水流向。

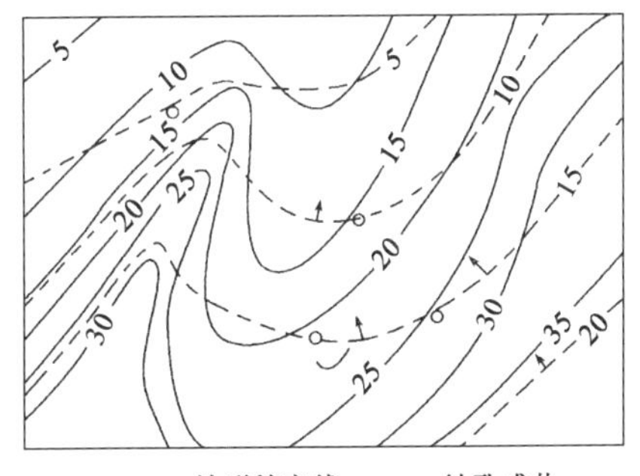

图2-3-4 潜水等水位线图

四、地下水的化学性质

地下水矿化度即单位体积地下水中可溶性盐类的质量，常用单位为g/L或mg/L。它是水质评价中常用的一个重要指标。地下水中分布最广、含量较多的离子共七种，即Cl^-、SO_4^{2-}、HCO_3^-、Na^+、K^+、Ca^{2+}、Mg^{2+}。地下水矿化类型不同，地下水中占主要地位的离子或分子也随之发生变化。在非灌溉地区，地下水矿化度与地下径流速度有关。地下径流速度快，与含水层岩石相互作用少，矿化度就小。地下水水位高，蒸发消耗大，矿化度就高。

水的矿化度、pH值、硬度对水泥混凝土的强度有影响，水中的侵蚀性CO_2、SO_4^{2-}、Mg^{2+}等也决定着地下水对混凝土的腐蚀性。地下水的化学成分见表2-3-2。

地下水的化学性质 表2-3-2

化学性质	分类				
矿化度(g/L)	淡水	低矿化水	中等矿化水	高矿化水	卤水
	<1	1~3	3~10	10~50	>50
pH值	强酸性水	弱酸性水	中性水	弱碱性水	强碱性水
	<5	5~7	7	7~9	>9
硬度	极软水	软水	中硬水	硬水	极硬水
物质的量浓度(mmol/L)	<1.5	1.5~3.0	3.0~6.0	6.0~9.0	>9.0

小组学习

请讨论判断图2-3-5中潜水与河水的补排关系。

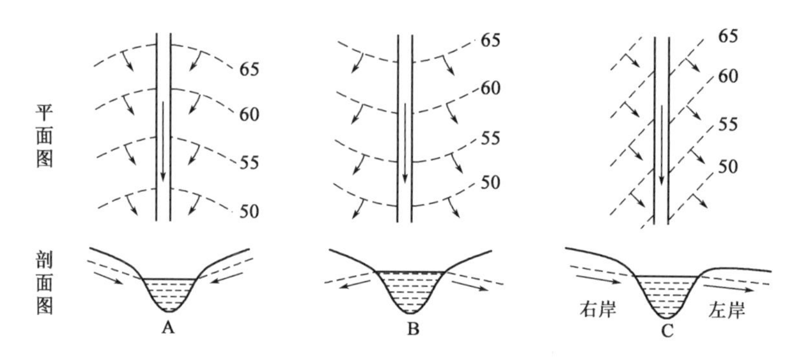

图2-3-5 潜水与河水的补排关系

要点总结

水文地质条件要点总结

知识小测

学习了任务点1内容,请大家扫码完成知识小测并思考以下问题。

1. 画图表示含水层厚度和潜水埋藏深度。
2. 上层滞水属于哪种地下水？它会导致哪些病害？该如何整治？
3. 识读图2-3-6,回答问题。

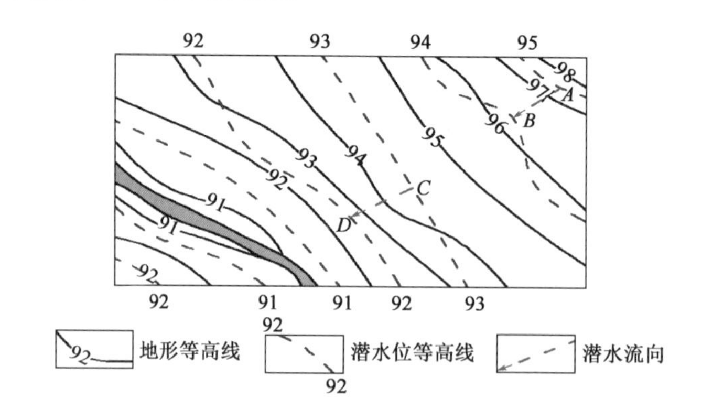

图2-3-6 潜水等水位线图

(1)图中水位高差(　　)m,地形高差(　　)m,属于(　　)地形。

(2)图中A点到B点的水力梯度是(　　),C点到D点的水力梯度是(　　)。

(3)从图上可以看出该地区的潜水最大埋深是(　　)m,最小埋深是(　　)m。

(4)该河段潜水和河水的补排关系是(　　　　　　　　　　　　　　　　　　　　　　　　　　　)。

(5)请在B点两侧画出潜水流向,用箭头表示。

4.(2011年全国注册岩土工程师真题)下列关于毛细水的说法正确的有(　　)。

A. 毛细水上升是表面张力导致的

B. 毛细水不能传递静水压力

C. 细粒土的毛细水最大上升高度大于粗粒土

D. 毛细水是包气带中局部隔水层积聚的具有自由水面的重力水

5.(2014年全国注册岩土工程师真题)某地区由于长期开采地下水,发生了大面积的地面沉降,根据工程地质和水文地质条件,下列措施可采用的是(　　)。

A. 限制地下水的开采

B. 向含水层进行人工补给

C. 调整地下水开采层次,进行合理开采

D. 对地面沉降区土体进行注浆加固

任务点2　地下水对工程影响分析

问题导学

根据本次勘察揭露,项目区地下水不是很发育,仅在咸水河附近、白茨沟沟谷K7+650~K10+400段、平岘沟沟谷AK7+000~AK9+800段和黄河两岸揭露到地下水,其余地段均未揭露到地下水。采取地下水水样进行水质分析的结果显示,咸水河附近地下水均为氯化钙镁型水:pH=7.62~8.04,属弱碱性水,按化学成分的组合来看,多为氯化钙镁型水,无色、味苦涩、无嗅;黄河两岸地下水均为氯化钙型水:pH=7.74,属弱碱性水,按化学成分的组合来看,多为氯化钙型水,无色、无嗅。

1. 分析资料,咸水河附近地下水对混凝土结构和钢筋混凝土结构中钢筋是否具有腐蚀性?属于哪个级别?

(　　　　　　　　　　　　　　　　　　　　　　　　　　　　　　　　　　　　)。

2. 白茨沟沟谷K7+650~K10+400段、平岘沟沟谷AK7+000~AK9+800段地下水对混凝土结构是否具有腐蚀性?属于哪个级别?

(　　　　　　　　　　　　　　　　　　　　　　　　　　　　　　　　　　　　　)。

3. 在工程施工时要注意地下水的(　　)性,地下水中(　　)含量过高容易导致钢筋锈蚀。

知识讲解

地下水对工程的影响

一、概述

地下水与人类的关系十分密切,井水和泉水是我们日常使用最多的地下水。当前,我国地下水保护利用还存在两个方面突出问题:

一是局部超采严重。目前，全国21个省区市存在不同程度的超采问题，个别地区甚至存在开采深层地下水问题。地下水超采区总面积达28.7万平方公里，年均超采量158亿立方米，其中华北地区地下水超采问题最为严重。超采导致地下水水位下降、含水层疏干、水源枯竭，引发地面沉降、河湖萎缩、海水入侵、生态退化等问题。

二是污染问题突出。城镇生活污水和工业废水排放、农业面源污染导致地下水污染。根据《2020年中国生态环境状况公报》，以浅层地下水水质监测为主的10242个监测点中，Ⅰ~Ⅲ类水质的监测点只占到22.7%，Ⅳ类占到33.7%，Ⅴ类占到43.6%。

二、地下水引起的常见工程病害

（一）地基沉降

在松散沉积层中进行深基础施工时，往往需要人工降低水位。若降水不当，周围地基土层会产生固结沉降，轻者造成邻近建筑物或地下管线的不均匀沉降，重者使建筑物基础下的土体颗粒流失，甚至掏空，导致建筑物开裂和危及安全。地基沉降见图2-3-7。

图2-3-7　地基沉降

（二）流砂

流砂是在向上的渗流力作用下，粒间有效应力为零时，颗粒群发生悬浮、移动的现象（图2-3-8）。渗流力是指水在土体中流动时，力图拖曳土粒而消耗能量，引起水头的损失。由于动水压力大于土的浮重度，细土颗粒随渗流水涌入基坑，发生流砂现象。地下水位以下的黏性土颗粒较细，是易发生流砂的土质。此外，流砂还多发生在颗粒级配均匀的饱和细砂、粉砂和粉土层中。

图2-3-8　流砂

流砂具有突发性，对工程危害极大，它的产生不仅取决于渗流力的大小，同时与土的颗粒级配、密度及透水性等相关。

流砂的防治原则如下：

(1)减小或消除水头差，如采用基坑外的井点降水法(图2-3-9)降低地下水位，或采取水下挖掘。

(2)增长渗流路径，如打板桩(图2-3-10)。

图2-3-9 井点降水法

图2-3-10 打板桩

(3)在向上渗流出口处地表用透水材料覆盖压重以平衡渗流力。

(4)土层加固处理，如冻结法、注浆法等。

(三)管涌

在渗流作用下，土中的细颗粒在粗颗粒形成的孔隙中移动以致流失；随着土的孔隙不断扩大，渗透速度不断加快，较粗颗粒也相继被水流逐渐带走，最终导致土体内形成贯通的渗流管道，造成土体塌陷，这种现象称为管涌，如图2-3-11所示。管涌破坏一般有个时间发展过程，是一种渐进性质的破坏。

图2-3-11 管涌

土是否发生管涌，首先取决于土的性质，管涌多发生在砂砾土中，其特征是颗粒大小差别大，往往缺少某种粒径，孔隙直径大且相互连通。无黏性土发生管涌必须具备以下两个条件：

(1)几何条件：土中颗粒所构成的孔隙直径必须大于细颗粒的直径，这是必要条件，一般不均匀系数大于10的土才会发生管涌。

(2)水利条件：渗流力能够带动细颗粒在孔隙间滚动或移动是发生管涌的水力条件，可用管涌的水力梯度来表示。但管涌临界水力梯度的计算至今尚未成熟。对于重大工程，应尽量通过试验确定。

防治管涌，一般可从下列两方面采取措施：

(1)改变几何条件。在渗流逸出部位铺设反滤层是防止管涌破坏的有效措施。

(2)改变水利条件。降低水力梯度，如打板桩。

(四)潜蚀

在自然界中,在一定条件下同样会发生上述渗透破坏现象,为了与人类工程活动所引起的管涌区别,通常将其称为潜蚀。当地下水强烈活动于岩土交界面的岩溶地区时,潜蚀是形成土洞的主要原因。潜蚀作用有机械潜蚀和化学潜蚀两种。机械潜蚀是指渗流的机械力将细土冲走而形成洞穴;化学潜蚀是指水流溶解了土中的易溶盐或胶结物使土变松散,细土粒被水冲走而形成洞穴。

图2-3-12 黄土潜蚀地貌景观

这两种作用一般是同时进行的。地基土层内地下水如具有潜蚀作用,将会破坏地基土的强度,形成空洞,产生地表塌陷,影响建筑工程的稳定。在我国的黄土层及岩溶地区的土层中,常有潜蚀现象产生(图2-3-12),修建建筑物时应注意。

对潜蚀的处理可以采取堵截地表水流入土层、阻止地下水在土层中流动、设置反滤层、改造土的性质、减小地下水流速及水力坡度等措施。这些措施应根据当地地质条件分别或综合采用。

(五)浮托

当建筑物基础底面位于地下水位以下时,地下水对基础底面产生静水压力,即产生浮托力。如果基础位于粉性土、砂性土、碎石土和节理裂隙发育的岩石地基上,则按地下水位100%计算浮托力;如果基础位于节理裂隙不发育的岩石地基上,则按地下水位50%计算浮托力;如果基础位于黏性土地基上,其浮托力较难确定,应结合地区的实际经验考虑。

(六)基坑突涌

当基坑下伏有承压含水层时,开挖基坑减小了底部隔水层的厚度。当隔水层较薄经受不住承压水头压力作用时,承压水的水头压力会冲破基坑底板,这种工程地质现象被称为基坑突涌。

小组学习

流砂和管涌有何区别?请分别从定义、发生条件、整治措施三方面列表比较。

要点总结

地下水对工程的影响要点总结

知识小测

学习了任务点2内容，请大家扫码完成知识小测并思考以下问题。

1.（2016年全国注册岩土工程师真题）在含水砂层中采用暗挖法开挖公路隧道，下列施工措施不合适的是（　　）。

A. 从地表沿隧道周边向围岩中注浆加固

B. 设置排水坑道或排水钻孔

C. 设置深井降低地下水位

D. 采用模筑混凝土作为初期支护

2.（2011年全国注册岩土工程师真题）在具有高承压水头的细砂层中用冻结法支护开挖隧道的旁通道，由于工作失误，致使冻土融化，承压水携带大量砂粒涌入已经衬砌完成的隧道，周围地面急剧下沉，此时最快捷、最有效的抢险措施是（　　）。

A. 堵溃口

B. 对流砂段地基进行水泥灌浆

C. 从隧道内向外抽水

D. 封堵已经塌陷的隧道两端，向其中回灌高压水

3. 地下水带来的工程病害有哪些？请简单分析原因。

4. 绘图表示管涌病害发生的机理。为防止管涌病害发生，可采取的防治措施有哪些？

课外阅读

考虑地下水环境效应的隧道超前帷幕注浆技术

针对文笔山1号隧道施工过程中涌水量大且位于水源保护区的特点，提出考虑地下水环境效应超前帷幕注浆技术。注浆采用配比为1∶0.8的水泥-水玻璃双浆液作为环保注浆材料，沿掌子面布置3环共18个注浆孔，保持一定压力后，再通过钻芯取样检验加固效果，同时监测洞口外、电站及库区的水质。结果表明，注浆工艺试验灌浆效果显著，岩层间的裂隙、破碎带得到有效填充，提高了岩体强度，降低了岩体透水性，达到了防渗帷幕效果；注浆过程中未对洞外地下水造成污染，特别是库区监测点水质关键指标都在合格范围内。

（素材来源：徐淑亮. 考虑地下水环境效应的隧道超前帷幕注浆技术[J]. 福建交通科技，2022(10)：83-85，111.）

基坑涌水涌砂案例

1. 工程概况

某商住楼为32层钢筋混凝土框筒结构大楼，一层地下室，总面积23150m^2。基坑最深处（电梯井）-6.35m。该大楼位于珠海市香洲区，西北两面临街，南面与5层办公楼相距3～4m，东面为住宅，距离大海200m。

地质情况大致为：地表下第一层为填土，厚2m；第二层为海砂沉积层，厚7m；第三层为密

实中粗砂，厚10m；第四层为黏土，厚6m；-25m以下为起伏岩层。地下水与海水相通，水位为-2.0m，砂层渗透系数为K=43.2～51.3m/d。

2. 基坑设计与施工

基坑采用直径480mm的振动灌注桩支护，桩长9m，桩距800mm，当支护桩施工至粮食局办公楼附近时，大楼的伸缩缝扩大，外装修马赛克局部被振落，因此在粮食局办公楼前做5排直径为500mm的深层搅拌桩兼作基坑支护体与止水帷幕，其余区段在振动灌注桩外侧做3排深层搅拌桩（桩长11～13m，相互搭接50～100mm），以形成止水帷幕。基坑的支护桩和止水桩施工完毕后，开始机械开挖，当局部挖至-4m时，基坑内涌水涌砂，坑外土体下陷，危及附近建筑物及城市干道的安全，无法继续施工，只好回填基坑，等待处理。

3. 事故分析

止水桩施工质量差是造成基坑涌水涌砂的主要原因。基坑开挖后发现，深层搅拌止水桩垂直度偏差过大，一些桩根本没有相互搭接，桩间形成缝隙甚至为空洞。坑内降水时，地下水在坑内外压差作用下，穿透层层桩间空隙进入基坑，造成基坑外围水土流失，地面塌陷，威胁邻近的建筑物和道路。另外，深层搅拌桩相互搭接仅50mm，在桩长13m的范围内，很难保证相邻体完全咬合。

从以上分析可见，由于深层搅拌桩相互搭接量过小，施工设备的垂直度掌握不好，相邻体不能完全弥合成为一个完整的防水体，所以即使基坑周边做了多排（3～5排）搅拌桩，也没有解决好止水的问题，造成不必要的经济损失。

4. 事故处理

（1）采用压力注浆堵塞桩间较小的缝隙，用棉絮包海带堵塞桩间小洞。用砂石为堰堵塞涌砂，导管引水，局部用灌注混凝土的方法堵塞桩间大洞。

（2）在搅拌桩和灌注桩桩顶做一道钢筋混凝土圈梁，增强支护结构整体性。

（3）在基坑外围挖宽0.8m、深2.0m的渗水槽至海砂层，槽内填碎石，在基坑降水的同时，向渗水槽回灌，控制基坑外围地下水位。

通过采取以上综合处理措施，基坑内涌砂涌水现象消失，基坑外地面沉陷得以控制，确保了邻近建筑物和道路的安全。

（素材来源于网络）

单元四 地质构造识别

◎ 知识目标

1. 知道岩层产状定义及三要素，岩层产状的测量及表达方式。

2. 知道水平构造、倾斜构造、直立构造、褶皱构造及断裂构造的定义、形成原因和特点，褶皱构造和断裂构造的要素。

3. 领会褶皱构造野外识别方法，断裂构造的伴生现象及野外识别，褶皱和断裂构造的工程性质。

4. 知道节理及节理密度的定义、构造节理和非构造节理的定义、张节理和剪节理的定义，区别比较不同节理的成因及特点。

能力目标

1. 能操作地质罗盘测定岩层产状，并规范记录。
2. 能分析比较单斜构造的工程性质。
3. 能识别褶皱构造的类型并分析褶皱构造与工程选址之间的关系。
4. 能识别断裂构造的类型并分析断裂构造与工程选址之间的关系。
5. 能根据产状测量数据绘制节理玫瑰花图并简单分析节理成因。

素质目标

1. 践行工匠精神和团队协作意识。
2. 提升科学素养和工程思维。

情境描述

某高速公路，穿越龙门山断裂带。初步勘察阶段已查明，路线带所处地形地貌复杂，不良地质作用强烈发育。现进入详细勘察阶段，需查明路线带范围内的地层岩性、岩层产状、褶皱、断层等地质构造发育情况，并分析其对公路的影响。假设你是工程勘察或设计人员，请结合此情境完成以下任务点的学习。

任务点1 岩层产状测量

问题导学

对该高速公路进行详细勘察，K2+145.375～K2+268.373段穿过页岩与泥岩组成的山体。岩层总体呈单斜产出，产状为375°∠50°，岩体裂隙不发育；路线与山体走向一致。请完成以下题目。

1. 该路段的岩层产状是(　　)；说明岩层的倾向为(　　)，倾角为(　　)，走向为(　　)和(　　)。

2. 下列关于该路段岩层的说法正确的是(　　)。

A. 岩层自然产出即为倾斜状，未受构造变动影响

B. 路线与山体走向一致，说明路线的走向在105°左右

C. 在野外测定岩层产状时，通常使用地质罗盘

D. 使用地质罗盘测定岩层产状时，通常只需测倾向和倾角

E. 因岩层的空间位置是固定的，故测量岩层产状时，无须区分上下层面

知识讲解

一、岩层产状三要素

岩层是指由两个平行或近于平行的界面所限制的同一岩性的层状岩石。岩层产状是指岩层的空间位置，用于描述岩层的空间展布特征。岩层的走向、倾向、倾角，称为岩层产状三要素，如图2-4-1所示。

岩层产状

1. 走向

岩层走向是指层面与假想水平面交线的方向，它标志着岩层的延伸方向(图2-4-1中AB)。走向是两端所指的方向，因此走向的方位角有2个，相差180°。

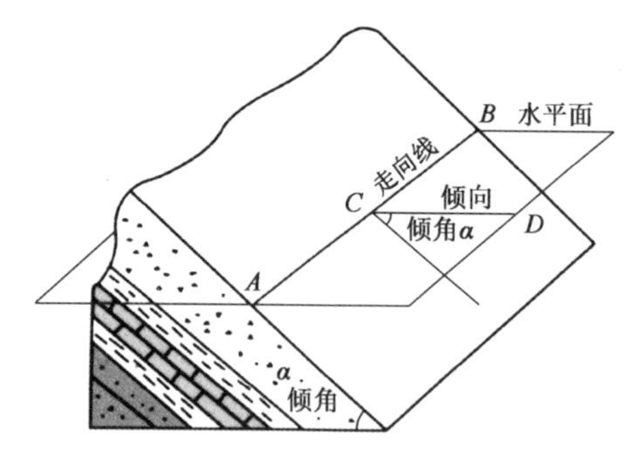

图2-4-1 岩层产状要素

2. 倾向

岩层倾向是指层面上与走向垂直并指向下方的直线，称为倾斜线，它的水平投影所指的方向即为倾向。它代表层面倾斜的方向，与走向垂直(图2-4-1中CD)。倾向只有一个方向，走向=倾向±90°。

3. 倾角

岩层倾角是指层面与假想水平面的最大交角。沿倾向方向测量的倾角，称为真倾角(图2-4-1中α)；沿其他方向测量的交角均较真倾角小，称为视倾角。

一切面状要素的空间位置，都可以通过测量该面的产状要素来确定。

二、岩层产状的测量

岩层的产状，在野外是用地质罗盘仪来测量的(图2-4-2)。

岩层产状测量

图2-4-2 岩层产状的测量示意图

1. 测走向

将罗盘仪的长边(平行南北刻度线的仪器外壳的边缘)紧靠岩层层面，调整罗盘位置使圆水准气泡居中，待磁针静止，读指北针(在岩层的上层面测)或指南针(在岩层的下层面测)所指的方位角度数，即走向的方位。

2. 测倾向

将罗盘仪的短边(与长边垂直)紧贴岩层层面,罗盘指示砧板则指向岩层倾斜方向。调整罗盘位置使圆水准气泡居中,待磁针静止,读指北针所指的方位角度数,即所测倾向方位。

3. 测倾角

将罗盘仪竖放在层面上,使其长边与走向线垂直,旋转罗盘仪背部的旋钮,待管水准气泡居中,倾角指示器所指的度数即为岩层的倾角。

岩层产状记录

三、记录岩层产状

由地质罗盘仪测得的数据,通常用方位角法进行记录。

方位角法是将水平面按顺时针方向划分为360°,以正北方向为0°,再将岩层产状投影到该水平面上,将倾向线与正北方向所夹的角度记录下来。一般按倾向、倾角的顺序记录。

小组学习

请使用地质罗盘仪,分别在同一岩层的上层面和下层面测岩层的走向、倾向和倾角,看看测试结果有什么特点,并分析其产生的原因。

要点总结

岩层产状要点总结

知识小测

学习了任务点1内容,请大家扫码完成知识小测并思考以下问题。

1. 岩层产状包括哪三个要素?

2. 在野外测定岩层产状时,可以只测定哪些产状要素?

任务点2 基本构造识别

问题导学

在该高速公路的初步设计中,K2+145. 375~K2+268. 373段为挖方路段,边坡坡度为1∶1。请结合本单元任务点1问题导学的信息,分析路线两侧的边坡稳定性。

1. 图2-4-3所示的路堑边坡中最不稳定的是(   )。

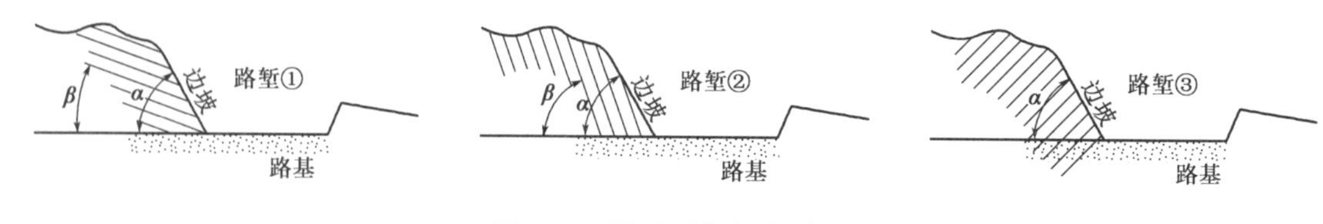

图2-4-3 路堑边坡与岩层示意图

2. 此挖方路段边坡的岩层构造为(　　);路线走向与岩层走向(一致/正交/斜交),边坡为(顺向/逆向)坡,岩层倾角(小于/大于)边坡坡脚,对边坡稳定(有利/不利)。

3. 你认为该挖方边坡是否稳定？请说明理由。

知识讲解

根据岩层倾角的大小,可将单一岩层分为水平构造、倾斜构造、直立构造,如图2-4-4所示。

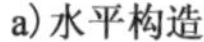
a)水平构造

b)倾斜构造

c)直立构造

图2-4-4 水平构造、倾斜构造与直立构造

一、水平构造

水平构造又称水平岩层,指岩层产状近于水平(一般倾角小于5°)的构造,如图2-4-4a)所示。原始沉积的岩层,一般是水平或近于水平的,先沉积的在下,后沉积的在上。因此,对于水平岩层,通常时代越老,出露位置越低,时代越新则出露位置越高。

二、倾斜构造

水平岩层在地壳运动的影响下发生倾斜,使岩层面与水平面之间具有一定的夹角,称为倾斜构造,如图2-4-4b)所示。倾斜构造是层状岩层中最常见的一种产状,它常常是褶皱的一翼或断层的一盘,也可能是因区域内的不均匀上升或下降所形成的。岩层层序正常时,岩层是下老上新的地层;若岩层受到强烈变位,形成上老下新的地层,则是倒转层序。

三、直立构造

当地壳运动使水平岩层发生改变,岩层面与水平面的交角近于或等于90°时,称为直立构造,岩层为直立岩层,如图2-4-4c)所示。直立岩层的露头宽度与岩层厚度相等,与地形特征无关。

四、岩层产状与道路的关系

1. 路线走向与岩层走向一致

如图2-4-5所示，路线走向与岩层走向一致，公路布设选择顺向坡或逆向坡需要综合考虑各种因素。图2-4-5中，a)、b)、c)为顺向坡，需注意岩层倾角β与边坡坡角α的大小关系，当$\beta \geq \alpha$[图2-4-5a)、b)]时，对边坡稳定有利；当$\beta < \alpha$[图2-4-5c)]时，对边坡稳定不利。逆向坡，通常对边坡稳定是有利的，但若倾向坡外的节理发育且层间结合差[图2-4-5d)]，倾角陡，则易发生崩塌。图2-4-5e)、f)分别为水平岩层和直立岩层，对边坡稳定有利。

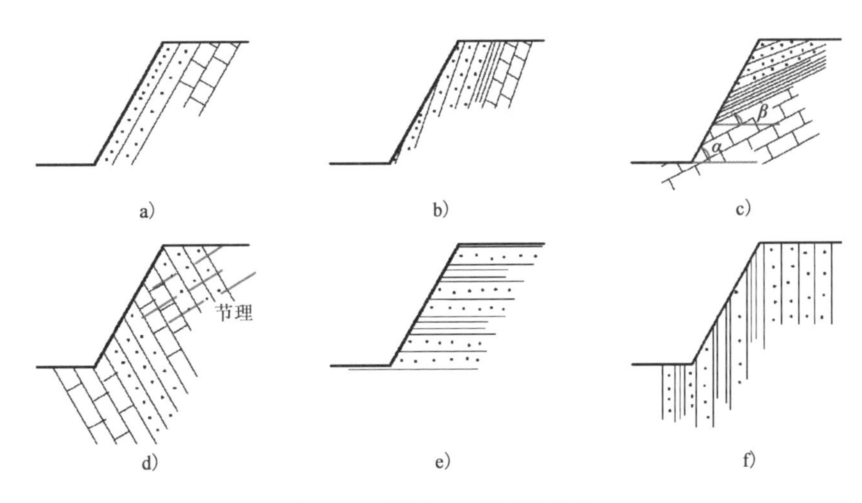

图2-4-5 岩层产状与道路的关系

2. 路线走向与岩层走向正交

此时，如果没有倾向于路基的节理存在，或无节理交线倾向路基，可形成较稳定的高陡边坡。

3. 路线走向与岩层走向斜交

其边坡稳定情况介于上述两者之间。

小组学习

请思考在进行公路选线时，如何结合岩层的产状合理布设路线。

要点总结

岩层构造要点总结

知识小测

学习了任务点2的内容，请大家扫码完成知识小测并思考以下问题。

1.(2014年注册岩土基础真题)以下岩体结构条件,不利于边坡稳定的情况是( )。

A. 软弱结构面和坡面倾向相同,软弱结构面倾角小于坡角

B. 软弱结构面和坡面倾向相同,软弱结构面倾角大于坡角

C. 软弱结构面和坡面倾向相反,软弱结构面倾角小于坡角

D. 软弱结构面和坡面倾向相反,软弱结构面倾角大于坡角

2. 沉积岩形成之初,通常呈什么产状?倾斜构造和直立构造可能是受哪些构造作用影响而形成?

任务点3 褶皱构造识别

问题导学

该高速公路K54+350~K54+410段为一处深路堑。对该路段进行详细勘察,获取了该路段的地层岩性、岩层产状、地质构造等相关信息,并绘制出了区域地形地质图。现对该路段的边坡及地质构造进行分析,研究其对公路的影响。

1. 详细勘察中,K54+350~K54+410段为深挖路堑剖面,如图2-4-6所示。

图2-4-6 K54+350~K54+410段剖面图

(1)该构造属于( )构造;岩层向下弯曲,为( )。

(2)按轴面位置和翼部倾斜情况,此褶皱是( )。

(3)从地形来看,此处向斜成山,是(正/逆)地形,主要是受(内力/外力)地质作用的结果。

2. 下列关于褶皱的描述,正确的有( )。

A. 褶皱的基本类型有背斜和向斜

B. 地形向上拱起的是背斜

C. 不能仅依靠地形起伏判断背斜与向斜

D. 向斜核部为老地层,翼部为新地层

E. 褶皱是岩层产生了一系列波状弯曲

F. 背斜成谷(背斜谷)、向斜成山(向斜山)的地形,称为逆地形

知识讲解

组成地壳的岩层，由于受力变形产生一系列连续弯曲，而未丧失其连续性的构造，称为褶皱构造，简称褶皱，如图2-4-7所示。褶皱构造是岩层塑性变形的表现，是地壳表层广泛发育的基本构造之一。

褶皱构造

图2-4-7 褶皱构造

一、褶曲

褶皱构造中的一个弯曲（一个完整的波形），称为褶曲。褶曲是褶皱构造的组成单位。

（一）褶曲的几何要素

褶曲的形态要素包括：核部、翼部、轴面、轴线和枢纽，如图2-4-8所示。

（1）核部：褶曲中心部位的岩层（图2-4-8中a）。

（2）翼部：位于核部两侧，向不同方向倾斜的岩层（图2-4-8中b）。

（3）轴面：褶曲两翼近似对称的面（假想面）。它也可以是曲面，其产状随着褶皱形态的变化而变化（图2-4-8中e）。

（4）轴线：轴面与水平面的交线（图2-4-8中AD）。

（5）枢纽：轴面与褶曲在同一岩层层面上的交线（图2-4-8中cd）。

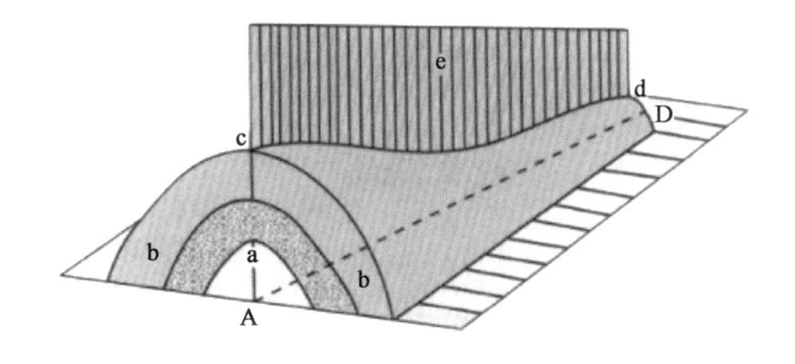

图2-4-8 褶曲的形态要素

a-核部；b-翼部；e-轴面；cd-枢纽；AD-轴线

(二)褶曲的形态

原始水平岩层受力后向上凸曲者,称为背斜;向下凹曲者,称为向斜,如图2-4-9所示。凡背斜者,核部地层最老,翼部依次变新;凡向斜者,核部地层最新,翼部依次变老。

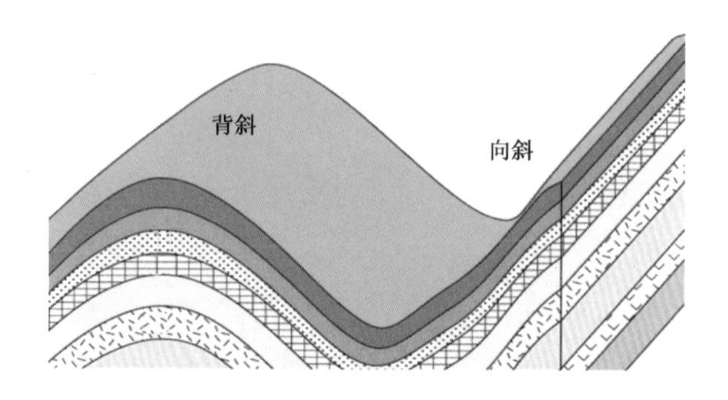

图2-4-9 褶曲的形态

背斜与向斜通常是并存的。相邻背斜之间为向斜,相邻向斜之间为背斜,相邻的向斜与背斜共用一个翼。

1. 褶曲根据轴面的产状分类

(1)直立褶曲:轴面近于直立,两翼倾向相反,倾角近于相等[图2-4-10中a]。

(2)倾斜褶曲:轴面倾斜,两翼岩层倾斜方向相反,倾角不等[图2-4-10中b]。

(3)倒转褶曲:轴面倾斜,两翼岩层向同一方向倾斜,倾角不等。其中一翼岩层为正常层序,另一翼岩层为倒转层序[图2-4-10中c]。如两翼岩层向同一方向倾斜,且倾角相等,则称为同斜褶皱。

(4)平卧褶曲:轴面近于水平,两翼岩层产状近于水平重叠,一翼岩层为正常层序,另一翼岩层为倒转层序[图2-4-10中d]。

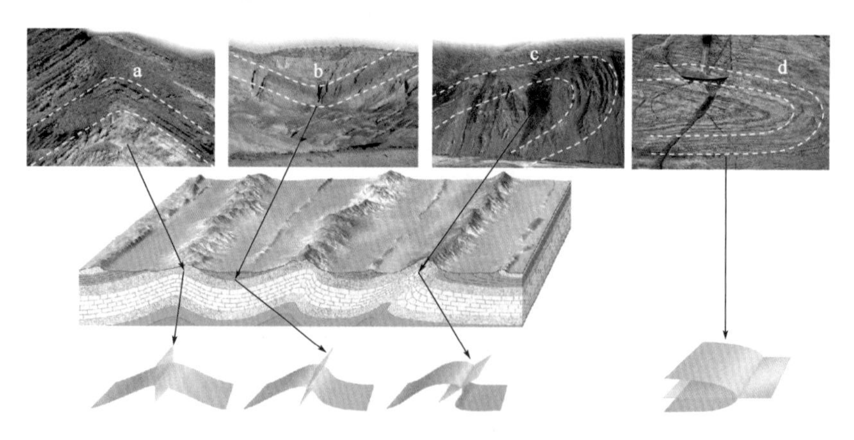

图2-4-10 褶皱分类

在褶皱构造中,褶曲的轴面产状和两翼的倾斜程度通常与岩层的受力性质及褶曲的强烈程度有关。在褶曲不太剧烈和受力性质比较简单的地区,一般多形成直立或倾斜褶曲;在褶曲剧烈和受力性质比较复杂的地区,一般多形成倒转、平卧等褶曲。

2. 褶曲根据枢纽的产状分类

(1)水平褶曲:枢纽近于水平延伸,两翼岩层走向平行,如图2-4-11所示。

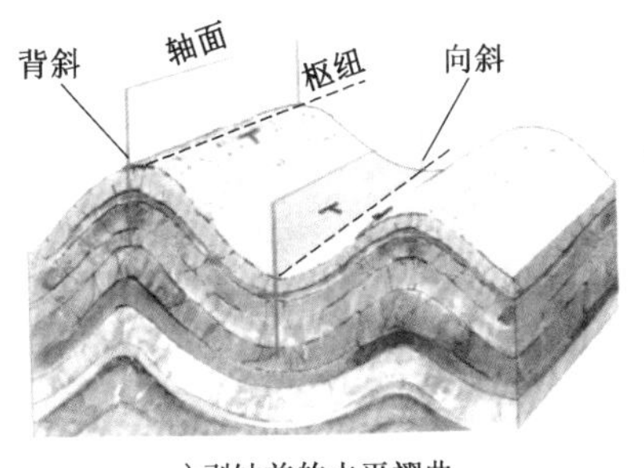

a)剥蚀前的水平褶曲

b)剥蚀后的水平褶曲

图2-4-11 水平褶曲

(2)倾伏褶曲:枢纽向一端倾伏,两翼岩层走向发生弧形合围,如图2-4-12所示。对背斜,合围的尖端指向枢纽的倾伏方向;对向斜,合围的开口方向指向枢纽的倾伏方向。

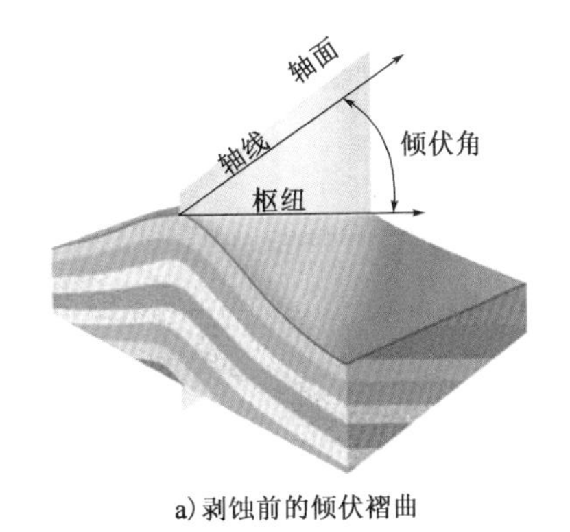

a)剥蚀前的倾伏褶曲

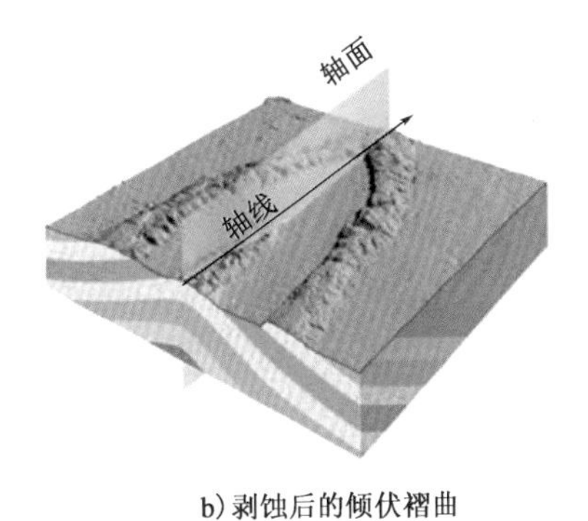

b)剥蚀后的倾伏褶曲

图2-4-12 倾伏褶曲

二、褶皱的野外识别方法

在野外辨认褶皱时,主要是判断褶皱是否存在,区别背斜与向斜,并确定其形态特征。

在野外,如沿山区河谷或公路两侧,岩层的弯曲常直接暴露,背斜或向斜易于识别。但在多数情况下,地面岩层呈倾斜状态,岩层弯曲的全貌并非一目了然。

首先应该知道,地形上的高低并不是判别背斜与向斜的标志。岩石变形之初,背斜为高地,向斜为低地,即背斜成山,向斜成谷。这时的地形是地质构造的直观反映。但是,经过较长时间的剥蚀后,特别是其核部为很容易被剥蚀的软岩层时,地形就会发生变化,背斜可能会变成低地或沟谷,称为背斜谷。相应地,向斜的地形就会比相邻背斜的地形高,称为向斜山。这种地形高低与褶皱形态凸凹相反的现象,称为地形倒置或逆地形,如图2-4-13所示。

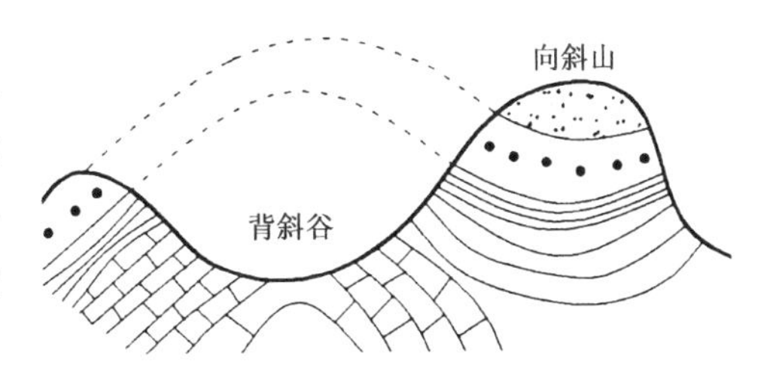

图2-4-13 地形倒置

地形倒置的形成原因是背斜遭受剥蚀的速度

较向斜快。因为背斜轴部(即褶皱枢纽所在部位)裂隙发育,岩层较为破碎,而且地形突出,剥蚀作用容易快速进行。与此相反,向斜轴部岩层较为完整,并常有剥蚀产物在其轴部堆积,起到保护作用,因此其剥蚀速度较背斜轴部慢。

野外识别褶皱构造的方法有穿越法和追索法,通常以穿越法为主,追索法为辅,如图2-4-14所示。

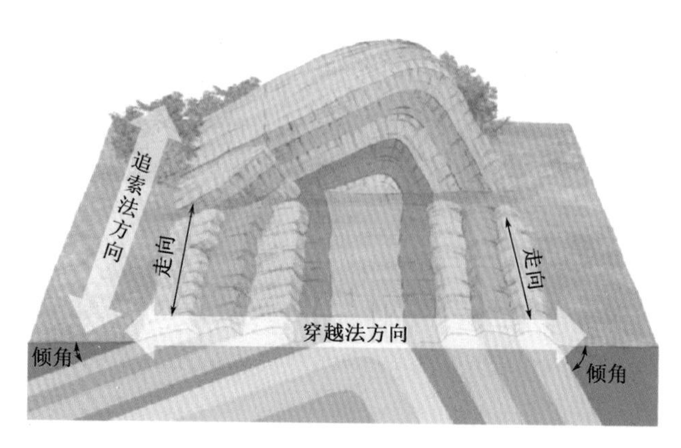

图2-4-14 穿越法与追索法

1. 穿越法

穿越法是指垂直岩层走向进行观察。用穿越法便于了解岩层的产状、层序及新老关系。

2. 追索法

追索法是平行岩层走向进行观察的方法。平行岩层走向进行追索观察,便于查明褶皱延伸的方向及构造变化。

三、褶皱构造对工程建设的影响

褶皱构造普遍存在,无论是找矿、找地下水还是进行工程建设,都要对它进行研究。褶皱对油气和矿床的保存也有重要作用。宽阔和缓的背斜核部往往是油气储集的重要场所,许多层状矿体(如煤矿)常保存在向斜中,大规模地下水也常常储集在和缓的向斜中。根据褶皱两翼对称式重复的规律,在褶皱的一翼发现沉积矿层时,可以预测另一翼也有相应的矿层存在。此外,背斜轴部岩层容易断裂破碎,如果水库位于背斜轴部,就会留下漏水的隐患。

1. 褶皱的核部

褶皱核部岩层由于受水平挤压作用,产生许多裂隙,这会直接影响岩体的完整性。褶皱的核部是岩层强烈变形的部位,常伴有断裂构造,造成岩石破碎或形成构造角砾岩带;地下水多聚积在向斜核部,背斜核部的裂隙也往往是地下水富集和流动的通道,必须注意岩层的坍落、漏水及涌水问题;石灰岩地区还往往发育有岩溶。由于岩层构造变形和地下水的影响,道路、隧道或桥梁工程施工在褶皱核部易遇到地质问题,应尽量避免。

2. 褶皱的翼部

褶皱的翼部通常是单斜岩层,工程性质相对于核部通常更稳定。但需注意岩层倾向、倾角与开挖面之间的位置关系,尤其注意软弱夹层的存在。

3. 褶皱与隧道的关系

对于隧道等深埋地下的工程，从褶皱的翼部通过一般是比较有利的。因为隧道通过均一岩层有利于稳定，但如果中间有松软岩层或软弱构造面，则在顺倾向一侧的洞壁，有时会出现明显的偏压现象，甚至会导致支撑破坏，发生局部坍塌。

小组学习

图2-4-15所示为隧道在褶皱构造中的不同位置。请分析讨论三个隧道分别在褶皱的什么位置，哪个隧址的工程性质更好。

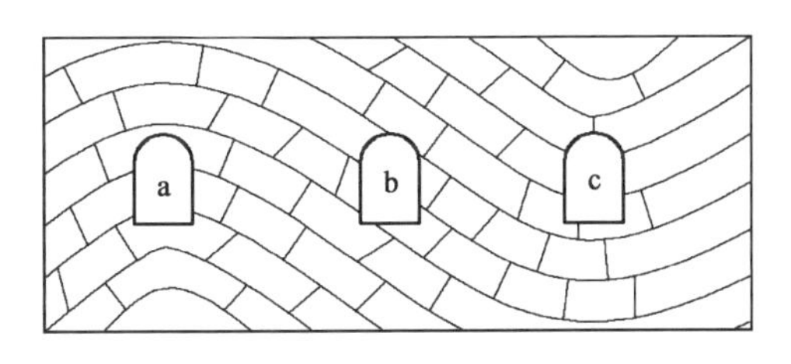

图2-4-15 隧道在褶皱构造中的分布

要点总结

褶皱构造要点总结

知识小测

学习了任务点3内容，请大家扫码完成知识小测并思考以下问题。

1. 褶皱构造体现的是岩石的塑形还是脆性？为什么？

2. 图2-4-16所示为某褶皱构造的立体图。

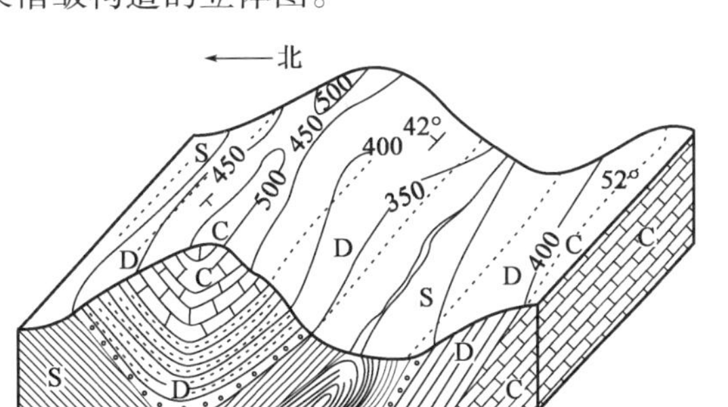

图2-4-16 褶皱构造立体图

请分析图2-4-16，并完成以下测试：

（1）野外识别褶皱构造的方法有（ ）和（ ）。

(2)识别图中褶皱类型时,使用(　　)法,从北向南依次出现的地层是(　　)—(　　)—(　　)—(　　)—(　　)—(　　)—(　　)。

(3)从图2-4-16中可以发现,地层出现了(对称/非对称)重复,可判断该构造为(　　)。

(4)S—D—C—D—S地层,以(　　)为核部,翼部地层较核部地层更(老/新),可判断为(　　);两翼岩层的倾向相对,倾角分别为(　　)和(　　),可判断为(　　)褶皱。

(5)若公路为正南北走向,则路线走向与该褶皱走向(相同/垂直),对边坡稳定(有利/不利)。

任务点4　断裂构造识别

问题导学

该高速公路在穿越龙门山断裂带时,设计有多条隧道。其中一条,隧址区出口段附近发育断层F_1,于ZK60+740(K60+774)与路线相交,交角55°,为非活动性逆断层,断层产状271°∠75°。破碎带宽度约5.0m,影响带宽度5~10m,破碎带为角砾岩,泥质胶结。该断层距隧道较远,隧址区未见其他活动性断层。岩体节理、裂隙发育,呈不规则状。隧道进口段岩层呈单斜状产出,岩层产状为274°∠51°。岩体中主要发育两组节理,J_1产状为4°∠86°,结构面起伏粗糙,无胶结或偶夹泥质胶结,结构面张开度1~3mm,结合程度较差,延伸3~5m,发育间距0.2~0.5m;J_2产状为5°∠86°,结构面起伏粗糙,泥质胶结,延伸1~3m,张开度3~10mm,结合程度差,泥质夹岩屑充填,发育间距0.2~0.4m。

1. F_1是(断层/节理),J_1和J_2是(断层/节理)。两者的主要区别在于(　　　　　　　　)。

2. J_1和J_2,按形成原因是(原生/次生)节理,按受力是(张/剪)节理。

3. 隧道进口段岩层呈(　　)产出,产状为(　　),J_1的产状为(　　),按照节理与岩层产状的关系,J_1是(走向/倾向/斜向)节理。

4. 断层的要素包含(　　)、(　　)、(　　)、(　　)等。

5. 断层F_1的类型是(正/逆/平移)断层,产状为(　　),其(上盘/下盘)相对下降。

6. 该隧道隧址区出口段附近发育断层(　　),于(　　)与路线相交,交角(　　),该断层距隧道(较近/较远)。经分析,隧道(可以/不可以)通过所在场地。

7. 以下描述正确的有(　　)。

A. 节理和解理都是指构造

B. 节理是岩层断裂后未发生相对位移的构造

C. 节理越发育,岩体的承载力越差

D. 断层的上盘即为上升盘

E. 断层只能造成地层的缺失,不能造成地层的重复

知识讲解

组成地壳的岩体在地应力作用下发生变形,当应力超过岩石的强度,岩体的完整性和连续性受到破坏,形成断裂。

断裂是地壳中常见的地质构造，在断裂构造发育地区，常成群分布，形成断裂带。断裂带是矿液和地下水的运移通道，也是矿体的储存场所，因此，研究断裂带的特征，对寻找矿产及地下水具有重要的实用意义。根据岩体断裂后两侧岩块相对位移的情况，断裂构造可分为节理[图 2-4-17a)]和断层[图 2-4-17b)]。

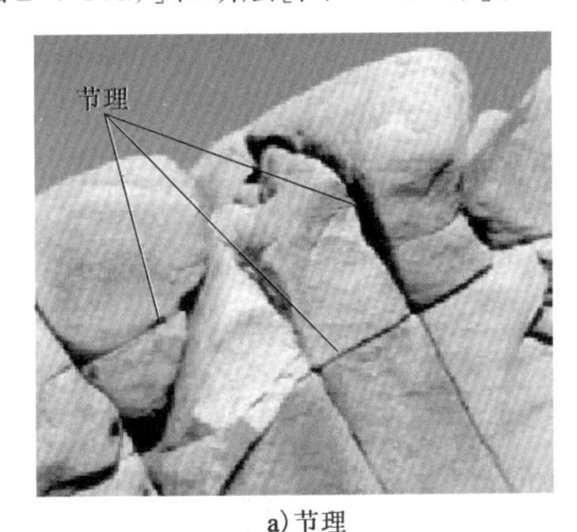

a) 节理

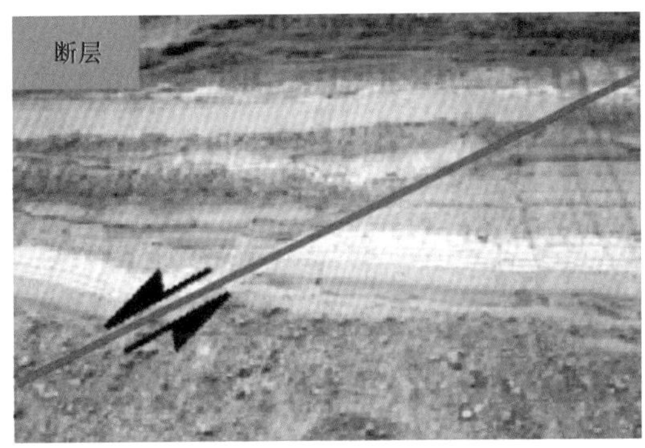

b) 断层

图 2-4-17　节理与断层

一、节理

节理构造

节理也称裂隙，是因岩石受力形成的，裂开面两侧的岩体无明显位移的小型断裂构造。

(一)节理的分类

节理通常成群成组发育，分类标准也较多。

1. 按成因分

节理按照成因不同，可分为原生节理和次生节理。

原生节理是指成岩过程中形成的节理。例如沉积岩中的泥裂，岩浆岩冷凝收缩形成的柱状节理[图 2-4-18a)]等。

次生节理是指岩石成岩后形成的节理，包括非构造节理(风化节理)[图 2-4-18b)]和构造节理。

a) 原生节理

b) 次生节理之非构造节理

图 2-4-18　原生节理与次生节理

2. 按力学性质分

节理按照力学性质不同,可分为张节理和剪节理。

张节理:如图2-4-19a)中Ⅰ、Ⅳ所示,短、小、粗糙不平,延伸不远,常呈豆荚状、树枝状。节理面上无擦痕,常绕过砾石,如图2-4-19b)所示。

剪节理:如图2-4-19a)中Ⅱ、Ⅲ所示,长、大、平直光滑,延伸稳定。节理面上常见擦痕,能切过砾石和胶结物。在应力作用下,沿着共轭剪切面的方向会形成两组交叉的剪节理,称共轭节理或"X"节理。两组剪节理互相交切,常将岩石切割成一系列的菱形方块,如图2-4-19c)所示。

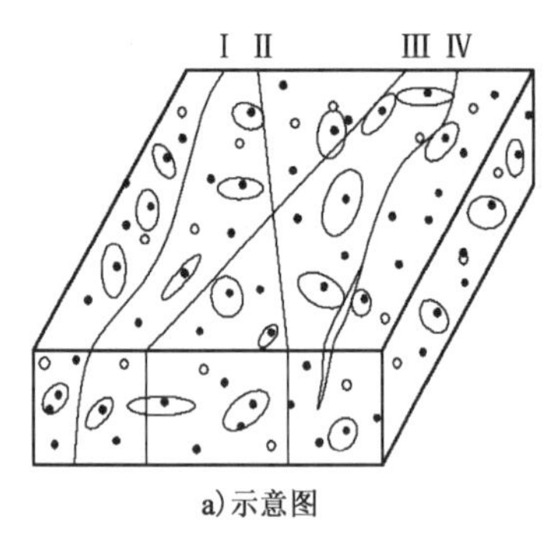

a)示意图

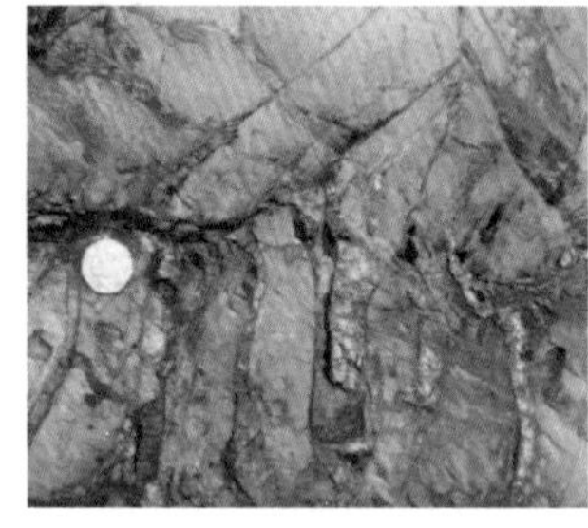
b)张节理

c)剪节理

图2-4-19 张节理与剪节理

3. 按节理与岩层产状的关系分

节理走向与岩层走向可以平行、垂直或斜交,因而可分别形成走向节理(图2-4-20中S)、倾向节理(图2-4-20中d)或斜节理(图2-4-20中Q)。

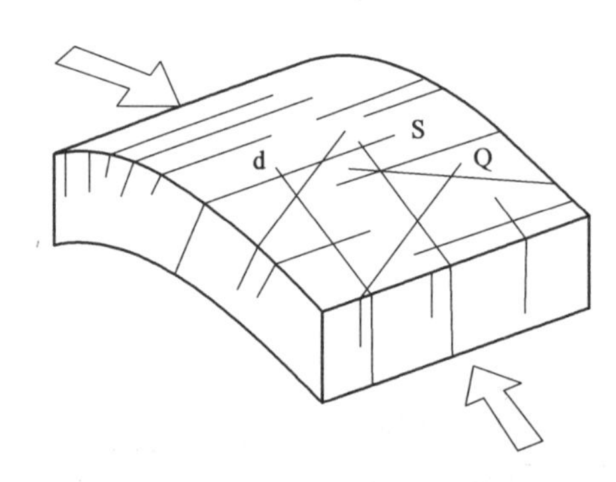

图2-4-20 岩层中的节理

(二)节理对工程建设的影响

节理破坏了岩体的完整性,使岩体的稳定性和承载能力降低;常造成边坡的坍塌和滑动,以及地下洞室围岩的脱落。

节理为大气和水进入岩体内部提供了通道,加速了岩石的风化和破坏;节理也是地下水的良好通道,对水文地质意义重大。

节理是矿液运移、沉积的场所,对找矿有利。在挖方或采石中,节理的存在可以提高工作效率。

总的来说，岩体中的节理，在工程建设方面，有利于材料的采集，不利于岩体的强度和稳定性。

(三)节理调查、统计及表示方法

节理玫瑰花图绘制

节理对工程岩体稳定和渗漏的影响程度取决于节理的成因、形态、数量、大小、连通以及充填等特征。因此，需要对节理的发育情况进行调查统计。测节理的产状与测岩层产状的方法相同。野外常用节理密度来标定岩体中节理分布的多少。所谓节理密度，是指岩石中某节理组在单位面积或单位体积中单位长度的节理总数。统计得到的数据可以表格形式表示，但更常用节理(裂隙)玫瑰花图(图2-4-21)来表示。节理玫瑰花图可用节理走向来编制，也可以用节理倾向或倾角来编制。

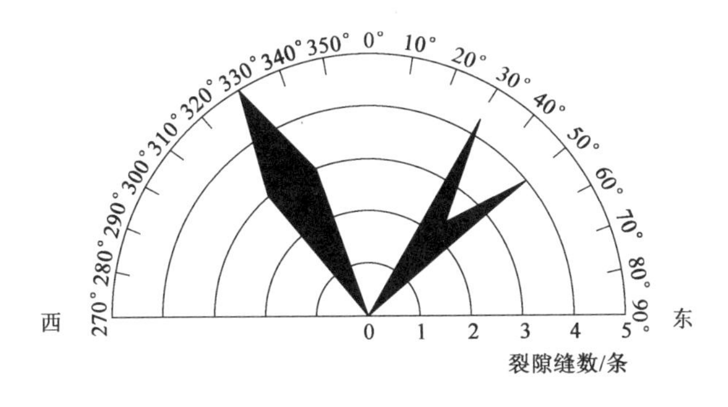

图2-4-21 节理(裂隙)玫瑰花图

二、断层

岩层受构造应力作用发生断裂，两侧岩层沿断裂面发生了移动或明显错位，这种断裂构造被称为断层。

(一)断层要素

断层构造

断层要素主要有断层面、断层线、断盘、断距等，如图2-4-22所示。

(1)断层面：两侧岩块发生相对位移的断裂面。其间岩石破碎，因而称破碎带。其中大断层的断层面上常有擦痕，断层带中常形成糜棱岩、断层角砾和断层泥等。

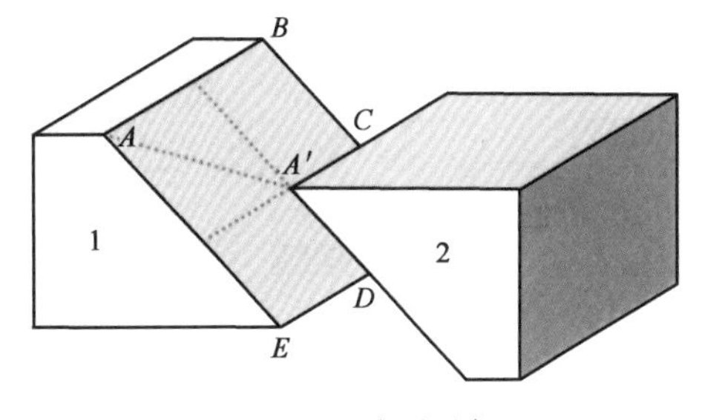

图2-4-22 断层要素

ABCDE-断层面；1、2-断盘；*AA′*-断距；*AB*-断层线

(2)断层线：断层面与地面的交线。

(3)断盘：断层面两侧的岩块。若断层面是倾斜的，位于断层面上侧的岩块，称上盘；位于断层面下侧的岩块，称下盘。相对上升者为上升盘，相对下降者为下降盘。若断层面是直立的，就分不出上、下盘。若岩块做水平滑动，就分不出上升盘和下降盘。

(4)断距:断盘沿断层面相对错开的距离。

(二)断层的类型

1. 按断层两盘相对位移方向分类

正断层:断层上盘相对向下移动,下盘相对向上移动,如图2-4-23b)所示。

逆断层:断层上盘相对向上移动,下盘相对向下移动,如图2-4-23c)所示。逆断层的倾角变化很大,若逆断层中断层面倾斜平缓,倾角小于25°,则称逆掩断层。

平移断层:断层的两盘沿陡立的断层面做水平滑动,又称走滑断层,如图2-4-23d)所示。

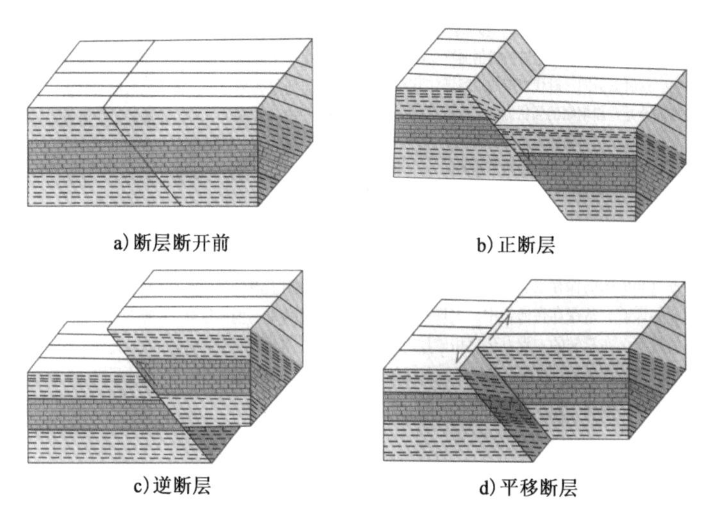

a)断层断开前　b)正断层　c)逆断层　d)平移断层

图2-4-23　断层的类型

断层如兼有两种滑动性质,可复合命名,如平移-逆断层,逆-平移断层。前者表示以逆断层为主兼有平移断层性质,后者表示以平移断层为主兼有逆断层性质。

2. 根据断层的组合形式分类

断层很少孤立出现,往往由一些正断层和逆断层有规律地组合,构成不同形式的断层带,如阶梯状断层[图2-4-24a)]、叠瓦状构造[图2-4-24b)]、地垒和地堑[图2-4-24c)]等。

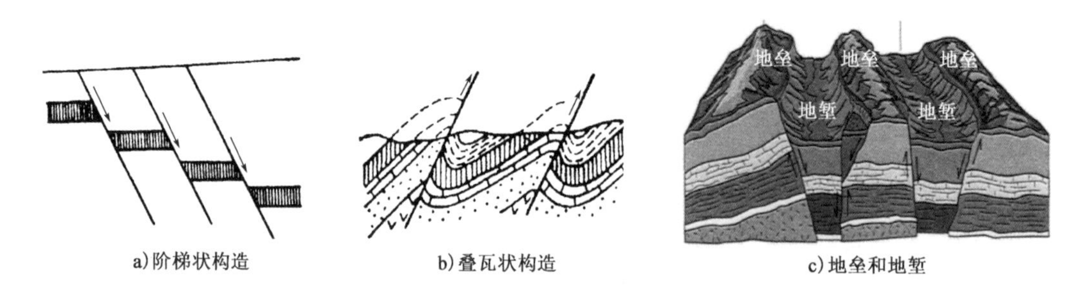

a)阶梯状构造　b)叠瓦状构造　c)地垒和地堑

图2-4-24　断层的组合形式

例如,我国江西的庐山是地垒;山西的汾河及渭河河谷是地堑,称汾渭地堑。国外著名的地堑有东非地堑、莱茵河谷地堑等。

(三)断层的野外识别

在自然界中,大部分断层后期遭受剥蚀破坏和覆盖,在地表上暴露得不清楚,因此需根据构造、地层等直接证据和地形地貌、水文地质等间接证据,来判断断层存在与否及断层类型。

1. 构造上的标志

(1)擦痕、镜面和阶步

断层面上平行而密集的沟纹,称为擦痕[图2-4-25a)];平滑而光亮的表面,称为镜面。它们都是断层两侧岩块滑动摩擦所留下的痕迹。断层面上往往还有垂直于擦痕方向的小陡坎,其陡坡与缓坡连续过渡者,称为阶步[图2-4-25b)]。擦痕的方向平行于岩块的运动方向。阶步中从缓坡到陡坡的方向(陡坡的倾向)指示上盘岩块的运动方向。

a)擦痕

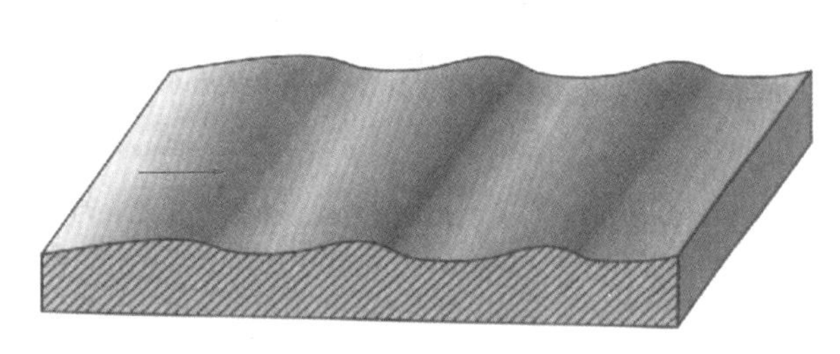

b)阶步(指示上盘从左向右运动)

图2-4-25 擦痕和阶步

(2)地质体错断

任何线状或面状的地质体,如地层、岩脉、岩体、不整合面、侵入体与围岩的接触面、褶皱的枢纽及早期形成的断层等,其平面或剖面上会出现突然中断、错开(图2-4-26)等不连续现象,这是判定断层存在的一个重要标志。

图2-4-26 岩脉错断及牵引弯曲

(3)牵引褶皱

断层两侧岩层受断层错动影响所发生的变薄和变弯曲,称为牵引褶皱。因断层性质和滑动方向不同,牵引褶皱的弯曲方向指示本盘的位移方向(图2-4-27)。

图2-4-27 牵引褶皱的形态与断层滑动的关系

(4)断层角砾岩与断层泥

断层两侧的岩石在断裂时破碎,碎块经胶结而成的岩石称为断层角砾岩(图2-4-28)。其碎块为棱角状,大小不一,常见于正断层中;因碎块来自断层两侧岩石,故仔细追索其中某种成分碎块的分布,有助于推断断层的动向。

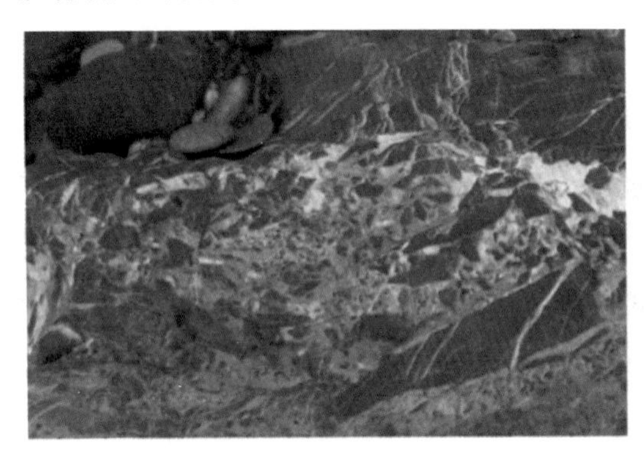

图2-4-28 断层角砾岩

断层两侧岩石因断裂作用,先破碎后研磨而形成的泥状物质,称为断层泥。断层泥常与断层角砾岩共生。

2. 地层上的标志

在单斜岩层地区,沿岩层走向观察,若岩层突然中断,呈交错的不连续状态,或地层的正常层序改变,地层发生不对称的重复或缺失现象,往往说明有断层存在。断层造成的地层重复与缺失,可能有6种情况,如表2-4-1所示。

走向断层造成地层重复与缺失情况 表2-4-1

断层性质	断层倾向与岩层倾向关系		
	相反	相同	
		断层倾角>岩层倾角	断层倾角<岩层倾角
正断层	重复	缺失	重复
逆断层	缺失	重复	缺失

3. 地形地貌上的标志

由断层两侧岩块的差异性升降而形成的陡崖,称为断层崖。如正断层横切一系列平行的山脊,经过流水的侵蚀作用,形成一系列横穿崖壁的V形谷面,谷与谷之间便呈现出三角形的横切面,称为断层三角面(图2-4-29、图2-4-30)。

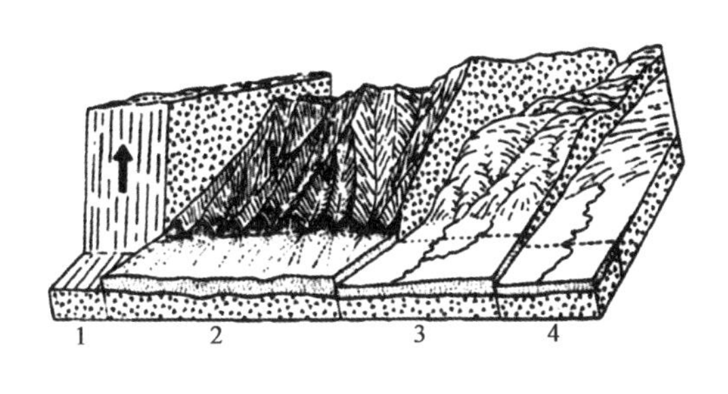

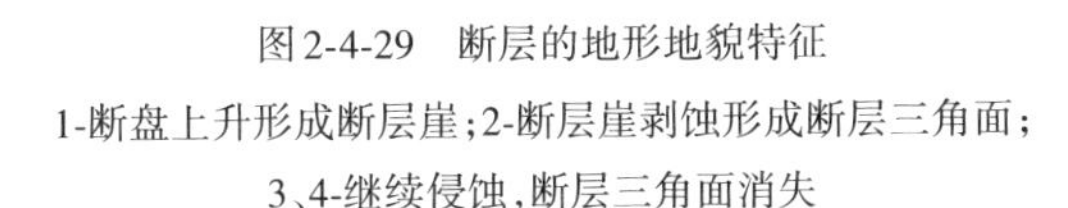

图2-4-29 断层的地形地貌特征

1-断盘上升形成断层崖;2-断层崖剥蚀形成断层三角面;
3、4-继续侵蚀,断层三角面消失

图2-4-30 昆仑断裂断层三角面

断层横穿河谷时,可能使河流纵坡发生突变,造成河流纵坡的不连续现象;水平方向相对位移显著的断层,可将河流或山脊错开,使河流流向或山脊走向发生急剧变化;断陷盆地是断层围限的陷落盆地,由不同方向断层所围或一边以断层为界,多呈长条菱形或楔形,盆地内有厚的松散物质。我国的断陷盆地有东营盆地、二连盆地、云南东部的岩溶断陷盆地等。断陷盆地积水形成的湖泊就是断层湖,如云南的滇池、新疆的赛里木湖。

4. 水文地质上的标志

断层的存在常常控制和影响水系的发育。断层是地下水或矿液的通道,故沿断层延伸地带常能见到一系列泉水出露或矿化现象。西藏念青唐古拉山山麓和四川茂县叠溪镇松坪沟景区内,都有串珠状湖泊,提示断层的存在。

以上就是野外识别断层的主要标志。但是,由于自然界的复杂性,其他因素也可能造成以上的某些特征,所以不能孤立地看待问题,要全面观察、综合分析,才能得到可靠的结论。

(四)断层对工程建设的影响

断层对工程的影响

1. 与桥基工程的关系

在确定桥位前,首要任务是勘察桥位可能穿越的地质情况,应尽可能地避开断层破碎带(图2-4-31)。桥基岩体一旦破碎,易风化渗水,受桥基和桥体荷载作用后会出现沉陷,或沿断层破裂面错动的方向,使桥墩发生滑移或倾斜。

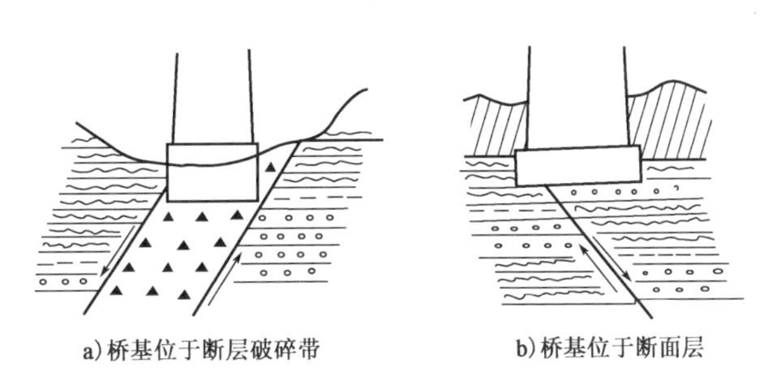

a)桥基位于断层破碎带　　b)桥基位于断面层

图2-4-31 断层对桥基影响示意图

2. 与隧道工程的关系

在隧道勘测过程中，遇活动性断层或宽度较大的断层破碎带时，切忌与断层面呈平行或小角度布线，应尽量绕避或远离。若必须穿越时，应使隧道中线与断层面正交，以减小断层对隧道工程的影响。

小组学习

查阅龙门山的区域地质情况，结合本单元的任务点，你认为在此区域修建公路可能面临哪些地质问题？应该如何解决？

要点总结

断裂构造要点总结

知识小测

学习了任务点4内容，请大家扫码完成知识小测并思考以下问题。

1. 剪切节理的地质作用主要表现为(　　)。

A. 节理面平直光滑　　B. 节理面曲折粗糙

C. 节理面倾角较大　　D. 节理面张开

2. (2014年注册岩土基础考试真题)上盘相对下降，下盘相对上升的断层是(　　)。

A. 正断层　　B. 逆断层　　C. 平移断层　　D. 阶梯断层

3. 图2-4-32中有哪几种地质构造？它们形成的先后顺序是怎样的？

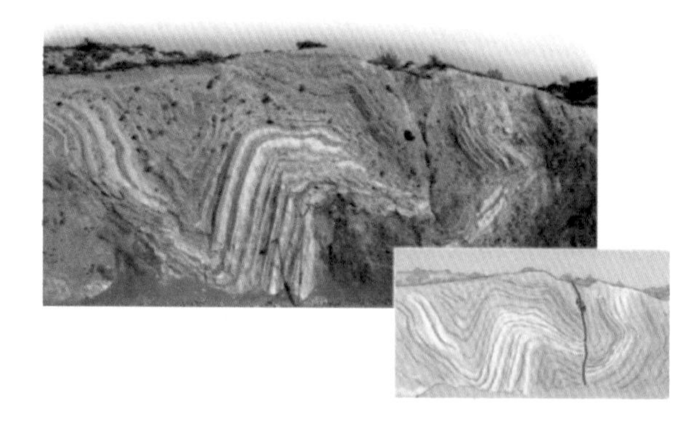

图2-4-32　地质构造示意图

4. 在节理发育的强分化花岗岩岩体中，开挖形成一条走向为N60°W的高斜坡，延伸较长，坡面倾向南偏西，倾角45°。花岗岩岩体发育有四组节理，其产状分别如下，其中(　　)组节理对斜坡稳定性的影响最为不利。

A. N85°W∠75°S　　B. N85°W∠25°N　　C. N50°W∠35°S　　D. N50°W∠65°S

课外阅读

渝怀铁路圆梁山隧道

褶皱是地层岩石受力作用弯曲形成的一种地质构造，在地壳上最为常见，包括背斜和向斜。地层岩石弯曲过程导致的脆性岩层的错动破碎、软岩层的尖灭、最大弯曲部位（褶皱转折端）地层岩石的断裂，加上地下水的作用，造成褶皱构造极为复杂的工程地质水文地质条件。

随着我国经济实力、隧道工程建设技术水平的提高和经济发展对铁路公路路网建设需求的增长，长大深埋隧道穿越地质复杂褶皱构造的情况越来越多，隧道施工可能遭遇的地质灾害将越来越严重，这将严重威胁隧道内施工人员和机具设备的安全。

圆梁山隧道，是渝怀铁路的头号控制工程，有“渝怀锁钥”之称。隧道依次穿越毛坝向斜、冷水河浅埋段、桐麻岭背斜，地质构造复杂；主要岩性包括砂岩、泥岩、页岩、石灰岩、白云质灰岩等；主要的工程地质问题有岩溶、高压富水、高地应力、断层、煤层瓦斯等。其施工难度极大，曾被国内外专家称为“隧道修建的禁区”。

圆梁山隧道进口端施工穿越毛坝向斜，向斜范围发育3处深埋充填型溶洞。其中，正洞3号溶洞是灾害最严重的一个溶洞，中心里程为DK354+879。在正洞下导坑施工时，TSP202、红外线，以及5m超前风钻探孔均未探测到该溶洞的存在。2002年9月10日，隧道进口正洞下导坑施工至DK354+879掌子面时，掌子面右下部揭穿一高约1.5m的岩溶管道，初时沿岩溶管道口周边挤出黄色硬塑-可塑状黏土，随后挤出黏土呈泥浆状。14时30分左右，掌子面突然发出一声巨大的爆响，一股强风从岩溶管道口爆出，大规模的夹杂硬塑状黏土块的软塑状黏泥随之突出。突泥淤塞下导坑4200m^{3}空间，淤塞至DK354+550位置，随后突水，突水水量稳定在200m^3/h。

此后，勘察设计和施工单位做了大量的研究和实践以应对复杂地质条件，最终于2004年4月24日实现正洞全隧贯通。圆梁山隧道在设计、施工中研究出多项新技术、新工艺，科技含量高，推广应用的价值很大，在设计上首次提出了隧道工程“以堵为主，限量排放”的治水方案并成功实施；在施工上首创了“高压富水深埋充填型溶洞隧道施工工法”“超前地质预探、预报综合法”注浆堵排水工艺。圆梁山隧道作为复杂地质隧道建设的皇冠明珠，它的建设将使中国在复杂多变地区修建长大隧道的科技水平实现新的飞跃，它的成功实践将翻开中国隧道建设史新的一页。

（素材来源：肖洋，何宇，李富明. 穿越褶皱隧道施工地质灾害与致灾构造及其预报研究[J]. 现代隧道技术，2018，55(S2)：612-618.）

单元五 工程地质勘察报告编制和工程地质图识读

知识目标

1. 领会工程地质勘察报告的内容。
2. 知道地质平面图、柱状图和剖面图的作用；识别图例和比例尺。
3. 领会地质平面图的读图步骤和各种地质构造在地质平面图中的表现方式。

能力目标

1. 能阅读工程地质勘察报告，获取关键信息，为工程施工提供依据。
2. 能识读地质平面图中的不同地质构造。
3. 能阅读地质图，获取信息，帮助判断区域工程地质条件。

素质目标

1. 坚定甘当路石、敢于奉献的职业担当。
2. 提升工程思维和科学素养。

情境描述

某高速公路，设计标准为双向4车道，设计速度100km/h。其中，第TXTJ-4标段（K50+195.475~K71+803.680），线路全长21.684km。标段内主要工程包括：主线涵洞45道，互通及改移路涵洞10道，大桥13座，隧道5座，互通匝道桥4座，互通式立交2处（郑场互通、民群互通）。

任务点1 工程地质勘察报告编制

问题导学

勘察单位依据交通运输部颁布的《公路工程地质勘察规范》（JTG C20—2011），进行了工程地质调绘、钻探、测量、简易钻探和岩、土、水测试等详细工程地质勘察工作，提交了该工程的《详细工程地质勘察报告》。现须阅读该工程地质勘察报告及工程地质图，并对工程地质条件做出评价。假设你是现场工程师，请结合此情境，完成以下任务点的学习。

1. 公路工程地质勘察报告，须遵循《　　　　　　　　　　　规范》（　　　　　）。

2. 公路工程地质勘察的阶段可划分为（　　　　　）、（　　　　　）、（　　　　　）和详细勘察四个阶段。

3. 工程地质勘察的成果，是以《　　　　　　　　　　　　》的形式提交。

工程地质勘察报告，是工程地质勘察的文字成果，为工程建设的规划、设计和施工提供参考。

工程地质勘察分级及阶段

工程地质勘察的最终成果是以《工程地质勘察报告》的形式提交的，勘察报告是在工程地质调查与测绘、勘探、试验测试等已获得的原始资料的基础上，结合工程特点和要求，进行整理统计、归纳、分析、评价，提出工程建议，形成文字报告并附各种图表的勘察技术文件。公路工程的勘察报告，其具体内容除应满足《公路工程地质勘察规范》(JTG C20—2011)(以下简称《勘察规范》)等相关规范、标准的要求外，还和勘察阶段、勘察任务要求、场地及工程的特点等有关。

一、工程地质勘察报告的基本内容

《勘察规范》规定公路工程地质勘察可分为预可行性研究阶段工程地质勘察(简称预可勘察)、工程可行性研究阶段工程地质勘察(简称工可勘察)、初步设计阶段工程地质勘察(简称初步勘察)和施工图设计阶段工程地质勘察(简称详细勘察)四个阶段。不同勘察阶段，应编制相应的工程地质勘察报告。

工程地质勘察报告的编制应充分利用勘察取得的各项地质资料，在综合分析的基础上进行，所依据的原始资料在使用前均应进行整理、检查、分析，确认无误；所形成的工程地质勘察报告应资料完整，内容翔实准确、重点突出，有明确的工程针对性，所作的结论应依据充分、建议合理。

通常，公路工程地质勘察报告包括总报告和工点报告，均应由文字说明和图表两部分组成。

(一)总报告

总报告的文字说明应包括下列内容：

(1)前言：任务依据、目的与任务、工程概况、执行的技术标准、勘察方法、勘察工作量、布置情况、勘察工作过程等。

(2)自然地理概况：项目所处区域的地理位置、气象、水文和交通条件等。

(3)工程地质条件：地形地貌，地层岩性，地质构造，岩土的类型、性质和物理力学参数，新构造运动，水文地质条件，地震与地震动参数，不良地质和特殊性岩土的发育情况，等等。

(4)工程地质评价与建议：公路沿线水文地质及工程地质条件评价、工程建设场地的稳定性和适宜性评价、不良地质与特殊性岩土及其对公路工程的危害和影响程度评价、环境水或土的腐蚀性评价、岩土物理力学性质及其设计参数评价、工程地质结论与建议等。

总报告图表应包括路线综合工程地质平面图、路线综合工程地质纵断面图、不良地质和特殊性岩土一览表等。

(二)工点报告

对于路基、桥梁、涵洞、隧道、路线交叉、料场、沿线设施等独立勘察对象,应编制工点报告。

工点报告的文字说明应对总报告中的(1)、(2)、(3)的内容进行简要叙述,并针对工点工程地质条件、存在的工程地质问题与建议进行说明。工点报告的图表编制应符合《勘察规范》中相关章节的具体规定。

工点报告应按工程结构的类型进行归类,综合考虑其建设规模和里程桩号等按序编排、分册装订。

二、工程地质勘察报告的编写

工程地质勘察报告的编写是在综合分析各项勘察工作所取得成果的基础上进行的,必须结合结构类型和勘察阶段规定其内容和格式。

下面,以《××至××高速公路第TXRJ-4标段两阶段施工图设计详细工程地质勘察报告》为例,来介绍工程地质勘察报告的内容与编写。

(一)总说明

总说明通常包含概论、通论、专论和结论四个板块。

1. 概论

一般写作概述或前言,其内容主要是说明勘察工作的项目背景、任务、勘察阶段、需要解决的问题、采用的勘察方法及工作量,以及取得的成果,附以实际材料图。为了明确勘察的任务和意义,应先说明结构物的类型和规模,以及它对国民经济的作用。

2. 通论

一般可分为自然地理条件、工程地质条件、岩土性质指标等。阐明项目所处区域的地理位置、气象、水文条件;工作地区的工程地质条件、区域地质地理环境和各种自然因素,如地形地貌、气象条件等。其内容应当既能阐明当地工程地质条件的特征及变化规律,又须紧密联系工程目的。

3. 专论

主要内容为工程地质评价,是工程地质勘察报告的中心内容。其内容是对建设中可能遇到的工程地质问题进行分析,并回答设计方面提出的地质问题与要求,对建筑地区作出定性的、定量的工程地质评价;作为选定建筑物位址、结构形式和规模的地质依据,并在明确不利的地质条件的基础上,考虑合适的处理措施。专论部分的内容与勘察阶段的关系特别密切,勘察阶段不同,专论的深度和定量评价的精度也有差别。

4. 结论

其内容是在工程地质评价的基础上,对各种具体问题作出简要明确的回答。态度要明确,措辞要简练,评价要具体,回答不要含糊其词,模棱两可。

在总说明的编写过程中,既要遵循《勘察规范》的基本要求,又要依据建筑类型和勘察阶段不同,根据实际情况,综合分析各项勘察中所取得的成果。总说明的目录如图2-5-1所示。

图2-5-1 总说明目录

(二)图表

工程地质
勘探方法

工程地质勘察报告中,非常重要的组成内容就是地质勘察的相关图表,一般包括勘探点一览表、特殊性岩土说明表、不良地质说明表、工程地质图例、综合地层柱状图、路线工程地质平面图、路线工程地质纵断面图、钻孔柱状图等。总说明中的文字内容必须与对应的勘察图表一致,互相照映、互为补充,共同达到为工程服务的目的。

1. 勘探点一览表或勘察点(线)的平面位置图及场地位置示意图

勘探点一览表是将勘探点的平面位置、高程、钻孔深度等信息用表格的方式记录下来,与勘探点布置图作用相同。

勘探点(线)平面位置图及场地位置示意图是在勘察任务书所附的场地地形图的基础上绘制的,图中应注明建筑物的位置,各类勘探、测试点的编号、位置,并用图例表将各勘探、测试点及其地面高程和探测深度表示出来。

2. 特殊性岩土说明表和不良地质说明表

其是对"总说明"中工程地质条件的详细说明。根据野外勘察资料,填写特殊性岩土和不良地质现象的类别、起讫桩号、对应长度或位置、工程地质特征、不良地质状况、建议处治措施等信息。

3. 工程地质图例

凡是图内出现的地层、岩性、土、构造、不良地质界线、不良地质、钻孔、岩层产状及其他地质现象都应在图例中表示出来,如图2-5-2所示。

4. 综合地层柱状图

综合地层柱状图中从地面往下按照地层分布进行标注,对应有地层年代、图例、分布区间、岩性描述和工程地质特性描述等,如图2-5-3所示。

5. 路线工程地质平面图

在路线工程地质平面图中,沿公路路线两侧应标明岩性、地层年代、覆盖层情况、岩层产状、钻孔位置及不良地质等,如图2-5-4所示。

第1页 共1页

工程地质图例

一、地层时代及岩性	S_1sh 志留系下统石牛栏组	含砾粉质黏土	角砾状灰岩	滑坡	详勘钻孔
Q_4^{ml} 第四系人工堆积层	S_1l 志留系下统龙马溪组	角砾土	溶洞	落水洞	JYX 详勘简易勘探孔
Q_4^{al} 第四系全新统冲积层	O_{2-3} 奥陶系中上统	圆砾土	强风化	溶蚀洼地	JTX 详勘静力触探孔
Q_4^{pl} 第四系全新统洪积层	O_2b 奥陶系中统宝塔组	碎石土	中风化	溶槽	初勘钻孔
Q_4^{dl} 第四系全新统坡积层	O_2sh 奥陶系中统十字铺组	块石土	微风化	软土	CKJTX 初勘静力触探孔
Q_4^{col} 第四系全新统崩积层	O_1m 奥陶系下统湄潭组	泥岩	三、地质构造平面符号	崩塌	地震基本烈度及地震动峰加速度值
T_1m 三叠系下统茅草铺组	O_1h 奥陶系下统红花园组	砂岩	不良地质界线	岩堆	物探剖面测线
T_1y^{1-2} 三叠系下统夜郎组一、二段	O_1t 奥陶系下统桐梓组	泥质粉砂岩	断层及隐伏断层	危岩	四、纵(剖)断面图符号
T_1y^3 三叠系下统夜郎组三段	$\in_{2-3}ls$ 寒武系中上统娄山关群	煤层	逆断层及倾角	陡崖	地层分界线
P_2c 二叠系上统长兴组	二、岩性符号	页岩	正断层及倾角	岩溶上升泉	不整合界线
P_2l 二叠系上统龙谭组	填筑土	炭质页岩	平移断层	岩溶下降泉	岩层风化线
P_2w 二叠系上统吴家坪组	素填土	白云岩	背斜轴	岩溶塌陷	地下水位线
P_1m 二叠系下统茅口组	杂填土	石灰岩	向斜轴	岩溶	土、石工程分级
P_1q 二叠系下统栖霞组	淤泥质土	泥灰岩	倒转地层	溶沟	
P_1l 二叠系下统梁山组	黏土	白云质灰岩	岩层产状	溶洞	
S_2h 志留系中统韩家店组	粉质黏土	炭质灰岩	节理产状	漏斗	

(勘测单位名称)	(工程名称)	工程地质图例	勘察阶段	详细勘察	图号		审定		复核	
			比例尺	示意	日期		审核		编制	

图 2-5-2　工程地质图例

6. 路线工程地质纵断面图

在路线工程地质纵断面图中，同样应标明岩性、地层年代、覆盖层情况、岩层产状、钻孔位置及不良地质等，并且在断面图下方还应有地质概况说明。

7. 钻孔柱状图

钻孔柱状图是根据钻孔的现场记录整理出来的，记录中除了注明钻进所用的工具、方法和具体事项外，其主要内容是关于地层的分布、各层岩土特征和性质的描述。

在绘制柱状图之前，应根据室内土工试验成果及保存的土样对分层的情况和野外鉴别记录认真校核。当现场测试和室内试验结果与野外鉴别不一致时，一般应以测试试验结果为准，只有当样本太少且缺乏代表性时，才以野外鉴别为准。疑虑较大时，应通过补充勘察重新确定。绘制柱状图时，应自下而上对地层进行编号和描述，并按公认的勘察规范所规定的图例和符号以一定比例绘制，在柱状图上还应同时标出取土深度、标准贯入试验等原位测试位置、地下水位等。柱状图只能反映场地某个勘探点的地层竖向分布情况，而不能说明地层的空间分布情况，也不能完全说明整个场地地层竖向分布情况。

总的说来，勘察报告应当简明扼要，切合主题，内容安排应当合乎逻辑，总说明与图表前后对应。所提出的结论和建议应有充分的实际资料做依据，并附有必要的图片和说明。需注意的是，文字说明是最重要的部分，图表作为支撑，不能将报告书“表格化”。

（勘测单位名称）

（工程名称）

综合地层柱状图

比例尺	勘察阶段	详细勘察
示意	图号	
日期		
审核	审定	
编制	复核	

界	系	统	组	符号	柱状图	岩性描述
新生界	第四系	全新统		Qh		残坡积、坡洪积、冲洪积等成因形的碎石土、砂黏土及亚黏土层
		更新统		Qp		冲积形成的砂土、砾石，残积黏土及亚黏土层
中生界	三叠系	下统	茅草铺组	T_1m		上部为中厚层白云岩夹泥质白云岩，下部为浅灰色至深灰色厚层灰岩
			夜郎组三段	T_1y^3		上部为紫红色泥岩夹泥灰岩，中部为浅灰、浅肉红色厚层灰岩，下部为暗紫色泥岩夹泥灰岩
			夜郎组一、二段	T_1y^{1-2}		二段浅灰至深灰、浅肉红色薄至厚层灰岩夹鲕状灰岩、泥灰岩，一段灰、深灰、黄绿色页岩、改至泥岩、泥灰岩，底部常有灰白色黏土岩
上古生界	二叠系	上统	长兴组	P_2c		灰色厚层块状灰岩、燧石灰岩，局部含可采煤层
			龙潭组	P_2l		灰、深灰色泥岩、页岩夹含燧石灰岩，含煤层2~10层，底部含换铁矿、铁锰矿
			吴家坪组	P_2w		灰、深灰色中厚层燧石灰岩，上部夹硅质页岩、页岩，中部夹一层含煤页岩，底部为含煤页岩
		下统	茅口组	P_1m		上部浅灰色厚层灰岩，时含白云岩，中部深灰色燧石灰岩，下部浅灰色灰岩及白云质灰岩
			栖霞组	P_1q		上部浅灰色灰岩，白云岩，中部深灰色燧石灰岩、页岩，下部页岩夹煤
			梁山组	P_1l		灰、深灰色黏土(页)岩、粉砂岩、砂岩夹硅质岩夹煤
下古生界	志留系	中统	韩家店组	S_1h		灰绿色页岩，泥岩夹少量薄层砂岩、灰岩及灰岩透镜体
		下统	石牛栏组	S_1sh		中上部为灰绿色页岩夹砂岩、泥质灰岩，下部为灰色中至厚层含生物碎屑灰岩、瘤状灰岩
			龙马溪组	S_1l		中上部为灰色薄层钙质粉砂岩，下部为灰绿色页岩
	奥陶系	上统	五峰组	O_3w		上部为含生物碎屑灰岩、泥夹岩，下部为炭质页岩
			涧草沟组	O_3j		灰色薄层泥灰岩
		中统	宝塔组	O_2b		灰、紫红色中厚层龟裂灰岩
			十字铺组	O_2sh		灰色中厚层泥灰岩，厚层结晶灰岩
		下统	湄潭组	O_1m		灰绿色页岩夹薄层砂岩，生物碎屑灰岩
			红花园组	O_1h		灰色厚层生物碎屑灰岩
			桐梓组	O_1t		上部为灰色中至厚层白云质灰岩、白云岩，下部为灰绿色页岩，灰色薄层生物碎屑灰岩
	寒武系	上中统	娄山关群	$\in_{2-3}ls$		浅灰色、灰色中至厚层微晶、细晶白云岩，夹藻屑白云岩及黏土质泥晶白云岩

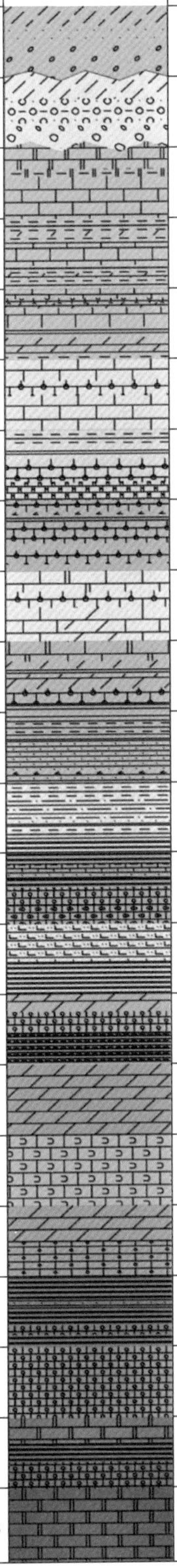

图2-5-3 综合地层柱状图

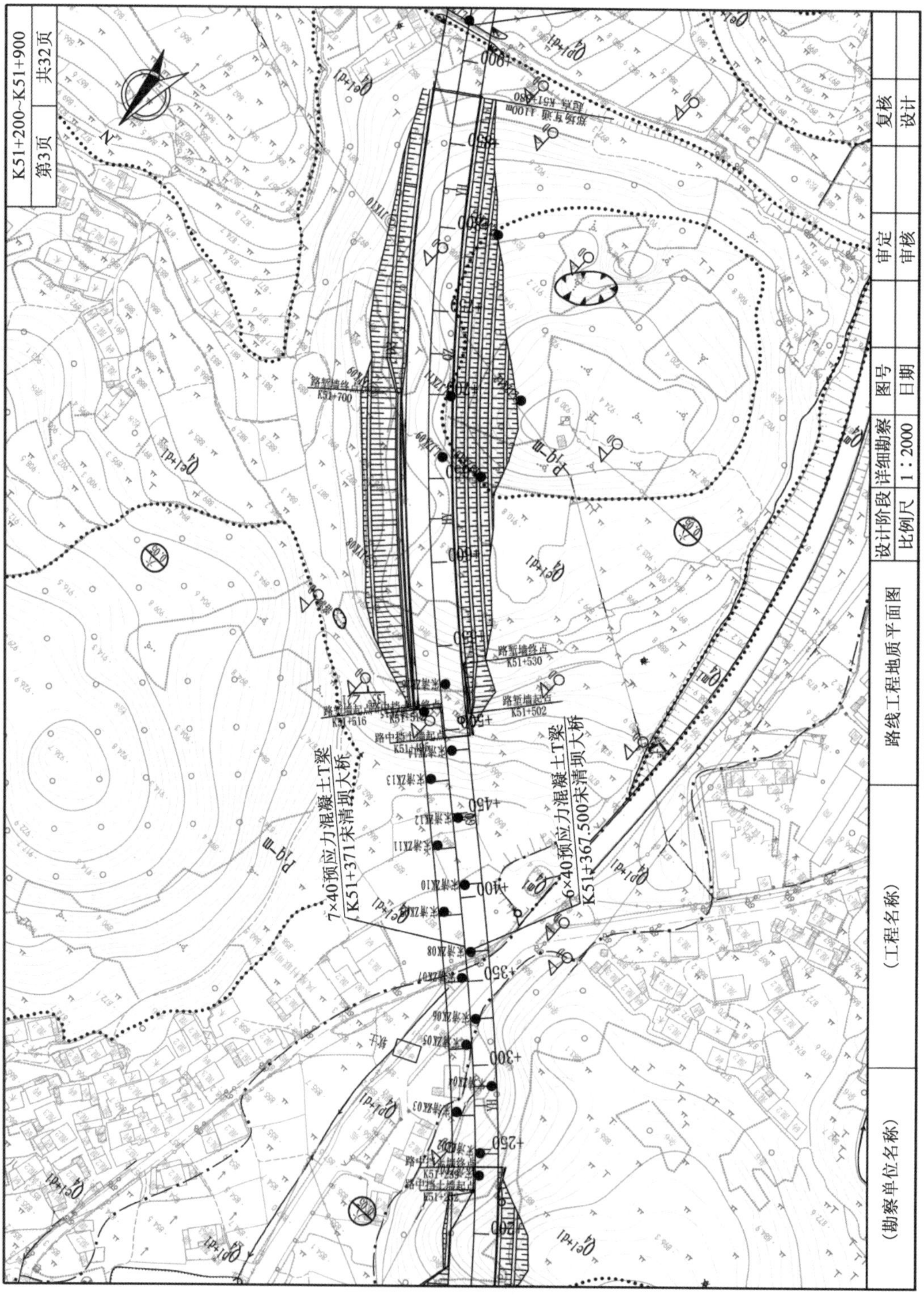

K51+200~K51+900 第3页 共32页

(勘察单位名称) (工程名称) 路线工程地质平面图

设计阶段 详细勘察 图号 审定 复核

比例尺 1：2000 日期 审核 设计

图 2-5-4 路线工程地质平面图

小组学习

请尝试写一份工程地质勘察报告的提纲及要点。

要点总结

工程地质勘察报告要点总结

知识小测

学习了任务点1内容，请大家扫码完成知识小测并思考以下问题。

1. 公路工程在进行施工图设计之前，应进行(　　)工程地质勘察。

A. 预可　　B. 工可　　C. 初步　　D. 详细

2. 工程地质勘察报告的基本内容，包括哪些？

任务点2　工程地质图识读

问题导学

现须阅读该工程的工程地质图，并对工程地质条件做出评价。假设你是现场工程师，请结合此情境，完成以下任务点的学习。

1. 以下关于地质图的说法，正确的有(　　)。

A. 1∶500的比例尺比1∶1000小

B. 地面坡度越缓，水平岩层的露头宽度越窄

C. 同一地层的走向发生合围转折表明褶皱的枢纽是倾伏的

D. 某倾伏背斜，弧尖的指向代表枢纽的倾伏方向

E. 被断层切断的向斜，上升盘的核部地层会变宽

2. 工程地质图例是表达工程地质成果的主要形式和手段，是读图的共同语言。图2-5-2是该公路详细工程地质勘察报告中的图例，请阅读并练习绘制以下图例。

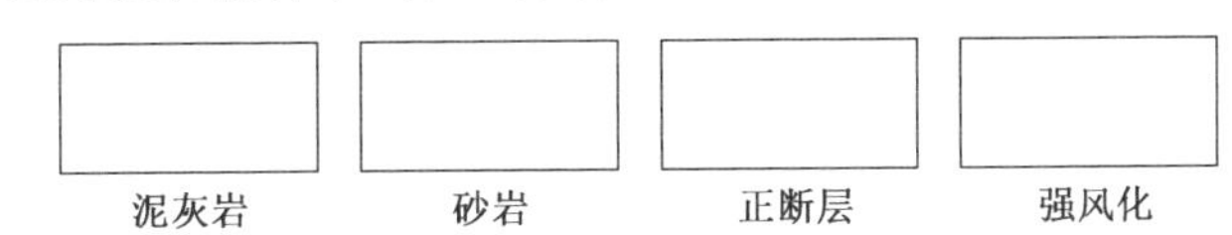

知识讲解

工程地质图

用规定的符号、线条、色彩来反映一个地区地质条件和地质历史发展的图件，叫作地质图。它是依据野外探明和收集的各种地质勘测资料，按一定比例投影在地形底图上编制而成的，是地质勘察工作的主要成果之一。

一、地质图的种类和规格

(一)地质图的种类

1. 普通地质图

以一定比例尺的地形图为底图,反映一个地区的地形、地层岩性、地质构造、地壳运动及地质发展历史的基本图件,称为普通地质图,简称地质图。在一张普通地质图上,除了地质平面图(主图)外,一般还有一个或两个地质剖面图和综合地层柱状图,普通地质图是编制其他专门性地质图的基本图件。

按工作的详细程度和工作阶段不同,地质图可分为大比例尺的(>1:25000)、中比例尺的(1:5000~1:10万)、小比例尺的(1:20万~1:100万)。在工程建设中,一般用大比例尺的地质图。

2. 地貌及第四纪地质图

以一定比例尺地形图为底图,主要反映一个地区的第四纪沉积层的成因类型、岩性及其形成时代、地貌单元的类型和形态特征的一种专门性地质图,称为地貌及第四纪地质图。

3. 水文地质图

以一定比例尺地形图为底图,反映一个地区总的水文地质条件或某一个水文地质条件及地下水的形成、分布规律的地质图件,称为水文地质图。

4. 工程地质图

工程地质图是各种工程建筑物专用的地质图,如房屋建筑工程地质图、水库坝址工程地质图、铁路工程地质图等。工程地质图一般是以普通地质图为基础,只是增添了各种与工程有关的工程地质内容。如在地下洞室纵断面工程地质图上,要表示出围岩的类别、地下水量、影响地下洞室稳定性的各种地质因素等(通常以反映工程地质条件为主要内容)。工程地质图可以按不同比例尺把所要表达的内容直接展示在图面上。

(二)地质图的规格

一幅正规的地质图都有自己的规格,除正图部分外,还应该有图名、比例尺、方位、图例、责任表(包括编图单位、负责人员、编图日期及资料来源等)、综合地层柱状图和地质剖面图等。

(1)图名:表明图幅所在的地区和图的类型。一般以图区内主要城镇、居民点或主要山岭、河流等命名,写于图的正上方。

(2)比例尺:用以表明图幅反映实际地质情况的详细程度。地质图的比例尺与地形图或地图的比例尺一样,有数字比例尺和线条比例尺。比例尺一般注于图框外上方、图名之下或下方正中位置。比例尺的大小反映图的精度,比例尺越大,图的精度越高,对地质条件的反映越详细。比例尺的大小取决于地质条件的复杂程度和建筑工程的类型、规模及设计阶段。

(3)图例:图例是一张地质图不可缺少的部分,用各种规定的颜色和符号来表明地层、岩体的时代和性质等信息。图例通常是放在图框外的右边或下边,也可放在图框内足够安排图例的空白处。图例要按一定顺序排列,一般按地层、岩石和构造依次排列。构造符号的图例放在地层、岩石图例之后,一般按地质界线、断层、节理等依次排列。凡图内表示出的地层、岩石、构造及其他地质现象都应有图例,如图2-5-2所示。

(4)责任栏(图签):图框外右上侧写明编图日期;左下侧注明编图单位、技术负责人及编图人;右下侧注明引用资料的单位、编制者及编制日期。也可将上述内容列绘成责任表放在图框外右下方。

二、地质条件在地质图上的表示

岩层产状、断层类型等地质条件按规定图例符号被绘入图中后,按符号即可阅读该图。但有些地质现象是没有图例符号的,比如接触关系。此时,需要根据各种界线与地形等高线的关系来分析判断。

(一)不同产状岩层界线的分布特征

(1)水平岩层:水平岩层的产状与地形等高线平行或重合,呈封闭的曲线,如图2-5-5所示。

(2)直立岩层:直立岩层的地层界线不受地形的影响,呈直线沿岩层的走向延伸,并与地形等高线直交,如图2-5-6所示。

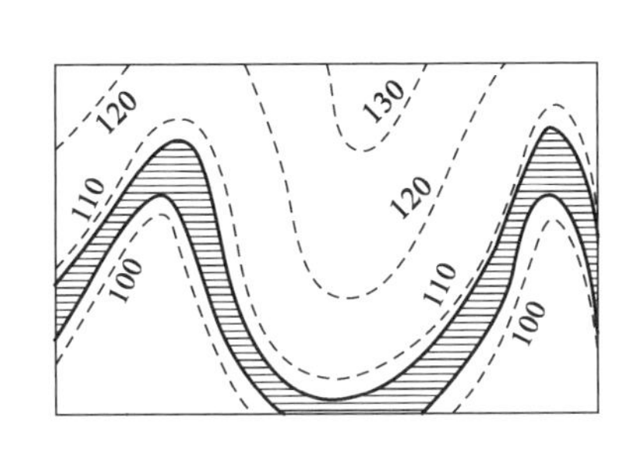

图2-5-5 水平岩层

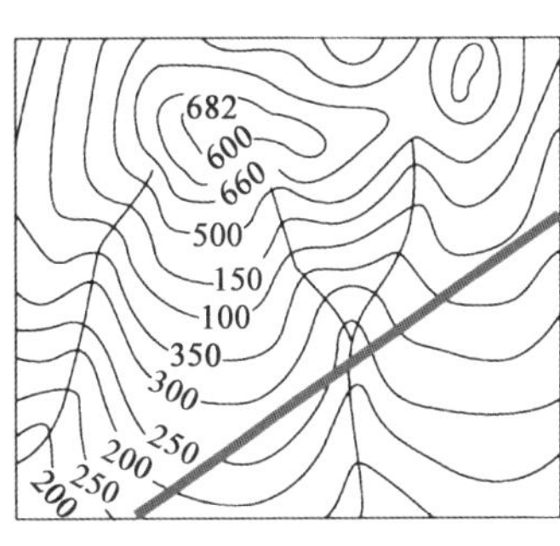

图2-5-6 直立岩层

(3)倾斜岩层:根据岩层倾向与地形坡向的不同,其地质图有三种情况,可按“V”字形法则进行判断,如图2-5-7所示。

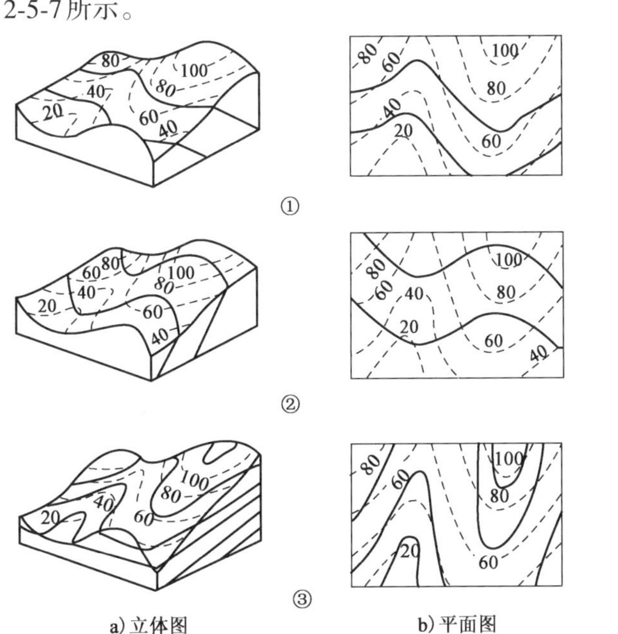

图2-5-7 倾斜岩层在地质图上的分布特征

“V”字形法则

倾斜岩层的分界线在地质图上是一条与地形等高线相交的“V”字形曲线。①当岩层倾向与地面倾斜的方向相反时，在山脊处“V”字形的尖端指向山麓，在沟谷处“V”字形的尖端指向沟谷上游，但岩层界线的弯曲程度比地形等高线的弯曲程度要小；②当岩层倾向与地形坡向一致，若岩层倾角大于地形坡角，则岩层分界线的弯曲方向和地形等高线的弯曲方向相反；③当岩层倾向与地形坡向一致，若岩层倾角小于地形坡角，则岩层分界线弯曲方向和地形等高线的弯曲方向相同，但岩层界线的弯曲程度大于地形等高线的弯曲程度。

(二)褶皱

一般根据图例符号识别褶皱，若没有图例符号，则主要通过地层的分布规律、年代新老关系和岩层产状综合分析确定。

1. 水平褶曲

水平褶曲在地质平面图上是一组近似平行线，以某套地层为中心，两侧对称重复，如图2-5-8所示。

2. 倾伏褶曲

枢纽向一端倾伏，两翼岩层走向形成弧形合围。对背斜，合围的尖端指向枢纽的倾伏方向；对向斜，合围的开口方向指向枢纽的倾伏方向，如图2-5-9所示。

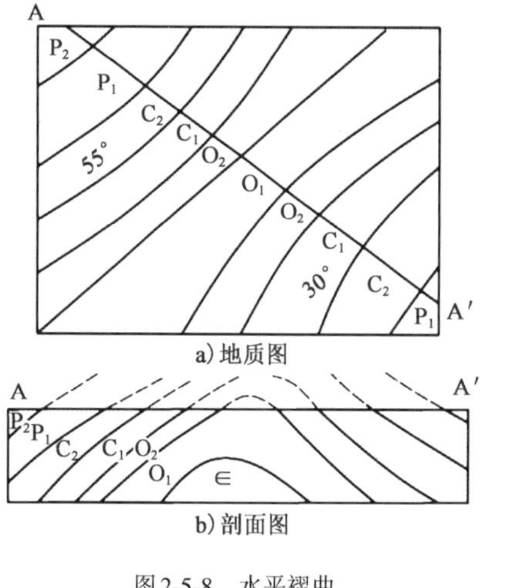

图2-5-8 水平褶曲

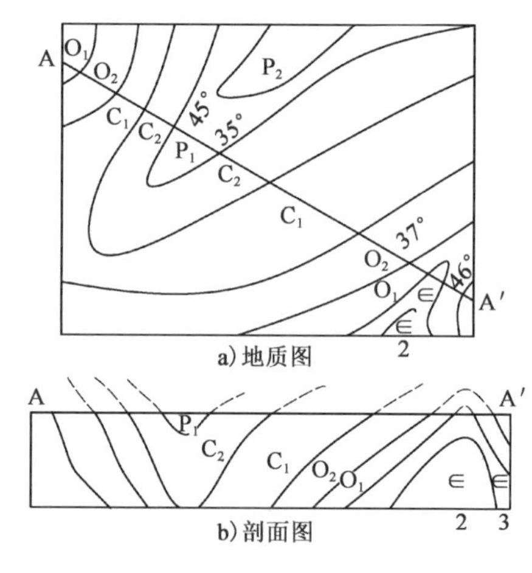

图2-5-9 倾伏褶曲

(三)断层

一般是根据图例符号识别断层，若无图例符号，则根据岩层分布重复、缺失、中断、狭窄变化或错动等现象识别。一般有两种情况：

(1)当断层走向大致与岩层走向平行时，断层线两侧出露老岩层的为上升盘，出露新岩层的为下降盘，如图2-5-10a)所示为一逆断层。

(2)当断层与褶皱垂直或相交时，背斜的上升盘核部变宽，向斜的下降盘核部变宽，如图2-5-10b)所示为一正断层。

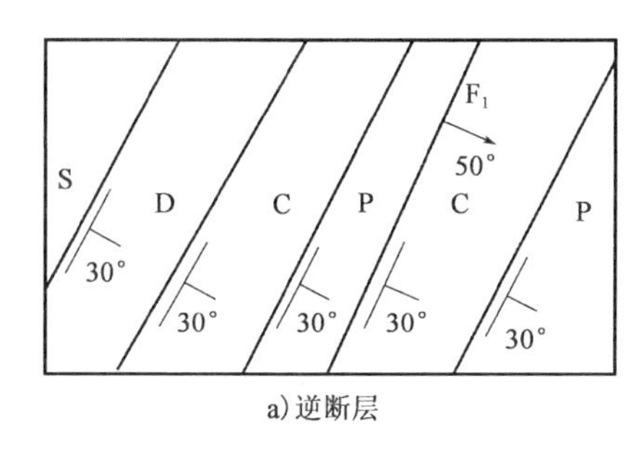

a)逆断层

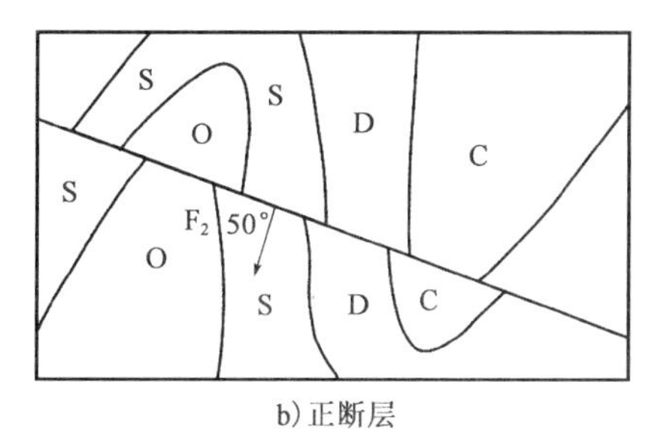

b)正断层

图2-5-10 断层的表示

三、地质图类型

工程地质图通常包含平面图、剖面图和柱状图，如图2-5-11所示。

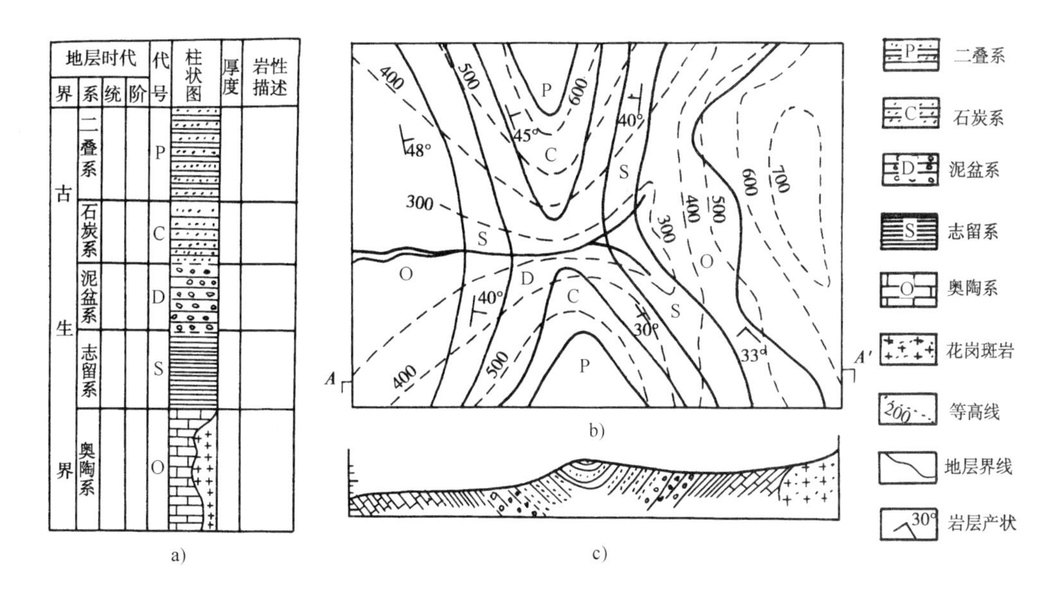

a) b) c)

图2-5-11 地质图

(一)平面图

平面图是反映地表地质条件的图，是地质图最基本的图件[图2-5-11b)]。主要包括：

(1)地理概况：地质图所在的区域地理位置(经纬度、坐标线)、主要居民点(城镇、乡村所在地)、地形、地貌特征等。

(2)一般地质现象：地层、岩性、产状、断层等。

(3)特殊地质现象：崩塌、滑坡、泥石流、喀斯特、泉及主要蚀变现象。

(二)剖面图

剖面图如图2-5-11c)所示配合平面图，反映一些重要部位的地质条件。它对地层层序和地质构造现象的反映比平面图更清晰、更直观。正规地质图常附有一幅或数幅切过图区主要构造的剖面图，置于图的下方，并会在地质图上标注出切图位置。剖面图所用地层符号应与地质图一致。

(三)柱状图

柱状图如图2-5-11a)所示，通常附在地质图的左边，也可以单独形成一幅图。柱状图中表示各地层单位、岩性、厚度、时代和地层间的接触关系等。比例尺可据反映地层的详细程度要求和地层总厚度而定。

(四)综合地层柱状图

正式的地质图或地质报告中常附有工作区的综合地层柱状图(图2-5-3)。综合地层柱状图是将工作区所涉及的地层，按新老叠置关系恢复成原始水平状态切出的一个具有代表性的柱形。其比例尺可根据反映地层的详细程度要求和地层总厚度而定。图名书写于图的上方，一般标为“××地区综合地层柱状图”。

四、阅读和分析地质图

不论何种类型的地质图，读图步骤和方法都是一样的。

首先，读图名、比例尺、图例。通过图名知道地质图的类型和主要地名；依据比例尺了解地质内容的精度、控制的范围(长度、面积)、地质构造的尺度及地质体大致的露头范围；通过地层及岩性图例了解图幅内地层、岩石类型及出露情况，通过构造图例，了解褶皱、断裂等地质构造的类型。

其次，认识图区内地势、地貌。对于无等高线的地质图，可根据水系、山峰的分布，地质界线与产状的关系(大比例尺地质图中地质界线露头线形态受地形影响较大，而小比例尺地质图中受影响较小)来认识地势特点；对于有地形等高线的地质图，则可基于等高线形态，结合水系、高程仔细分析地貌特征。

最后，根据图内表现的地质条件，可对建筑物场地的工程地质条件进行初步评价，并提出进一步勘察工作的意见。

【例2-5-1】 以宁陆河地区地质图(图2-5-12)为例，介绍阅读地质图的方法。

根据宁陆河地区地质图(图2-5-12)及综合地层柱状图(图2-5-13)，对该区地质条件分析如下：

宁陆河地区地质图的比例尺为1:25000，即图上1cm代表实地距离250m。区域内最低处在东南部宁陆河谷，高程300多米，最高点在二龙山顶，高程800多米，全区最大相对高差近500m。宁陆河在十里沟以北地区，从北向南流，至十里沟附近，折向东南。区内地貌特征主要受岩性及地质构造条件的控制。一般在页岩及断层带分布地带多形成河谷低地，而在石英砂岩、石灰岩及地质年代较新的粉细砂岩分布地带则形成高山。山脉多沿岩层走向大体南北向延伸。

本区出露地层有：志留系(S)、泥盆系上统(D_3)、二叠系(P)、三叠系中下统(T_{1-2})、辉绿岩墙(V)、侏罗系(J)、白垩系(K)及第四系(Q)。第四系主要沿宁陆河分布，侏罗系及白垩系主要分布于红石岭一带。从图2-5-12的Ⅰ—Ⅰ′地质剖面图中可以看出，本区泥盆系与志留系地层间虽然岩层产状一致，但缺失中下泥盆系地层，且上泥盆系底部有底砾岩存在，说明两者之间为平行不整合接触。二叠系与泥盆系地层之间缺失石炭系，所以也为平行不整合接触。侏罗系与泥盆系上统、二叠系及三叠系中下统三个地质年代较老的岩层接触，且产状不一致，所以为角度不整合接触。第四系与老岩层间也为角度不整合接触。辉绿岩是沿 F_1 张性断裂呈岩墙状侵入二叠系及三叠系石灰岩中，所以辉绿岩与二叠系、三叠系地层为侵入接触，而与侏罗系为沉积接触。因此辉绿岩的形成时代应在三叠系上中统之后，侏罗系以前。

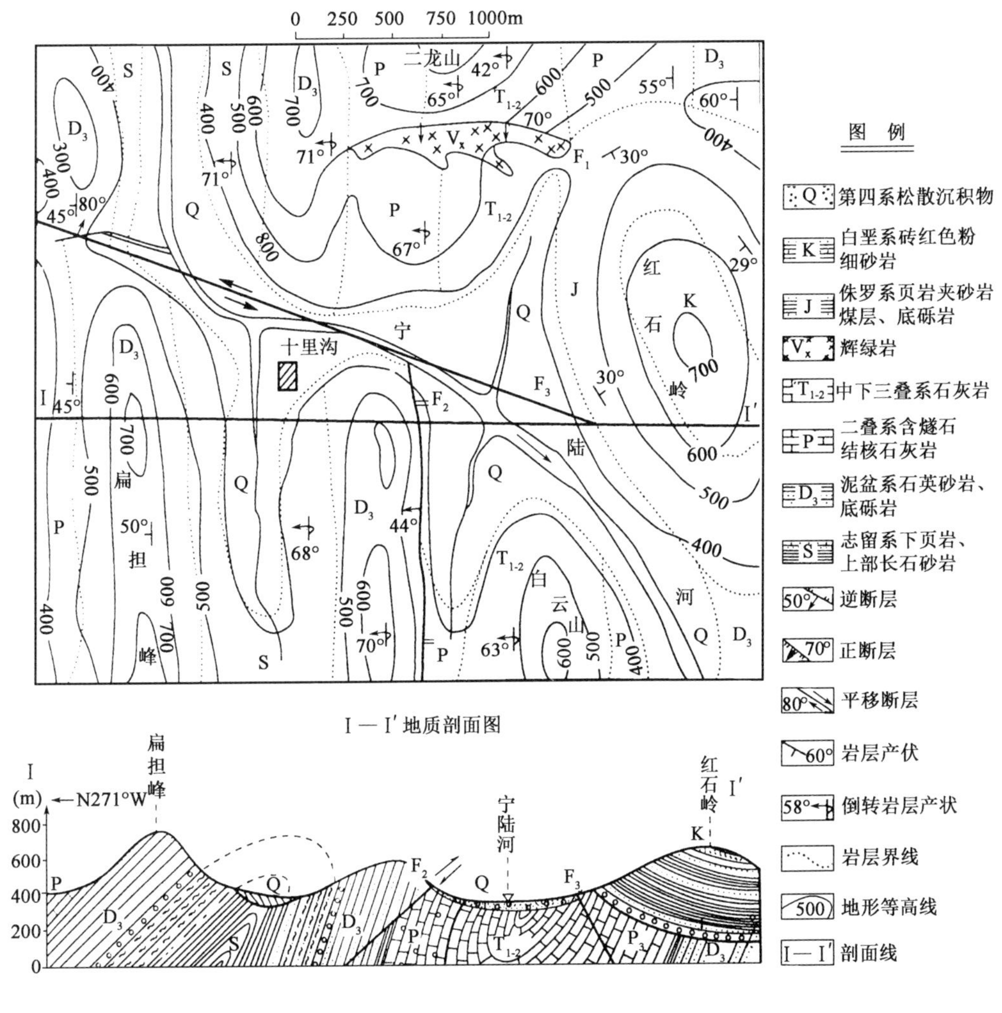

图2-5-12 宁陆河地区地质图

宁陆河地区有三个褶曲构造，即十里沟褶曲、白云山褶曲和红石岭褶曲。

十里沟褶曲的轴部在十里沟附近，轴向近南北延伸。轴部地层为志留系页岩，上部有第四纪松散沉积覆盖。两翼对称分布的是泥盆系上统(D_3)、二叠系、三叠系中下统地层，但西翼只见到泥盆系上统和部分二叠系地层，三叠系已出图幅。两翼走向大致南北，均向西倾，但西翼倾角较缓，为45°～50°，东翼倾角较陡，为63°～71°。所以十里沟褶曲为一倒转背斜。十里沟倒转背斜构造，因受F_1断裂构造的影响，其轴部已向北偏移至宁陆河南北向河谷地段。

地层单位				代号	层序	柱状图(1∶25000)	厚度(m)	地质描述及化石	备注
界	系	统	阶						
新生界	第四系			Q	7		0~30	松散沉积层	
								角度不整合	
中生界	白垩系			K	6		111	砖红色粉砂岩、细砂岩，钙质和泥质胶结，较疏松	
								整合	
	侏罗系			J	5		370	浅黄色页岩夹砂岩，底部有一层砾岩，靠下部有一层厚达50m的煤层	
								角度不整合	
	三叠系	中下统		T_{1-2}	4		400	浅灰色质纯石灰岩，夹有泥灰岩及鲕状灰岩	
								整合	
古生界	二叠系			P	3		520	黑色含燧石结核石灰岩，底部有页岩、砂岩夹层，有珊瑚化石	
								顺张性断裂辉绿岩呈岩墙侵入，围岩中石灰岩有大理岩化现象	
								平行不整合	
	泥盆系	上统		D_3	2		400	底砾岩厚度2m左右，上部为灰白色、致密坚硬石英岩。有古鳞木化石	
								平行不整合	
	志留系			S	1		450	下部为黄绿色及紫红色页岩，可见笔石类化石。上部为长石砂岩，有王冠虫化石	
审查				校核		制图		描图　　日期　　图号	

图2-5-13　宁陆河地区综合地层柱状图

白云山褶曲的轴部在白云山至二龙山附近，南北向延伸。褶曲轴部地层为三叠系中下统，由轴部向翼部，地层依次为二叠系、泥盆系上统、志留系，其中西翼为十里沟倒转背斜东翼，东翼志留系地层已出图幅，而二叠系与泥盆系上统因受上覆不整合的侏罗系与白垩系地层的影响，只在图幅的东北角和东南角出露。两翼岩层均向西倾斜，是一个倾角不大的倒转向斜。

红石岭褶曲，由白垩系、侏罗系地层组成，褶曲舒缓，两翼岩层相向倾斜，倾角约30°，为直立对称褶曲。

区内有三条断层。F_1断层面向南倾斜约70°，断层走向与岩层走向基本垂直，北盘岩层分界线有向西移动现象，是一正断层。由于倾斜向斜轴部紧闭，断层位移幅度小，所以F_1断层引起的轴部地层宽窄变化并不明显。

F_2断层走向与岩层走向平行，倾向一致，但岩层倾角大于断层倾角。西盘为上盘，一是出露的岩层年代较老，二是二叠系地层出露宽度在东盘明显变窄，故为一压性逆掩断层。

F_3为区内规模最大的一条断层。从十里沟倒转背斜轴部志留系地层分布位置可以明显看出,断层的东北盘相对向西北错动,西南盘相对向东南错动,是扭性平推断层。

小组学习

请讨论如何更快捷、准确地阅读地质图,总结归纳地质图阅读的步骤。

要点总结

工程地质图要点总结

知识小测

学习了任务点2内容,请大家扫码完成知识小测并思考以下问题。

1. 工程地质图,通常包含哪些图件?

2. 工程地质图上,所见地层次序为:志留系→奥陶系→寒武系→奥陶系→志留系,这个现象可能反映了(　　)地质构造。

A. 正断层　　B. 逆断层　　C. 背斜　　D. 向斜

3. 请结合如图2-5-2所示工程地质图例,阅读如图2-5-4所示工程地质平面图,并完成以下内容:

(1)该图的图名(　　),比例尺为(　　)。

(2)该区域海拔最高为(　　)m,最低为(　　)m;公路路线带的地形为(　　　　)。

(3)地表覆盖物Q_4^{dl+pl},是(　　　　)。

课外阅读

地质调查支撑服务脱贫攻坚任务高质量完成

该成果由中国地质调查局总工程师室、中国地质调查局水文地质环境地质部牵头,中国地质调查局南京地质调查中心、中国地质调查局武汉地质调查中心、中国地质调查局沈阳地质调查中心、中国地质调查局成都矿产综合利用研究所等单位共同参与完成。项目发挥地质科技优势,在查明贫困地区资源环境禀赋的基础上,加大地质调查项目经费投入力度,走出了一条以找水打井、富硒土地、灾害防治、地质旅游和绿色矿业为主的地质特色扶贫之路。其主要进展及创新如下:

(1)聚焦"两不愁三保障"中的饮水安全问题,成功找水打井1600余眼,为严重缺水地区贫困群众提供了生产生活水源保障。

(2)先后在贫困地区调查圈定绿色富硒土地2366万亩,支撑建设300余处富硒农业产业示范园,推动贫困地区走上富硒产业致富之路。

(3)指导贫困山区全面开展地质灾害隐患排查,建立健全监测预警体系,研发推广地质灾害监测预警设备,有效减轻人民生命财产损失。

(4)在贫困区调查发现各类地质遗迹景观资源2200多处,推动建设地质文化村10余处,为脱贫攻坚和乡村振兴塑造新的产业增长点。

(5)调查发现矿产地420多处,攻克一批资源节约集约与综合利用关键技术,带动贫困群众就近就业、稳岗、增收。

(素材来源:"中国地质调查"微信公众号于2021年1月29日发布的文章)

模块三

地基变形与地基承载力分析

工程结构长期稳定、安全和可靠运行是工程建造的目标，而建筑物的基础和地基承载力直接影响其安全性和稳定性。土的物理特性决定了土体受力容易变形，因此在地基土层上建造建筑物，建筑物的荷载将通过基础传递给地基，使地基土中的原有应力状态发生变化，从而引起地基土的变形。

具体来讲，地基承受基础传递下来的建筑物荷载，其内部应力将发生变化。一方面，附加应力引起地基内土体变形，当外荷载引起的土中应力过大时，建筑物发生不可容许的沉降，甚至会使土体发生整体失稳；另一方面，附加应力引起地基内土体的剪应力增加。当某一点的剪应力达到土的抗剪强度时，这一点的土就处于极限平衡状态。若土体中某一区域内各点都处于极限平衡状态，就形成极限平衡区，或称为塑性区。如荷载继续增大，地基内极限平衡区的范围随之不断扩大，局部的塑性区发展成为连续贯穿到地表的整体滑动面。这时，基础下方一部分土体将沿滑动面产生整体滑动，发生地基失稳。如果这种情况发生，建筑物将发生严重的塌陷、倾倒等灾害性破坏。

因此进行土中应力计算、地基沉降量计算及地基承载力分析，是进行建筑物地基变形及稳定性分析的重要前提。我们应该高度重视并加强对这部分知识的学习和应用，为工程建设提供更加可靠的技术支持。

本模块包含土中应力计算、地基变形及沉降分析、地基承载力分析三个学习单元，如下图所示。学生通过对各单元的学习，可掌握地基变形与地基承载力分析的内容、步骤和方法，为日后实际应用打下坚实的基础。

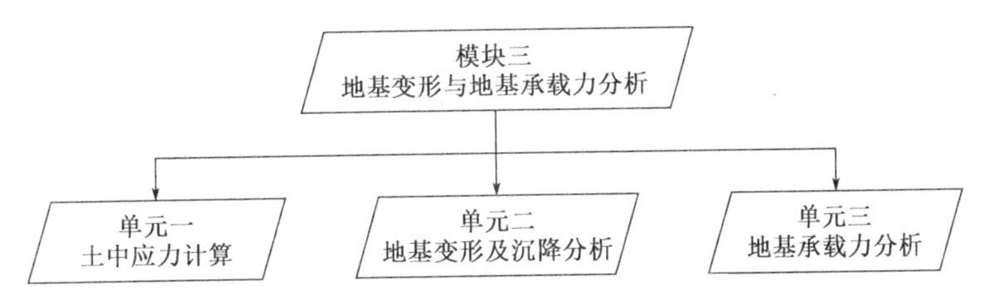

单元一 土中应力计算

知识目标

1. 知道土体自重应力、基底压力、基底附加压力、附加应力的定义及计算公式，土中自重应力及附加应力分布规律，自重应力突变的概念。
2. 领会水下土体自重应力计算的方法。
3. 领会中心荷载和偏心荷载作用下，不同基底压力的计算方法。
4. 领会土体附加应力计算方法。

能力目标

1. 能根据给定的参数进行土体自重应力计算；能够计算自重应力产生突变时的大小。
2. 能根据给定的参数计算基底压力和基底附加压力。
3. 能根据给定参数计算土体附加应力。

素质目标

1. 养成严谨求实的科学态度。
2. 养成团结协作的职业素养。

情境描述

某公路工程K15+100处设小桥与公路相接，小桥因基础承受荷载较小，从经济性和施工技术方面考虑采用钢筋混凝土浅基础，为了保证桥梁使用的安全、耐久，避免出现基础不均匀沉降导致的裂缝、倾斜等病害，需要判别该基础方案是否可行。假设你是技术员，请结合此情境完成以下任务点的学习。

任务点1 自重应力计算

问题导学

为了研究基础的可行性，判断其是否发生沉降，需要分析小桥基础修筑之前地基土体的自重应力，假设地基土层为砂土，厚3m，砂土下为黏土层，厚2m。经过勘察地下水位埋深为地面以下1m处。请结合以下问题，完成该任务点学习。

1. 计算自重应力需要哪些参数？该应力随深度如何变化？
2. 在该案例中存在多层土时，如何计算自重应力？

3. 地下水存在于地基中间时,计算自重应力有何不同?

4. 在进行自重应力计算时,如何考虑地下水位变化的影响?

知识讲解

地基中的各点处都作用着土的自重应力。在这样的地基上建造建筑物时,地基中各点的应力将增加。随着应力的增加,地基土将产生压缩、固结以及破坏。因此,为了更好地理解土的变形和破坏过程,必须要先讨论一下地基中土的自重应力。为了简化计算,工程中通常把地基简化为由土颗粒骨架和孔隙水共同组成的弹性体,把弹性力学知识直接应用于这样的弹性地基计算。

一、自重应力的定义

土的自重应力就是土体中由土的自重引起的应力,或者说是土体中由土的自重引起的单位面积截面上的内力。对于长期形成的天然土层,土体在自重应力的作用下,其沉降早已稳定,不会产生新的变形。所以自重应力又被称为常驻应力。

土的自重应力

二、自重应力计算

1. 自重应力计算假设条件

目前计算自重应力的方法,主要是采用弹性理论公式。在地基计算中,通常是在土为线弹性材料、土体为表面水平的半无限空间、土层沿水平方向无限展布的假定下计算土的自重应力的,并主要计算土的竖向自重正应力。在这些假定下,土的竖向自重剪应力恒为0而无须计算,故土的竖向自重正应力可简称为土的竖向自重应力,在不计算土的侧向自重应力的前提下还可以进一步简称为土的自重应力。这虽然同土体的实际情况有差别,但其计算结果能满足工程实践的要求。

2. 自重应力的计算方法

(1)均质土层中自重应力计算

在均匀土体中,土中某点的自重应力只与该点的深度有关。在地面下深度z处,任取一单元体(图3-1-1),其竖向自重应力为

$$\sigma_{cz} = \gamma z \tag{3-1-1}$$

式中:γ——土的重度,kN/m^3;

z——计算点的深度,m。

从式(3-1-1)很容易得出,竖向自重应力随深度的增加而增大。在均质土地基中,竖向自重应力沿某一铅垂线的分布是一条向下倾斜的直线(图3-1-1)。

水平方向自重应力为

$$\sigma_{cx} = \sigma_{cy} = K_0\sigma_{cz} \tag{3-1-2}$$

式中:K_0——土的侧压力系数,其值与土的类别和物理状态有关,可通过试验确定。

(2)成层地基土中自重应力计算

天然地基土一般都是成层的,而且各天然土层具有不同的重度,如图3-1-2所示,所以成层土中的自重应力需要分层来计算。第i层土中任一点深度处的自重应力为

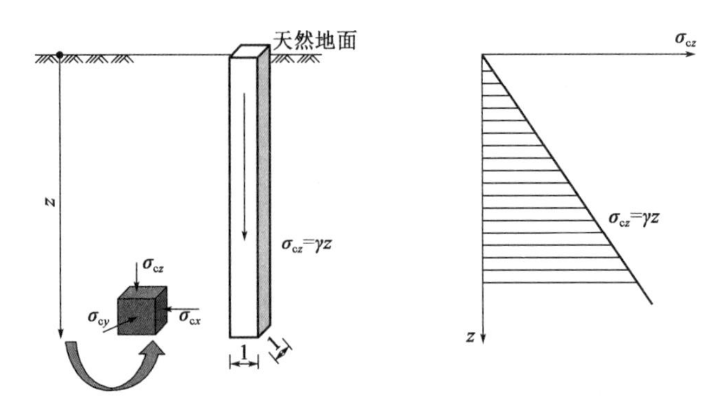

图3-1-1　均匀土层中竖向自重应力计算示意图

$$\sigma_{cz}=\gamma_1h_1+\gamma_2h_2+\gamma_3h_3+\cdots+\gamma_ih_i=\sum_{i=1}^{n}\gamma_ih_i \tag{3-1-3}$$

式中：h_i——第i层土的厚度，m；

　　γ_i——第i层土的重度，kN/m³。

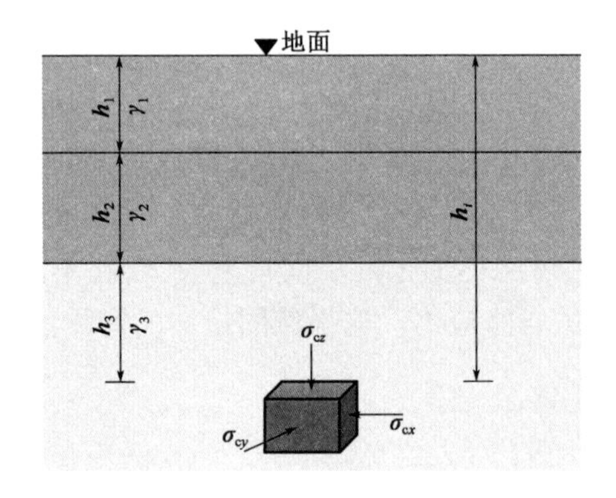

图3-1-2　成层土中自重应力计算示意图

(3)土层中有地下水时自重应力计算

若计算点在地下水位以下，如图3-1-3所示，由于水对土体有浮力作用，水下部分土柱的重度应采用土的有效重度γ'计算。如图中位于地下水位以下的某点，在水位以下深度为h_3，其竖向自重应力为

$$\sigma_{cz}=\gamma_1h_1+\gamma_2h_2+\gamma'h_3 \tag{3-1-4}$$

式中：γ'——有效重度，kN/m³。$\gamma'=\gamma_{sat}-\gamma_w$，工程中为计算简便，常取$\gamma_w=10\text{kN/m}^3$。

计算地下水位以下土的自重应力时，应根据土的性质确定是否需考虑水的浮力作用。常认为砂性土透水性好应该考虑浮力作用，黏性土则视其物理状态而定。

一般对于水下黏性土：

①若液性指数$I_L\geqslant1$，土颗粒间存在着大量自由水，考虑浮力作用，自重应力采用有效重度进行计算；

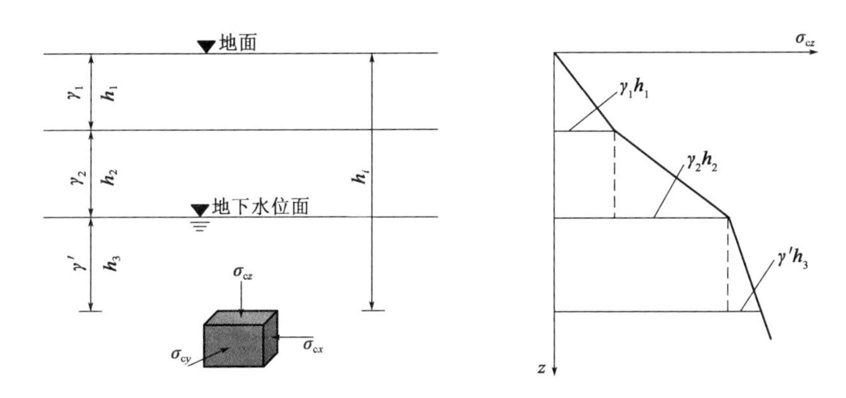

图3-1-3　含地下水的成层土中自重应力计算示意图

②若液性指数$I_L \leqslant 0.25$,土处于硬塑状态,不能传递静水压力,自重应力计算应采用土的天然重度计算,并考虑上覆水重引起的静水压力;

③若$0.25 < I_L < 1$,土处于可塑性状态,土颗粒是否受到水的浮力作用较难确定,一般在实践中均按不利状态来考虑。

【例3-1-1】 某土层的物理性质指标如图3-1-4所示,试计算土中a、b、c三点的自重应力,并绘制自重应力分布图。($\gamma_w = 9.81\text{kN/m}^3$)

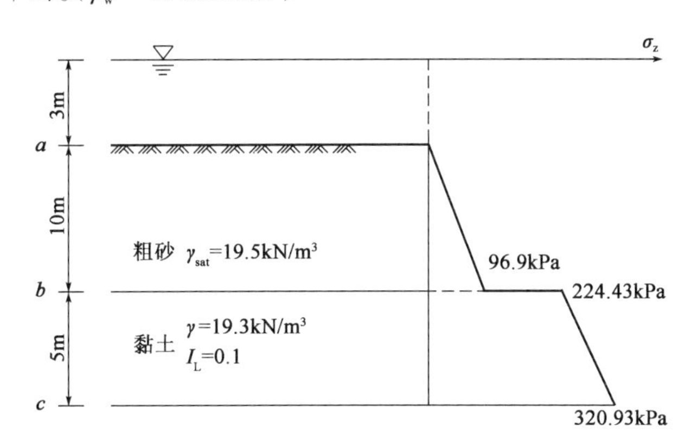

图3-1-4　例3-1-1图

解:水下的粗砂受到水的浮力作用,其有效重度:

$$\gamma' = \gamma_{sat} - \gamma_w = 19.5 - 9.81 = 9.69(\text{kN/m}^3)$$

黏土$I_L < 0.25$,所以土层不考虑浮力作用,该土层还受到其上方静水压力作用。土中各点的自重应力计算如下:

a点:由于a点在土中深度为0,故自重应力为0。

b点:该点位于粗砂层和黏土层分界处,而黏土层是不透水层,所以应力会在该处发生变化,同时有13m的水压力作用在不透水的黏土层上。

在粗砂层中$\sigma_{cz} = \gamma' h = 9.69 \times 10 = 96.9(\text{kPa})$

在黏土层中$\sigma_{cz} = \gamma' h + \gamma_w h_w = 96.9 + 9.81 \times 13 = 224.43(\text{kPa})$

c点:$z = 15$,$\sigma_{cz} = 224.43 + 19.3 \times 5 = 320.93(\text{kPa})$

该土层的自重应力分布如图3-1-5所示。

需要特别注意的是，地下水位的升降也会引起土中自重应力的变化。例如在软土地区，开挖深基坑，常因大量抽取地下水而导致地下水位长期大幅度下降，使地基中原水位以下土的自重应力增加，造成地表大面积下沉的严重后果。

至于地下水位的长期上升，常发生在人工抬高蓄水水位地区或工业用水大量渗入地下的地区，水位上升导致土中自重应力减小，从而引起地基承载力的减小，如果该地区土质是湿陷土或膨胀土，则必须给予足够的关注，避免发生地面塌陷等病害。

3. 土中自重应力的分布规律

按上述计算出的竖向自重应力在等重度的均质土中随深度呈直线分布，自重应力分布线的斜率是土的重度；自重应力随深度的增加而增大。自重应力在不同重度的成层土中呈折线分布，拐点在土层交界处和地下水位处，该层土重度越大，则对应的折线斜率越大。

小组学习

学习了自重应力计算，请列表比较均质土、成层土及含有地下水土层中自重应力计算公式的异同点。小组讨论地下水位突然升降对自重应力的影响。

要点总结

自重应力要点总结

知识小测

学习了任务点1内容，请大家扫码完成知识小测并思考以下问题。

1. 土体不是连续体，可是在土的应力计算中假设土为连续体，请说明为什么这样假设？

2. 某地基由多层土组成，地质剖面如图3-1-5所示，试计算点1、2、3、4处的竖向自重应力并绘制自重应力沿深度的分布图。

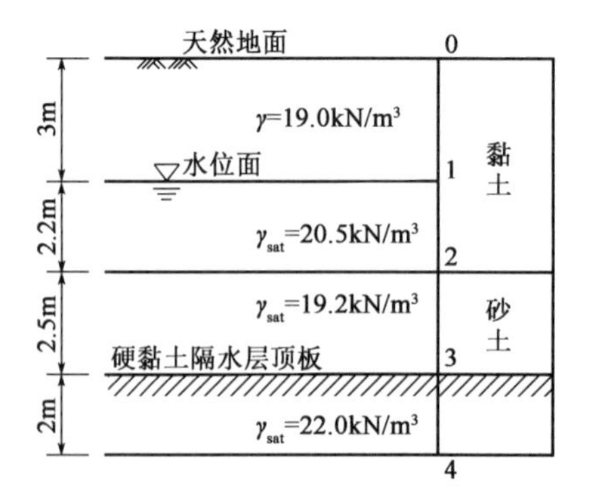

图3-1-5 土层分布图

3. 某建筑物地基从天然地面算起,自上而下分别是:粉土,厚度5m;黏土,厚度2m;粉砂,厚度20m;各层的土体天然重度均为$20kN/m^3$,基础埋深3m,勘察发现有一层地下水,埋深3m。含水层为粉土,隔水层为黏土。下列用于地基沉降计算自重应力的选项正确的有( )。

A. 10m深度处的自重应力为200kPa

B. 7m深度处的自重应力为100kPa

C. 4m深度处的自重应力为70kPa

D. 3m深度处的自重应力为60kPa

任务点2 基底压力计算

问题导学

假设该桥基础形状均为矩形基础,钢筋混凝土结构,为了论证该基础的可行性,需要进一步计算基底压力从而分析附加应力。请结合以下问题完成该任务点的学习。

1. 小桥基础的荷载是如何传递到地基的?请简述荷载传递的路径。
2. 该小桥与公路相接,请问计算路基基底压力和计算桥基基底压力有何不同?
3. 假设有一个桥墩承受偏心荷载,请问如何计算该基础下的基底压力?

知识讲解

计算基底压力是基础工程设计的核心环节,基底压力表征基础与土体接触面上的压力分布情况,对于确保基础及上部结构的稳定和安全至关重要。掌握基底压力的计算是进行基础结构设计、评估基础结构变形和稳定性的前提。

一、基底压力的基本概念

基底压力

基底压力是指建筑物上部结构荷载和基础自重通过基础传递给地基,作用于地基表面接触处的压力,又称基底接触压力(图3-1-6)。它既是基础作用于地基的基底压力,同时又是地基反作用于基础的基底反力。因此,在计算地基中的附加应力以及设计基础结构前,都必须研究基底压力的分布规律。

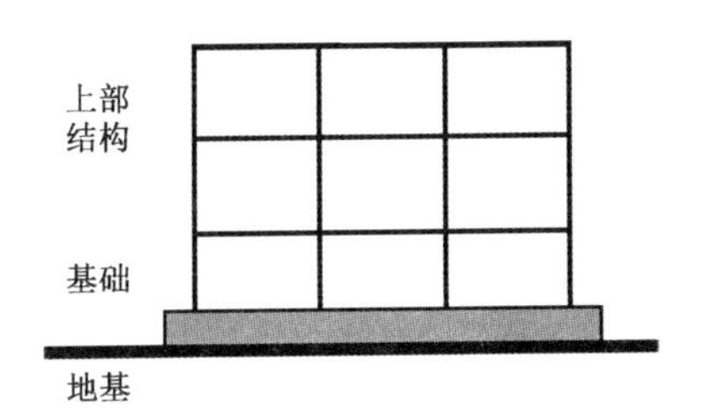

图3-1-6 地基与基础

二、基底压力的影响因素

基底压力分布与基础的形状、埋深、大小和刚度，作用于基础上荷载的大小、方向和分布（中心、偏心、倾斜等），地基土土类、密度、土层结构等许多因素有关。在工程实践中，通常不考虑上部结构的影响，用荷载代替上部结构，使问题求解得以简化，如图3-1-7所示。

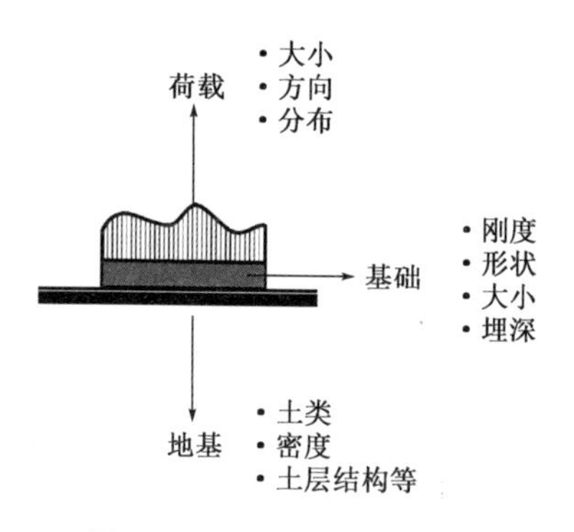

图3-1-7 基底压力的影响因素

（一）弹性地基，绝对刚性基础（抗弯刚度 $EI=\infty \rightarrow M\neq 0$）

对于刚性基础，由于其刚度很大，不能适应地基土的变形，其基底压力分布将随上部荷载的大小、基础的埋深和土的性质而异。

假设基础是刚性基础、地基是弹性地基，在均布荷载作用下，均匀分布的基底压力将产生不均匀沉降，根据弹性理论解得的基底接触压力分布如图3-1-8所示。

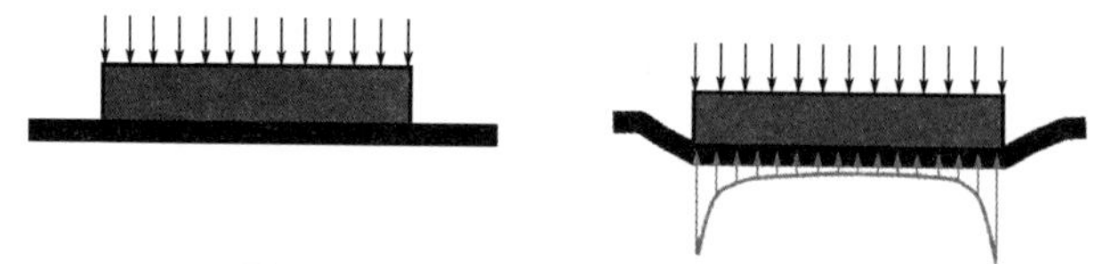

图3-1-8 刚性基础基底接触压力分布图

由此可见，对于刚性基础，下沉时保持为平面，没有弯曲，基底压力中间小、两端无穷大。基底接触压力的分布形式与作用在它上面的荷载分布形式不一致。

（二）弹性地基，完全柔性基础（抗弯刚度 $EI=0 \rightarrow M=0$）

对于刚度很小的基础和柔性基础，基础变形能完全适应地基表面的变形，所以，基底压力的分布与作用在基础上的荷载分布完全一致，荷载均布时，基底压力（常用基底反力形式表示，下同）也将是均匀分布的。基础上下压力分布必须完全相同，若不相同将会产生弯矩。

实际工程中并没有完全柔性基础，工程实践中常把路基等视为柔性基础，因此，在计算路基底部的基底压力分布时，可认为与路基的外形轮廓相同，其大小等于各点上的土体自重，如图3-1-9所示。

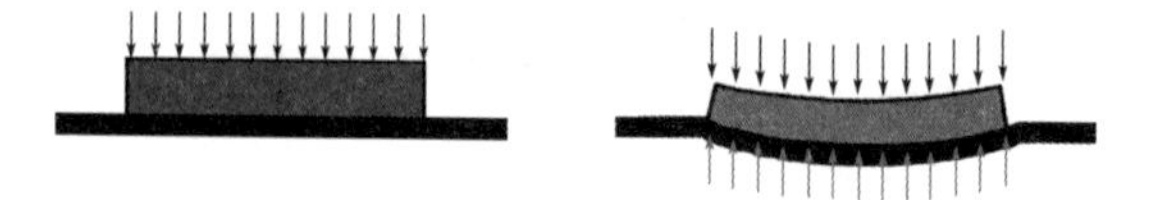

图3-1-9 柔性基础基底接触压力分布图

(三)弹塑性地基,有限刚性基础

实测资料表明,在黏性土地基表面上的刚性基础,其底面上的压力,在外荷载较小时,接近弹性理论解;荷载增大后,基底压力分布呈马鞍形;荷载继续增大,基底压力分布变为抛物线形。当刚性基础放在砂土地基表面时,基底压力分布呈抛物线形。有限刚性基础基底接触压力分布如图3-1-10所示。

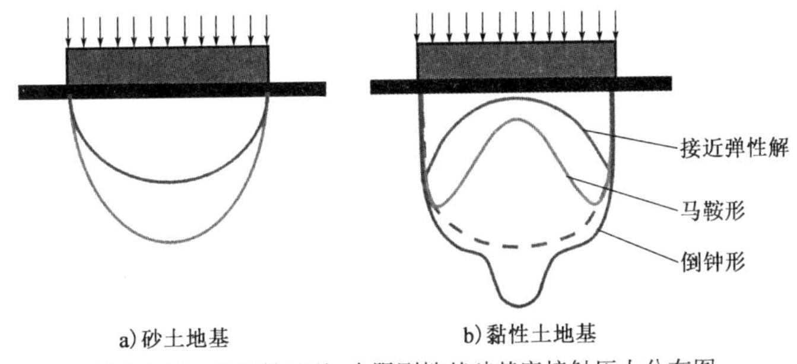

图3-1-10　弹塑性地基,有限刚性基础基底接触压力分布图

综上可知:

(1)基底压力的分布形式十分复杂。

(2)依据圣维南原理:由于基底压力都是作用在地表面附近,根据弹性理论相关原理可知,其具体分布形式对地基中应力计算的影响将随深度的增加而减少,至一定深度后,地基中应力分布几乎与基底压力的分布形状无关,而只取决于荷载合力的大小和位置。

(3)在地基计算中,常采用材料力学的简化方法,即假定基底压力按直线分布,由此引起的误差在工程计算中是允许的。该方法也是工程实践中经常采用的计算方法。

三、竖向中心荷载作用下的基底压力

(一)矩形基础

竖向中心荷载下的基础,其所受荷载的合力通过基底形心。设矩形基础的长度为L,宽度为B,其上作用着竖直中心荷载F(图3-1-11)。假定基底压力均匀分布,则其值为

$$p = \frac{F + G}{A} \tag{3-1-5}$$

式中:p——基底压力,kPa;

F——基底上的竖向总荷载,kN;

G——基础自重设计值及其上回填土重标准值,kN。$G = \gamma_G d$,其中γ_G为基础及回填土的平均重度,一般取20kN/m³,但在地下水位以下部分应考虑浮力取10kN/m³;

A——基底面积,m²。对矩形基础,$A=LB$。

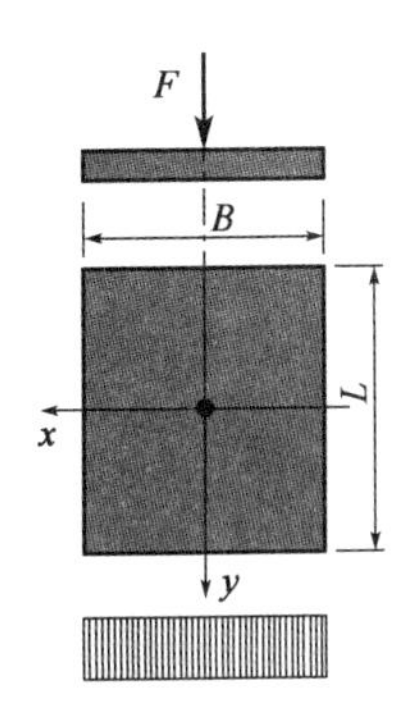

图3-1-11　矩形基础竖向中心荷载作用下的压力分布

(二)条形基础

条形基础理论上是指当L/B为无穷大时的矩形基础。实际

工程中，当$L/B \geqslant 10$时，即可按条形基础考虑。计算时在长度方向截取1m，即L=1m，此时的基底压力为

$$p = \frac{\overline{F}}{B} \tag{3-1-6}$$

式中：$\overline{F}$——条形基础上的线荷载，kN/m；

B——条形基础的宽度，m。

四、竖向偏心荷载作用下的基底压力

当矩形基础受竖向偏心荷载作用时，基底接触压力可按材料力学偏心受压公式计算。若基础上作用着竖向偏心荷载F（图3-1-12），则任意点(x,y)的基底接触压力为

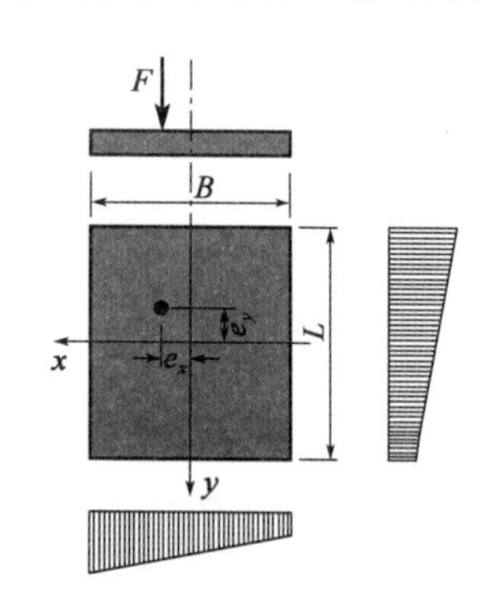

图3-1-12 矩形基础竖向偏心荷载作用下的压力分布

$$p(x,y) = \frac{F+G}{A} + \frac{M_x y}{I_x} + \frac{M_y x}{I_y} \tag{3-1-7}$$

式中：$p(x,y)$——任意点的基底压力，kPa；

M_x——竖向偏心荷载F对基础底面x轴的力矩，$M_x = F \cdot e_y$，其中e_y为竖向荷载对y轴的偏心距，m；

M_y——竖向偏心荷载F对基础底面y轴的力矩，$M_y = F \cdot e_x$，其中e_x为竖向荷载对x轴的偏心距，m；

I_x——基础底面对x轴的惯性矩，m^4；

I_y——基础底面对y轴的惯性矩，m^4。

如果偏心荷载作用于主轴上，例如作用于x轴上，则这时基底两端的压力为

$$p_{\substack{max\\min}} = \frac{F+G}{A}\left(1 \pm \frac{6e}{B}\right) \tag{3-1-8}$$

从式(3-1-8)可知，当$e < B/6$时，基底接触压力为梯形分布[图3-1-13a)]；当$e = B/6$时，基底接触压力为三角形分布[图3-1-13b)]；当$e > B/6$时，基底接触压力出现负值，即基底出现拉力，如图3-1-13c)所示。出现拉力时，应进行压力调整，原则：基底压力合力与总荷载相等。一般情况下，出于安全考虑，设计基础时应使偏心距$e < B/6$。

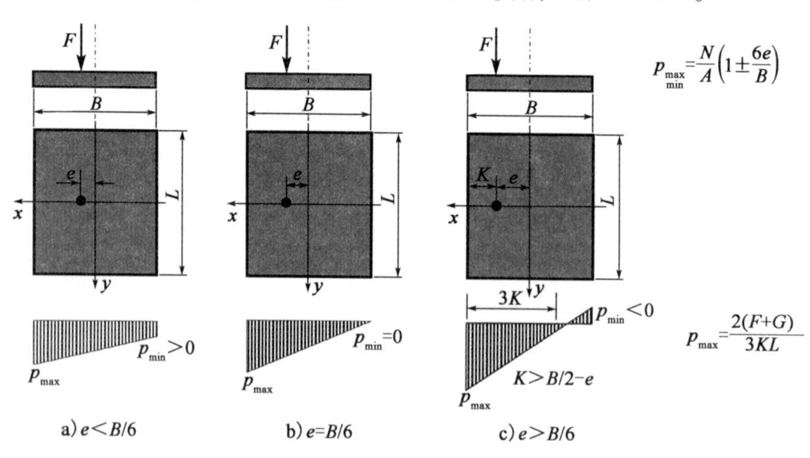

图3-1-13 矩形基础偏心荷载作用的各种情形

若条形基础受竖向偏心荷载作用，同样可在长度方向取1m进行计算，则基底宽度方向两端的压力与上式相同，N为沿长度方向取1m，作用于基础上的总荷载。

【例3-1-2】 某桥台基础底面尺寸为1.2m×2m，作用于基础底面的荷载$N=240\text{kN}$，如果基底合力偏心距分别等于0、0.1m、0.2m、0.3m，试确定基础底面压应力。

解：偏心距$e_0=0$时，基底压应力：

$$p=\frac{N}{A}=\frac{240}{1.2\times 2}=100(\text{kPa})$$

基础底面压力为$p=100\text{kPa}$的均布荷载。

偏心距$e_0=0.1<\frac{B}{6}=\frac{1.2}{6}=0.2(\text{m})$时，基底压应力：

$$p_{\min}^{\max}=\frac{N}{A}\pm\frac{M}{W}=\frac{N}{A}\left(1\pm\frac{6e}{B}\right)=\frac{240}{1.2\times 2}\pm\frac{240\times 0.1}{\frac{1}{6}\times 2\times 1.2^2}=\frac{240}{1.2\times 2}\left(1\pm\frac{6\times 0.1}{1.2}\right)=\frac{150}{50}(\text{kPa})$$

基础底面压力是最大应力150kPa、最小应力50kPa的梯形分布荷载。

偏心距$e_0=0.2=\frac{B}{6}=\frac{1.2}{6}=0.2(\text{m})$时，基底压应力：

$$p_{\min}^{\max}=\frac{P}{A}\pm\frac{M}{W}=\frac{240}{1.2\times 2}\pm\frac{240\times 0.2}{\frac{1}{6}\times 2\times 1.2^2}=\frac{200}{0}(\text{kPa})$$

基础底面压力是最大应力200kPa的三角形分布荷载，分布宽度为1.2m。

偏心距$e_0=0.3>\frac{B}{6}=\frac{1.2}{6}=0.2(\text{m})$时，基底压应力：

$$p_{\max}=\frac{2N}{3\left(\frac{B}{2}-e_0\right)L}=\frac{2\times 240}{3\left(\frac{1.2}{2}-0.3\right)\times 2}=266.67(\text{kPa})$$

压力分布宽度：

$$B'=3d=3\left(\frac{B}{2}-e_0\right)=3\left(\frac{1.2}{2}-0.3\right)=0.9(\text{m})$$

基础底面压力是最大应力266.67kPa的三角形分布荷载，分布宽度为0.9m。

五、基底附加压力

如果基础砌置在天然地面上，那么全部基底压力就是地基表面新增加的基底附加压力。实际上，一般浅基础总是埋置在天然地面下一定深度处。由于天然土层在自重作用下的变形已经完成，故只有超出基底处原有自重应力的那部分应力才使地基产生附加变形，使地基产生附加变形的基底压力称为基底附加压力p_0。因此，基底附加压力是上部结构和基础传到基底的接触压力与基底处原先存在于土中的自重应力之差。

基底附加压力

$$p_0=p-\gamma_0 d \tag{3-1-9}$$

式中：p——基底平均压力设计值，kPa；

γ_0——基础底面高程以上天然土层的加权平均重度，其中地下水位下土层的重度取有效重度，kN/m^3；

d——基础埋深，必须从天然地面算起，对于新填土场地也应从天然地面起算。

小组学习

学习了计算基底压力，请列表比较矩形基础竖向中心荷载、竖向偏心荷载及偏心距 $e>B/6$ 时基底压力计算公式的差异。

要点总结

基底压力要点总结

知识小测

学习了任务点2内容，请大家扫码完成知识小测并思考以下问题。

1. 什么叫基底压力？其分布与哪些因素有关？

2. 完全柔性基础和绝对刚性基础的基底压力分布有何不同？

3. 某公路工程 K10+300 ~ K10+600 为填方路段，路基填土情况如图 3-1-14 所示，填土重度 γ = $18kN/m^3$，请计算路基基底压力，并绘制基底压力分布图。

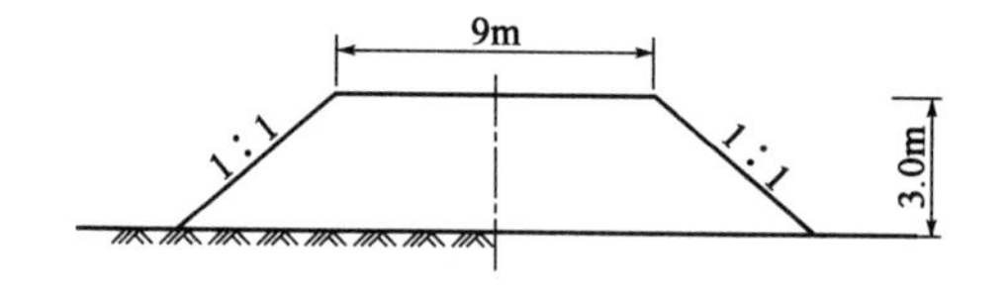

图 3-1-14　路基横断面图

4. 均匀地基上的某直径 30m 的油罐，罐底为 20mm 厚的钢板，储油后其基底压力接近地基的临塑荷载，则该罐底基底压力分布形态最接近(　　)。

A. 外围大、中部小，呈马鞍形分布

B. 外围小、中部大，呈倒钟形分布

C. 外围中部近似相等，接近均匀分布

D. 无一定规律

任务点3　附加应力计算

问题导学

假设该桥基础均为矩形基础，中心荷载，为了计算沉降量论证该基础的可行性，需要进一步分析地基中的附加应力。请结合以下问题完成该任务点的学习。

1. 附加应力与自重应力有何区别？为什么在计算地基变形和稳定性时需要特别考虑附

加应力？

2. 假设该桥承受的荷载是均布荷载，若要计算桥基中点下的附加应力，可以用什么方法？

知识讲解

对一般天然地基，由自重应力引起的变形已经在地质时期压缩稳定。附加应力是修建建筑物之后地基内新增加的应力，它是使地基发生变形从而引起建筑物沉降的主要原因。附加应力计算的基本假定：地基土是连续、均质、各向同性的完全弹性体，依据弹性理论计算。

附加应力

一、竖向集中荷载下的附加应力

在均匀的、各向同性的半无限弹性体表面作用一竖向集中荷载P时，半无限体内深度为z的任意点M的附加应力可由布辛奈斯克解计算，如图3-1-15所示，图中R为M到集中荷载P的直线距离，r为M点在水平面中的投影M'到集中荷载P的水平距离。由此竖向集中荷载下的附加应力为

$$\sigma_z = \frac{3P}{2\pi}\frac{z^3}{R^5} = \frac{3}{2\pi}\frac{1}{[1+(r/z)^2]^{5/2}}\frac{P}{z^2} = K\frac{P}{z^2} \tag{3-1-10}$$

式中：K——集中荷载下竖向附加应力系数，可查表3-1-1。

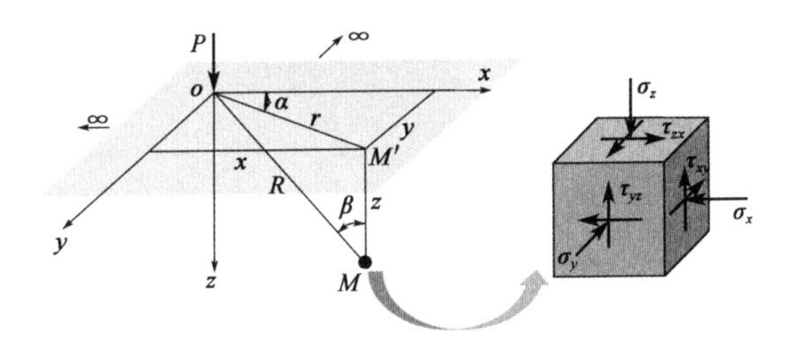

图3-1-15 竖向集中荷载作用下土体中的应力状态

集中荷载下竖向附加应力系数K 表3-1-1

r/z	α	r/z	α	r/z	α	r/z	α	r/z	α
0.00	0.4775	0.50	0.2733	1.00	0.0844	1.50	0.0251	2.00	0.0085
0.05	0.4745	0.55	0.2466	1.05	0.0744	1.55	0.0224	2.20	0.0058
0.10	0.4657	0.60	0.2214	1.10	0.0658	1.60	0.0200	2.40	0.0040
0.15	0.4516	0.65	0.1978	1.15	0.0581	1.65	0.0179	2.60	0.0029
0.20	0.4329	0.70	0.1762	1.20	0.0513	1.70	0.0160	2.80	0.0021
0.25	0.4103	0.75	0.1565	1.25	0.0454	1.75	0.0144	3.00	0.0015
0.30	0.3849	0.80	0.1386	1.30	0.0402	1.80	0.0129	3.50	0.0007
0.35	0.3577	0.85	0.1226	1.35	0.0357	1.85	0.0116	4.00	0.0004
0.40	0.3294	0.90	0.1083	1.40	0.0317	1.90	0.0105	4.05	0.0002
0.45	0.3011	0.95	0.0956	1.45	0.0282	1.95	0.0095	5.00	0.0001

集中荷载下地基竖向附加应力的分布规律如图3-1-16所示。在集中荷载作用线上，当$z=0$时，$\sigma_z \to \infty$，随着深度增加，σ_z逐渐减小；在集中荷载作用线上的附加应力最大，向两侧逐渐减小；竖向集中荷载作用引起的附加应力向深部、向四周无限传递，在传递过程中，应力强度不断降低（应力扩散）。

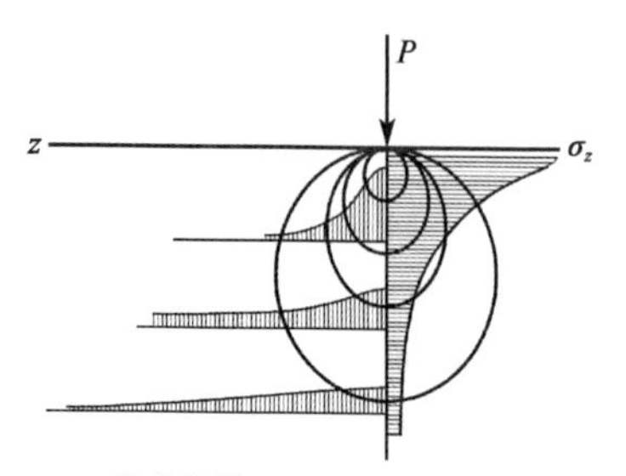

图3-1-16 集中荷载下地基竖向附加应力的分布规律

需要注意的是，当地基表面作用有几个集中荷载时，可分别算出各集中荷载在地基中引起的附加应力，然后根据弹性力学的应力叠加原理求出附加应力的总和。

实际工程中，当基础底面形状不规则或荷载分布较复杂时，可将基底分为若干个小面积，把小面积上的荷载当成集中荷载，然后利用上述公式计算附加应力。

二、矩形面积在竖向均布荷载作用下的附加应力

设地基表面有一矩形基础，宽度为B，长度为L，其上作用着竖向均布荷载P，确定地基内各点的附加应力时，先求出矩形面积角点下的应力，再利用角点法求任意点下的应力（图3-1-17）。

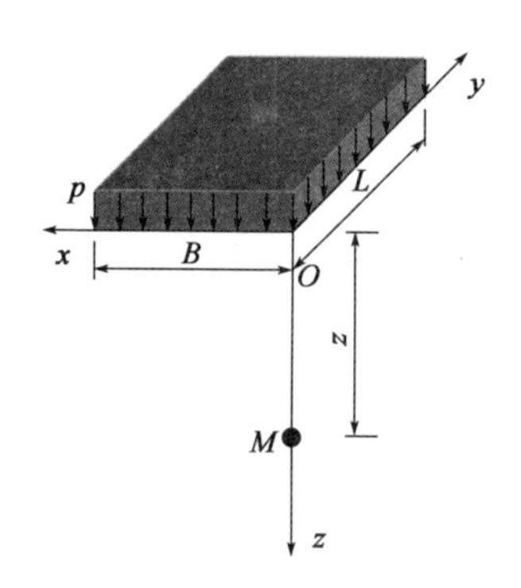

图3-1-17 矩形面积受竖向均布荷载作用时角点下应力分布

（一）角点下的附加应力

地基内各角点下的附加应力，指图中矩形面积的四个角点下任意深度的应力。只要深度相同，则四个角点下的应力相同。将坐标原点取在角点O上，在荷载面积内任取微分面积$\mathrm{d}A=\mathrm{d}x\mathrm{d}y$，并将其上作用的荷载以$\mathrm{d}P$代替，则$\mathrm{d}P=p\mathrm{d}A=p\mathrm{d}x\mathrm{d}y$，则该集中荷载在角点$O$以下深度$z$处$M$点所引起的竖向附加应力为

$$\mathrm{d}\sigma_z=\frac{3\mathrm{d}P}{2\pi}\frac{z^3}{R^5}=\frac{3p}{2\pi}\frac{z^3}{R^5}\mathrm{d}x\mathrm{d}y \tag{3-1-11}$$

$$\sigma_z=\int_0^B\int_0^L\mathrm{d}\sigma_z=\sigma_z(p,m,n) \tag{3-1-12}$$

$$\sigma_z=K_s p \tag{3-1-13}$$

$$K_s = F(B, L, z) = F\left(\frac{L}{B}, \frac{z}{B}\right) = F(m, n) \tag{3-1-14}$$

式（3-1-14）中，K_s 为竖向均布荷载角点下的应力分布系数，$m=L/B$，$n=z/B$，可查表 3-1-2。

矩形面积受竖向均布荷载作用时角点下的应力系数 K_s 表3-1-2

$n=z/B$	$m=\frac{L}{B}$										
	1.0	1.2	1.4	1.6	1.8	2.0	3.0	4.0	5.0	6.0	10.0
0.0	0.2500	0.2500	0.2500	0.2500	0.2500	0.2500	0.2500	0.2500	0.2500	0.2500	0.2500
0.2	0.2486	0.2489	0.2490	0.2491	0.2491	0.2491	0.2492	0.2492	0.2492	0.2492	0.2492
0.4	0.2401	0.2420	0.2429	0.2434	0.2437	0.2439	0.2442	0.2443	0.2443	0.2443	0.2443
0.6	0.2229	0.2275	0.2300	0.2315	0.2324	0.2329	0.2339	0.2341	0.2342	0.2342	0.2342
0.8	0.1999	0.2075	0.2120	0.2147	0.2165	0.2176	0.2196	0.2200	0.2202	0.2202	0.2202
1.0	0.1752	0.1851	0.1911	0.1955	0.1981	0.1999	0.2034	0.2042	0.2044	0.2045	0.2046
1.2	0.1516	0.1626	0.1705	0.1758	0.1793	0.1818	0.1870	0.1882	0.1885	0.1887	0.1888
1.4	0.1308	0.1423	0.1508	0.1569	0.1613	0.1644	0.1712	0.1730	0.1735	0.1738	0.1740
1.6	0.1123	0.1241	0.1329	0.1436	0.1445	0.1482	0.1567	0.1590	0.1598	0.1601	0.1604
1.8	0.0969	0.1083	0.1172	0.1241	0.1294	0.1334	0.1434	0.1463	0.1474	0.1478	0.1482
2.0	0.0840	0.0947	0.1034	0.1103	0.1158	0.1202	0.1314	0.1350	0.1363	0.1368	0.1374
2.2	0.0732	0.0832	0.0917	0.0984	0.1039	0.1084	0.1205	0.1248	0.1264	0.1271	0.1277
2.4	0.0642	0.0734	0.0812	0.0879	0.0934	0.0979	0.1108	0.1156	0.1175	0.1184	0.1192
2.6	0.0566	0.0651	0.0725	0.0788	0.0842	0.0887	0.1020	0.1073	0.1095	0.1106	0.1116
2.8	0.0502	0.0580	0.0649	0.0709	0.0761	0.0805	0.0942	0.0999	0.1024	0.1036	0.1048
3.0	0.0447	0.0519	0.0583	0.0640	0.0690	0.0732	0.0870	0.0931	0.0959	0.0973	0.0987
3.2	0.0401	0.0467	0.0526	0.0580	0.0627	0.0668	0.0806	0.0870	0.0900	0.0916	0.0933
3.4	0.0361	0.0421	0.0477	0.0527	0.0571	0.0611	0.0747	0.0814	0.0847	0.0864	0.0882
3.6	0.0326	0.0382	0.0433	0.0480	0.0523	0.0561	0.0694	0.0763	0.0799	0.0816	0.0837
3.8	0.0296	0.0348	0.0395	0.0439	0.0479	0.0516	0.0645	0.0717	0.0753	0.0773	0.0796
4.0	0.0270	0.0318	0.0362	0.0403	0.0441	0.0474	0.0603	0.0674	0.0712	0.0733	0.0758
4.2	0.0247	0.0291	0.0333	0.0371	0.0407	0.0439	0.0563	0.0634	0.0674	0.0696	0.0724
4.4	0.0227	0.0268	0.0306	0.0343	0.0376	0.0407	0.0527	0.0597	0.0639	0.0662	0.0696
4.6	0.0209	0.0247	0.0283	0.0317	0.0348	0.0378	0.0493	0.0564	0.0606	0.0630	0.0663
4.8	0.0193	0.0229	0.0262	0.0294	0.0324	0.0352	0.0463	0.0533	0.0576	0.0601	0.0635
5.0	0.0179	0.0212	0.0243	0.0274	0.0302	0.0328	0.0435	0.0504	0.0547	0.0573	0.0610
6.0	0.0127	0.0151	0.0174	0.0196	0.0218	0.0233	0.0325	0.0388	0.0431	0.0460	0.0506
7.0	0.0094	0.0112	0.0130	0.0147	0.0164	0.0180	0.0251	0.0306	0.0346	0.0376	0.0428
8.0	0.0073	0.0087	0.0101	0.0114	0.0127	0.0140	0.0198	0.0246	0.0283	0.0311	0.0367
9.0	0.0058	0.0069	0.0080	0.0091	0.0102	0.0112	0.0161	0.0202	0.0235	0.0262	0.0319
10.0	0.0047	0.0056	0.0065	0.0074	0.0083	0.0092	0.0132	0.0167	0.0198	0.0222	0.0280

(二)任意点下的附加应力

利用角点下的应力计算公式和应力叠加原理,可推导出地基中任意点的附加应力,这一方法称为角点法。利用角点法求矩形范围以内或以外任意点M下的竖向附加应力时,通过M点做平行于矩形两边的辅助线,使M点成为几个小矩形的共角点,利用应力叠加原理,即可求得M点的附加应力,如图3-1-18所示。

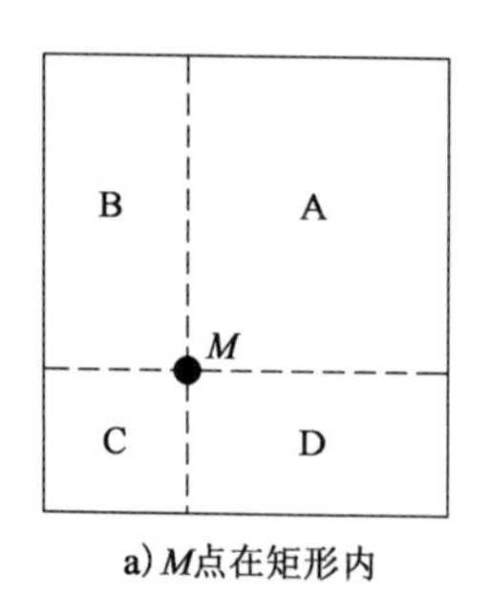

a)M点在矩形内

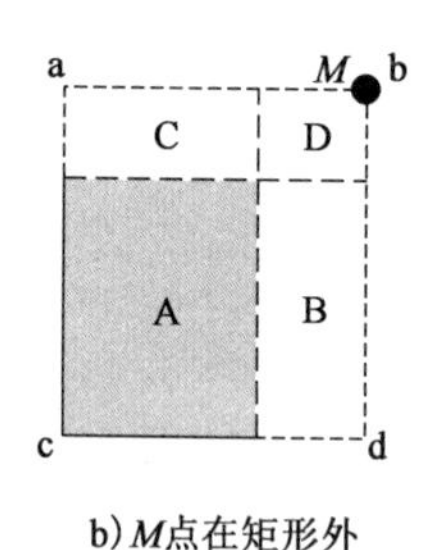

b)M点在矩形外

图3-1-18 角点法

若M点在矩形内,则M点以下任意深度z处的附加应力为A、B、C、D四个小面积对M点产生的附加应力之和,即

$$\sigma_z = (K_s^A + K_s^B + K_s^C + K_s^D)p \tag{3-1-15}$$

若M点在矩形以外,则M点以下任意深度z处的附加应力为四个面积(ABCD、BD、CD、D)对M点产生的附加应力的代数和,即

$$\sigma_z = (K_s^{ABCD} - K_s^{BD} - K_s^{CD} + K_s^D)p \tag{3-1-16}$$

掌握好角点法的三要素:(1)划分的每一个矩形都要有一个角点位于公共角点下;(2)所有划分的矩形面积总和应等于原有的受荷面积;(3)查附加应力表时,所有矩形都是长边为L,短边为B。

【例3-1-3】 假定某填方路基产生均布荷载p=100kN/m^2,荷载作用面积为2m × 1m,如图3-1-19所示,求荷载面积上角点A、边点E、中心点O以及荷载面积外F点和G点等各点下深度z = 1m处的附加应力,并利用计算结果说明附加应力的扩散规律。

解:(1)A点下的附加应力

A点是矩形$ABCD$的角点,且$m = \frac{L}{B} = \frac{2}{1} = 2$, $n = \frac{z}{B} = \frac{1}{1} = 1$,查表3-1-2得$K_s$=0. 1999,故

$$\sigma_{zA} = K_s p = 0.1999 \times 100 = 20(\text{kPa})$$

(2)E点下的附加应力

通过E点将矩形荷载面积划分为两个相等的矩形$EADI$和$EBCI$,且$m = \frac{L}{B} = \frac{1}{1} = 1$, $n = \frac{z}{B} = \frac{1}{1} = 1$, 查表3-1-2得$K_s$=0. 1752,故

$$\sigma_{zE} = 2K_s p = 2 \times 0.1752 \times 100 = 35(\text{kPa})$$

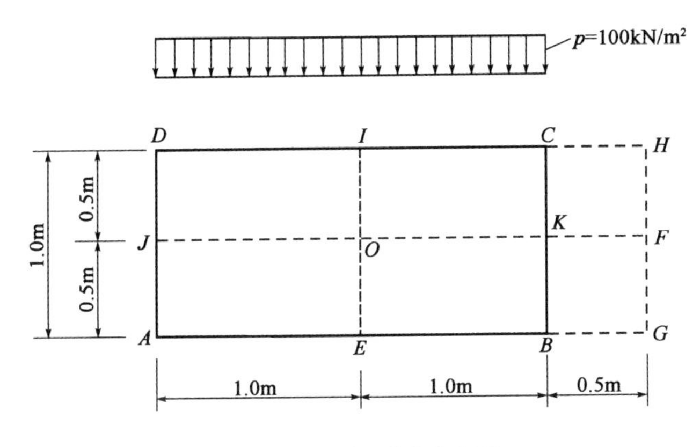

图3-1-19 路基荷载分布图

(3) O点下的附加应力

通过O点将原矩形面积分为4个相等的矩形$OEAJ$、$OJDI$、$OICK$和$OKBE$，且$m=\frac{L}{B}=\frac{1}{0.5}=2, n=\frac{z}{B}=\frac{1}{0.5}=2$，查表3-1-2得$K_s$=0.1202，故

$$\sigma_{zE}=4K_s p=4\times0.1202\times100=48.1(\text{kPa})$$

(4) F点下的附加应力

过F点作矩形$FGAJ$、$FJDH$、$FGBK$、$FKCH$。假设K_{sI}为矩形$FGAJ$和$FJDH$的角点应力系数；K_{sII}为矩形$FGBK$和$FKCH$的角点应力系数。

求K_{sI}：

$$m=\frac{L}{B}=\frac{2.5}{0.5}=5, n=\frac{z}{B}=\frac{1}{0.5}=2$$

查表3-1-2得K_{sI}=0.1363。

求K_{sII}：

$$m=\frac{L}{B}=\frac{0.5}{0.5}=1, n=\frac{z}{B}=\frac{1}{0.5}=2$$

查表3-1-2得K_{sII}=0.0840。故

$$\sigma_{zF}=2(K_{sI}-K_{sII})p=2\times(0.1363-0.0840)\times100=10.5(\text{kPa})$$

(5) G点下的附加应力

通过G点作矩形$GADH$和$GBCH$，分别求出它们的角点应力系数K_{sI}和K_{sII}。

求K_{sI}：

$$m=\frac{L}{B}=\frac{2.5}{1}=2.5, n=\frac{z}{B}=\frac{1}{1}=1$$

查表后用内插法求得K_{sI}=0.20165。

求K_{sII}：

$$m=\frac{L}{B}=\frac{1}{0.5}=2, n=\frac{z}{B}=\frac{1}{0.5}=2$$

查表3-1-2得K_{sII}=0.1202。故

$$\sigma_{zG}=(K_{sI}-K_{sII})p=(0.2016-0.1202)\times100=8.1(\text{kPa})$$

学习了附加应力计算，请小组讨论矩形面积在均布荷载作用下附加应力计算和矩形面积在三角形荷载作用下附加应力计算的异同点。

附加应力要点总结

知识小测

学习了任务点3内容，请大家扫码完成知识小测并思考以下问题。

1. 基底压力与附加应力有什么区别？它们各自在什么情况下使用？

2. 设有一矩形基础，承受中心荷载P=6000kN，基底截面尺寸为4m × 6m，基础宽度为4m，亚砂土厚度为2m，基础埋深3m，地质资料见图3-1-20，试计算基底中心点下z=2m、4m、6m、8m处的附加应力，以及z = 8m处的总应力。

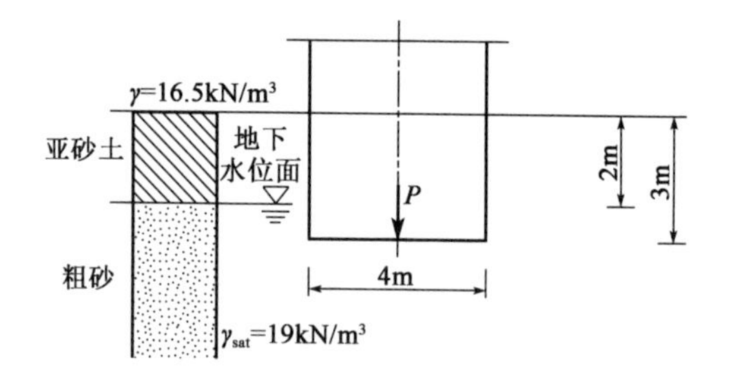

图3-1-20 矩形基础地质资料

公路软土路基沉降分析与处理对策探讨

公路工程属于线形构造物，建设里程长，不可避免会经过特殊岩土区域，如软土。与一般路基相比，软土力学性质较差，比如承载力低、强度低、可压缩性高、具有明显的触变性。如果在设计和施工过程中对软土路基采取有效处理措施，可能导致公路产生较大的工后沉降，致使路面出现裂缝或边坡坍塌，影响行车舒适度和安全性，情况严重的会导致较大的人员伤亡和经济损失。鉴于此，国内外学者针对软土路基沉降和处治开展了大量研究，并取得了许多先进成果。但工程技术人员在选择软土处理措施时，大多是凭借工程经验或套用其他项目图纸，使得处治方案不合理或不经济，造成一定程度的资源浪费。因此，进一步研究软土路基的沉降计算方法和处理对策十分必要。

1. 软土路基应力计算

软土路基沉降由路基自身压缩沉降和地基土的沉降两部分组成，沉降大小取决于路基自重应力和地基附加应力。

（1）路基自重应力

车辆荷载复杂，处于动态变化中，由《公路沥青路面设计规范》（JTG D50—2017）可知，路面设计荷载为单轴-双轮组合荷载（标准轴载100kN，轮压0.7MPa）。在计算路基自重应力时，可将传递至路基顶面的车辆荷载按静力等效。

路基自重应力的计算公式如下：

路基自重应力=车辆荷载+路面荷载+路基填土荷载

其中：路面荷载=沥青混合料重度×路面厚度

路基填土荷载=路基填土重度×路基厚度

路基填土荷载随着填土高度的增加而增加，但由于上路床、下路床、上路堤、下路堤的压实度控制标准不同，各层填土重度也不同。在计算填土引起的路基自重应力时，应分层计算。

（2）地基附加应力

路基填土在地基中引起的附加应力是随着地基深度呈曲线衰减的，路基设计或施工相关规范并未给出明确的计算方法。在工程中，可参考《公路桥涵地基与基础设计规范》（JTG 3363—2019）计算地基附加应力，即将路基视作条形基础，根据计算点深度与基础宽度的比值查附加应力系数，基底压力与附加应力系数的乘积就是该点地基的附加应力。

2. 结论

该文研究了软土路基的应力和沉降计算方法以及常用处理措施，并依托某公路项目，利用有限元软件Plaxis计算了软土路基处理前后的沉降变化规律，主要得出以下结论：

（1）软土路基沉降大小取决于路基自重应力和地基附加应力，可用分层总和法或有限元法计算。

（2）软土地基常用加固措施有换填法、排水固结法、强夯法、复合地基法等，应结合软土厚度、路堤高度、施工环境、施工工期等因素选择。

（3）软土路基在中线位置工后沉降最大，且离中心点越远，沉降越小。

（4）水泥搅拌桩能够显著降低软土路基工程沉降，降低幅度可达53.4%。

（素材来源：伍太航. 公路软土路基沉降分析与处理对策探讨[J]. 交通科技与管理，2023，4(6)：114-116.）

科技报国 精神永传

黄文熙是水工结构和岩土工程专家，我国土力学学科的奠基人之一，在水利水电工程、结构工程和岩土工程几个领域中都取得杰出的成就，1955年当选为中国科学院院士。

他从事教育事业半个多世纪，提倡启发式教育，治学极为严谨，不遗余力提携后进，培养了大量的水利水电科技人才。

（素材来源：吴生志，陈梦莉，王悠又，等. 科技报国 精神永传——记中国水利水电科学研究院15位院士[J]. 中国水利，2022(10)：8-15.）

单元二 地基变形及沉降分析

知识目标

1. 知道土的压缩指标测定原理。
2. 理解地基沉降产生的原因。
3. 知道分层总和法计算最终沉降量的步骤。
4. 知道规范法计算地基沉降量的方法和步骤。

能力目标

1. 能根据规范进行土的压缩指标测定。
2. 能够用分层总和法或规范法计算地基最终沉降量。

素质目标

1. 养成严谨求实的科学态度。
2. 践行一丝不苟的工匠精神。

情境描述

某公路拟经过两段软弱地基，两段地基分别为上覆2年左右人工弃土的软弱地基段和高填方软弱地基段。其中，人工弃土主要由砂泥岩材料弃土堆积而成，厚度约20m，其下覆盖厚约8m腐殖质含量高的软弱地基，按照设计高程该段路堤需下挖4m左右；高填方段软弱地基厚约8m，容许承载力约35kPa，按照设计高程该段路堤形成需填方，高度20m。假设你是技术员，请结合此情境完成以下任务点的学习。

任务点1 土的压缩性判定

问题导学

假设该路段施工前需对软弱地基土层进行压缩性能分析，请结合以下问题完成该任务点的学习。

1. 查阅相关规范说明压缩系数和压缩模量是如何通过试验测定的。
2. 压缩系数和压缩模量与土体密度有何联系？
3. 根据上述情境该高填方路基可以采取哪些工程措施来减小沉降？
4. 考虑到该情境中有下挖和高填方两种情况，压缩系数和压缩模量在计算中会有哪些不同的应用？

知识讲解

地基土体在建筑物荷载作用下会产生压缩变形，因此，建造在土质地基上的建筑物常会产生一定的沉降，建筑物各部分之间也会产生一定的沉降差。沉降过大，特别是沉降差较大会影响建筑物的正常使用，严重时还可使建筑物开裂、倾斜，甚至倒塌。因此，为了保证建筑物的安全和正常使用，必须研究地基土体的压缩性，计算地基土体的沉降量、沉降差，把地基的变形值控制在容许的范围内。

土的压缩性是土的力学基本性质之一，它是指在外荷载作用下，土体体积变小的性质。

通常情况下，地基土是三相体（土粒、土粒间孔隙中的水及空气），因此土体受力压实后，其压缩变形包含以下两方面：

土的压缩

一是土中部分孔隙水和空气被挤出，使土粒产生相对位移，重新排列压密。

二是部分封闭气体被压缩或溶解于孔隙水中，使孔隙体积减小，从而导致土的结构产生变形。这是引起土体压缩的主要原因。

土颗粒本身的压缩率非常小，所以孔隙不被压缩土体就不会压密。假如土中孔隙完全被水充填达到饱和，由于水的压缩性也很小，所以如果水不从孔隙中排出，土体也不会压密。特别是透水性很小的黏土，排出孔隙中的水需要相当长的时间。在外荷载作用下，土体内部水、气缓慢地排出，体积逐渐减小，在土体自重作用下沉降趋于稳定，叫作土体固结。砂砾土透水性强，几乎在加载的同时就完成了固结，而且同黏土相比孔隙比小，所以沉降量也小。因此，在实际工程中，固结现象只考虑黏土和粉土这样的黏性土就足够了。

土体的压缩变形往往需要一定时间才能完成。无黏性土压缩过程需要的时间较短；而饱和黏性土透水性小，水被挤出的速度慢，因此，压缩过程需要的时间较长。这个压缩过程称为饱和黏性土的渗流固结过程（图3-2-1）。

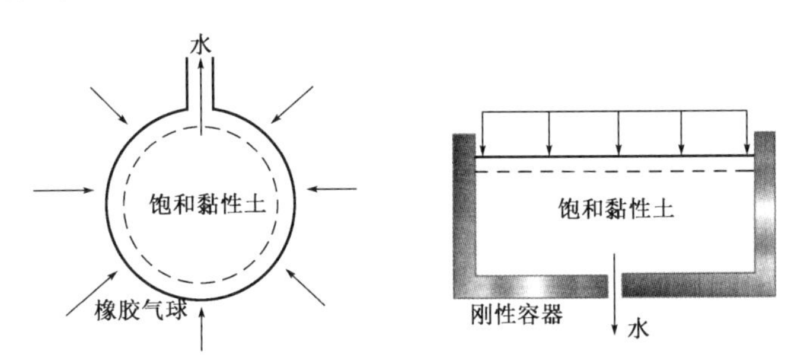

图3-2-1 饱和黏性土渗流固结过程示意图

工程上一般采用压缩试验来研究土的压缩性的大小。

一、侧限压缩试验

在试验室用压缩仪进行压缩试验来研究土的压缩性。用环刀切取原状土样，将原状土样连同环刀一起装入侧限压缩仪刚性护环内，土样上、下面放透水石和滤纸，以便土中水的排出。由杠杆通过加压板向试样施加压力。受刚性护环所限，增压或减压时土样只能在铅直方向产生变形，而不能产生侧向变形，故称侧限压缩试验（图3-2-2）。

土的侧限压缩试验

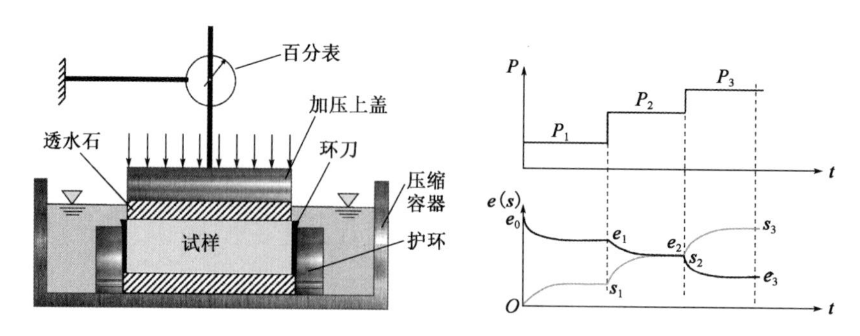

图3-2-2 侧限压缩试验

设施加压力P前试件高度为h_0，孔隙比为e_0，施加P后试件压缩变形量为s，相应的孔隙比为e。从图3-2-2中可以看出，一般来讲，随着P不断增大和加载时间的不断延续，压缩变形量s持续增加，孔隙比e不断减小。根据施加压力前后试件中固体体积不变，有：

$$\frac{h_0}{h_0 - s} = \frac{1 + e_0}{1 + e} \tag{3-2-1}$$

则：

$$e = e_0 - (1 + e_0)\frac{s}{h_0} \tag{3-2-2}$$

由此可以求出与压缩量s相对应的孔隙比e，从而得到各级荷载作用下，荷载、压缩变形量s和孔隙比e随时间变化的曲线。

在工程中，进行土的压缩试验时通过传压板由小到大逐级连续加荷，一般加压顺序是50kPa、100kPa、200kPa、300kPa、400kPa等，每加一级荷载，待土样变形达到稳定，由量表读得相应的压缩变形量，再施加下一级荷载。由于试样土颗粒本身的压缩量很小，故常忽略不计，则土样的压缩变形便为孔隙体积的减小。因此，试样在各级压力p_i作用下的变形，常用孔隙比e的变化来表示。试验成果用e-p曲线或e-lg$p$曲线表示，如图3-2-3所示。

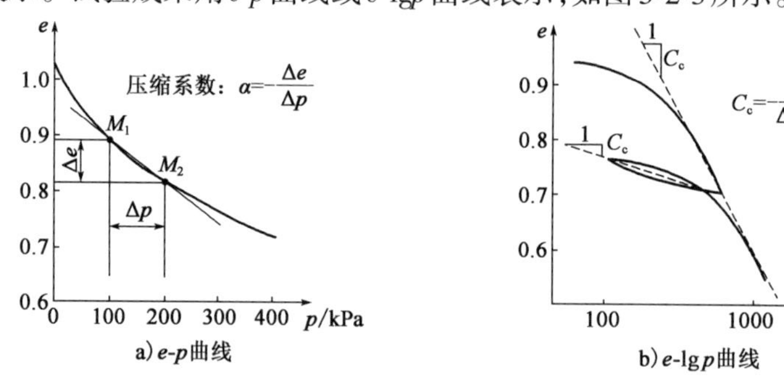

图3-2-3 压缩曲线

二、压缩指标

土的压缩指标

(一)压缩系数

压缩系数是表征土压缩性的重要指标之一。当压力变化范围不大(如建筑工程的天然地基所受荷载一般为100～200kPa)时，土的压缩曲线可以近似地用图3-2-3a)中的割线表示。该割线的斜率即定义为压缩系数α。

$$\alpha = -\frac{\Delta e}{\Delta p} = \frac{e_1 - e_2}{p_2 - p_1} \tag{3-2-3}$$

式中：p_1、p_2——M_1、M_2两点所对应的压力；

e_1、e_2——在p_1、p_2作用下压缩稳定时的孔隙比；

α——压缩系数，kPa^{-1}。

根据定义可知，e-p曲线越陡，α就越大，土的压缩性越大。但对同一种土，由于压缩曲线不是直线，其压缩系数并不是一个常数，它取决于所取压力间隔(p_1-p_2)及该压力间隔的起始值p_1的大小。为便于比较，工程上常规定取p_1=100kPa、p_2=200kPa所对应的压缩系数α_{1-2}作为评价土的压缩性高低的标准，见表3-2-1。

土的压缩性标准 表3-2-1

土的压缩性	$\alpha_{1-2}(MPa^{-1})$
高压缩性	>0.5
中压缩性	0.1~0.5
低压缩性	<0.1

【例3-2-1】 某工程地基钻孔取样，进行室内压缩试验，试样初始高度为h_0 = 20mm，在p_1 = 100kPa作用下，测得压缩量s_1 = 1.2mm，在p_2 = 200kPa作用下的压缩量为s_2 = 0.65mm。已知土样的初始孔隙比e_0 = 1.4，试计算α_{1-2}，并评价土的压缩性。

解：在p_1 = 100kPa作用下的孔隙比：

$$e_1 = e_0 - \frac{s_1}{h_0}(1 + e_0) = 1.4 - \frac{1.2}{20} \times (1 + 1.4) = 1.256;$$

在p_2 = 200kPa作用下的孔隙比：

$$e_2 = e_0 - \frac{s_1 + s_2}{h_0}(1 + e_0) = 1.4 - \frac{1.2 + 0.65}{20} \times (1 + 1.4) = 1.178$$

因此

$$\alpha_{1-2} = \frac{e_1 - e_2}{p_2 - p_1} = \frac{1.256 - 1.178}{200 - 100} = 0.78(MPa^{-1}) > 0.5MPa^{-1}$$

该土为高压缩性土。

(二)压缩指数

在测出各级压力p_i作用下相应的孔隙比e之后，如横坐标p用对数比例表示，即用$\lg p$表示，纵坐标仍用孔隙比e表示，便可绘得e-$\lg p$压缩曲线，如图3-2-3b)所示，由图可以看出，在较大的压力范围内e-$\lg p$曲线近似为一直线，该直线的斜率即为压缩指数C_c，由式(3-2-4)确定：

$$C_c = \frac{e_1 - e_2}{\lg p_2 - \lg p_1} \tag{3-2-4}$$

压缩指数也是反映土压缩性高低的一个指标，C_c越大，压缩曲线越陡，土的压缩性就高；反之，土的压缩性就低。相较于压缩系数α，压缩指数C_c在较大的压力范围内为常量，这也是工程中常用C_c来表示土的压缩性的重要原因。

（三）压缩模量

在侧限条件下，土样在竖向的压力变化量Δp与相应的应变量的比值，称为土的压缩模量。

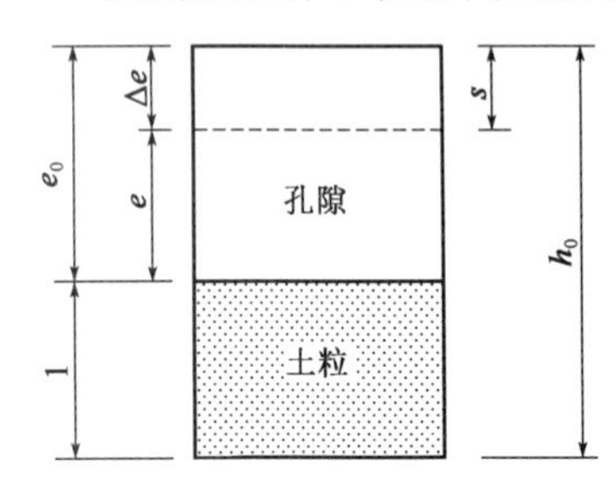

图3-2-4　侧限条件下单位土柱体的压缩

若取截面积为一个单位的土柱体，如图3-2-4所示，在侧限条件下，当压力由p_1增大至p_2时，其孔隙体积由e_1减小至e_2，因此，应力增量$\Delta p = p_2 - p_1$引起的应变量$\Delta \varepsilon = \frac{e_1 - e_2}{1 + e_1}$，则土的压缩模量$E_s$表示为

$$E_s = \frac{\Delta p}{\Delta \varepsilon} = \frac{p_2 - p_1}{(e_1 - e_2)/(1 + e_1)} = \frac{1 + e_1}{\alpha} \tag{3-2-5}$$

小组学习

学习了土的压缩性，请思考反复荷载作用下的土的应力-应变关系曲线有何不同？研究这个问题有何实践意义？

土的压缩性要点总结

知识小测

学习了任务点1内容，请大家扫码完成知识小测并思考以下问题。

1. 土体的变形是如何发生的？
2. 判定土的压缩性的指标有哪些？这些指标是如何测定的？
3. 某钻孔土样1粉质黏土和土样2淤泥质黏土的压缩试验数据列于表3-2-2，试绘制e-p曲线，计算α_{1-2}并评价其压缩性。

压缩试验数据　　表3-2-2

垂直压力/kPa		0	50	100	200	300	400
孔隙比	土样1	0.867	0.796	0.772	0.735	0.722	0.715
	土样2	1.086	0.962	0.891	0.805	0.751	0.708

4.（2016年全国注册岩土工程师真题）采用压缩模量进行沉降验算时，其室内固结试验最

大压力的取值应不小于(　　)。

A. 高压固结试验的最高压力为32MPa

B. 土的有效自重应力和附加应力之和

C. 土的有效自重应力和附加应力二者之大者

D. 设计有效荷载对应的压力值

5.(2014年全国注册岩土工程师真题)某饱和黏性土样，测定土粒相对密度为2.7，含水率为31.2%，湿密度为1.85g/cm^3，环刀切取高20mm的试样，进行侧限压缩试验，在压力100kPa和200kPa作用下压缩量分别为s_1=1.4mm，s_2=1.8mm，则压缩系数最接近(　　)。

A. 0.3MPa^{-1}　　B. 0.25MPa^{-1}　　C. 0.2MPa^{-1}　　D. 0.15MPa^{-1}

6.(2013年全国注册岩土工程师真题)下列关于压缩指数含义的说法，正确的是(　　)。

A. e-p曲线上任两点割线斜率

B. e-p曲线某压力区间段割线斜率

C. e-lg$p$曲线上p_c点前直线段斜率

D. e-lg$p$曲线上p_c点后直线段斜率

7.(2020年全国公路水运工程试验检测员考试习题)土受外力所引起的压缩包括(　　)。

A. 土粒部分的压缩

B. 土体内孔隙中水的压缩

C. 水和空气从孔隙中被挤出以及封闭气体被压缩

D. 以上都有

8.(2020年全国公路水运工程试验检测员考试习题)固结试验适用于(　　)。

A. 饱和黏质土　　B. 非饱和黏质土　　C. 砂性土　　D. 粉土

任务点2 地基最终沉降量计算

问题导学

按照设计高程填方高度20m的路段形成高路堤，假设前述软弱地基后期可能发生地基沉降，请结合以下问题完成该任务点的学习。

1. 在该情境中计算地基沉降量需要哪些参数？
2. 该路段地基沉降与时间的关系如何？
3. 结合情境描述说明地基沉降量计算的思路。
4. 公路工程中关于地基沉降量通常有哪些控制标准？

知识讲解

在公路工程实践中，对于路基沉降往往最关注两个方面，一是它的最终变形量，二是完成最终变形经历的时间。这两个方面是今后进行路基预留变形计算、地基处理设计等的基础，也是该任务点要学习和掌握的内容。

一、地基最终沉降量的基本概念和计算方法

通常情况下，天然土层是经历了漫长的地质历史时期而沉积下来的，往往地基土层在自重应力作用下压缩已稳定。当我们在这样的地基土上建造建筑物时，建筑物的荷重会使地基土在原来自重应力的基础上增加一个应力增量，即附加应力。由前述土的压缩特性可知，附加应力会引起地基的沉降，地基土层在建筑物荷载作用下，不断地产生压缩，压缩稳定后地基表面的沉降量称为地基的最终沉降量，即$t\to\infty$时地基最终沉降稳定以后的最大沉降量，不考虑沉降过程(图3-2-5)。计算最终沉降量可以帮助我们预知该建筑物建成后将产生的地基变形，判断其值是否超出允许的范围，以便在建筑物设计或施工时，为采取相应的工程措施提供科学依据，保证建筑物的安全。

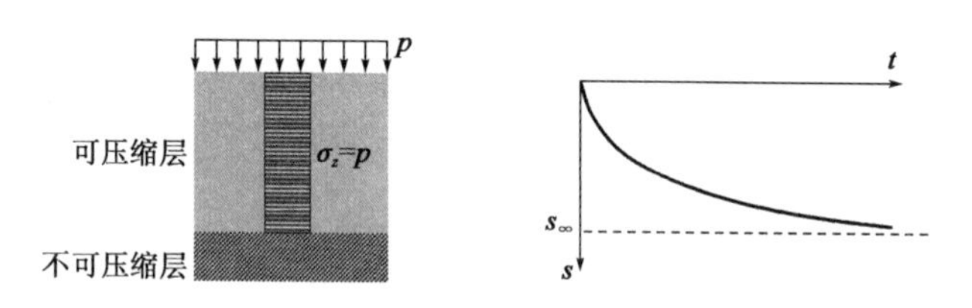

图3-2-5 地基变形s-t曲线

地基最终沉降量的计算方法有多种，如利用e-p曲线计算、分层总和法、规范法(应力面积法)及有限元应力应变分析法等。

二、单一土层一维压缩沉降量计算

设地基中仅有一较薄的压缩土层，在建筑物荷载作用下，该土层只产生竖向的压缩变形，即相当于侧限压缩试验的情况(图3-2-6)。土层的厚度为h_1，在进行工程建筑前的初始应力(土的自重应力)为p_1，认为地基土体在自重应力作用下已达到压缩稳定，其相应的孔隙比为e_1；建筑后由外荷载在土层中引起的附加应力为σ_z，则总应力$p_2=p_1+\sigma_z$，其相应的孔隙比为e_2，土层的高度为h_2。设V_v为土中孔隙的体积，V_s为土中固体颗粒的体积，$V_s=1$，土粒体积在受压前后都不变，土的压缩只是土的孔隙体积的减小。

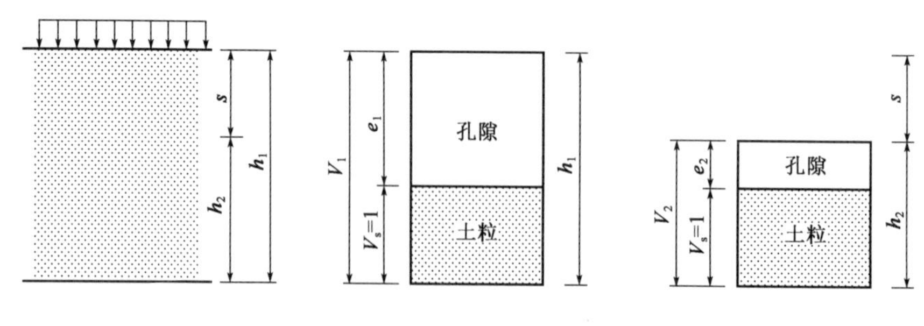

图3-2-6 土的压缩变形

设A为土体的受压面积,则在压缩前土的总体积为

$$Ah_1 = V_s + V_v = (1 + e_1)V_s \tag{3-2-6}$$

压缩后土的总体积为

$$Ah_2 = (1 + e_2)V_s \tag{3-2-7}$$

根据压缩前后土颗粒体积不变,可得

$$\frac{Ah_1}{1 + e_1} = \frac{Ah_2}{1 + e_2} \tag{3-2-8}$$

于是:

$$h_2 = \frac{1 + e_2}{1 + e_1}h_1 \tag{3-2-9}$$

由此:

$$s = h_1 - h_2 = \frac{e_1 - e_2}{1 + e_1}h_1 = \frac{\Delta e}{1 + e_1}h_1 \tag{3-2-10}$$

式中:e_1、e_2——孔隙比,可以通过土体的e-p压缩曲线由初始应力和总应力确定;

s——沉降量,cm。

若引入压缩系数α和压缩模量E_s,上式可变为

$$s = \frac{\alpha}{1 + e_1}\bar{\sigma}_{sz}h_1 \tag{3-2-11}$$

和

$$s = \frac{1}{E_s}\bar{\sigma}_{sz}h_1 \tag{3-2-12}$$

三、分层总和法计算地基最终沉降量

分层总和法计算地基最终沉降量

分层总和法,就是将地基土在一定深度范围内划分若干薄层,先求得各个薄层的压缩量,再将各个薄层的压缩量累加起来,即为总的压缩量,也就是基础的沉降量。

(一)计算假定

(1)地基中划分各薄层均在无侧向膨胀情况下产生竖向压缩变形。

(2)基础沉降量按基础底面中心垂线上的附加应力进行计算。

(3)对于每一薄层来说,从层顶到层底的应力是变化的,计算时均近似地取层顶和层底应力的平均值。划分的土层越薄,由这种简化所产生的误差就越小。

(4)只计算“压缩层”范围内的变形。由于基础下引起土体变形的附加应力是随着深度的增加而减小,自重应力则相反。因此到一定深度后,地基土的应力变化值已不大,相应的压缩变形也就很小,计算基础沉降时可将其忽略不计。这样,从基础底面到该深度之间的土层,就被称为“压缩层”。压缩层的厚度称为压缩层的计算深度。

(二)计算步骤

(1)首先划分薄层,计算地基沉降量时,分层厚度h_i愈薄,计算值愈精确,故取土的分层厚

度为0.4b(b为基础宽度)。不同土层的界面或潜水位面必须分层。

(2)计算基底处附加压力$p_0 = p - \gamma d$。其中d是基础的埋置深度,从地面或河底算起。

(3)计算基础底面中心垂线上各薄层分界面处的自重应力σ_{ci}和附加应力σ_{zi},并各自绘制分布曲线。

(4)计算各分层的平均自重应力$\overline{\sigma}_{ci}$和平均附加应力$\overline{\sigma}_{zi}$。平均应力取上、下分层分界面处应力的算术平均值,即:$\overline{\sigma}_{ci} = \dfrac{\sigma_{ci-1} + \sigma_{ci}}{2}$,$\overline{\sigma}_{zi} = \dfrac{\sigma_{zi-1} + \sigma_{zi}}{2}$。

(5)在e-p曲线(一般由试验获取)上,由$p_{1i} = \overline{\sigma}_{ci}$和$p_{2i} = \overline{\sigma}_{ci} + \overline{\sigma}_{zi}$查出相应的空隙比$e_{1i}$和$e_{2i}$。

(6)计算各薄层的压缩量Δs_i,见式(3-2-14)和式(3-2-15)。

(7)计算各薄层压缩量的总和s_n,见式(3-2-16)。

(8)确定压缩层的计算深度z_n。此时应符合下式要求:

$$\Delta s_n' \leqslant 0.025 s_n \tag{3-2-13}$$

式中:$\Delta s_n'$——在计算深度z_n处,向上取1m厚的薄层压缩量,cm;

s_n——在计算深度z_n范围内,各薄层压缩量的总和,cm。

注:计算深度z_n的确定一般要经过试算才能得到,可先取$\sigma_z = 0.2\sigma_c$处为试算点。如已确定的计算深度下有较软土层时,尚应继续计算,直到软弱土层中1m厚的压缩量满足上式要求为止。

(9)最后用式(3-2-17)或式(3-2-18)修正基础的总沉降量。

(三)计算公式

1. 各薄层压缩量计算公式

在地基沉降量计算深度范围内取一薄层土,并令为第i层,其厚度为h_i,在附加应力作用下,该土层被压缩了Δs_i,其应变为$\Delta \varepsilon = \dfrac{\Delta s_i}{h_i}$。若假定土层不发生侧向膨胀,则与室内压缩试验情况接近,可以根据公式$\dfrac{h_0}{h_0 - s} = \dfrac{1 + e_0}{1 + e}$列出下列等式:

$$\Delta \varepsilon = \frac{\Delta s_i}{h_i} = \frac{e_{1i} - e_{2i}}{1 + e_{1i}}$$

故薄层土沉降量

$$\Delta s_i = \frac{e_{1i} - e_{2i}}{1 + e_{1i}} h_i \tag{3-2-14}$$

或引入压缩模量$E_s = \dfrac{1 + e_1}{\alpha}$,则可写成:

$$\Delta s_i = \frac{p_{2i} - p_{1i}}{E_{si}} h_i = \frac{\overline{\sigma}_{zi}}{E_{si}} h_i \tag{3-2-15}$$

式中:i——压缩层内薄土层的层数;

Δs_i——第i层土的压缩量,mm;

$\overline{\sigma}_{zi}$——第i层平均的附加应力,kPa;

e_{1i}——第i层土对应于p_{1i}作用下的孔隙比;

e_{2i}——第i层土对应于p_{2i}作用下的孔隙比；

p_{1i}——第i层土的自重应力平均值，kPa，$p_{1i}=\overline{\sigma}_{ci}$；

p_{2i}——第i层土的自重应力和附加应力共同作用下的平均值，kPa，$p_{2i}=\overline{\sigma}_{ci}+\overline{\sigma}_{zi}$；

E_{si}——第i层土的压缩模量，kPa；

h_i——第i层土的厚度，m。

2. 各薄层压缩量求和公式

如前所述，基础的总沉降量s_n就是在压缩层范围内各薄层压缩量的总和，即：

$$s_n=\sum_{i=1}^{n}\Delta s_i \tag{3-2-16}$$

3. 基础总沉降量的规范公式

由于采用了一系列计算假定，按式(3-2-16)求出的总压缩量，与工程实际有一定出入，故现行规范用经验系数ψ_s进行修正。规范中的沉降计算公式为：

$$s=\psi_s\sum_{i=1}^{n}\frac{e_{1i}-e_{2i}}{1+e_{1i}}h_i \quad (\text{cm}) \tag{3-2-17}$$

或

$$s=\psi_s\sum_{i=1}^{n}\frac{\sigma_{zi}}{E_{si}}h_i \quad (\text{cm}) \tag{3-2-18}$$

式中：n——压缩层内划分的薄土层的层数；

e_{1i}——第i层对应于平均自重应力$p_{1i}=\overline{\sigma}_{ci}$作用下的孔隙比；

e_{2i}——第i薄层对于平均总应力$p_{2i}=\overline{\sigma}_{ci}+\overline{\sigma}_{zi}$作用时的孔隙比；

$\overline{\sigma}_{ci}$——第i薄层土的平均自重应力，kPa；

$\overline{\sigma}_{zi}$——第i薄层土的平均附加应力，kPa；

h_i——第i薄层的土层厚度，cm；

E_{si}——第i薄层土的压缩模量(对应于p_{1i}至p_{zi}范围)，kPa；

ψ_s——沉降计算经验系数，按地区建筑经验确定，如缺乏资料可参考表3-2-3选用。

沉降计算经验系数ψ_s 表3-2-3

E_s(MPa)	$1<E_s\leqslant4$	$4<E_s\leqslant7$	$7<E_s\leqslant15$	$15<E_s\leqslant20$	$20<E_s$
ψ_s	1.8~1.1	1.1~0.8	0.8~0.4	0.4~0.2	0.2

注：1. E_s为地基压缩层范围内土的压缩模量，当压缩层由多层土组成时，可按厚度的加权平均值采用。

2. 表中与给出的区间值，应对应取值。

四、规范法(应力面积法)计算地基最终沉降量

通过观测大量建筑物沉降，与用单向分层总和法计算的沉降值进行对比，结果发现，两者的数值往往不同，有的相差很大。凡是坚实地基，计算值比实测值显著偏大；遇软弱地基，则计算值比实测值偏小。因此，在工程实践中工程师们根据实际情况提出了另一种计算最终沉降量的方法，即《公路桥涵地基与基础设计规范》(JTG 3363—2019)所推荐的地基最终沉降量

计算方法,也叫应力面积法。该方法在分层总和法基础上进行简化,采用应力面积的概念及侧限条件的压缩性指标,引入土层平均附加应力的概念,运用地基平均附加应力系数进行计算,还规定了地基沉降计算深度的新标准以及地基沉降计算经验系数,使得计算成果接近于实测值,更符合实际工程的需要。

(一)沉降量计算原理

一般按地基土的天然分层面划分计算土层,引入土层平均附加应力的概念,将基底中心以下地基中 $z_{i-1} \sim z_i$ 深度范围的附加应力按等面积原则化为相同深度范围内矩形分布应力大小,如图3-2-7所示。再按矩形分布应力情况计算土层的压缩量,各土层压缩量的总和即为地基的计算沉降量。

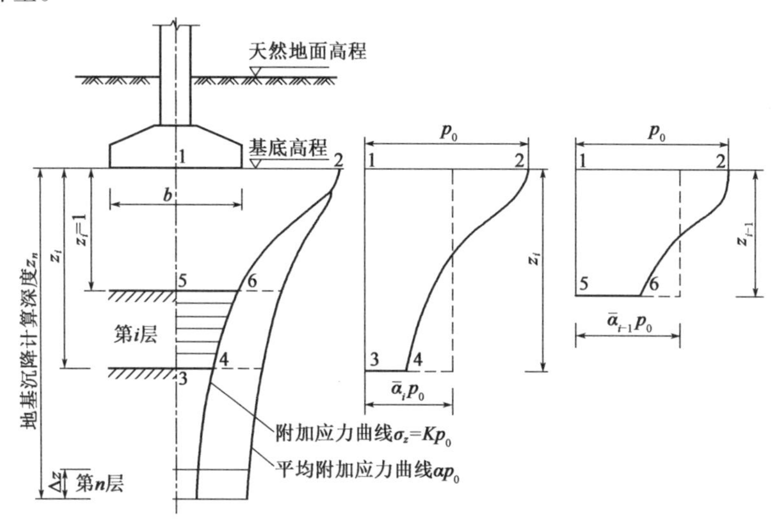

图3-2-7 应力面积法计算地基最终沉降量

如果在地层中截取某层土(图3-2-7中第 i 层土),基底中心点下 $z_i \sim z_{i-1}$ 深度范围,附加应力随深度发生变化,假设压缩模量 E_s 不变,由于压缩模量是指土体在侧限条件下受压时,土样在竖向的压应力变化量 Δp 与相应的压应变量之比,那么第 i 层土的压缩量:

$$\Delta s_i = \frac{\Delta A_i}{E_{si}} = \frac{A_i - A_{i-1}}{E_{si}} \tag{3-2-19}$$

为便于计算,引入一个竖向平均附加应力(面积)系数 $\overline{\alpha}_i = \dfrac{A_i}{p_0 z_i}$,把附加应力的面积化为矩形面积,如图3-2-7中 $A_{1234} = \overline{\alpha}_i p_0 z_i$。

则 $A_i = \overline{\alpha}_i p_0 z_i$,$A_{i-1} = \overline{\alpha}_{i-1} p_0 z_{i-1}$。

以上公式中 $p_0 \bar{\alpha}_i z_i$ 和 $p_0 \bar{\alpha}_{i-1} z_{i-1}$ 是 z_i 和 z_{i-1} 深度范围内竖向附加应力面积 A_i 和 A_{i-1} 的等代值,即以附加应力面积等代值引出一个平均附加应力系数表达的从基底至任意深度 z 范围内地基沉降量的计算公式。由此可得成层地基沉降量的计算公式:

$$\Delta s_i = \frac{A_{3456}}{E_{si}} = \frac{A_{1234} - A_{1256}}{E_{si}} = \frac{p_0}{E_{si}}(z_i \overline{\alpha}_i - z_{i-1} \overline{\alpha}_{i-1}) \tag{3-2-20}$$

$$p_0 = p - \gamma h \tag{3-2-21}$$

式中：p_0——对应于荷载长效效应组合时的基础底面处基底附加压力，kPa；

p——基底压力，kPa。当$z/B>1$时，采用基底平均压应力；$z/B\leqslant1$时，p按压应力图形采用距最大应力点$B/4\sim B/3$处的压力值（对于梯形分部荷载，前后端压应力差值较大时，可采用上述$B/4$处的压力值；反之，则采用上述$B/3$处的压应力值），B为基础宽度；

h——基底埋置深度，m。当基础受到水流冲刷时，从一般冲刷线算起；当不受水流冲刷时，从天然地面算起；如位于挖方内，则由开挖后的地面算起；

γ——h深度内土的重度，kN/m^3。基底为透水地基时，水位以下取浮重度。

那么n层总的压缩量为

$$s_0=\sum_{i=1}^{n}\Delta s_i=\sum_{i=1}^{n}\frac{p_0}{E_{si}}(z_i\overline{\alpha}_i-z_{i-1}\overline{\alpha}_{i-1}) \tag{3-2-22}$$

式中：n——地基变形计算深度范围内所划分的土层数；

E_{si}——基底以下第i层土的压缩模量，按第i层实际应力变化范围取值；

z_i、z_{i-1}——基础底面至第i层、第i-1层底面的距离；

$\overline{a}_i$、$\overline{\alpha}_{i-1}$——基础底面到第i层、第i-1层底面范围内平均附加系数。

（二）地基沉降计算深度z_n

地基沉降计算深度z_n，应满足：

$$\Delta s_n\leqslant0.025\sum_{i=1}^{n}\Delta s_i \tag{3-2-23}$$

式中：Δs_n——计算深度处向上取厚度Δz分层的沉降计算值，mm；Δz的厚度选取与基础宽度B有关，见表3-2-4；

Δs_i——计算深度范围内第i层土的沉降计算值，mm。

Δz值 表3-2-4

B/m	$B\leqslant2$	$2<B\leqslant4$	$4<B\leqslant8$	$8<B$
Δz/m	0.3	0.6	0.8	1.0

注：如果确定的沉降计算深度下有较软弱土层时，尚应向下继续计算，直至软弱土层中所取规定厚度Δz的计算沉降量满足式（3-2-19）为止。当无相邻荷载影响，基础宽度B在1～30m范围内时，基础中心点的地基沉降计算深度，也可按式（3-2-20）简化计算：

$$z_n=B(2.5-0.4\ln B) \tag{3-2-24}$$

式中：B——基础宽度，m。

在计算深度范围内存在基岩时，z_n可取至基岩表面；当存在较厚的坚硬黏土层，其孔隙比小于0.5、压缩模量大于50MPa，或存在较厚的密实砂卵石层，其压缩模量大于80MPa时，可取至该土层表面。

（三）沉降计算经验系数ψ_s

为提高计算的准确度，地基沉降计算深度范围内的沉降量s_0尚需乘沉降计算经验系效ψ_s进行修正，即

$$s=\psi_s s_0=\psi_s\sum_{i=1}^{n}\frac{p_0}{E_{si}}(z_i\overline{\alpha}_i-z_{i-1}\overline{\alpha}_{i-1}) \tag{3-2-25}$$

式中：ψ_s——沉降计算经验系数，根据地区沉降观测资料及经验确定，也可采用表3-2-5的数值（表中$[f_{a0}]$为地基承载力基本容许值）；

E_{si}——基础底面下第i层土的压缩模量，kPa，应取“土的自重应力”至“土的自重应力和附加应力之和”的压应力段计算。

沉降计算经验系数ψ_s 表3-2-5

基底附加应力	$\overline{E}_s$ / MPa				
	2.5	4.0	7.0	15.0	20.0
$p_0\geqslant[f_{a0}]$	1.4	1.3	1.0	0.4	0.2
$p_0\leqslant 0.75[f_{a0}]$	1.1	1.0	0.7	0.4	0.2

表中$\overline{E}_s$为沉降计算深度范围内压缩模量当量值，应按下式计算：

$$\overline{E}_s=\frac{\sum A_i}{\sum\frac{A_i}{E_{si}}}=\frac{p_0\sum(z_i\overline{\alpha}_i-z_{i-1}\overline{\alpha}_{i-1})}{p_0\sum\frac{z_i\overline{\alpha}_i-z_{i-1}\overline{\alpha}_{i-1}}{E_{si}}}=\frac{\sum(z_i\overline{\alpha}_i-z_{i-1}\overline{\alpha}_{i-1})}{\sum\frac{z_i\overline{\alpha}_i-z_{i-1}\overline{\alpha}_{i-1}}{E_{si}}} \tag{3-2-26}$$

式中：A_i——第i层土附加应力系数沿土层厚度的积分值。

（四）最终沉降量计算

综上所述，应力面积法的地基最终沉降量计算公式为

$$s=\psi_s s_0=\psi_s\sum_{i=1}^{n}\frac{p_0}{E_{si}}(z_i\overline{\alpha}_i-z_{i-1}\overline{\alpha}_{i-1}) \tag{3-2-27}$$

式中：ψ_s——沉降计算经验系数，根据地区沉降观测资料及经验确定，缺少沉降观测资料及经验数据时，可查表3-2-5确定；

s——地基的最终沉降量，mm；

s_0——n层土体地基总的压缩量，mm。

小组学习

学习了地基沉降量计算，请讨论分层总和法和规范法中推荐的应力面积法的异同点。

要点总结

地基沉降量计算
要点总结

知识小测

学习了任务点2内容，请大家扫码完成知识小测并思考以下问题。

1. 地基沉降计算分层总和法有哪些主要假设条件？与实际情况有哪些不同？

2. 较大的建筑物常有主楼和裙楼，从沉降的角度来考虑，应该先施工哪一部分？原因是什么？

3. 已知条件如图3-2-8所示。基础底面为正方形，边长B=4m，基础埋深d=1m，作用于基底中心的荷载N=1760kN（包括基础自重），地基为粉质黏土，其天然重度γ = 16kN/m^3，地下水位埋深3.4m，地下水位以下土的饱和重度γ_{sat} = 18.2kN/m^3。土层压缩模量为：地下水位以上E_{s1} = 5.5MPa，地下水位以下E_{s2} = 6.5MPa。地基土的承载力基本容许值[f_{a0}]= 94kPa，试用规范法计算柱基中心的沉降量。

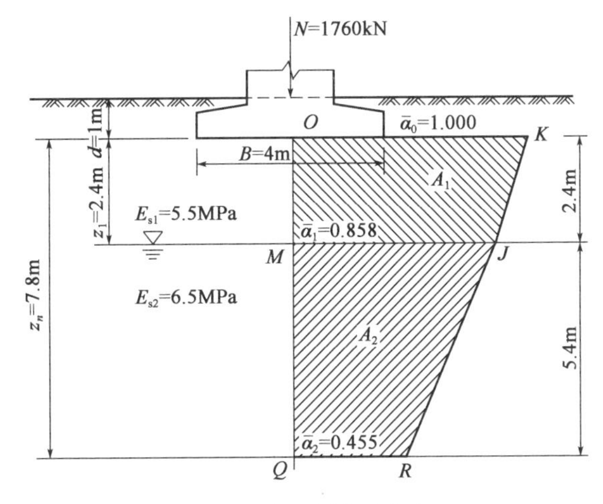

图3-2-8 地基沉降计算示意图

课外阅读

某高速公路深厚软基路桥过渡段跳车病害处治研究

某在役高速公路某大桥大桩号岸路堤段（填高5m），自2016年12月路基填筑完成后，持续产生路基不均匀沉降，导致桥头跳车现象，进一步致使路堤坡脚排水沟沟身发生形变、涵洞墙身开裂及两侧护栏变形弯曲等病害。病害K10+148～K10+900，总长752m，通车6年以来，分别于2019年12月及2021年2月进行2次路面加铺处理，累计加铺厚度约17.0cm，经历2次加铺后桥头路基段再次累计沉降约23.6cm。

该段路基填筑2016年12月完成，路基填筑完6年（现状）的理论计算总沉降量44.32cm，实测现状沉降量40.60cm，两者相差8.4%；GEO5模型计算沉降量42.03cm，与现场实测相差3.5%，计算现状沉降数据与现场实测基本相符，说明计算参数较为可靠，对后续15年及21年沉降量预测成果基本可靠。其中，理论计算及GEO5模型计算所得以现状为起点的15年剩余沉降量结果分别为19.41cm、20.87cm。

处治原则如下：

1. 剩余15年剩余沉降量不满足规范要求桥台与路堤相邻处沉降量小于10.00cm路段，采用“路面CFG桩+路面重铺”方案。

2. 剩余15年剩余沉降量满足容许工后沉降要求路段，采用“路面直接加铺”方案。

依据容许工后沉降要求，桥台与路堤相邻处容许工后沉降不大于10.00cm，该工点以现状为起点15年的沉降量为19.41cm，远大于规范的允许值，故对该工点进行“补充CFG桩+加铺路面”综合处治方案。

（素材来源：文斌，张从军，郝宇萌，等. 某高速公路深厚软基路桥过渡段跳车病害处治研究[J]. 路基工程，2024(1)：173-181.）

单元三 地基承载力分析

知识目标

1. 知道库仑定律及土体的抗剪强度指标；知道土的极限平衡条件。
2. 知道土的抗剪强度指标确定的试验方法。
3. 知道地基破坏的阶段和主要破坏模式。
4. 理解地基极限承载力和地基容许承载力的含义。
5. 领会确定地基容许承载力的方法。
6. 知道地基承载力原位测试方法。
7. 领会规范法确定地基容许承载力的方法和步骤。

能力目标

1. 会分析计算土的抗剪强度；能利用土的极限平衡条件判断土体的强度状态。
2. 能应用荷载试验结果确定地基容许承载力。
3. 能根据理论公式确定地基容许承载力。
4. 能根据规范法确定地基容许承载力。

素质目标

1. 养成严谨求实的科学态度。
2. 践行追求卓越、勇于创新的精神。

情境描述

某段公路边坡开挖后由于场地限制，需新设置高约12m挡土墙进行收坡支挡，该挡土墙基底位于厚约6m、承载力80kPa的软弱地基段，下覆厚度较大的中密第四纪冲洪积卵石层，地基容许承载力$[f_{a0}]=400$kPa；由于挡土墙前部为建筑结构，要求挡土墙基底不能进行开挖，且新设挡土墙形成的附加应力不能影响前方结构物安全。

任务点1 土的强度判定

问题导学

如前面情境所描述，该公路新设置挡土墙墙背需要填土，且该挡土墙基底位于软弱地基段，假设你是设计施工人员，请结合以下问题分析该如何选择挡土墙后的填土，如何判断土体的强度是否满足要求。

1. 要判断挡土墙墙背回填土及地基土体强度是否满足要求，需要做哪些试验？可以得到哪些指标？

2. 挡土墙墙背填土应根据强度指标来决定土类的选择，那么具体该用什么指标呢？如何判断呢？

知识讲解

土的强度是土在外力作用下达到屈服或破坏时的极限应力。土是一种散粒体材料，总体而言其破坏是源于颗粒间的摩阻失效，也称剪切破坏。土体受到外荷载作用后，土中各点将产生剪应力，若某点剪应力达到抗剪强度，土体就沿着剪应力作用方向产生相对滑动，则该点便发生剪切破坏。在实际工程中，与土的抗剪强度有关的问题主要有以下四个方面，第一是土坡稳定性问题，包括土坝、路堤等人工填方土坡和山坡、河岸等天然土坡以及挖方边坡等的稳定性问题；第二是土压力问题，包括挡土墙、地下结构物等周围的土体对其产生的侧向压力可能导致这些构造物发生滑动或倾覆；第三是地基的承载力问题，比如若外荷载大，基础下面地基中的塑性变形区扩展成一个连续的滑动面，使得建筑物整体丧失了稳定性；第四是深基坑支护的问题，若基坑维护体系不能起到挡土作用，基坑四周边坡失去稳定，基坑四周相邻建筑物、道路等在基坑土方开挖及地下工程施工期间都会因土体的变形、沉陷、坍塌或位移而丧失安全性。

一、土的强度理论

库仑定律

（一）库仑定律

18世纪的法国科学家库仑通过试验表明土体是受剪切破坏，同时破坏面上的法向应力对土的抗剪强度有很大影响。因此对于土体抗剪强度，库仑定律（图3-3-1）最早提出要考虑作用在滑动面上的法向力所引起的摩擦：

砂土
$$\tau_f = \sigma \cdot \tan\varphi \tag{3-3-1}$$

黏性土
$$\tau_f = \sigma \cdot \tan\varphi + c \tag{3-3-2}$$

式中：τ_f——土的抗剪强度，kPa；

σ——作用在剪切面上的法向压力，kPa；

φ——土的内摩擦角，(°)；

c——土的黏聚力，kPa。

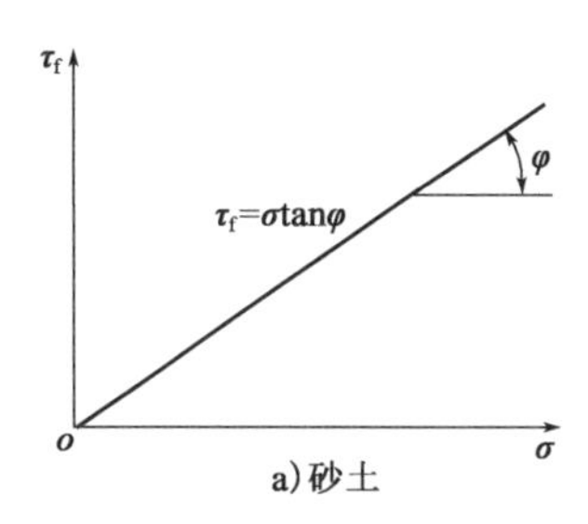

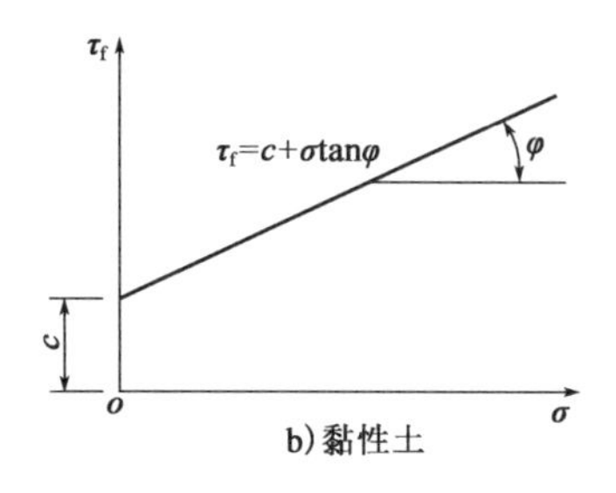

图3-3-1 抗剪强度曲线图

式(3-3-1)和式(3-3-2)统称为库仑定律。其中c和φ是土的抗剪强度指标。c和φ在一定条件下是常数,其大小反映土的抗剪强度的高低。需注意的是,砂土的抗剪强度主要考虑土的内摩擦力,它主要是由于土粒之间的滑动摩擦以及凹凸面间的镶嵌作用所产生的摩阻力,其大小取决于土粒表面粗糙度、土的密实度以及颗粒级配等因素。黏性土的抗剪强度主要考虑土的内摩擦力和黏聚力组成,黏聚力是由土粒之间的胶结作用、结合水膜以及水分子引力作用等形成的,其大小与土的矿物组成和压密程度有关。

(二)莫尔-库仑准则

在库仑定律提出的几十年后,德国人莫尔开创了莫尔应力圆,用以表示土体中任意面上的应力状态以及与主应力所在面的关系。

莫尔-库仑准则

在土体中取一单元体,该单元体作用有大主应力σ_1和小主应力σ_3时,则其任意斜面上的正应力与剪应力的大小可用莫尔应力圆表示,其关系式为

$$\begin{cases} \sigma = \dfrac{1}{2}(\sigma_1 + \sigma_3) + \dfrac{1}{2}(\sigma_1 - \sigma_3)\cos 2\alpha \\ \tau = \dfrac{1}{2}(\sigma_1 - \sigma_3)\sin 2\alpha \end{cases} \tag{3-3-3}$$

由莫尔应力圆可知(图3-3-2),圆周上的A点表示与水平线成α角的斜截面,A点的坐标表示该斜截面上的剪应力τ和正应力σ。将抗剪强度直线与莫尔应力圆绘于同一直角坐标系上,如图3-3-3所示,可出现三种情况:

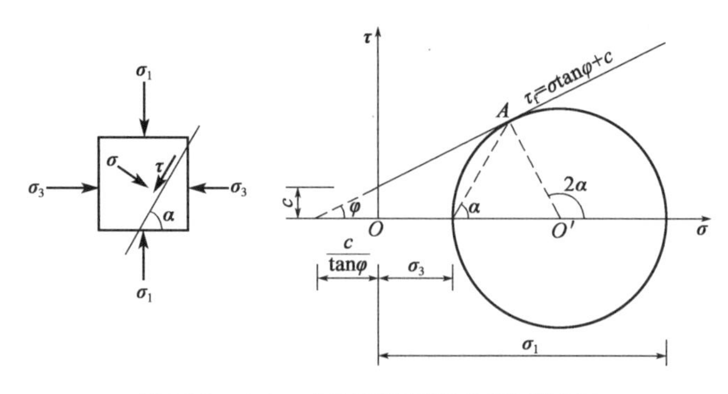

图3-3-2 土中一点达极限平衡时的莫尔应力圆

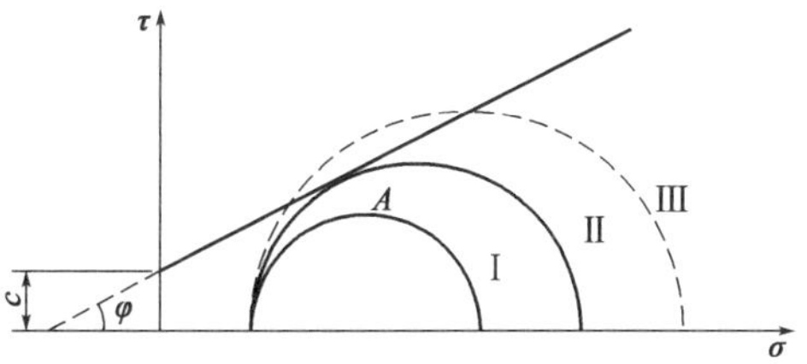

图3-3-3 莫尔应力圆与抗剪强度线之间的关系

(1)库仑直线与应力圆相离,说明抗剪强度大于应力圆代表的单元体上各截面的剪应力,即各截面都不破坏,所以,该点处于稳定状态。

(2)库仑直线与应力圆相割,说明抗剪强度小于库仑直线上方的一段弧所代表的各截面的剪应力,即该点已有破坏面产生。事实上这种应力状态是不可能一直存在的,它是一个瞬间的状态,破坏后,土体会重新达到新的平衡。

(3)库仑直线与应力圆相切,说明抗剪强度恰好等于单元体上某一个截面的剪应力,而处于极限平衡状态,其余所有的截面的剪应力都小于抗剪强度,因此,该点处于极限平衡状态。

根据莫尔应力圆与抗剪强度线之间的几何关系,可求得抗剪强度指标c、φ和主应力σ_1、σ_3之间的关系。由图3-3-2可知:

$$AO'=\frac{\sigma_1-\sigma_3}{2};\quad OO'=\frac{\sigma_1+\sigma_3}{2}+c\cot\varphi$$

由几何条件可以得出下列关系式:

$$\sin\varphi=\frac{\sigma_1-\sigma_3}{\sigma_1+\sigma_3+2c\cot\varphi} \tag{3-3-4}$$

上式经三角变换后,得如下极限平衡条件式:

$$\sigma_1=\sigma_3\tan^2\left(45^\circ+\frac{\varphi}{2}\right)+2c\tan\left(45^\circ+\frac{\varphi}{2}\right) \tag{3-3-5}$$

或

$$\sigma_3=\sigma_1\tan^2\left(45^\circ-\frac{\varphi}{2}\right)-2c\tan\left(45^\circ-\frac{\varphi}{2}\right) \tag{3-3-6}$$

由图中的几何关系可知,土体的破坏面(剪破面)与大主应力作用面的夹角α为

$$2\alpha=90^\circ+\varphi,\text{即}\ \alpha=45^\circ+\frac{\varphi}{2} \tag{3-3-7}$$

式(3-3-4)~式(3-3-6)是验算土体中某点是否达到极限平衡状态的判断式,也是表示c、φ、σ_1、σ_3之间关系的公式,在地基稳定计算和土压力计算中都会用到。

【例3-3-1】 某土层的抗剪强度指标$\varphi=20^\circ$,$c=20\text{kPa}$,其中某一点的大主应力$\sigma_1=300\text{kPa}$,小主应力$\sigma_3=120\text{kPa}$。该点是否破坏?

解: 用σ_1判别。

将$\sigma_3=120\text{kPa}$代入式(3-3-5)得:

$$\sigma_1'=120\times\tan^2\left(45^\circ+\frac{20^\circ}{2}\right)+2\times20\times\tan\left(45^\circ+\frac{20^\circ}{2}\right)$$

$$=301.88(\text{kPa})>\sigma_1=300\text{kPa}$$

因此该点稳定。

二、抗剪强度指标的测定方法

(一)试验方法

土的抗剪强度指标包括内摩擦角和黏聚力,它们都是地基与基础设计的重要参数。直接剪切试验目前依然是室内最基本的抗剪强度测定方法。试验和工程实践都表明土的抗剪强度与土受力后的排水固结状况有关,因而在工程设计中所需要的强度指标试验方法必须与现场实际施工加荷相符合。例如软土地基上快速堆填路堤,由于加荷速度快,地基土体渗透性低,则这种条件下的强度和稳定分析就要求室内的试验条件能模拟实际加荷状况,即在不能排水的条件下进行剪切试验。但是直接剪切仪的构造却无法做到任意控制土样排水,为了在直剪试验中顾及这类实际需要,便通过采用不同的加荷速率来达到控制排水的要求,即直剪试验中的快剪、固结快剪和慢剪。

黏性土的快剪试验

1. 快剪(UU)

快剪,又称为不固结不排水剪,当地基土排水不良,工程施工进度又快,土体在没有固结的情况下承受荷载时,宜用此法。施加竖向压力后立即施加水平剪力进行剪切,快速(剪切速率0.8mm/min)把土样剪破,一般从加荷到剪坏只用几分钟。由于剪切速率快,可认为土样在这样短暂的时间内没有排水固结或者说模拟了不排水剪切情况。

2. 固结快剪(CU)

固结快剪,又称为固结不排水剪,当建筑物在施工期间允许土体充分排水固结,但完工后可能有突然增加的荷载作用时,可以尝试采用此法。施加竖向压力后,给予充分时间使土样排水固结。固结终了后再施加水平剪力,快速(剪切速率0.8mm/min)把土样剪坏,即剪切时模拟不排水条件。

3. 慢剪(CD)

慢剪,又称为固结排水剪,当地基排水条件良好(如砂土或砂土中夹有薄黏性土层),土体易在较短时间内固结,工程的施工进度较慢且使用中无突然增加的荷载时,可选用此法。施加竖向压力后,让土样排水固结,固结后慢速(剪切速率0.04mm/min)施加水平剪力,使土样在受剪过程中一直有充分时间排水固结。

(二)直接剪切试验

直接剪切试验按加荷载方式分为应变式和应力式两类,前者是以等速推动剪切盒使土样受剪,后者则是分级施加水平剪力于剪力盒,使土样受剪。我国目前普遍应用的是应变式直接剪切仪。如图3-3-4所示,剪力盒分上盒和下盒两部分,试验时先用插销将上、下盒位置固定起来,用环刀切取原状土样(一般环刀高2~2.5cm,横截面积F为$30cm^2$或$32.2cm^2$),把土样推入剪力盒内后,拔去插销,通过加压活塞向土样施加竖向力P。然后在下盒上由小到大逐步施加水平力,上、下盒间随之产生相对移动,使土样受剪,直到土样被剪坏,测得其最大的水平力

T_{max}。剪坏时土样剪切面上的平均极限剪应力为$\tau_f = \frac{T_{max}}{A}$，也即在压应力$\sigma$作用下土的抗剪强度为$\tau_f$。

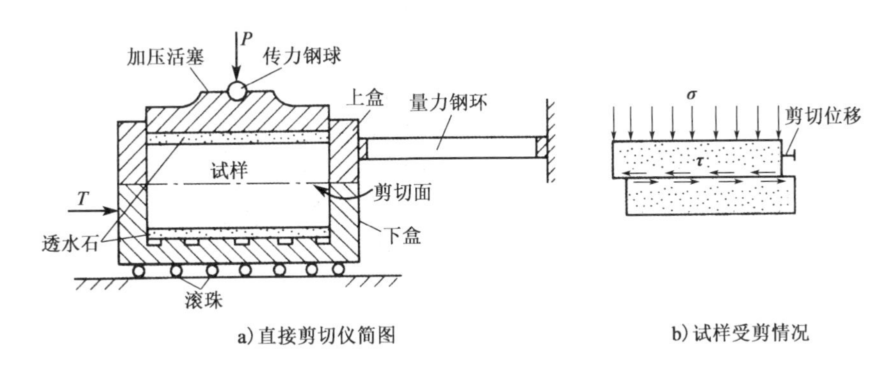

a）直接剪切仪简图　　b）试样受剪情况

c）应变式直接剪切仪

图3-3-4　直接剪切仪示意图

（三）三轴剪切试验

三轴剪切仪由压力室、轴向加荷系统、施加周围压力系统、孔隙水压力量测系统等组成（图3-3-5）。图3-3-5a）所示为三轴剪切仪的压力室示意图，它是一个主要由金属顶盖、底座和透明有机玻璃圆筒组成的密闭容器。试验时，先将圆柱形土样套在乳胶膜内，将它放入透明、密闭压力室内，然后通过底座中的阀门A，向压力室内压入水，使试样三个轴向受到相同的压力σ_3，此时土样没有剪应力，再通过活塞座施加竖向压力q，使土样中产生剪应力。在固定σ_3作用下，不断增大q，直至土样剪破。根据最大主应力$\sigma_1 = \sigma_3 + q$和最小主应力σ_3，可绘出一个极限应力圆。取3～5个相同的土样，在不同的周围压力σ_3下进行剪切破坏，可得到相应的σ_1，便可绘出几个极限应力圆，这些极限应力圆的公切线即为该土样的抗剪强度线，如图3-3-6所示。由此得出c、φ值。

饱和黏性土的抗剪强度

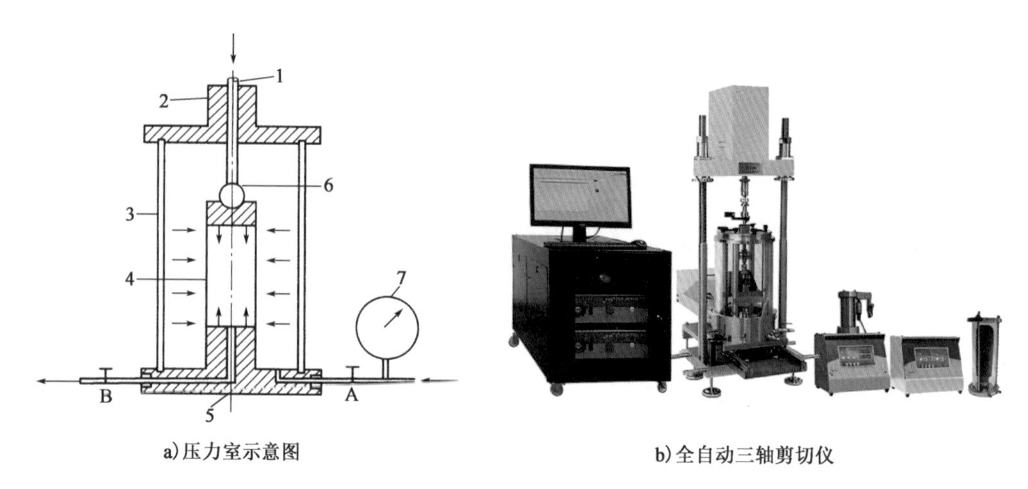

a)压力室示意图　　b)全自动三轴剪切仪

图3-3-5　三轴剪切仪压力室示意图和全自动三轴剪切仪

1-竖向加荷活塞;2-金属顶盖;3-透明有机玻璃圆筒;4-乳胶膜;5-底座;6-活塞座;7-压力表

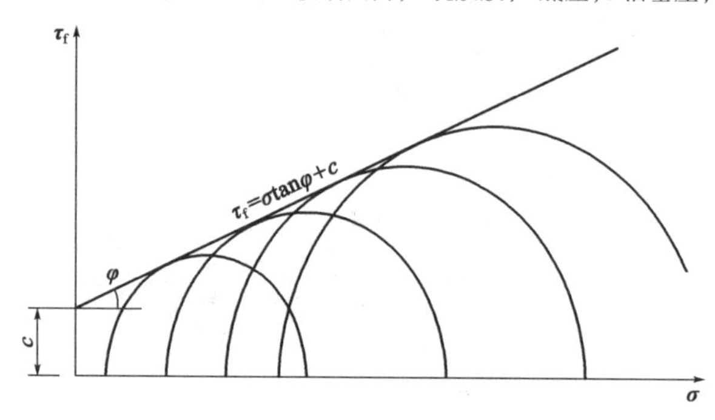

图3-3-6　三轴剪切试验成果图

相较于直接剪切试验和无侧限抗压强度试验,三轴剪切试验属于一种比较完善的试验方法,因为它可以控制排水条件,可以测量土体内的孔隙水压力,应力相对来说比较明确和均匀,同时还可以进行多种应力组合试验,并且试样的剪切面不受人为控制。在进行三轴剪切试验前,可以根据建筑物的特点、施工条件与施工方案等确定试验方法。根据土样固结排水的不同条件,对应于直接剪切试验的快剪、固结快剪和慢剪试验,三轴剪切试验可分为不固结不排水剪(UU)、固结不排水剪(CU)、固结排水剪(CD)三种基本方法。不固结不排水剪是在试样施加σ_3和q时始终关闭阀门B,不让试样排水;固结不排水剪是在施加固结压力σ_3时,打开阀门B,让试样充分排水固结,然后关闭阀门B,逐级增大q,使试样剪破;固结排水剪则是在试验时,始终打开阀门B,让试样自由排水。通过不固结不排水剪和固结不排水剪试验,还可测出试样中产生的孔隙水压力u,从而可以求出土的有效应力抗剪强度指标c'、φ'值,这种方法称为有效应力法。

有效应力原理

小组学习

请从试验方法、仪器特点、试验条件等方面列表比较直接剪切试验和三轴剪切试验的不同点。

要点总结

土的强度要点总结

知识小测

学习了任务点1内容，请大家扫码完成知识小测并思考以下问题。

1. 地基中某点的应力为σ_1=160kPa，σ_3=30kPa，并已知土的φ=30°，c=15kPa，该点是否破坏？

2. 土的抗剪强度指标c与φ值如何确定？

3.（2016年全国注册岩土工程师真题）对近期发生的滑坡进行稳定性验算时，滑面的抗剪强度宜采用的直接剪切试验方法为（　　）。

A. 慢剪　　B. 快剪　　C. 固结快剪　　D. 多次重复剪

4.（2020年全国公路水运试验检测员考试习题）饱和土体中所受到的总应力为有效应力与（　　）之和。

A. 重力　　B. 孔隙水压力　　C. 静水压力　　D. 以上都有

5.（2020年全国公路水运试验检测员考试习题）已知某土样的黏聚力为20kPa，剪切滑动面上的法向应力为45kPa，内摩擦角为45°，则该土样的抗剪强度为（　　）。

A. 20kPa　　B. 25kPa　　C. 45kPa　　D. 65kPa

6.（2020年全国公路水运试验检测员考试习题）某公路填土施工速度快，土层排水不良，预验算其稳定性，应采用（　　）。

A. 固结快剪或快剪　　B. 快剪　　C. 慢剪　　D. 固结快剪

任务点2 地基破坏模式分析

问题导学

该挡土墙基底位于厚约6m、承载力80kPa的软弱地基段，下覆厚度较大的中密第四纪冲洪积卵石层，地基容许承载力$[f_{a0}]$=400kPa。假设由于挡土墙自重及墙后填土的影响，载荷过重，发生了墙下软弱地基的破坏。请结合以下问题完成该任务点学习。

1. 在本案例中，可能的地基破坏模式有哪些？

2. 地基土层的分布（软弱土层和下伏卵石层）会如何影响破坏模式的发生？

3. 如何通过工程措施来预防潜在的地基破坏？

4. 考虑到场地限制和前方结构物的安全要求，哪些措施是可行的？

知识讲解

在软弱地基上修建构筑物时地基承载力和稳定性是否满足相应规范的要求？如不满足，地基可能产生什么样的破坏？破坏的过程大致如何描述？破坏的标志有哪些？只有把这些问题弄清楚，我们才能有针对性地采取工程措施预防地基破坏的发生。

一、地基变形的阶段

根据现场载荷试验(图3-3-7)，地基从加荷到产生破坏一般经过三个阶段(图3-3-8)。

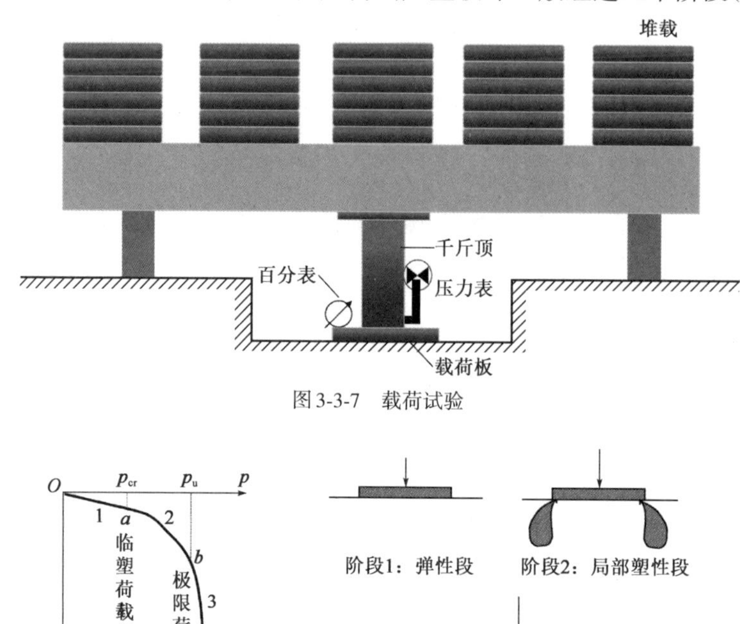

图3-3-7 载荷试验

图3-3-8 地基变形过程和破坏阶段

地基变形及破坏

(1)压密阶段($O1$段)，土体处于弹性平衡状态

在这一阶段，p-s曲线接近于直线，土中各点的剪应力均小于土的抗剪强度，土体处于弹性平衡状态。载荷板的沉降主要是土的压密变形引起的。把p-s曲线上对应于a点的荷载称为比例界限p_{cr}，也称临塑荷载。

(2)剪切阶段(12段)，土体处于弹塑性状态

此阶段p-s曲线已不再呈直线，沉降的增长率$\Delta s/\Delta p$随荷载的增大而增加。地基土中局部范围内的剪应力达到土的抗剪强度，土体发生剪切破坏，这些区域也称塑性区。随着荷载的继续增加，土中塑性区的范围也逐步扩大，直到土中形成连续的滑动面，由载荷板两侧挤出而破坏。因此，剪切阶段也是地基中塑性区的发生与发展阶段。对应于p-s曲线上b点的荷载称为极限荷载p_u。

(3)破坏阶段(23段),土体处于塑性破坏状态

荷载超过极限荷载后,载荷板急剧下沉,即使不增加荷载,沉降也将继续发展,因此,*p-s*曲线陡直下降。在这一阶段,由于土中塑性区范围的不断扩大,最后在土中形成连续滑动面,土从载荷板四周挤出隆起,地基土失稳而破坏。

二、地基破坏模式及其影响因素

(一)地基破坏模式

1. 整体剪切破坏

整体剪切破坏常发生在浅埋基础下的密砂或硬黏土等坚实地基中。其特征是当基础上荷载较小时,基础下形成一个三角形压密区Ⅰ,如图3-3-9a)所示,随同基础压入土中,这时*p-s*曲线呈直线关系(图3-3-8中*O*1段)。随着荷载增加,压密区Ⅰ向两侧挤压,土中产生塑性区,塑性区先在基础边缘产生,然后逐步扩大形成图3-3-9a)中的Ⅱ、Ⅲ塑性区。这时基础的沉降增长率较前一阶段增大,故*p-s*曲线呈曲线状(图3-3-8中12段)。荷载达到最大值后,土中形成连续滑动面,并延伸到地面,土从基础两侧挤出并隆起,基础沉降急剧增加,整个地基失稳破坏。这时*p-s*曲线上出现明显的转折点,其相应的荷载称为极限荷载p_u(图3-3-8中23段)。

2. 局部剪切破坏

局部剪切破坏常发生于中等密实砂土中。其特征是随着荷载的增加,基础下也产生压密区Ⅰ及塑性区Ⅱ,但塑性区仅仅发展到地基某一范围内,土中滑动面并不延伸到地面,如图3-3-9b)所示,基础两侧地面微微隆起,没有出现明显的裂缝。

3. 冲剪破坏

冲剪破坏常发生在松砂及软土中。其特征是在基础下没有明显的连续滑动面,随着荷载的增加,基础随着土层发生压缩变形而下沉,当荷载继续增加,基础周围附近土体发生竖向剪切破坏,使基础刺入土中,如图3-3-9c)所示。

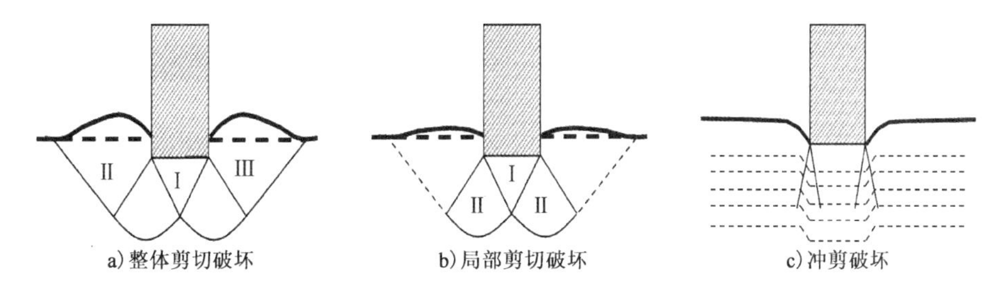

图3-3-9 地基变形破坏示意图

(二)破坏模式的影响因素

地基发生何种形式的破坏,既取决于地基土的类型和性质,又与基础的特性、埋深以及受荷条件等有关。如密实的砂土地基,多出现整体剪切破坏;但基础埋深很大时,也会因较大的压缩变形,发生冲剪破坏。对于软黏土地基,当加荷速率较小,容许地基土发生固结变形时,往往出现冲剪破坏;但当加荷速率很大时,由于地基土来不及固结压缩,就可能已经发生整体

剪切破坏;加荷速率处于以上两种情况之间时,则可能发生局部剪切破坏。

学习了地基破坏模式,请思考地基受荷过程各阶段的应力-变形特征。

地基破坏模式要点总结

知识小测

学习了任务点2内容,请大家扫码完成知识小测并思考以下问题。

1. 在竖向均布荷载作用下,地基失稳有几种形式?
2. 什么叫临塑荷载?如何计算?达到这种荷载是否表示地基已经整体破坏?
3. (2014年全国注册岩土工程师真题)均质地基中,以下措施既可以提高地基承载力又可以减小地基沉降的是(　　)。

A. 设置基础梁,增大基础刚度　　B. 提高混凝土强度等级

C. 采用宽基浅埋,减小基础埋深　　D. 设置地下室增大基础埋深

任务点3 地基容许承载力计算

问题导学

在考察地基是否能承受上部荷载时,可以作一个简化,想象存在一个天平,天平的左侧是建筑物产生的荷载(如基底压力、附加应力等的组合),右侧是地基能承受的荷载(抗力),只有确保右侧抗力大于左侧荷载,地基才不会发生破坏。

由前述可知,该挡土墙基底位于厚约6m、承载力80kPa的软弱地基段,下覆厚度较大的中密第四纪冲洪积卵石层,地基容许承载力$[f_{a0}]$=400kPa。请结合以下问题完成该任务点的学习。

1. 鉴于挡土墙基底位于软弱地基段,如何评估其对挡土墙稳定性的影响?
2. 地基容许承载力与实际承载力有何区别?在计算中如何考虑?
3. 有哪些地基处理方法可以提高软弱地基的承载力?在本案例中是否适用?
4. 在本案例中,如何确定地基的实际承载力?请写出具体的计算步骤和方法。

知识讲解

在工程设计中为了保证地基土不发生剪切破坏而失去稳定,同时也为使建筑物正常

使用,不因基础产生过大的沉降和差异沉降而受到影响,必须限制建筑物基础底面的压力,使其不得超过地基的承载力设计值。因此,确定地基承载力是工程实践中亟待解决的问题。地基承载力是指地基承受荷载的能力。通常分为两种承载力:一种是地基极限承载力,指地基即将丧失稳定性时的承载力;另一种是地基容许承载力,指地基土在外荷载的作用下,不产生剪切破坏且基础的沉降量不超过允许值时,单位面积上所能承受的最大荷载。

影响地基极限承载力的因素很多,除地基土的性质外,还有基础的埋置深度、宽度、形状等。容许承载力则与建筑物的结构特性等因素有关。因此,地基承载力与通常所说的材料的"容许强度"或构件的"承载力"有很大的区别。在基础设计中,规范要求地基压应力的计算值不超过地基容许承载力。地基容许承载力的确定,一般可通过如下三种途径:①利用现场荷载试验;②利用理论公式;③按规范法。

地基承载力确定方法

一、利用现场载荷试验确定地基容许承载力

利用载荷试验所得的p-s曲线(图3-3-10)来确定地基的容许承载力时,应当注意:

(1)实践表明,地基土中塑性变形区的最大深度达到1/4~1/3的基础宽度时,地基仍是安全的。如载荷试验p-s曲线所示,与塑性区最大深度相对应的荷载强度,称为临界荷载p_b。对于硬黏土,临塑荷载接近极限荷载,可取p_b/K(K为安全系数,取K=2)作为地基的容许承载力。

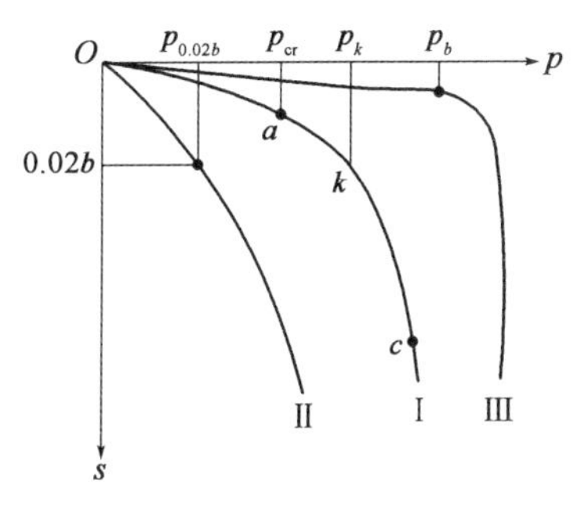

图3-3-10 载荷试验p-s曲线

(2)对于密实砂土、一般硬黏土等低压缩性土,p-s曲线通常有较明显的直线段,一般可用直线段末端所对应的临塑荷载p_{cr}作为地基的容许承载力。

(3)对于稍松的砂土、新填土、可塑性黏土等中高压缩性土,p-s曲线没有明显的直线段和转折点,一般采用压缩变形量为0.02b(b是载荷板宽度)所对应的荷载$p_{0.02b}$作为地基的容许承载力。

必须指出,地基承载力还与基础的形状、底面尺寸、埋置深度等很多因素有关,由于载荷试验是承压板尺寸远小于实际地基的底面尺寸,用上述方法确定的地基容许承载力是偏保守的。在实际施工中,还要考虑实际情况,运用适合的方法计算地基容许承载力。

二、利用理论公式确定地基容许承载力

(一)临塑荷载

临塑荷载是指在外荷载作用下,地基中刚开始产生塑性变形(即局部剪切破坏)时,基础底面单位面积上承受的荷载。

地基的临塑荷载p_{cr},按下式计算:

$$p_{cr} = \frac{\pi(\gamma d + c\cot\varphi)}{\cot\varphi - \frac{\pi}{2} + \varphi} + \gamma d = N_q\gamma d + N_c c \tag{3-3-8}$$

$$N_q = \frac{\cot\varphi + \varphi + \frac{\pi}{2}}{\cot\varphi + \varphi - \frac{\pi}{2}} \tag{3-3-9}$$

$$N_c = \frac{\pi\cot\varphi}{\cot\varphi + \varphi - \frac{\pi}{2}} \tag{3-3-10}$$

式中：p_{cr}——地基的临塑荷载，kPa；

γ——地基埋深范围内土的重度，kN/m³；

d——基础埋深，m；

c——基础底面下土的黏聚力，kPa；

φ——基础底面下土的内摩擦角，(°)；

N_q、N_c——承载力系数。

（二）临界荷载

在中心荷载作用下，当地基中塑性变形区最大开展深度为$z_{max} = \frac{b}{4}$时，与此相对应的基础底面的压力，称为临界荷载或塑性荷载，用$p_{1/4}$表示：

$$p_{1/4} = \frac{\pi\left(\gamma d + \frac{1}{4}\gamma d + c\cot\varphi\right)}{\cot\varphi - \frac{\pi}{2} + \varphi} + \gamma d = N_{1/4}\gamma d + N_q\gamma d + N_c c \tag{3-3-11}$$

在偏心荷载作用下，当地基中塑性变形区最大开展深度为$z_{max} = \frac{b}{3}$时（b为基础宽度，m；矩形基础短边，圆形基础采用$b = \sqrt{A}$，A为圆形基础底面积），与此相对应的基础底面的压力，称为临界荷载或塑性荷载，用$p_{1/3}$表示：

$$p_{1/3} = \frac{\pi\left(\gamma d + \frac{1}{3}\gamma d + c\cot\varphi\right)}{\cot\varphi - \frac{\pi}{2} + \varphi} + \gamma d = N_{1/3}\gamma d + N_q\gamma d + N_c c \tag{3-3-12}$$

$$N_{1/4} = \frac{\pi}{4\left(\cot\varphi + \varphi - \frac{\pi}{2}\right)} \tag{3-3-13}$$

$$N_{1/3} = \frac{\pi}{3\left(\cot\varphi + \varphi - \frac{\pi}{2}\right)} \tag{3-3-14}$$

式中：$N_{1/4}$、$N_{1/3}$——承载力系数。

(三)极限荷载

极限荷载是指地基将要失去稳定,土体将从基底被挤出时,作用于地基上的外荷载。

世界各国计算极限荷载的公式很多,但目前尚无公认的完美公式,大多限于条形荷载和均质地基。其主要区别是对地基破坏时的滑裂面形式作了不同的假定,使得计算结果很不一致,不能完全符合地基的实际状况。所以应用每种计算公式时,一定要注意它的适用范围。这里仅介绍一种较为常用的太沙基公式。

太沙基假定基础是条形基础,均布荷载作用,且基础底面是粗糙的。当地基发生滑动时,滑动面的形状:两端为直线,中间为曲线,左右对称,如图3-3-11所示。将滑动土体分为三个区。Ⅰ区,即位于基础底面下的土楔$a'ab$。由于土体与基础粗糙的底面之间存在很大的摩擦阻力,此区的土体不发生剪切位移,处于弹性压密状态,滑动面与基础底面之间的夹角为土的内摩擦角φ。Ⅱ区,分别对称位于Ⅰ区左、右下方,其滑动面为对数螺旋线bd或bc。Ⅰ区正中底部的b点处对数螺旋线的切线方向为竖向,c点处对数螺旋线的切线方向与水平线夹角为$45° - \frac{\varphi}{2}$。Ⅲ区,分别对称位于Ⅱ区左、右,呈等腰三角形,其滑动面为斜向平面df或ce,该斜面与水平地面的夹角也为$45° - \frac{\varphi}{2}$。

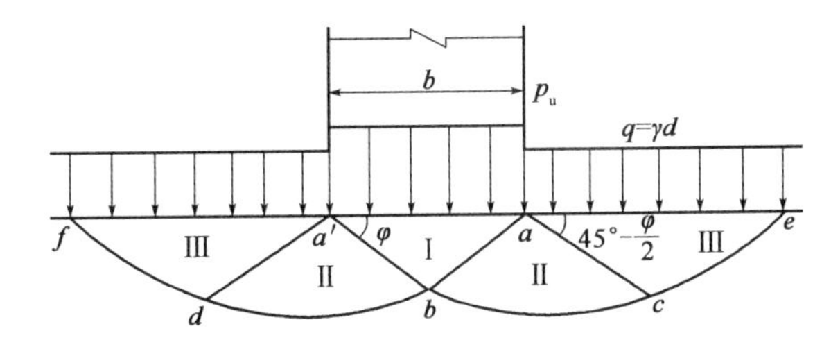

图3-3-11 太沙基地基滑动面

太沙基认为在均匀分布的极限荷载p_u作用下,地基处于极限平衡状态时作用于Ⅰ区土楔上的诸力包括:土楔$a'ba$缸顶面的极限荷载p_u,土楔$a'ab$的自重,土楔斜面$a'b$、ab上作用的黏聚力c的竖向分力,Ⅱ区、Ⅲ区土体滑动时对斜面$a'b$、ab的被动土压力的竖向分力。太沙基根据作用于Ⅰ区土楔上的诸力在竖直方向的静力平衡条件,求得极限荷载p_u的公式:

$$p_u = \frac{1}{2}\gamma bN_r + cN_c + \gamma dN_q \tag{3-3-15}$$

式中:N_r、N_c、N_q——承载力系数,仅与地基土的内摩擦角φ值有关,可查图3-3-12中的曲线(实线)确定;

其余符号的意义同前。

式(3-3-15)适用的条件是:地基土较密实且地基土产生完全剪切整体滑动破坏,即载荷试验p-s曲线上有明显的第二拐点,如图3-3-10中曲线Ⅰ所示。如果地基土松软,载荷试验结果p-s曲线上就没有明显的拐点,如图3-3-10中曲线Ⅱ所示,太沙基称这类情况为局部剪损,此时极限荷载按下式计算:

$$p_u = \frac{1}{2}\gamma N_r' + \frac{2}{3}cN_c' + \gamma d N_q' \qquad (3\text{-}3\text{-}16)$$

式中：N_r'、N_c'、N_q'——局部剪损时的承载力系数，也仅与地基土的内摩擦角φ值有关，可查图3-3-12中的曲线（虚线）确定。

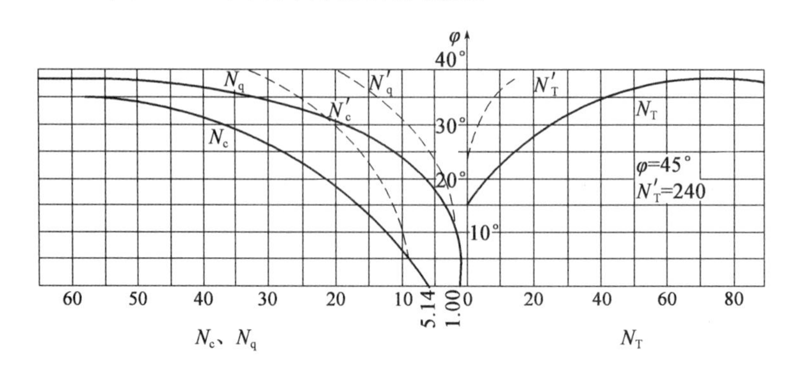

图3-3-12　太沙基公式的承载力系数

理论公式法中所求得的临塑荷载p_{cr}、临界荷载$p_{1/4}$或$p_{1/3}$和极限荷载p_u均可作为地基容许承载力。但是，临塑荷载p_{cr}作为地基容许承载力偏于保守；极限荷载p_u则应有足够的安全储备，即取p_u/K值，其中K为安全系数，$K = 1.5\sim2.0$；比较p_u和$p_{1/4}$或$p_{1/3}$两种结果，应取两者中较小值作为地基容许承载力。但必须注意，这里只考虑了地基土的承载力，必要时还应验算基础沉降。

三、按规范法确定地基容许承载力

《公路桥涵地基与基础设计规范》（JTG 3363—2019）根据大量的地基荷载试验资料和已建成桥梁的使用经验，经过统计分析，给出了各类土的地基承载力基本容许值。

地基承载力的验算，应以修正后的地基承载力容许值$[f_a]$控制。该值是在地基原位测试或规范给出的各类岩土承载力基本容许值$[f_{a0}]$的基础上，经修正而得。修正后的地基承载力容许值$[f_a]$按式（3-3-17）确定。当基础位于水中不透水地层上时，$[f_a]$按平均常水位至一般冲刷线的水深每米再增大10kPa。

$$[f_a]=[f_{a0}]+k_1\gamma_1(b-2)+k_2\gamma_2(h-3) \qquad (3\text{-}3\text{-}17)$$

式中：$[f_a]$——修正后的地基承载力容许值，kPa；

$[f_{a0}]$——地基承载力基本容许值，kPa，应首先考虑由载荷试验或其他原位测试取得，其值不应大于地基极限承载力的1/2；对中小桥、涵洞，当受现场条件限制，或进行载荷试验和原位测试确有困难时，也可根据岩土类别、状态及其物理力学特性指标查《公路桥涵地基与基础设计规范》（JTG 3363—2019）相关规定；地基承载力基本容许值尚应根据基础宽度（$b > 2$m）、基底埋深（$h > 3$m）及地基土的类别按照式（3-3-17）进行修正；

b——基础底面的最小边宽，m，当 $b<2\text{m}$ 时，取 $b=2\text{m}$；当 $b>10\text{m}$ 时，取 $b=10\text{m}$；

h——基底埋置深度，m，自天然地面起算，有水流冲刷时自一般冲刷线起算；当 $h<3\text{m}$ 时，取 $h=3\text{m}$；当 $h/b>4$ 时，取 $h=4b$；

k_1、k_2——基底宽度、深度修正系数，根据基底持力层土的类别按表3-3-8确定；

γ_1——基底持力层土的天然重度，kN/m^3，若持力层在水面以下且为透水者，应取浮重度；

γ_2——基底以上土层的加权平均重度，kN/m^3。

基底以上土层的加权平均重度，在换算时，若持力层在水面以下，且不透水时，无论基底以上土的透水性质如何，一律取饱和重度；当透水时，水中部分土层应取浮重度。

四、确定地基承载力设计值

地基承载力设计值是指在建筑物荷载作用下，能够保证地基不发生失稳破坏，同时也不产生建筑物所不容许的沉降时的最大基底压力。因此，地基承载力设计值既要考虑土的强度性质，同时还要考虑不同建筑物对沉降的要求。确定地基承载力设计值的方法，一般有下面几种：一种是通过控制地基塑性区的发展范围确定承载力，另一种是计算极限荷载，然后除以安全系数。

（1）取临界荷载值作为地基的容许承载力

要求较高时可取：

$$f=p_{cr} \tag{3-3-18}$$

一般要求时：

$$f=p_{1/4},f=p_{1/3} \tag{3-3-19}$$

（2）取极限荷载除以适当的安全系数作为地基的容许承载力

$$f=\frac{p_u}{K} \tag{3-3-20}$$

学习了地基承载力知识，请讨论为什么通过载荷试验确定的地基承载力特征值还需要进行深度和宽度修正。

地基承载力确定要点总结

知识小测

学习了任务点3内容，请大家扫码完成知识小测并思考以下问题。

1. 地基与基础的概念是什么？

2. 如果保持基础埋深和基底接触压力不变，基础面积越大，地基的变形量是越大还是越小？地基承载力是越高还是越低？

3. 有一条形基础，$b=2.0\text{m}$，$d=1.2\text{m}$，地基土的重度 $\gamma=21\text{kN/m}^3$，黏聚力 $c=15\text{kPa}$，内摩擦角 $\varphi=30°$，试按太沙基公式求地基的极限承载力。

4.（2014年全国注册岩土工程师真题）用载荷试验确定地基承载力特征值时，下列说法不正确的是（　　）。

A. 试验最大加载量按设计承载力的2倍确定

B. 取极限荷载除以2的安全系数作为地基承载力特征值

C. 试验深度大于5m的平板载荷试验属于深层平板载荷试验

D. 沉降曲线出现陡降且本级沉降大于前级沉降5倍时，可作为终止试验的一个标准

软质岩、片状风化岩、碎裂岩等地基承载力取值探讨

岩石地基承载力，一般根据岩芯单轴抗压强度试验结果，经过一定的折算得出。但在实际工程中，软质岩、片状风化岩、碎裂岩等因取样困难、风化崩解、制样扰动等原因，导致或无法制样进行岩芯单轴抗压试验，或岩芯单轴抗压强度缺乏代表性。

软质岩、片状风化岩、碎裂岩场地岩石地基承载力的取值的建议：

不满足剪断破坏条件的岩芯单轴抗压试验，所提出的单轴抗压强度及其计算的地基承载力特征值偏于保守。软质岩、片状风化岩、碎裂岩因裂隙、层理发育，致使抗压试验很难得出抗剪断强度值，有些规范已充分注意到软质岩的裂隙影响问题，如《水利水电工程地质勘察规范》（GB 50487—2008）（2022版）建议软质岩以三轴压缩试验求坝基岩体承载力、重庆市《建筑地基基础设计规范》（DBJ50-047-2016）以岩石天然单轴抗压强度标准值作为地基承载力折减的基础。

对岩体存在裂隙、层（片）理面与结构面（尤其是陡倾）的破碎、极破碎岩体，无法取样作抗压试验时，应建议进行现场岩石地基载荷试验，或者其 f_r 值可由现场确定的岩石坚硬程度类别查《岩土工程勘察规范》（GB 50021—2001）表3.2.2-1求得范围值。

对于岩石单轴抗压强度试验，无论勘察试验室，还是检测单位，都必须将试验数据和破坏模式、异常情况如实记录，在此基础上，岩土工程师加强地层、岩性、地应力、沉积环境、地下水、区域构造甚至小构造鉴别等方面的综合分析。地勘报告只提出地基承载力的区间范围（可分区分块提供），准确提出地基承载力是不科学的，也不符合岩土工程的特点。

（素材来源：陈益杰，安虹宇，陈波，等. 软质岩、片状风化岩、碎裂岩等地基承载力取值探讨[J]. 土工基础，2023，37(4)：655-657，663.）

点沙成土！力学家勇闯“无人之地”跨界治沙创奇迹

2021年底，58岁的力学家易志坚获得了一个新的荣誉——“2021最美科技工作者”。一向看淡荣誉的他十分看重这个奖项，他说，这是对他和科研团队勇闯“无人之地”13年难得的一次公开肯定，是对这一路走来所有质疑和否定的回应，更是对科学家们敢于跨界、勇于创新的

鼓励。

一切,要从2016年悄然诞生的一片沙漠绿洲说起。

2009年,易志坚在研究颗粒物质力学的过程中发现,颗粒物质从离散状态向流变状态、固体状态转换,依靠的是一种万向约束关系。"当时我就联想到,土壤和沙子之间的区别就是有没有这种约束关系。"易志坚说,"当我想到这个发现可以把沙改造成土,就激动得睡不着觉!"

在进一步的研究中,易志坚团队提出了一项原创力学原理,土壤颗粒间存在一种万向结合约束关系(Omni-directional Integrative约束,ODI约束)。万向结合约束下的土壤颗粒体,既有一定的柔性,保水、保肥和透气,并为植物根系生长提供弹性空间,又有一定的刚性,使之能够"抱住"植物根系,维持植物稳定。易志坚团队首次在土壤的力学特性与生态属性之间建立起联系,从力学角度解释了土壤能够"生生不息"之谜。

手握"点沙成土"的科学理论"密码",易志坚放下了他所有的力学研究,一心扑到"沙漠土壤化"试验上。2013年,科研团队研发出一种植物纤维素黏合剂。在沙子中混合适量的黏合剂和水,"一盘散沙"就能获得与自然土壤一样的生态力学属性:在湿润时呈现稀泥般的流变状态,水分蒸发后结成固体状态,两种状态之间可自由转换,并具有较强的存储水分、养分和空气的能力,成为适宜植物生长的载体。该技术现已获得7项国际发明专利和18项国内发明专利。

从2016年起至今,"沙漠土壤化"技术在多种严酷自然条件下进行实地试验。内蒙古阿拉善盟乌兰布和沙漠、新疆和田塔克拉玛干沙漠、四川若尔盖修复沙化草原、西沙岛礁、西藏拉萨市郊沙化带、撒哈拉沙漠中石油尼日尔油田基地,在总面积达17000亩的沙漠沙地上,"沙漠土壤化"技术生态恢复和农业种植试验都取得了成功。

我国国土沙化面积达25.95亿亩,占整个国土面积的18%。易志坚这位"半路出家"的治沙人有一个小小的设想,那就是利用自己的技术成果改造我国1%的沙化地,换来2600万亩可利用土地。等那一天来临,力学遇见沙漠或是一个时代的荣幸。

(素材来源:新华社网)

模块四

土压力计算及土坡稳定性分析

挡土墙作为一种挡土结构物，在道路、桥梁、房建以及水利等工程建设中发挥着重要作用，尤其是在地质条件较差的区域，挡土墙可以很好地保持土体的稳定性，进而避免危及人身安全和造成财产损失的工程事故。

挡土墙上土压力的性质、大小、方向和作用点的确定，是设计挡土墙断面及验算其稳定性的主要依据。土坡稳定性，关系到人民生命财产安全和土木工程设施的安全使用。

土压力计算及土坡稳定性分析对工程设计非常重要，应该高度重视并加强其相关知识的学习和研究，为后续挡土墙工程设计、施工及道路安全运营提供更加可靠的安全技术保障。

本模块包含土压力计算和土坡的稳定性分析两个学习单元，如图所示。学生通过对该单元的学习，可熟悉挡土墙的土压力计算及土坡稳定性分析的过程，为日后实际应用打下坚实的基础。

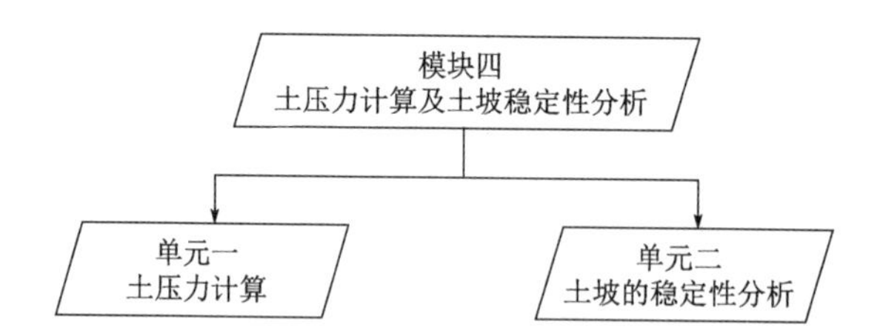

单元一 土压力计算

知识目标

1. 知道并区分静止土压力、主动土压力和被动土压力的概念；领会三种土压力的产生条件；知道工程设计计算中具体情况下采用的土压力类型。

2. 领会静止土压力计算方法；领会成层填土、填土面有连续均布荷载、墙后填土中有地下水、墙背倾斜等特殊情况下的静止土压力计算方法。

3. 领会朗肯土压力理论及计算方法。

4. 领会库仑土压力理论及计算方法。

5. 领会填土表面有均布荷载、分层填土、填土中有地下水、填土面上有车辆荷载等特殊情况下的土压力计算方法。

6. 知道朗肯土压力理论和库仑土压力理论的区别与联系。

能力目标

1. 能计算静止土压力。

2. 能应用朗肯土压力理论计算主动土压力及被动土压力。

3. 能应用库仑土压力理论计算墙后填土为无黏性土时的主动土压力及被动土压力。

4. 能计算某些特殊情况下的土压力。

素质目标

1. 养成严谨求实、团结协作的职业素质。

2. 遵循专业规范，结合工程实际解决问题，提升责任意识。

情境描述

某拟建高速公路某隧道出口段为高填方路段，路基主要为砂土，因地形限制，需收缩坡角，经勘察后决定该路段拟选用挡土墙以保障路堤稳定，挡土墙的具体设计细节需因地制宜。勘察还发现该隧道出口附近有河沟通过，故在填方段后拟建一座桥梁跨越水系及沟谷。

任务点1 土压力类型及静止土压力计算

问题导学

如果你是工程设计人员，根据前述工程情境，高填方路堤段选择了重力式挡土墙以保障路堤稳定,墙体采用混凝土浇筑,请问如何确定该挡土墙所受土压力类型?如果该处拟建桥梁选择拱桥,采用重力式U形桥台,混凝土浇筑,桥台处于相对静止状态时作用在该拱桥桥台上的土压力如何计算?

1. 该工程项目中挡土墙所受土压力类型,应根据挡土墙的(　　)、(　　)及(　　)所处的应力状态确定。

2. 该工程中如果设计的路堤挡土墙离开土体产生位移,所受土压力为(　　)。

3. 该工程中在静止土压力计算时需假定墙体为(　　),静止土压力系数在室内可以由(　　　　　　)测得,在现场可由(　　　　　　　　　　)测得。

知识讲解

在土木、交通、水利等工程建设中,经常会修建挡土结构物,它是用来支撑天然或人工斜坡不致坍塌,保持土体稳定的一种建筑物。在工程中把这种建筑物称为“挡土墙”。如道路工程中穿越边坡而修筑的挡土墙、桥梁工程中联结路堤与桥梁的桥台、隧道工程中的衬砌、基坑工程中的支挡结构、地下室的外墙以及码头、水闸等各种形式的挡土结构物(图4-1-1)。从图中可以看出,无论采用哪种形式的挡土墙,都要承受来自墙后土体的侧向压力——土压力。

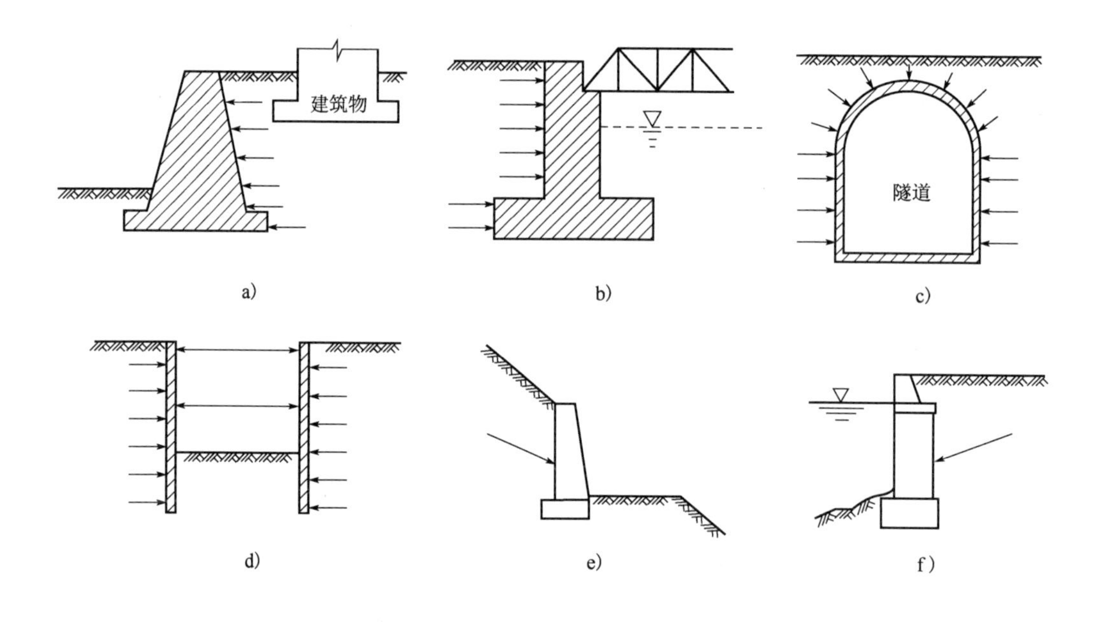

图4-1-1　各种形式的挡土结构物

土压力通常是指挡土墙后的填土因自重或外荷载作用对墙背产生的侧向压力。形成挡土结构物与土体界面上侧向压力的主要荷载包括:土体自重引起的侧向压力、水压力,影响区范围内的构筑物荷载、施工荷载,必要时还应考虑地震荷载引起的侧向压力。

一、土压力类型

土压力是设计挡土结构物断面及验算其稳定性的主要外荷载，因此，设计挡土墙时首先要确定土压力的性质、大小、方向和作用点。土压力的性质取决于挡土墙位移的可能方向以及墙后填土所处的状态，土压力的大小则与挡土墙的截面形式、刚度、高度、墙后土体的性质、填土面的形式以及荷载作用等诸多因素有关。在影响土压力的诸多因素中，墙体位移是最主要的因素。墙体位移的方向和大小决定着所产生的土压力的性质和大小。因此根据挡土墙的位移方向、大小及墙后填土所处的应力状态，将土压力分为静止土压力、主动土压力和被动土压力三种。

土压力

(1)静止土压力[图4-1-2a)]。若挡土墙在墙后填土的压力作用下，不发生任何变形和位移(移动或转动)，墙后填土处于弹性平衡状态时，作用在挡土墙背的土压力称为静止土压力，作用在每延米挡土墙上的静止土压力的合力用E_0(kN/m)表示，静止土压力强度用P_0(kPa)表示。

(2)主动土压力[图4-1-2b)]。若挡土墙在墙后填土的压力作用下，背离填土方向产生位移，这时作用在挡土墙上的土压力将由静止土压力逐渐减小，直到土体达到主动极限平衡，并出现连续滑动面使土体下滑，这时土压力减至最小值，称为主动土压力。作用在每延米挡土墙上的主动土压力的合力用E_a(kN/m)表示，主动土压力强度用P_a(kPa)表示。

(3)被动土压力[图4-1-2c)]。若挡土墙在外力作用下，朝向填土方向位移，这时作用在挡土墙上的土压力将由静止土压力逐渐增大，直到土体达到被动极限平衡，并出现连续滑动面使土体下滑，这时土压力增至最大值，称为被动土压力。作用在每延米挡土墙上的被动土压力的合力用E_p(kN/m)表示，被动土压力强度用P_p(kPa)表示。

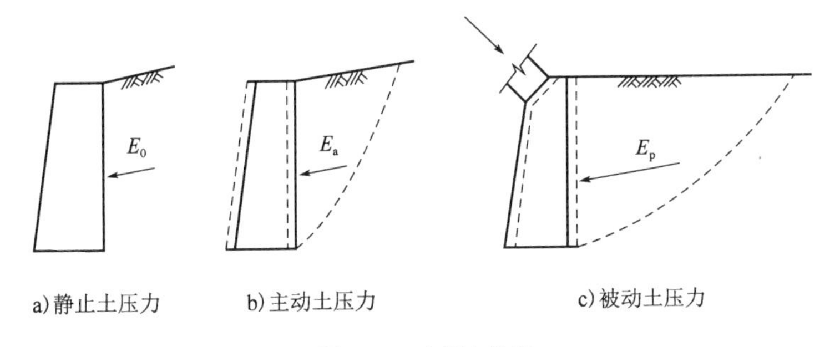

图4-1-2　土压力类型

太沙基于1929年通过挡土墙模型试验，研究了土压力与墙体位移之间的关系，得到了图4-1-3所示的关系曲线，由图可知：

(1)挡土墙所受土压力类型首先取决于墙体是否发生位移以及位移的方向，据此可将土压力分为静止土压力E_0、主动土压力E_a和被动土压力E_p三种类型。

(2)挡土墙所受土压力的大小并非恒定不变，而是随着墙体位移的变化而变化。作用在挡土墙上的实际土压力并非只有上述三种特定状态的值。

(3)产生主动土压力所需的墙体位移很小，而产生被动土压力则需要很大的墙体位移。

产生被动土压力比产生主动土压力要困难很多。

(4)在相同的墙高和填土条件下,三种土压力的大小关系为$E_p>E_0>E_a$。

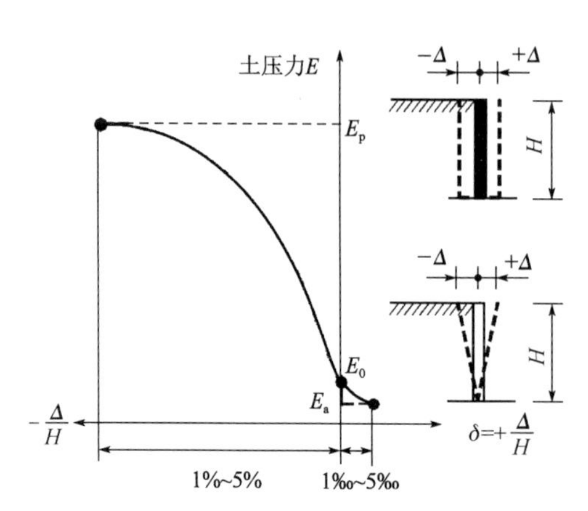

图4-1-3 墙体位移与土压力关系曲线

在实际工程中,一般按三种特定状态的土压力进行挡土墙设计计算,此时应弄清实际工程与哪种状态较为接近,以便选择相应的计算理论公式。

二、静止土压力计算

静止土压力只发生在挡土墙为刚体、墙体不发生任何位移的情况下。在实际工程中,作用在深基础侧墙或者U形桥台上的土压力,可近似看作静止土压力。

挡土墙在静止土压力作用下,墙后填土处于弹性平衡状态,墙静止不动,土体无侧向位移,可假定墙后填土内的应力状态为半无限弹性体的应力状态。在半无限弹性土体中,任一竖直面都是对称面,对称面上无剪应力,所以竖直面和水平面都是主应力面。

土体表面下任意深度z处,由土体自重所引起的竖向和水平应力分别为$\sigma_{cz}=\gamma z$、$\sigma_{cx}=K_0\sigma_{cz}=K_0\gamma z$,且都是主应力。若将某一竖直面换成挡土墙的墙背,如图4-1-4b)所示的AB,墙背静止不动时,墙后填土无侧向位移,说明墙背对墙后填土的作用力强度与该竖直面上原有的水平向应力σ_{cx}相同,即

$$P_0=\sigma_{cx}=K_0\sigma_{cz}=K_0\gamma z \tag{4-1-1}$$

式中:P_0——作用于墙背上的静止土压力强度,kPa;

K_0——静止土压力系数;

γ——墙后填土的重度,kN/m^3;

z——计算点离填土表面的深度,m。

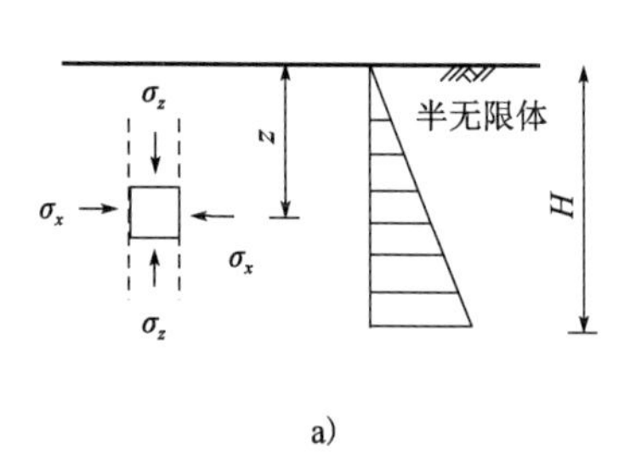

a)

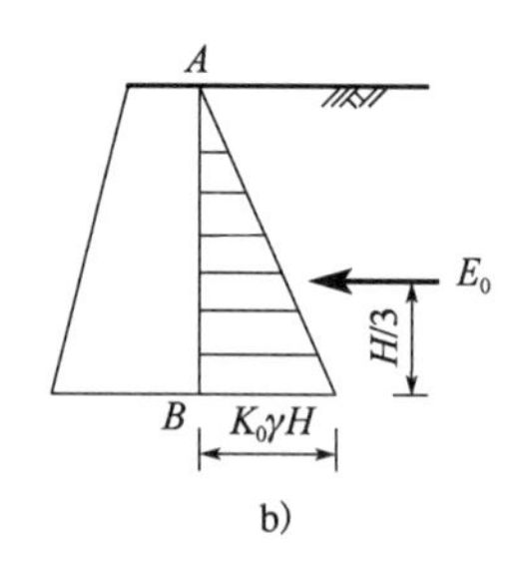

b)

图4-1-4 静止土压力图

理论上,$K_0=\nu/(1-\nu)$,ν为土的泊松比。实际K_0由试验确定,室内可由三轴剪切仪或应力路径三轴仪测得,在原位可用自钻式旁压仪测得。当缺少试验资料时,也可采用经验公式估算:砂土$K_0=1-\sin\varphi'$,黏性土$K_0=0.95-\sin\varphi'$,超固结土$K_0=\mathrm{OCR}^{0.5}(1-\sin\varphi')$,$\varphi'$为有效内摩擦角。《公路桥涵地基与基础设计规范》(JTG 3363—2019)给出了静止土压力系数K_0的参考值,见表4-1-1。

静止土压力系数K_0值　　表4-1-1

土名	砾石、卵石	砂土	粉土	粉质黏土	黏土
K_0	0.20	0.25	0.35	0.45	0.55

由式(4-1-1)可以看出，静止土压力强度P_0与深度z成正比，即静止土压力强度在同一土层中呈直线分布，如图4-1-4所示，静止土压力强度分布图形的面积即是合力E_0大小。

$$E_0 = \frac{1}{2}\gamma H^2 K_0 \tag{4-1-2}$$

式中：H——挡土墙高度，m。

静止土压力合力的作用点位于土压力分布图形的形心，即合力作用于距墙底$H/3$的高度处，其方向与墙背垂直。

三、特殊情况下静止土压力计算

在工程实践中，可能会遇到成层填土、填土面有连续均布荷载、墙后填土中有地下水、墙背倾斜等一些特殊情况，此时可按下述方法进行静止土压力计算。

(一)成层填土和填土面有连续均布荷载

对于成层土和填土表面有无限均布荷载的情况，静止土压力强度可按下式计算：

$$P_0 = K_0(\sum \gamma_i h_i + q) \tag{4-1-3}$$

式中：γ_i——计算点以上第i层土的重度，kN/m³；

h_i——计算点以上第i层土的厚度，m；

q——填土面以上的均布荷载，kPa。

(二)墙后填土中有地下水

对于墙后填土中有地下水的情况，计算静止土压力时，地下水位以下透水的土应采用有效重度γ'计算，同时考虑作用于挡土墙上的静止水压力，如图4-1-5所示。

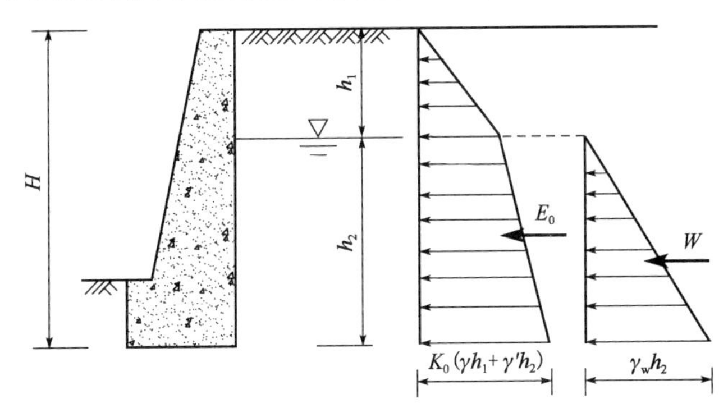

图4-1-5　有地下水时静止土压力分布图

(三)墙背倾斜

对于墙背倾斜的情况,作用在单位长度上的静止土压力为E_0和土楔体ABB'自重的合力,如图4-1-6所示,此时静止土压力的计算通常采用以下步骤:

(1)计算静止土压力系数K_0;

(2)计算各土层界面上(包含地下水位线)的静止土压力强度P_{0i};

(3)根据计算的P_{0i}绘出土压力强度分布图;

(4)计算土压力强度分布图的面积,即静止土压力的合力E_0;

(5)计算土压力分布图的形心位置,即静止土压力的合力作用点。

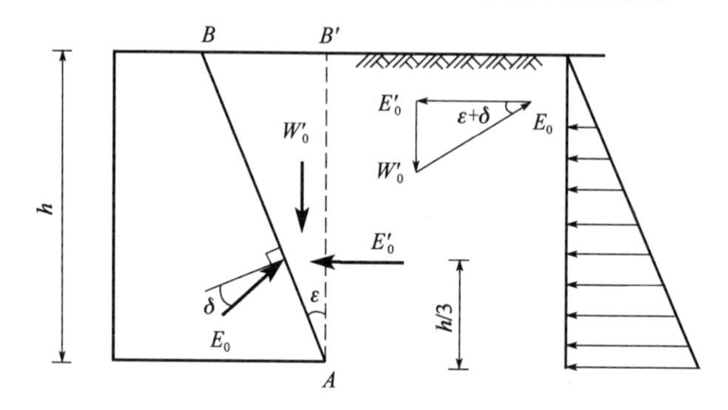

图4-1-6 墙背倾斜时静止土压力

小组学习

学习了土压力的基础知识,请思考:三种土压力产生的条件是什么?在工程实践中,什么情况下产生静止土压力、主动土压力和被动土压力?请举例说明。

要点总结

土压力
要点总结

知识小测

学习了任务点1内容,请大家扫码完成知识小测并思考以下问题。

1. 土压力包含哪几种类型?三种土压力的大小关系如何?

2. 挡土墙设计时,遇到以下这些情况应该采用哪种土压力计算?

(1)建于分散地基上的梁桥桥台或挡土墙;

(2)拱桥桥台;

(3)临时性挡土结构物(如板桩);

(4)深基础的侧墙。

3. 什么叫静止土压力？静止土压力计算的主要步骤有哪些？

4. 成层填土和填土面有连续均布荷载时，墙后填土中有地下水时，静止土压力分别如何计算？

5. 计算作用在图4-1-7所示挡土墙上的静止土压力的大小并绘出其分布图。

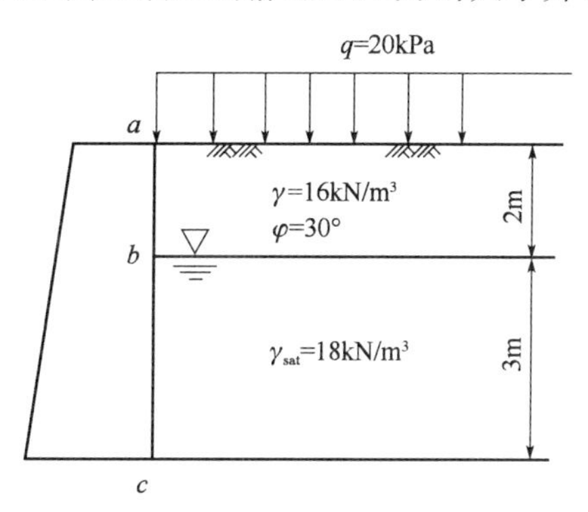

图4-1-7 知识小测5图

任务点2 朗肯土压力计算

问题导学

如果你是工程设计人员，根据前述工程情境，高填方路堤段选择了重力式挡土墙以保障路堤稳定，墙体采用混凝土浇筑，墙背竖直、光滑，墙后填土面水平，如何计算该挡土墙所受土压力？若该处拟建桥梁选择梁桥，现进行桥台设计，拟采用钢筋混凝土轻型桥台，台背直立光滑，台后填土为水平填筑的砂土，作用在该桥台上的土压力应该如何计算？

1. 该工程设计中要计算挡土墙所受的土压力，应根据(　　)土压力理论相关公式计算，因为该土压力理论的基本假定条件是：(　　)、(　　)、(　　)，实际工程项目与该理论基本假定条件(　　)(相同、不同)。

2. 该工程中拟设计的挡土墙及墙后填土满足朗肯土压力理论基本假定条件，若挡土墙离开土体产生位移，简述该挡土墙上作用的朗肯主动土压力计算步骤。

(　　　　　　　　　　　　　　　　　　　　　　　　　　　　　　　　　　　　)。

3. 该工程中拟设计的梁桥桥台上所受土压力是否满足朗肯土压力理论的基本假定条件？在此工程情况下，梁桥桥台上的土压力一般按(　　)(主动、被动)土压力计算。

知识讲解

一、朗肯土压力理论

朗肯土压力理论是土压力计算中两个著名的古典土压力理论之一，由英国科学家朗肯

(W. J. M. Rankine)于1857年提出。它是根据墙后填土处于极限平衡状态,应用极限平衡条件,推导出主动土压力和被动土压力的计算公式。

朗肯土压力理论的基本假定条件是挡土墙墙背竖直、光滑,墙后填土表面水平。

朗肯土压力理论是从分析挡土结构物后面土体内部因自重产生的应力状态入手,去研究土压力的[图4-1-8a)]。在半无限土体中取一竖直切面AB,因竖直面(是对称面)和水平面上均无剪应力,故AB面上深度z处的单元土体上的竖向应力σ_z和水平应力σ_x均为主应力。当土体处于弹性平衡状态时,$\sigma_z=\gamma z$,$\sigma_x=K_0\gamma z$,其应力圆如图4-1-8d)中的MN_1所示,与土的抗剪强度线相离。在σ_z不变的条件下,若σ_x逐渐减小,到土体达到极限平衡时,其应力圆将与抗剪强度线相切,如图4-1-8d)中的MN_2所示,σ_z和σ_x分别为最大及最小主应力,称为朗肯主动极限平衡状态,此时土体中产生的两组滑动面与水平面的夹角为$(45°+\varphi/2)$,如图4-1-8b)所示。在σ_z不变的条件下,若σ_x不断增大,在土体达到极限平衡时,其应力圆将与抗剪强度线相切,如图4-1-8d)中的MN_3所示,此时σ_z为最小主应力,σ_x为最大主应力,称为朗肯被动极限平衡状态,此时土体中产生的两组滑动面与水平面的夹角为$(45°-\varphi/2)$,如图4-1-8c)所示。

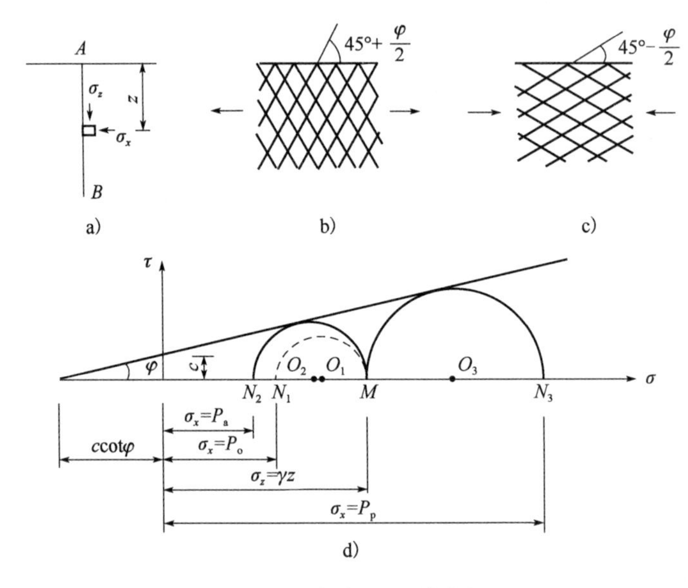

图4-1-8 朗肯极限平衡状态

朗肯将上述原理应用于挡土墙土压力的计算中,若忽略墙背与填土之间的摩擦作用(为了满足剪应力为零的边界条件),对于挡土墙墙背竖直、墙后填土面水平的情况(为了满足水平面与竖直面上的正应力分别为大、小主应力),作用于其上的土压力大小可用朗肯理论计算。

二、主动土压力

当土体推动墙发生位移,填土面下任意深度z处的竖向应力保持为自重应力γz不变,而水平方向的应力逐渐减小,当墙后土体达到主动极限平衡状态时,如图4-1-9a)所示,$\sigma_x=\sigma_3=P_a$,$\sigma_z=\sigma_1=\gamma z$,根据极限平衡条件可得出深度$z$处的主动土压力强度为

朗肯主动土压力

$$\sigma_3 = \sigma_1 \tan^2\left(45^\circ - \frac{\varphi}{2}\right) - 2c \cdot \tan\left(45^\circ - \frac{\varphi}{2}\right)$$

将$\sigma_3=P_a$，$\sigma_1=\gamma z$代入上式并令$K_a = \tan^2\left(45^\circ - \frac{\varphi}{2}\right)$，可得

$$P_a = \gamma z K_a - 2c\sqrt{K_a} \tag{4-1-4}$$

式中：P_a——主动土压力强度，kPa；

γ——墙后填土重度，kN/m³；

σ_1——深度z处的竖向应力，kPa；

φ——土体的内摩擦角，(°)；

c——土的黏聚力，kPa；

K_a——朗肯主动土压力系数，$K_a=\tan^2(45°-\varphi/2)$。

(1)当填土为砂性土，即无黏性土时，$c=0$，$P_a=\sigma_z K_a=\gamma z K_a$，$P_a$随深度$z$增大而呈线性增加，主动土压力分布图形为三角形，如图4-1-9b)所示。作用于每延米挡土墙上的主动土压力合力E_a等于该三角形的面积，即

$$E_a = \frac{1}{2}(\gamma H K_a)H = \frac{1}{2}\gamma H^2 K_a \tag{4-1-5}$$

E_a的方向水平指向墙背，作用点位置在主动土压力分布图形的形心，作用点离墙底的高度为$z_c=H/3$。

(2)若填土为黏性土($c\neq0$)，当$z=0$时，$\sigma_z=\gamma z=0$，$P_a=-2c\sqrt{K_a}<0$，即出现了拉应力区；$z=H$时，$\sigma_z=\gamma z$，$P_a=\gamma H K_a - 2c\sqrt{K_a}$，其分布图见图4-1-9c)。令$P_a=\gamma H K_a - 2c\sqrt{K_a}=0$，可得拉应力区的高度为

$$z_0 = \frac{2c}{\gamma\sqrt{K_a}} \tag{4-1-6}$$

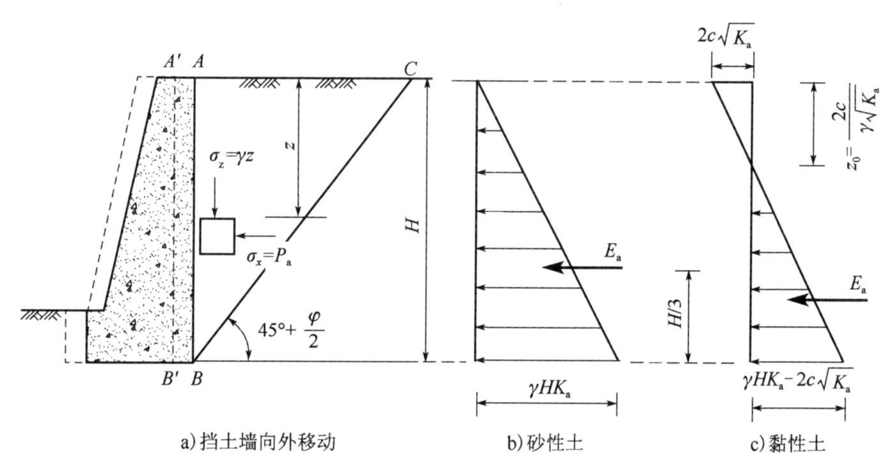

图4-1-9 朗肯主动土压力计算图式

由于墙背与土体为接触关系，不能承受拉应力作用，故计算土压力时，这部分应略去不计。朗肯主动土压力在墙背上的分布为三角形，分布高度为$H-z_0$。土压力合力大小仍是其分布图形面积，因此，作用于每延米挡土墙上的主动土压力E_a等于分布图中压力部分三角形的

面积，即

$$E_a = \frac{1}{2}\left(\gamma HK_a - 2c\sqrt{K_a}\right)(H - z_0) \tag{4-1-7}$$

E_a的方向水平指向墙背，作用点位置在主动土压力分布图形的形心，作用点离墙底的高度为$(H-z_0)/3$。

【例4-1-1】 如图4-1-10所示，挡土墙高4m，墙背竖直、光滑，填土面水平，填土的物理力学性质指标为γ=17kN/m³，φ=22°，c=6kPa。求主动土压力。

解：(1)计算主动土压力系数

$$K_a = \tan^2\left(45^\circ - \frac{\varphi}{2}\right) = \tan^2\left(45^\circ - \frac{22^\circ}{2}\right) = 0.45$$

(2)计算主动土压力强度

由已知条件γ=17kN/m³，φ=22°，c=6kPa，根据式(4-1-4)求得主动土压力强度为

$$P_a = \gamma HK_a - 2c\sqrt{K_a} = 17 \times 4 \times 0.45 - 2 \times 6 \times \sqrt{0.45} = 22.55(\text{kPa})$$

(3)计算拉应力分布高度z_0

$$z_0 = \frac{2c}{\gamma\sqrt{K_a}} = \frac{2 \times 6}{17 \times \sqrt{0.45}} = 1.05(\text{m})$$

(4)绘图

绘出主动土压力强度分布图，如图4-1-10所示。

(5)计算主动土压力合力

$$E_a = 0.5 \times (4 - 1.05) \times 22.55 = 33.26(\text{kN/m})$$

(6)计算作用点位置

$$y_c = (H - z_0)/3 = (4 - 1.05)/3 = 0.98(\text{m})$$

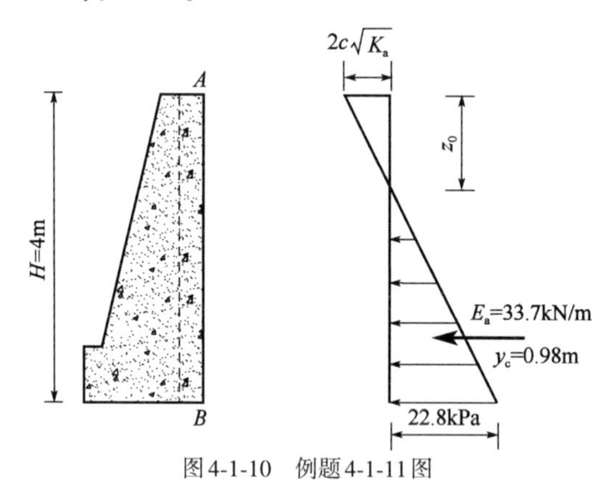

图4-1-10 例题4-1-11图

三、被动土压力

朗肯被动土压力

当挡土墙受外力作用朝向土体产生位移，填土面下任意深度z处的竖向应力保持为自重应力γz不变，而水平方向的应力逐渐增大，当土体达到被动极限平衡状态时，如图4-1-11a)所示，$P_p=\sigma_x=\sigma_1$，$\sigma_z=\gamma z=\sigma_3$，根据极限平衡条件可得出被动土压力强度计算式：

$$\sigma_1 = \sigma_3 \tan^2(45^\circ + \frac{\varphi}{2}) + 2c \cdot \tan(45^\circ + \frac{\varphi}{2})$$

将$\sigma_1=P_p$，$\sigma_3=\gamma z$代入上式并令$K_p = \tan^2\left(45^\circ + \frac{\varphi}{2}\right)$，可得

$$P_p = \gamma z K_p + 2c\sqrt{K_p} \tag{4-1-8}$$

式中：P_p——被动土压力强度，kPa；

K_p——朗肯被动土压力系数，$K_p=\tan^2\left(45^\circ + \frac{\varphi}{2}\right)$。

其他符号意义同前。

（1）当填土为砂性土，即无黏性土时，$c=0$，$P_p = \gamma z K_p$，P_p与z成正比，其分布图为三角形，如图4-1-11b）所示。作用于每延米挡土墙上的被动土压力合力E_p等于该三角形的面积，即

$$E_p = \frac{1}{2}\gamma H^2 K_p \tag{4-1-9}$$

（2）若填土为黏性土（$c\neq0$），黏聚力的存在增加了被动土压力，当$z=0$时，$\sigma_z=0$，$P_p = 2c\sqrt{K_p}$；$z=H$时，$\sigma_z=\gamma H$，$P_p = \gamma H K_p + 2c\sqrt{K_p}$，被动土压力分布图形为梯形，如图4-1-11c）所示。作用于每延米挡土墙上的被动土压力合力E_p等于该梯形的面积，即

$$E_p = E_{p1} + E_{p2} = 2cH\sqrt{K_p} + \frac{1}{2}\gamma H^2 K_p \tag{4-1-10}$$

式中，E_{p1}和E_{p2}分别为按矩形面积和三角形面积计算得到的被动土压力的两个分量，它们分别作用于矩形和三角形的形心处。合力E_p作用在梯形的形心上，方向水平指向挡土墙背，其作用点至墙底的距离按式（4-1-11）计算，即

$$y_p = \frac{\frac{H}{2}E_{p1} + \frac{H}{3}E_{p2}}{E_p} \tag{4-1-11}$$

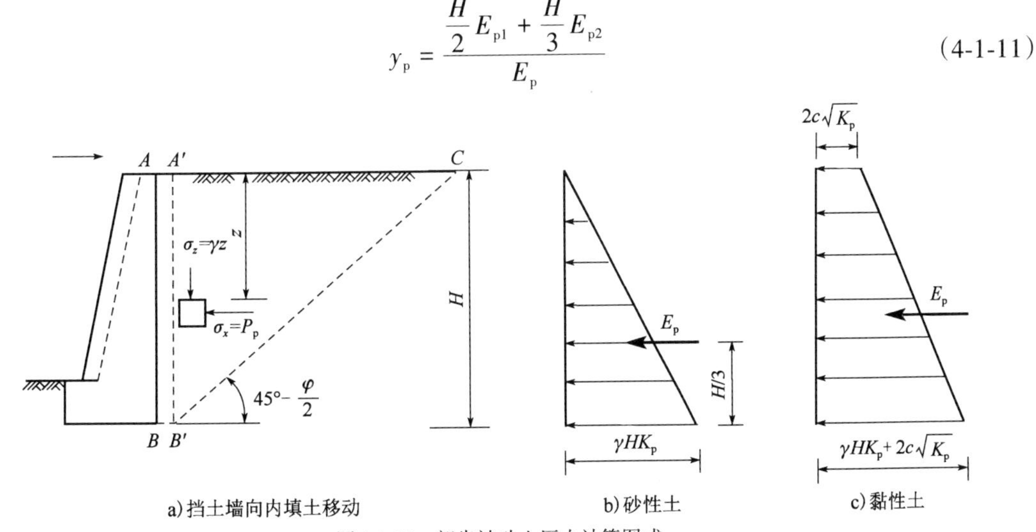

图4-1-11 朗肯被动土压力计算图式

小组学习

学习了朗肯土压力理论及土压力的计算，请结合所学知识，讨论符合朗肯土压力理论假

定条件时，墙后填土分别为无黏性土和黏性土时，主动土压力和被动土压力的计算方法和步骤。分小组绘制学习导图，梳理学习要点。

朗肯土压力
要点总结

知识小测

学习了任务点2内容，请大家扫码完成知识小测并思考以下问题。

1. 朗肯土压力理论是如何推导出主动土压力与被动土压力计算公式的？

2. 朗肯土压力理论计算主动土压力或被动土压力的主要步骤有哪些？

3. 某挡土墙高9m，墙背铅直光滑，墙后填土表面水平，有均布荷载q=20kPa，土的重度γ=19kN/m^3，φ=30°，c=0。试绘出墙背的主动土压力分布图，确定总主动土压力三要素。

4.（2017年注册岩土工程师考试真题）某重力式挡土墙，墙高6m，墙背竖直光滑，墙后填土为松砂，填土表面水平，地下水与填土表面齐平。已知松砂的孔隙比e_1=0.9，饱和重度γ_1=18.5kN/m^3，内摩擦角φ_1=30°，挡土墙背后饱和松砂采用不加填料振冲法加固，加固后松砂振冲变密实，孔隙比e_2=0.6，内摩擦角φ_2=35°。加固后墙后水位高程假设不变，按朗肯土压力理论，则加固前后墙后每延米上的主动土压力变化值最接近下列哪个选项？（　　）

A. 0kN/m　　B. 6kN/m　　C. 16kN/m　　D. 36kN/m

任务点3 库仑土压力计算

问题导学

如果你是工程设计人员，根据前述工程情境，高填方路堤段选择了重力式挡土墙以保障路堤稳定，墙体采用混凝土浇筑，墙背仰斜、粗糙，墙后填土面水平，如何计算该挡土墙所受土压力？若该处拟建桥梁选择梁桥，现进行桥台设计，拟采用重力式U形桥台，混凝土浇筑，台背仰斜粗糙，台后填土为水平填筑的砂土，作用在该桥台上的土压力应该如何计算？

1. 该工程设计中要计算挡土墙所受的土压力，（　　）（能、不能）根据朗肯土压力理论相关公式计算，因为朗肯土压力理论的基本假定条件与该工程项目实际条件（　　）（相同、不同），此项目设计时，应根据（　　）土压力理论相关公式计算。

2. 该工程中的路堤挡土墙所受土压力是否满足库仑土压力理论基本假定条件？若挡土墙离开土体产生位移，简述此时库仑主动土压力计算步骤。

（　　　　　　　　　　　　　　　　　　　　　　　　　　　　　　　）。

3. 该工程中梁桥桥台所受土压力是否满足库仑土压力理论基本假定条件？在此工程情况

下，梁桥桥台上的土压力一般按(　　　　)(主动、被动)土压力计算，简述该桥桥台上土压力计算步骤。

(　　)。

一、库仑土压力理论

1776年，法国科学家库仑(C. A. Coulomb)提出了适用性较广的库仑土压力理论。它是根据墙后土体处于极限平衡状态并形成一滑动土楔体，应用楔形体的静力平衡条件得出的土压力计算理论。

库仑土压力

库仑土压力理论在其推导的出发点上与朗肯土压力理论有两个主要的区别：首先，在挡土墙的边界条件上，库仑土压力理论考虑的挡土墙，可以是墙背倾斜，具有倾角α；墙背粗糙，与填土之间存在摩擦力，摩擦角为δ；墙后填土面与水平面的夹角为β，如图4-1-12a)、b)所示。其次，库仑土压力理论不是从土体中一点的应力状态出发，而是从考虑墙后某个楔形滑体ABC的整体平衡条件出发，直接求作用在墙背上的总土压力。

库仑土压力理论的基本假定：

(1)墙后填土为均质的无黏性土，c=0。

(2)平面滑裂面假设。当挡土墙发生位移，墙后土体达到极限平衡状态时，填土将沿两个平面同时滑动，一个是墙背AB面，另一个是土体内某一滑动面BC，BC与水平面成θ角。

(3)刚体滑动假设。将土楔体ABC视为刚体，不考虑滑动楔形体内部的应力和应变。

(4)楔形体ABC整体处于极限平衡状态。在AB和BC滑动面上，抗剪强度均已充分发挥，即滑动面上的剪应力τ均已达到抗剪强度τ_f。

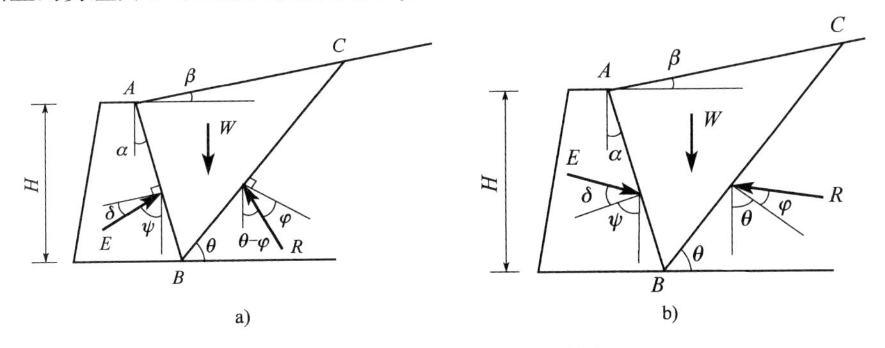

图4-1-12　库仑土压力理论示意图

二、主动土压力

取单位长度挡土墙进行分析，如图4-1-13所示，设挡土墙高为H，墙背俯斜与垂线夹角为α，墙后填土为无黏性土，填土重度为γ，内摩擦角为φ，填土表面与水平面成β角，墙背与填土间的摩擦角为δ。

假定挡土墙在土压力作用下向前位移，墙后填土达到极限平衡状态时，墙后填土形成一滑动土楔体ABC，其滑裂面为平面BC，它与水平面的夹角为θ。

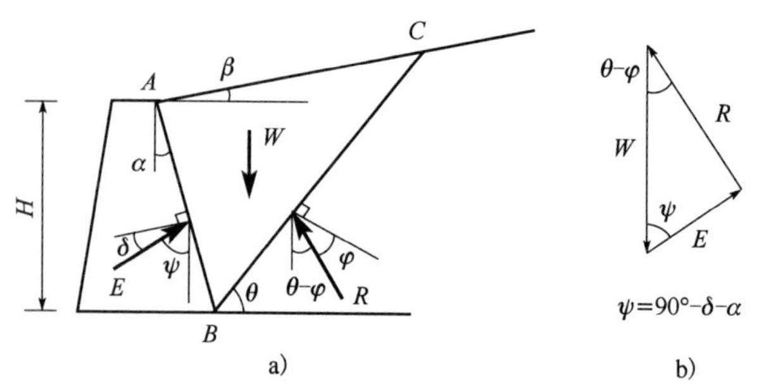

图4-1-13 库仑主动土压力计算简图

取滑动土楔体ABC为隔离体,作用在楔体上的力有三个:楔体自重W、滑动面BC上的反力R和墙背AB上的反力E,如图4-1-13a)所示。滑动面BC上的反力R,作用方向与BC面法线成φ角,并位于法线下方,其大小未知。墙背AB上的反力E,方向与AB面的法线成δ角,并位于法线下方,E的反作用力即为作用在墙背上的土压力,其大小未知。假定滑动面的倾角为θ,楔体的几何尺寸即已确定,W即是已知力,方向竖直向下,即

$$W=\frac{1}{2}\gamma H^2\frac{\cos(\alpha-\beta)\cos(\theta-\alpha)}{\cos^2\alpha\sin(\theta-\beta)} \tag{4-1-12}$$

根据楔体静力平衡条件,W、R、E构成封闭的力三角形[图4-1-13b)],根据正弦定理:

$$\frac{W}{\sin(90^\circ+\alpha+\delta+\varphi-\theta)}=\frac{E}{\sin(\theta-\varphi)}$$

将上式代入式(4-1-12),整理得:

$$E=\frac{1}{2}\gamma H^2\frac{\cos(\alpha-\beta)\cos(\theta-\alpha)\sin(\theta-\varphi)}{\sin(\theta-\beta)\cos(\theta-\varphi-\alpha-\delta)\cos^2\alpha} \tag{4-1-13}$$

由于滑动面BC的倾角θ是任意假定的,因此E是关于θ的函数。对应于不同的θ,有一系列的滑动面和E值。与主动土压力E_a相应的是其中的最大反力E_{max},对应的滑动面为最危险滑动面。

计算E_{max}时,令$dE/d\theta=0$,可得墙背反力为E_{max}时最危险滑动面的倾角θ_{cr},即破裂角:

$$\tan(\theta_{cr}+\beta)=-\tan(\omega-\beta)+\sqrt{[\tan(\omega-\beta)+\cot(\varphi-\beta)][\tan(\omega-\beta)-\tan(\alpha-\beta)]} \tag{4-1-14}$$

式中,$\omega=\alpha+\delta+\varphi$。

将其值代入式(4-1-13),便可得到E_{max}主动土压力E_a的值,即

$$E_a=\frac{1}{2}\gamma H^2K_a \tag{4-1-15}$$

$$K_a=\frac{\cos^2(\varphi-\alpha)}{\cos^2\alpha\cos(\alpha+\delta)\left[1+\sqrt{\frac{\sin(\delta+\varphi)\sin(\varphi-\beta)}{\cos(\delta+\alpha)\cos(\alpha-\beta)}}\right]^2} \tag{4-1-16}$$

式中:K_a——库仑主动土压力系数,按式(4-1-16)计算;

H——挡土墙高度,m;

γ——墙后填土重度,kN/m^3;

φ——墙后填土面的内摩擦角,(°);

α——墙背倾角,(°),墙背俯斜时取正号,仰斜时取负号;

β——墙后填土面的倾角,(°);

δ——填土与墙背间的摩擦角,(°),其值可由试验确定,无试验资料时,可按表4-1-2选用。

填土与墙背间的摩擦角δ 表4-1-2

挡土墙情况	δ
墙背平滑,排水良好	$(0\sim0.33)\varphi$
墙背粗糙,排水良好	$(0.33\sim0.5)\varphi$
墙背很粗糙,排水良好	$(0.5\sim0.67)\varphi$
墙背与填土间不可能滑动	$(0.67\sim1.0)\varphi$

当填土为无黏性土,且墙背直立(α=0°)、光滑(δ=0°),填土面水平(β=0°)时,按式(4-1-16)计算的主动土压力系数$K_a=\tan^2(45°-\varphi/2)$,与朗肯主动土压力系数一致,可见,在符合朗肯土压力理论的假定条件下,库仑土压力理论与朗肯土压力理论具有相同的结果,二者是吻合的。

由式(4-1-15)得到墙顶以下深度z范围内墙背上的主动土压力合力为

$$E_a=\frac{1}{2}\gamma z^2K_a \tag{4-1-17}$$

对z求导,得库仑主动土压力沿墙高的分布及主动土压力强度为

$$P_a=\frac{dE_a}{dz}=\frac{d}{dz}\left(\frac{1}{2}\gamma z^2K_a\right)=\gamma zK_a \tag{4-1-18}$$

由式(4-1-18)知,库仑主动土压力强度沿墙高呈三角形分布(图4-1-14)。值得注意的是,这种分布形式只表示土压力大小,不代表实际作用于墙背上的土压力方向。土压力合力E_a的作用方向指向墙背,在墙背法线上方,并与墙背法线成δ角,作用点在距墙底$H/3$处。

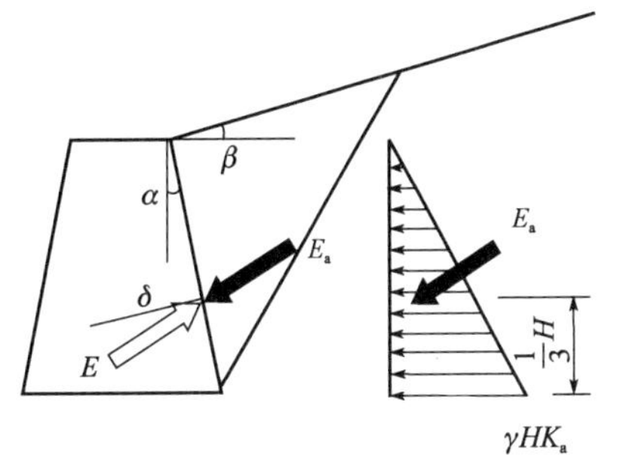

图4-1-14 库仑主动土压力的分布

【例4-1-2】 如图4-1-15所示,某重力式挡土墙H=4.0m,α=10°,β=10°,墙后回填砂土,c=0,φ=30°,γ=18kN/m³,试分别求出$\delta=\varphi/2$和δ=0°时,作用在墙背上的总主动土压力。

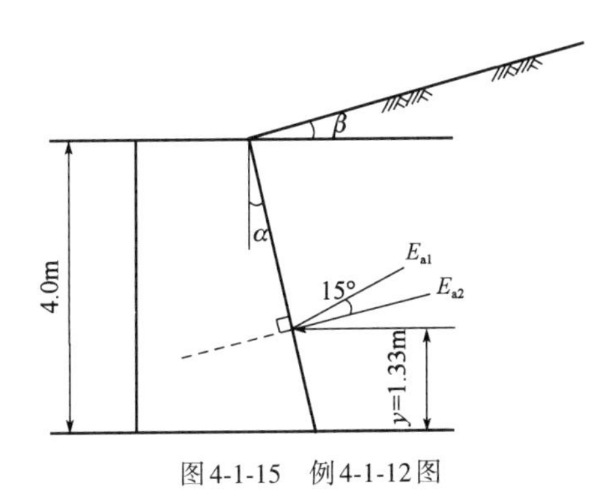

图4-1-15 例4-1-12图

解:(1)求$\delta=\varphi/2$时的E_{a1}

用库仑土压力理论计算。根据α=10°,β=10°,φ=30°,$\delta=\varphi/2$=15°,查表4-1-2得库仑主动土压力系数K_{a1}=0.437。

由式(4-1-15)得

$$E_{a1}=\frac{1}{2}\gamma H^2K_{a1}=\frac{1}{2}\times18\times4^2\times0.437=62.9(\text{kN/m})$$

E_{a1}作用点位置距墙底$y_{a1}=H/3$=1.33m,E_{a1}作用方向与墙背法线成δ=15°角,如图4-1-15所示。

(2)求δ=0°时的E_{a2}

根据α=10°,β=10°,φ=30°,δ=0°,查4-1-2表得库仑主动土压力系数K_{a2}=0.461。

由式(4-1-15)得

$$E_{a2}=\frac{1}{2}\gamma H^2K_{a2}=\frac{1}{2}\times 18\times 4^2\times 0.461=66.4(\text{kN/m})$$

E_{a2}作用点位置距墙底$y_{a2}=H/3=1.33\text{m}$,E_{a2}作用方向与墙背垂直。

由此可见,当δ减小时,作用于墙背上的主动土压力E_a将增大。

三、被动土压力

与产生主动土压力情况相反,如图4-1-16所示,当挡土墙受到外力朝向填土位移,墙后填土达到被动极限平衡状态,产生沿平面BC向上滑动的土楔体ABC,作用在滑动楔体上的力仍为三个,滑体自重W、滑动面BC上的反力R的作用方向仍与BC面法线成φ角,但位于法线上方。墙背AB上的反力E的方向仍与AB面的法线成δ角,但位于法线上方。按同样的思路,先由楔体的静力平衡条件,求得E_p值,然后用求极值的方法求得最小值E_{min},即被动土压力合力E_p。E_p按式(4-1-19)计算。

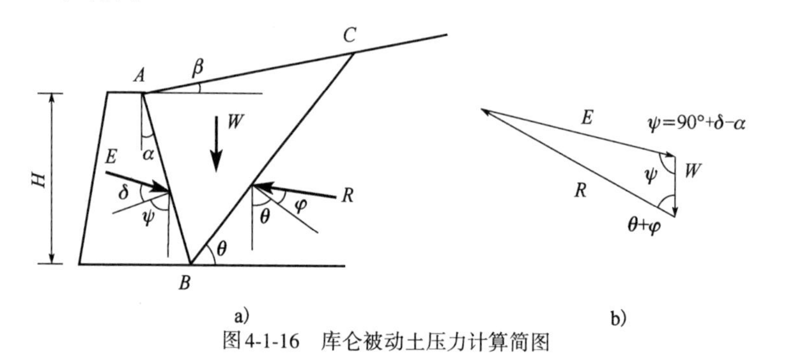

图4-1-16 库仑被动土压力计算简图

$$E_p=\frac{1}{2}\gamma z^2K_p \tag{4-1-19}$$

$$K_p=\frac{\cos^2(\varphi+\alpha)}{\cos^2\alpha\cos(\alpha-\delta)\left[1-\sqrt{\dfrac{\sin(\delta+\varphi)\sin(\varphi+\beta)}{\cos(\alpha-\delta)\cos(\alpha-\beta)}}\right]^2} \tag{4-1-20}$$

式中:K_p——库仑被动土压力系数,按式(4-1-20)计算,$\alpha=0°$,$\delta=0°$,$\beta=0°$时,被动土压力系数$K_p=\tan^2(45°+\varphi/2)$;

其余符号意义同前。

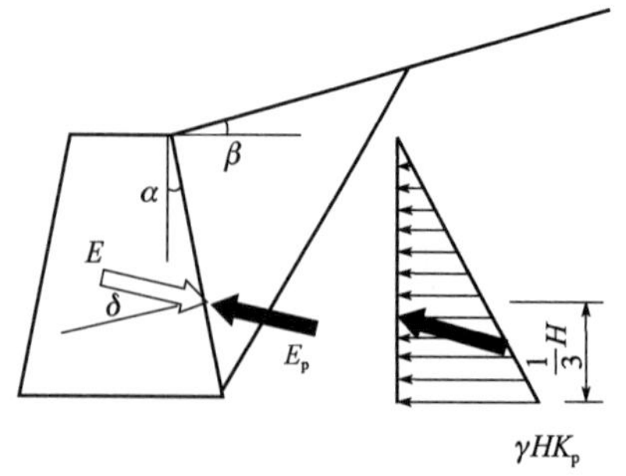

图4-1-17 库仑被动土压力的分布

对式(4-1-19)求导,同样可得库仑被动土压力沿墙高的分布及被动土压力强度为

$$P_p=\frac{dE_p}{dz}=\frac{d}{dz}\left(\frac{1}{2}\gamma z^2K_p\right)=\gamma zK_p \tag{4-1-21}$$

由式(4-1-21)知,库仑被动土压力强度沿墙高也呈三角形分布(图4-1-17)。同样这种分布形式只表示土压力大小,不代表实际作用于墙背上的土压力方向。土压力合力E_p的作用方向指向墙背,在墙背法线下方,并与

墙背法线成δ角，作用点在距墙底$H/3$处。

四、关于朗肯土压力理论和库仑土压力理论的讨论

朗肯土压力理论和库仑土压力理论分别根据不同的假定条件，以不同的分析方法计算土压力。只有在最简单的情况下（$\alpha=0°$,$\delta=0°$,$\beta=0°$），用这两种理论计算的结果才相同，否则便得出不同的结果。

朗肯土压力理论应用半空间中的应力状态和极限平衡理论的概念比较明确，公式简单，对于黏性土和无黏性土都可以用该公式直接计算，故在工程中得到广泛应用。但该理论假定墙背竖直、光滑，墙后填土面水平，因而其应用范围受到限制，并且该理论忽略了墙背与填土间摩擦的影响，使得主动土压力计算值偏大，被动土压力计算值偏小。

库仑土压力理论根据墙背和滑裂面间的土楔体处于极限平衡状态，用静力平衡条件推导出土压力的计算公式，考虑了墙背与土体之间的摩擦力，并可用于墙背倾斜、填土面倾斜的情况。该理论假定填土是无黏性土，因此不能用库仑土压力理论直接计算黏性土的土压力。库仑土压力理论假定墙后填土破坏时，滑裂面是平面，实际上却是曲面。试验证明，在计算主动土压力时，只有墙背的斜度不大，墙背与填土间的摩擦角较小时，滑裂面才接近平面，因此，其计算结果与按曲线滑裂面计算的结果有出入。通常情况下，这种偏差在计算主动土压力时为2%~10%，可以认为已经满足实际工程所要求的精度；但在计算被动土压力时，由于滑裂面接近对数螺旋线，计算结果误差较大，有时可达2~3倍，甚至更大。

小组学习

学习了库仑土压力理论及土压力的计算，请思考：库仑土压力理论的假定条件是什么？分组讨论库仑土压力理论和朗肯土压力理论的区别和联系，并绘制相应表格。

要点总结

库仑土压力理论
要点总结

知识小测

学习了任务点3内容，请大家扫码完成知识小测并思考以下问题。

1. 阐述库仑土压力理论，并试从假定条件、分析方法和计算误差等方面，比较其与朗肯土压力理论的异同。

2. 某挡土墙墙高5m，墙背倾角为10°，填土表面倾角15°，填土为无黏性土，重度γ=15. 68kN/m^3，内摩擦角φ=30°，墙背与土的摩擦角$\delta=2\varphi/3$。试求作用在墙上的总主动土压力三要素。

3.（2011年注册岩土工程师考试真题）如图4-1-18所示，位于地震区的非浸水公路挡土墙，墙高5m，墙后填料的内摩擦角φ=36°，墙背摩擦角$\delta=\varphi/2$，填料重度γ=15.68kN/m³，抗震设防烈度为9度，无地下水。试问作用在该墙上的地震主动土压力E_a与下列哪个选项最接近？（　　）

提示：库仑主动土压力系数基本公式$K_a = \dfrac{\cos^2\varphi}{\cos\delta\left(1+\sqrt{\dfrac{\sin(\varphi+\delta)\sin\varphi}{\cos\delta}}\right)^2}$

A. 180kN/m　　B. 150kN/m　　C. 120kN/m　　D. 70kN/m

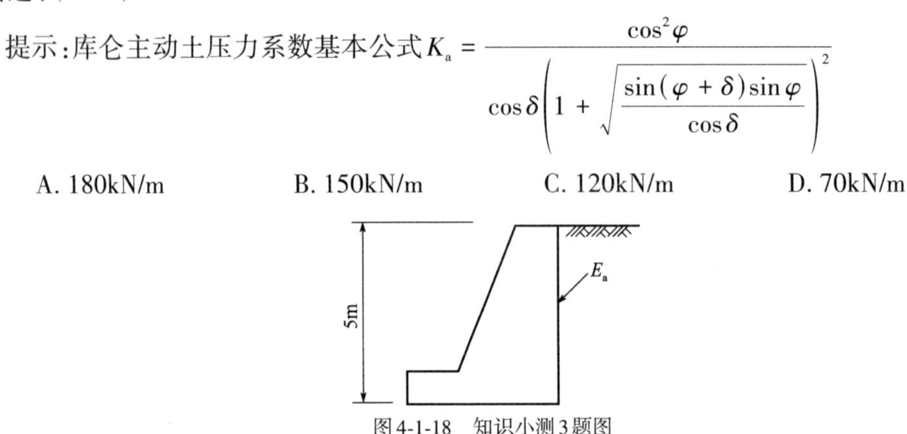

图4-1-18　知识小测3题图

任务点4　特殊情况下的土压力计算

问题导学

如果你是工程设计人员，根据前述工程情境，高填方路堤段选择了重力式挡土墙以保障路堤稳定，墙体采用钢筋混凝土浇筑，墙背竖直、光滑，墙后填土面水平，分两层不同的土进行填筑，且考虑填土中地下水的影响，如何计算该挡土墙所受土压力？若该处拟建桥梁选择梁桥，现进行桥台设计，拟采用重力式U形桥台，混凝土浇筑，台背仰斜粗糙，台后填土为水平填筑的砂土，且填土面上考虑有车辆荷载作用，此时作用在该桥台上的土压力应该如何计算？

1. 该工程设计中，在满足朗肯土压力理论假定条件下，墙后填土中若有地下水，如何计算土压力？此时可以采用水土分算与水土合算法，简述这两种方法计算土压力的主要步骤。

（　　　　　　　　　　　　　　　　　　　　　　　　　　　　　　）。

2. 该工程设计中，梁桥桥台所受土压力满足库仑土压力理论假定条件，若台后填土表面作用有车辆荷载，如何计算土压力？

（　　　　　　　　　　　　　　　　　　　　　　　　　　　　　　）。

知识讲解

特殊条件下的土压力计算

一、概述

在实际工程建设中，常遇到填土表面作用有连续均布荷载、分层填土、墙后填土中有地下水等情况下土压力的计算。对于这些常见的复杂情况，需在朗肯和库仑土压力理论基础上作出近似的处理。以下将以主动土压力为例，来说明如何进行近似计算，当然这些方法的原理对于被动土压力的计算同样是适用的。

二、填土表面作用有连续均布荷载

当墙后填土表面作用有连续均布荷载q时，如图4-1-19所示，若墙背竖直光滑、填土面水平，可采用朗肯土压力理论计算，这时墙顶以下任意深度z处的竖向应力计算如下。

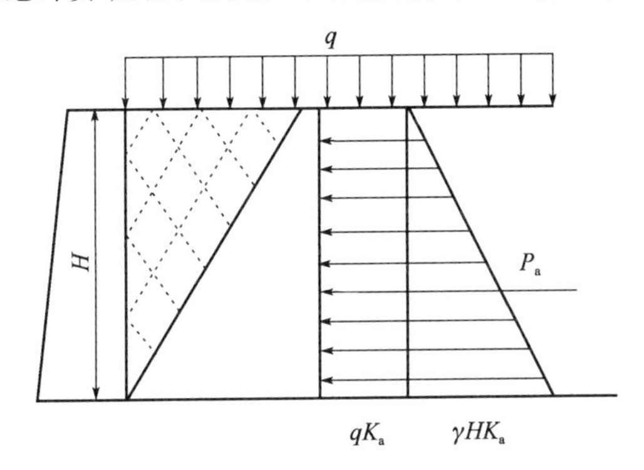

图4-1-19　均布荷载分布情况下土压力计算（无黏性土）

对于无黏性土，有

$$P_a = qK_a + \gamma z K_a \tag{4-1-22}$$

对于黏性土，有

$$P_a = qK_a + \gamma z K_a - 2c\sqrt{K_a} \tag{4-1-23}$$

由式(4-1-22)、式(4-1-23)可得，填土面上连续均布荷载q在墙背上引起的主动土压力强度为qK_a，沿着墙高呈均匀分布。

对黏性土而言，主动土压力强度分布取决于均布荷载、黏聚力的大小，当$q > 2c\sqrt{K_a}$时，墙顶处的主动土压力强度$P_{aA}>0$，墙背上的主动土压力呈梯形分布；当$q = 2c\sqrt{K_a}$时，$P_{aA}=0$，主动土压力呈三角形分布；当$q < 2c\sqrt{K_a}$时，$P_{aA}<0$，主动土压力在临界深度以下呈三角形分布。

对无黏性土而言，墙背上的主动土压力呈梯形分布。无论是黏性土还是无黏性土，土压力合力E_a的作用点在各P_a分布图形的形心处。

三、分层填土

当墙后有几层不同种类的水平土层时，如图4-1-20所示，不能直接采用朗肯土压力和库仑土压力理论进行计算，但各层面可以采用朗肯土压力理论和库仑土压力理论。以符合朗肯土压力理论条件为例，若求某层面的土压力强度，则需先求出各土层的土压力系数，其次求出各层面处的竖向应力，然后乘相应土层的主动土压力系数。挡土墙各层面的主动土压力强度计算如下。

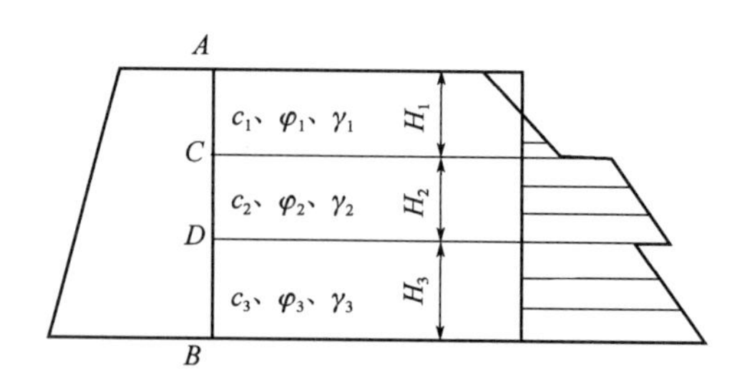

图4-1-20　分层填土的主动土压力

第一层AC段填土的土压力强度为

$$P_{aA} = -2c_1\sqrt{K_{a1}} \tag{4-1-24}$$

$$P_{aC上} = \gamma_1 H_1 K_{a1} - 2c_1\sqrt{K_{a1}} \tag{4-1-25}$$

第二层CD段填土的土压力强度为

$$P_{aC下} = \gamma_1 H_1 K_{a2} - 2c_2\sqrt{K_{a2}} \tag{4-1-26}$$

$$P_{aD上} = (\gamma_1 H_1 + \gamma_2 H_2) K_{a2} - 2c_2\sqrt{K_{a2}} \tag{4-1-27}$$

第三层DB段填土的土压力强度为

$$P_{aD下} = (\gamma_1 H_1 + \gamma_2 H_2) K_{a3} - 2c_3\sqrt{K_{a3}} \tag{4-1-28}$$

$$P_{aB} = (\gamma_1 H_1 + \gamma_2 H_2 + \gamma_3 H_3) K_{a3} - 2c_3\sqrt{K_{a3}} \tag{4-1-29}$$

对于无黏性土，只需令上式中c=0即可。此外尚需注意，在两层土交界处因各土层土质指标不同，其土压力大小也不同，故此时土压力强度曲线将出现突变，墙背上的主动土压力合力E_a可由分段的主动土压力强度分布的面积求出，作用位置在分布图的重心处。

四、墙后填土中有地下水

墙后填土中有水存在，对挡土墙土压力可能会有多方面的影响，如土重度变化、抗剪强度降低、水对挡土墙产生水压力、某些黏性土浸水后发生膨胀土压力及细粒土冻胀产生冻胀力等。工程中一般不允许选用浸水易膨胀的黏性土和易冻胀土作为挡土墙墙后填土。

墙后填土中存在地下水时，计算中应考虑填土重度变化和静水压力对挡土墙土压力的影响。地下水位以上部分的土压力按照均质土情况计算，地下水位以下部分的土压力计算目前有水土分算和水土合算两种方法。

（一）水土分算

水土分算即采用有效重度γ'和有效应力强度指标c'、φ'计算土压力，另外再加上水产生的静水压力，如图4-1-21b）所示，而作用在墙背上的土压力是一种广义上的土压力，为上述土压力和水压力之和。这种方法的优点在于符合土的有效应力原理，可以分别考虑土压力和水压力的方向（可能是不同的）。一般认为，若填土为渗透性较大的砂土、碎石土、杂填土等，水位以下的土孔隙中充满水，能产生全部的静水压力，作用在浸入水少的全部墙背上，故应采用水土分算方法。

水土分算时，在图4-1-21b)中，B点的荷载强度为

$$P_{分} = \gamma H_1 K_a + \gamma' H_2 K_a + \gamma_w H_2 \tag{4-1-30}$$

(二)水土合算

水土合算即采用土的饱和重度γ_{sat}和总应力强度指标c、φ计算墙背上的总土压力，如图4-1-21c)所示。对于渗透性小的黏性土和粉土，可以采用水土合算的经验方法。

水土合算时，在图4-1-21c)中，B点的荷载强度为

$$P_{合} = \gamma H_1 K_a + \gamma_{sat} H_2 K_a \tag{4-1-31}$$

将$\gamma_{sat} = \gamma' + \gamma_w$代入上式得到

$$P_{合} = \gamma H_1 K_a + \gamma' H_2 K_a + \gamma_w H_2 K_a \tag{4-1-32}$$

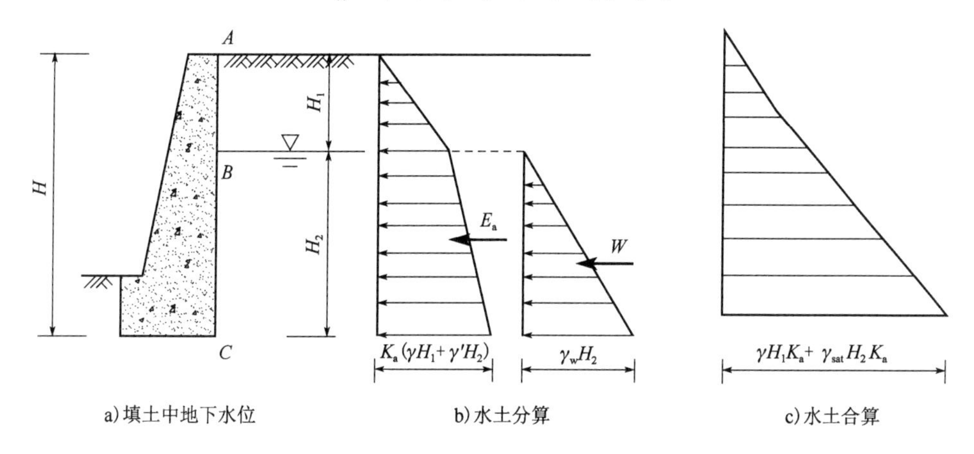

图4-1-21 填土中有地下水时的主动土压力计算

由于K_a总是小于1，比较式(4-1-30)和式(4-1-32)，$P_{分}>P_{合}$，即水土分算计算的土压力(包括水压力)比水土合算计算的土压力大。

五、填土面上有车辆荷载

设计挡土墙或桥台时，应考虑车辆荷载引起的土压力。在《公路桥涵设计通用规范》(JTG D60—2004)中，对车辆荷载引起的土压力计算方法，作出了具体规定。其计算原理是按照库仑土压力理论，把填土破坏棱体(即滑动土楔体)范围内的车辆荷载，用一个均布荷载(或换算成等代均布土层)来代替，然后用库仑土压力理论公式计算。

在有车辆荷载作用下，计算挡土墙承受的土压力，计算步骤如下：

(1)确定B、l_0。

(2)荷载布置。

(3)求等代土层厚度h。

(4)计算土压力。

计算挡土墙土压力时，填土面上汽车荷载的布置规定：

纵向：当B取用挡土墙分段长度时，应为分段长度内所能布置的轮载之和；当B取用车辆荷载的扩散长度时，为车辆荷载标准值。

横向：滑动土楔体长度l_0范围内可能布置的车轮。车辆外侧车轮中线距路面（或硬路肩）或安全带边缘的距离为0.5m。

设l_0为滑动土楔体长度（图4-1-22），B为桥台的计算宽度或挡土墙的计算长度，$\sum G$为布置在$B\times l_0$面积内的车辆轮重之和，γ为填土重度，则等效均布荷载q为

$$q=\frac{\sum G}{Bl_0}=\gamma h \tag{4-1-33}$$

即

$$h=\frac{q}{\gamma}=\frac{\sum G}{\gamma Bl_0} \tag{4-1-34}$$

桥台的计算宽度或挡土墙的计算长度B，应符合以下规定：

（1）桥台的计算宽度为桥台的横桥向全宽；

（2）挡土墙的计算长度按式（4-1-35）计算，但不应超过挡土墙的分段长度。

$$B=13+H\tan 30^{\circ} \tag{4-1-35}$$

式中：H——挡土墙高度，m。对于墙顶以上有填土的挡土墙，为墙顶填土厚度的两倍加墙高。

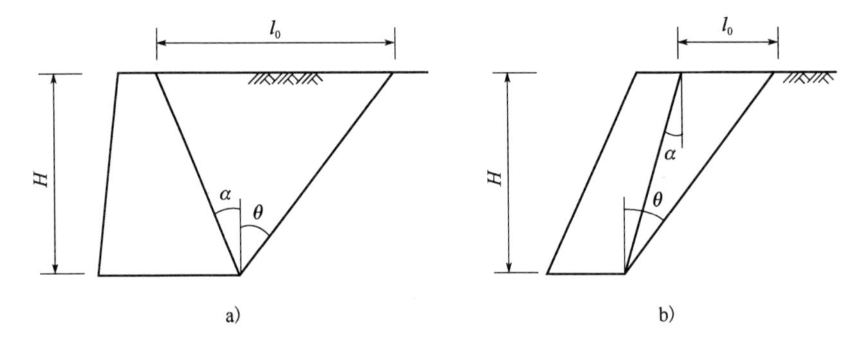

图4-1-22　滑动土楔体长度l_0

由图4-1-22知，滑动土楔体长度l_0计算式为

$$l_0=H(\tan\theta+\tan\alpha) \tag{4-1-36}$$

式中：α——墙背倾角，(°)，墙背竖直时$\alpha=0°$，俯斜墙背［图4-1-22a)］α为正值，仰斜墙背［图4-1-22b)］α为负值；

θ——滑裂面与竖直面间的夹角，(°)，当填土面水平时，将$\beta=0°$代入式（4-1-14）得

$$\tan\theta=-\tan(\varphi+\alpha+\delta)+\sqrt{[\cot\varphi+\tan(\varphi+\alpha+\delta)][\tan(\varphi+\alpha+\delta)-\tan\alpha]} \tag{4-1-37}$$

当墙背为仰斜时，式中α以负值代入。

小组学习

学习了特殊情况下的土压力计算，请列表梳理墙后填土面上有均布荷载、分层填土、填土中有地下水时土压力计算步骤。

要点总结

特殊情况土压力
计算要点总结

知识小测

学习了任务点4内容，请大家扫码完成知识小测并思考以下问题。

1. 墙后填土中有地下水时，如何计算土压力？

2. 填土面上有车辆荷载时，如何计算土压力？

3. 某挡土墙高7m，墙背铅直、光滑，填土地面水平，并作用有均布荷载q=20kPa，墙后填土分两层，上层厚3m，γ_1=18kN/m^3，φ_1=20°，c_1=12.0kPa，地下水位埋深3m，水位以下土的重度为γ_{sat}=19.2kN/m^3，φ_2=26°，c_2=6.0kPa。试绘出墙背的主动土压力分布图，确定总土压力三要素。

4. 如图4-1-23所示挡土墙，分段长度10m，墙高H=6m，填土重度γ=18kN/m^3，φ=35°，c=0，α=14°，墙背与土之间的摩擦角$\delta=\frac{2}{3}\varphi$，设计荷载为公路—Ⅱ级，求挡土墙承受的主动土压力。

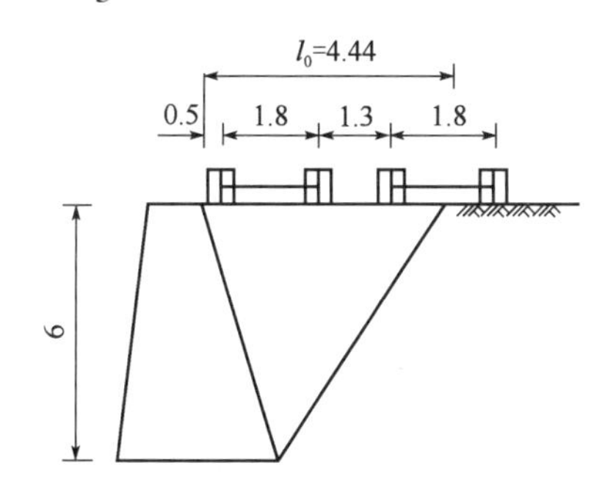

图4-1-23 知识小测4题图（尺寸单位：m）

5.（2017年注册岩土工程师考试真题）如图4-1-24所示，挡土墙背直立、光滑，填土表面水平，墙高H=6m，填土为中砂，天然重度γ=18kN/m^3，γ_{sat}=20kN/m^3，水上、水下内摩擦角均为φ=32°，黏聚力c=0。挡土墙建成后如果地下水位上升到4.0m，作用在挡土墙上的压力与无水位时相比，增加的压力最接近（ ）。

A. 10kN/m　　B. 60kN/m　　C. 80kN/m　　D. 100kN/m

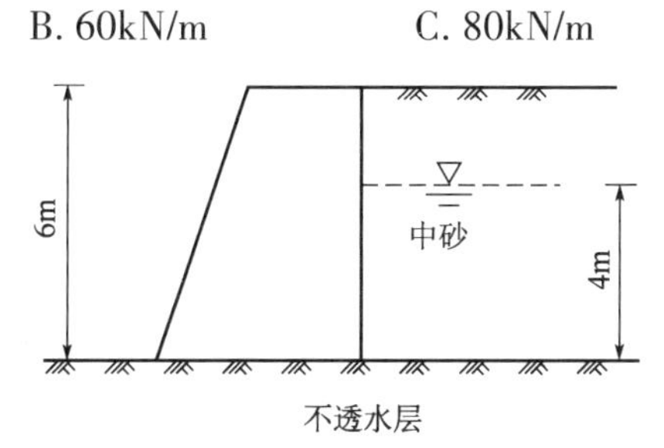

图4-1-24 知识小测5题图

基坑近接地铁车站主动土压力合力算法研究

针对有限土体主动土压力合力计算公式复杂的问题，以既有地铁车站邻域内新建基坑工程为依托，根据既有地铁车站与基坑的位置关系提出多种有限土体破坏模式，采用薄层微元法，考虑土体与结构界面摩擦作用，建立主动土压力合力计算方法。通过调整新建与既有结构空间位置关系，得到了主动土压力合力等值图，并对其开展了参数分析，提出了主动土压力简便计算方法。研究结果表明：1)提出了5种有限土体破坏模式，建立了相应的主动土压力计算公式；2)随着近接距离的增加，主动土压力逐渐增大；随着既有地铁车站覆土厚度的增加，靠近基坑的时候主动土压力逐渐增大，远离基坑侧的主动土压力先增大后减小最后增大；3)基坑深度对主动土压力影响大，内摩擦角有影响，墙土摩擦角基本上没有影响；4)给出了有限土体主动土压力合力空间位置关系系数建议取值情况。通过以上研究，提出了一种简便的有限土体主动土压力合力计算方法，可以为近接工程设计与施工提供参考。

（素材来源：张振波，黄安，周佳迪，等. 基坑近接地铁车站主动土压力合力算法研究[J]. 岩土工程学报，2024，46(7)：1516-1524. ）

单元二 土坡的稳定性分析

知识目标

1. 知道土坡失稳原因：内部因素和外部因素。
2. 领会无黏性土坡稳定性的分析方法；知道有水作用时无黏性土坡稳定性的分析方法。
3. 知道瑞典圆弧法和瑞典条分法在黏性土坡稳定性分析中的应用，知道最危险滑动面圆心位置的确定方法。

能力目标

1. 能计算无黏性土坡的安全稳定系数，分析土坡稳定性。
2. 能分析判断无黏性土坡在一般情况和有沿坡渗流时的稳定性。

素质目标

1. 养成严谨求实的职业素养。
2. 践行一丝不苟的工匠精神。

情境描述

某拟建公路某段为开挖路堑通过，路堑边坡暂未设计支挡结构，左侧边坡为均质砂土，内摩擦角35°，拟设计坡高为6m，坡角40°。右侧边坡土质为黏性土，重度γ=18kN/m^3，内摩擦角20°，黏聚力18kPa，拟设计坡高为7.5m，坡角45°，请分析该段路堑两侧边坡设计是否稳定安全。

任务点1 无黏性土坡稳定性分析

问题导学

如果你是工程勘察设计人员，请分析判断该段路堑左侧均质无黏性土边坡(内摩擦角35°，拟设计坡高6m，坡角40°)，在一般情况下和降雨后有沿坡面渗流时是否稳定安全。

1. 对于该工程中均质的无黏性土边坡，理论上只要(　　)小于(　　)，边坡就是稳定的。

2. 该路堑左侧均质无黏性土边坡在一般情况下，安全系数K是如何得来的？

(　　　　　　　　　　　　　　　　　　　　　　　　　　　　　　　)。

3. 该路堑左侧均质无黏性土边坡在有沿坡面渗流的情况下，安全系数K如何得来？

(　　　　　　　　　　　　　　　　　　　　　　　　　　　　　　　)。

4. 该工程中，路堑左侧均质无黏性土边坡，在有沿坡渗流情况下比没有沿坡渗流情况下更(　　)(稳定、不稳定)。

知识讲解

在道路、桥梁等土建工程中，经常遇到路堑、路堤或基坑开挖时的土坡稳定性问题。土坡是指具有倾斜坡面的土体，通常可分为天然土坡和人工土坡。天然土坡是由于地质作用自然形成的土坡，如山坡、江河湖的岸坡等；人工土坡是经人工开挖的土坡和填筑的土工建筑物边坡，如基坑、渠道、土坝、路堤等。若土坡的顶面和底面都是水平的，并延伸至无穷远，且由均质土组成，则称为简单土坡(图4-2-1)。

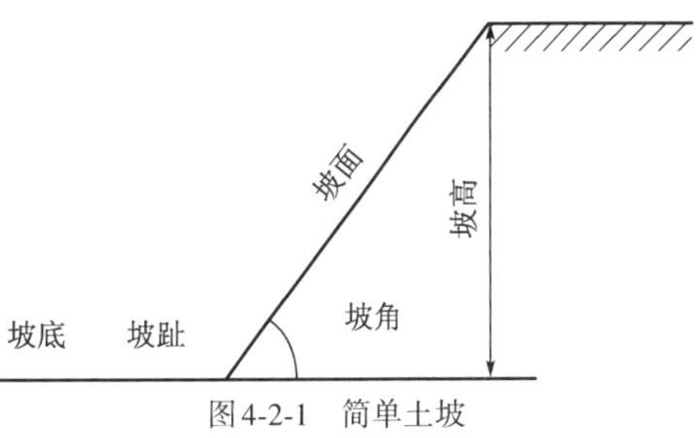

图4-2-1 简单土坡

一、一般情况下无黏性土坡稳定性分析

对于均质的无黏性土边坡，无论是干坡还是全部淹没的土坡，由于无黏性土颗粒之间缺少黏聚力，只要位于坡面上的单元土粒能够保持稳定，那么整个边坡就是稳定的。

图4-2-2所示为一均质无黏性土坡，坡角为β，现从坡面上任取一单元体分析其稳定性。设单元体的自重为W，它在坡面方向的下滑力，就是土体重在顺坡方向的分力，即$T=W\sin\beta$，土体重在坡面法线方向的分力为$N=W\cos\beta$，阻止土体下滑的力是此单元体与下面土体之间的摩擦力$T_f=N\tan\varphi$。

无黏性土坡稳定性分析

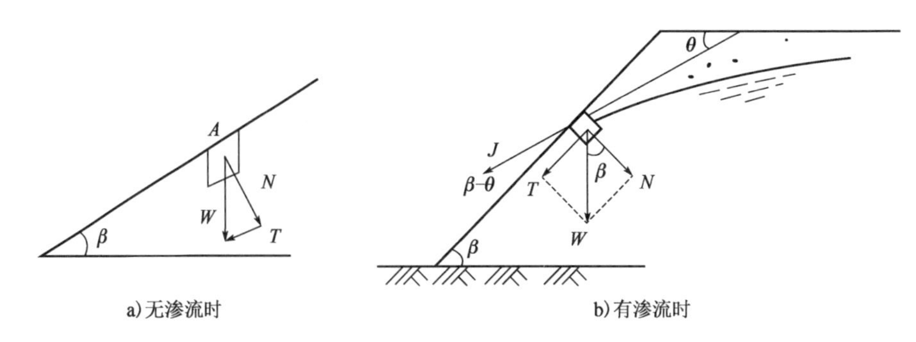

图4-2-2 无黏性土边坡的稳定性

土坡稳定的安全度用抗滑力与滑动力之比来评价,这个比值称为稳定安全系数K,即

$$K=\frac{T_{\mathrm{f}}}{T}=\frac{W\cos\beta\tan\varphi}{W\sin\beta}=\frac{\tan\varphi}{\tan\beta} \tag{4-2-1}$$

由式(4-2-1)可见,对于均质的无黏性土边坡,理论上只要坡角小于土的内摩擦角,边坡就是稳定的。当K=1时,边坡处于极限平衡状态,此时的坡角β等于无黏性土的内摩擦角φ,常称为静止角或休止角,并说明此时无黏性土边坡的滑动面为一平面。

为了保证边坡稳定,必须使K>1。K取值应合理,太小不安全,但太大又不符合经济原则,故K的具体取值必须参照有关规范。

二、有水作用时无黏性土坡稳定性分析

工程建设中,水位突然下降,或坑深低于地下水位的基坑边坡等情况,都会在边坡中形成渗透力,使得边坡稳定性降低。如图4-2-2b)所示,在坡面上渗流溢出处取一单元体,渗透力的方向与水平面的夹角为θ,则与坡面的夹角为$\beta-\theta$,则溢出处渗流方向与坡面平行,渗透力的方向也与坡面平行,此时使土体下滑的力为$T+J=W\sin\beta+J$,单元体所能发挥的最大抗滑力仍为T_{f},故安全系数为

$$K=\frac{T_{\mathrm{f}}}{T+J}=\frac{W\cos\beta\tan\varphi}{W\sin\beta+J} \tag{4-2-2}$$

当直接用渗透力来考虑渗流影响时,土体自重就是浮重度γ',而渗透力$J=\gamma_{\mathrm{w}}i$,其中γ_{w}为水的重度,i是渗流溢出处的水力梯度。因为是顺坡出流,i近似等于$\sin\beta$,于是式(4-2-2)可以写为

$$K=\frac{\gamma'\cos\beta\tan\varphi}{(\gamma'+\gamma_{\mathrm{w}})\sin\beta}=\frac{\gamma'\tan\varphi}{\gamma_{\mathrm{sat}}\tan\beta} \tag{4-2-3}$$

式中:γ_{sat}——土的饱和重度,kN/m^3。

式(4-2-3)与式(4-2-2)比较可知,有渗流情况下的无黏性土边坡的安全系数要比无渗流情况下的安全系数减小约1/2。也就是说,无渗流时$\beta\leqslant\varphi$,边坡是稳定的;有渗流时,坡度必须减缓,即坡角$\beta\leqslant\arctan\left(\frac{1}{2}\tan\varphi\right)$时才能保持稳定。

【例4-2-1】 一均质无黏性土边坡,其饱和重度γ_{sat}=20kN/m^3,内摩擦角φ=30°,若要求此边

坡的稳定安全系数K=1.3,试问在一般情况下和有平行于坡面渗流情况下边坡坡角应为多少?

解:由式(4-2-1)可以求得,$\tan\beta=\frac{\tan\varphi}{K}=\frac{\tan 30^\circ}{1.3}=0.444$,所以,在一般情况下要求的边坡坡角$\beta$=23.9°。

由式(4-2-3)可以求得,$\tan\beta=\frac{\gamma'\tan\varphi}{\gamma_{sat}K}=\frac{10\times\tan 30^\circ}{20\times 1.3}=0.222$,有平行于坡面渗流时边坡的坡角$\beta$=12.5°。

由计算结果可知,有平行于坡面渗流时边坡坡角几乎比一般情况下要小一半。

小组学习

学习了无黏性土坡稳定性分析,请列举土坡在哪些情况下容易失稳滑动。为什么同样的土坡,在降雨时容易失稳滑动?

要点总结

无黏性土坡稳定性
分析要点总结

知识小测

学习了任务点1内容,请大家扫码完成知识小测并思考以下问题。

1. 影响土坡失稳破坏的主要因素有哪些?

2. 无黏性土坡的稳定安全系数是怎样定义的?有平行于坡面方向沿坡渗流时,无黏性土坡的稳定安全系数又是怎样定义的?

3. 为什么同样条件的无黏性土坡,在有平行于坡面方向沿坡渗流情况下比没有沿坡渗流情况下更容易失稳破坏?

4.(2016年注册岩土工程师考试真题)一无限长砂土坡,坡面与水平面夹角为α,土的饱和重度γ_{sat}=21kN/m³,c=0,φ=30°,地下水沿土坡表面渗流,当要求砂土坡稳定系数K_s为1.2时,α角最接近下列(　　)。

A. 14.0°　　B. 16.5°　　C. 25.5°　　D. 30.0°

任务点2 黏性土坡稳定性分析

问题导学

如果你是工程勘察设计人员,请分析判断该段路堑右侧黏性土边坡(重度γ=18kN/m³,内摩擦角20°,黏聚力18kPa,拟设计坡高7.5m,坡角45°)是否稳定安全。

1. 该工程设计中，路堑右侧边坡为黏性土坡，其稳定性的分析方法与左侧均质无黏性土坡（　　）（相同、不同）。均质黏性土坡失去稳定时，常沿着（　　）滑动，通常滑动曲面近似为（　　），简称滑弧面。

2. 按照该工程中设计的右侧边坡的坡高和坡角，该侧边坡能保持稳定安全吗？若不稳定，可以考虑采用哪些方法保持稳定？

（　　　　　　　　　　　　　　　　　　　　　　　　　　　　　　　　　　　　）。

知识讲解

经大量的观察调查数据证实，均质黏性土坡失去稳定时，常沿着曲面滑动，通常滑动曲面近似为圆弧面，简称滑弧面。因而在分析黏性土坡稳定性时，常常假定土坡沿着圆弧破裂面滑动，以简化土坡稳定性验算的方法。

黏性土坡稳定性分析

黏性土坡常用的稳定性分析方法有瑞典圆弧法、条分法［包括瑞典条分法、毕肖普(Bishop)条分法和简布(Janbu)条分法］和不平衡推力传递系数法等，下面主要介绍瑞典圆弧法和瑞典条分法。

（一）瑞典圆弧法

图4-2-3所示为简单黏性土坡，ADC为假定的一个滑弧，圆心在O点，半径为R。假定土体$ABCD$为刚体，在重力W作用下，将绕圆心O旋转。

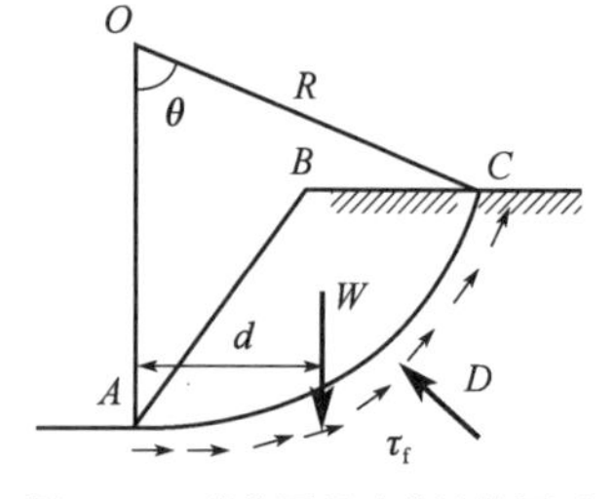

图4-2-3　瑞典圆弧法的计算图示

使土体绕圆心O下滑的滑动力矩为

$$M_s = Wd$$

阻止土体滑动的力是滑弧上的抗滑力，其值等于抗剪强度τ_f与滑弧ADC长度$\hat{L}$的乘积，故阻止土体$ABCD$向下滑动的抗滑力矩(对O点)为

$$M_R = \tau_f \hat{L} R \tag{4-2-4}$$

所以土坡的稳定安全系数为

$$K = \frac{M_R}{M_s} = \frac{\tau_f \hat{L} R}{Wd} \tag{4-2-5}$$

为了保证土坡的稳定性，K必须大于1.0。验算一个土坡的稳定性时，先假定多个不同的滑动面，通过试算找出多个相应的K值，相应于最小稳定安全系数K_{min}的滑弧即为最危险的滑动面。评价一个土坡的稳定性时，要求安全系数的最小值应不小于有关规范要求的值。

（二）瑞典条分法

1. 分析步骤

实际工程中土坡轮廓形状比较复杂，由多层土构成，$\varphi>0°$，有时还存在某些特殊外力(如渗透力、地震力作用等)，要确定滑动土体的重量和重心位置就比较复杂。为此，可将滑动土体分成若干条，求出各土条底面的剪切力和抗剪力，再根据力矩平衡条件，将各土条的抗滑力矩和滑动力矩分别相加,求得安全系数的表达式,如图4-2-4所示,这种方法统称为条分法,可用于圆弧或非圆弧滑动面情况。

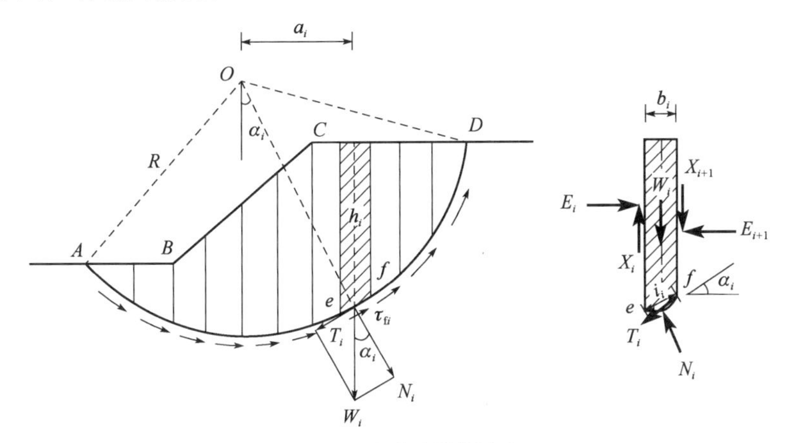

图4-2-4 条分法计算图示

瑞典条分法是条分法中最早被提出、最简单的一种,它是由瑞典铁路工程师彼得森于1916年提出的,后经费伦纽斯等人不断修改,在工程上得到了广泛应用。瑞典条分法具体分析步骤如下:

(1)按比例绘制土坡剖面图(图4-2-4)。

(2)任选一点O为圆心,以OA为半径R作圆弧AD,AD即为滑动圆弧面。

(3)将滑弧面以上土体竖直分成宽度相等的若干土条并依次编号。编号时可以将通过圆心O的竖直线定为0号土条的中线,土条编号向右为正,向左为负。为计算方便,可取各土条的宽度b=0.1R。

(4)计算作用在任一土条i上的作用力。

土条重力W_i的大小、作用点位置及方向均为已知。假定N_i、T_i作用在滑动面ef的中点,滑动面ef上的法向力N_i及切向反力T_i大小均未知。土条两侧的法向力E_i、E_{i+1}及竖向剪切力X_i、X_{i+1}中E_i和X_i可由前一个土条的平衡条件求得,而E_{i+1}和X_{i+1}的大小未知,E_{i+1}的作用点位置也未知。由此可以看到,作用在土条i的作用力中有5个未知数,但只能建立3个平衡方程,故无法直接求解。为了求得N_i、T_i值,必须对土条两侧作用力的大小和位置作适当的假定。假设E_i和X_i的合力等于E_{i+1}和X_{i+1}的合力,同时它们的作用线也重合,因此土条两侧的作用力相互抵消。这时土条i仅有作用力W_i、N_i及T_i,根据平衡条件可得

$$N_i = W_i \cos\alpha_i$$

$$T_i = W_i \sin\alpha_i$$

滑动面ef上土的抗剪强度为

$$\tau_{fi} = \sigma_i \tan\varphi_i + c_i = \frac{1}{l_i}(N_i \tan\varphi_i + c_i l_i) = \frac{1}{l_i}(W_i \cos\alpha_i \tan\varphi_i + c_i l_i) \tag{4-2-6}$$

式中:α_i——土条i滑动面的法线(亦即半径)与竖直线的夹角,(°);

l_i——土条i滑动面ef的弧长;

c_i——滑动面上的黏聚力,kPa;

φ_i——滑动面上的内摩擦角,(°)。

(5)计算滑动稳定系数K(沿整个滑动面上的抗滑稳定力矩与滑动力矩之比)。

土条i上的作用力对圆心O产生的滑动力矩M_s及抗滑稳定力矩M_R分别为

$$M_s = T_i R = W_i R \sin\alpha_i$$

$$M_R = \tau_{fi} l_i R = (W_i \cos\alpha_i \tan\varphi_i + c_i l_i)R$$

整个土坡相应于滑动面为AD时的稳定系数为

$$K = \frac{M_R}{M_s} = \frac{\sum \tau_i l_i R}{\sum T_i R} = \frac{\sum(c_i l_i + W_i \cos\alpha_i \tan\varphi_i)}{\sum W_i \sin\alpha_i} \tag{4-2-7}$$

对于均质土坡,γ、c、φ均为常量,同时在计算时若把土条的宽度取为等宽,均为b,式(4-2-7)可转化成

$$K = \frac{c\widehat{L} + \gamma b \tan\varphi \sum h_i \cos\alpha_i}{\gamma b \sum h_i \sin\alpha_i} \tag{4-2-8}$$

式中:$\widehat{L}$——滑动面AD的弧长;

h_i——每个土条的高度。

2. 最危险滑动面圆心位置的确定

上文是针对某一个假定滑动面求稳定安全系数,瑞典条分法在进行稳定性分析时仍需要试算多个可能的滑动面,分别计算相应的稳定系数K值,其中K_{min}所对应的滑弧面就是最危险的滑动面,当K_{min}>1时,土坡是稳定的。

为了减少试算工作量,费伦纽斯提出φ=0°的简单土坡最危险滑动面为通过坡脚的圆弧,其圆心O位于图4-2-5a)中AO与BO两线的交点,图4-2-5中β_1、β_2与坡角或坡度有关,可查表4-2-1。当φ≠0°时,费伦纽斯认为最危险的滑弧面圆心将沿图4-2-5b)中的MO线向左上方移动,O点的位置仍可通过表4-2-1中β_1、β_2确定。具体方法步骤如下:

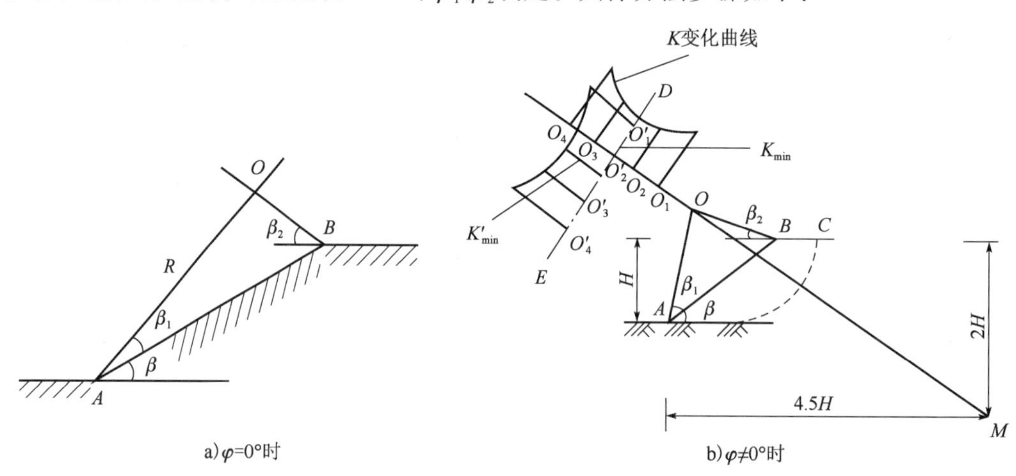

图4-2-5 最危险滑动面的确定

(1)根据边坡坡度或坡角β,查表4-2-1确定相应的β_1、β_2。

(2)由坡脚A点作线段AO,使∠OAB=β_1;由坡肩B点作线段BO,使该线段与水平线夹角为

β_2。线段AO与线段BO的交点为O。

(3)由坡脚A点竖直向下取坡高H值,再向右沿水平向取4.5H,并定义为M点。

(4)延长MO线,并取O_1、O_2、O_3…作为圆心,绘出相应的通过坡脚的滑弧,分别求出各滑弧的稳定安全系数K_1、K_2、K_3…,绘出K的曲线,取曲线下凹的最低点O'。

(5)同理,过O'点作垂直线DE,在DE上取O_1'、O_2'、O_3'…为圆心,计算各自的边坡安全系数K_{a1}、K_{a2}、K_{a3}…,并连成曲线,取曲线下凹处的最低点O'',该点即为所求最危险滑弧面的圆心位置,相应的边坡稳定安全系数为K'_{min}。

β_1、β_2的数值 表4-2-1

坡角β	边坡坡度1:m	β_1	β_2
60°	1:0.5	29°	40°
45°	1:1.0	28°	37°
33°41′	1:1.5	26°	35°
26°34′	1:2.0	25°	35°
18°26′	1:3.0	25°	35°
14°03′	1:4.0	25°	36°

小组学习

学习了黏性土坡稳定性分析,请讨论黏性土坡的稳定性分析和无黏性土坡稳定性分析的异同,总结梳理黏性土坡稳定性分析方法。

要点总结

黏性土坡稳定性分析要点总结

知识小测

学习了任务点2内容,请大家扫码完成知识小测并思考以下问题。

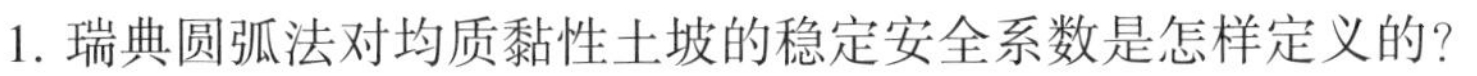

1. 瑞典圆弧法对均质黏性土坡的稳定安全系数是怎样定义的?

2. 黏性土坡稳定性分析的瑞典条分法有哪些步骤?其安全系数是怎样定义的?

3. 费伦纽斯提出的最危险滑动面快速确定的方法步骤有哪些?

4.(2017年注册岩土工程师考试真题)如图4-2-6所示,在黏土的简单圆弧条分法计算边坡稳定性中,滑弧的半径为30m,第i土条的宽度为2m,过滑弧底中心的切线,渗流水面和土条顶部与水平方向所成夹角都是30°,土条水下高度为7m,水上高度为3m,黏土的天然重度和饱

和重度$\gamma=20kN/m^3$。计算的第i土条滑动力矩最接近下列哪个选项?(　　)

A. 4800kN·m/m　　B. 5800kN·m/m　　C. 6800kN·m/m　　D. 7800kN·m/m

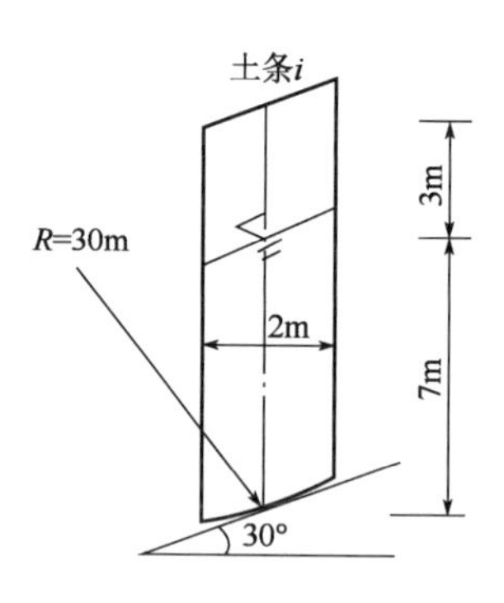

图4-2-6　知识小测4题图

模糊数学评判和数值模拟相结合的土质边坡稳定性综合评价

影响黄土区人工边坡稳定性的因素具有复杂性,难以通过单一方法做出客观准确的评价。为了研究山西太原古交市营立村采石场人工土质边坡稳定性,本文在现场地质调研基础上,采用层次分析法确定了影响该水泥厂边坡稳定性的因素及其分级标准,确定了地层岩性、地貌特征、风化作用、降雨及人类活动等5项影响因素,构建了边坡稳定性的模糊综合评价模型,进而结合相互关系矩阵评价其稳定性,最后通过FLAC3D软件模拟分析了降雨条件下该土质边坡稳定性变化规律。结果表明:采用模糊数学理论评价营立村采石场人工土质边坡天然条件下稳定系数为1.429(>1.15),处于稳定状态;采用FLAC3D软件模拟显示天然状态下边坡稳定系数为1.426,日降雨量增加引起了浅层土体稳定性短暂上升后下降,降雨量150mm/d时边坡稳定系数趋近于1,已处于极限稳定状态,可能诱发滑坡地质灾害。联合运用两种方法相互佐证能够提高评价准确性,使结果更符合边坡实际情况。

(素材来源:王崇敬,张龙,刘国伟. 模糊数学评判和数值模拟相结合的土质边坡稳定性综合评价[J]. 中国地质灾害与防治学报,2023,34(6):69-76.)

模块五

区域性岩土问题分析

公路工程区域性岩土问题是指公路工程范围内与岩土有关的地质问题的总和，包括地形地貌、地层岩性、地质构造、水文地质及不良地质等问题。研究公路工程相关的岩土问题可以有效规避风险、节省工程造价、保障公路工程建设安全及营运安全，并有利于设计施工人员合理设计和施工，有效利用工程地质条件，规避大型不良地质，提出经济合理的施工方案。在公路建设中，经常会遇到各种各样特殊岩土与不良地质地段，这些都会给路线的合理布局、工程设计及施工带来困难，尤其是像大型高速滑坡、崩塌及泥石流等不良地质，具有规模大、突发性强、破坏力大的特点，是重大的地质灾害，会给公路正常运行造成严重危害，甚至会直接威胁到人类的生命及财产安全。

本模块包括两个学习单元，分别是地质灾害分析、特殊土病害分析。通过对本模块的学习，学生可熟悉不同土质对公路工程的影响及重要性，识别不同地质灾害并根据灾害类型、规模等提出有针对性的防治措施，为以后从事相关专业工作打下坚实的基础。

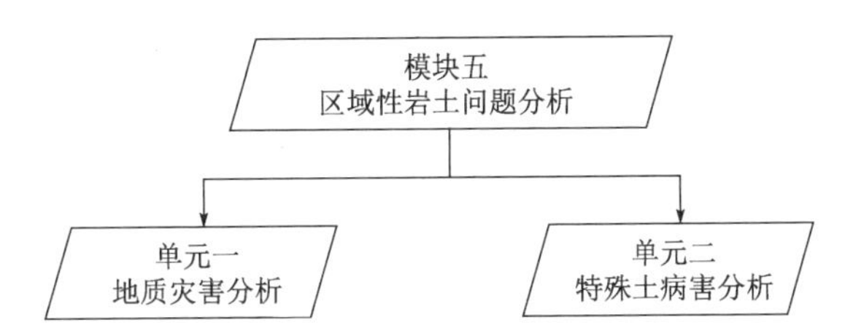

单元一 地质灾害分析

知识目标

1. 知道崩塌、滑坡、泥石流、岩溶、地震的概念、形成原因和危害。
2. 知道崩塌、滑坡、泥石流三种地质灾害的监测预警措施。
3. 知道崩塌、滑坡、泥石流、岩溶四种地质灾害的防治措施。
4. 知道地震震级、烈度、震源、震中、震源深度的定义，浅源地震、中源地震和深源地震的区别。
5. 区分地震预警和地震预报异同点。

能力目标

1. 能分析、区别崩塌、滑坡、泥石流三种地质灾害的成因异同点。
2. 能进行滑坡的野外识别并确定滑坡周界。
3. 能确定崩塌边界并预测其影响和破坏情况。
4. 能识别崩塌、滑坡、泥石流、岩溶四种地质灾害的治理措施。
5. 遇到不同的地质灾害能保持冷静，果断采取措施进行紧急避险。

素质目标

1. 养成敢于奉献、知行合一的职业素养。
2. 领悟和践行“以人民为中心”的理念。
3. 领悟和践行生态文明思想。
4. 传承和弘扬抗震救灾精神。

情境描述

某高速公路主线全长78.07km，全线地质构造复杂，沿线有活动断裂带、断层破碎带、不稳定高陡边坡、岩溶等不良地质情况，该区域同时位于高地震烈度区，存在地震风险。其为国家西部大开发重点公路建设项目，也是打通国际大通道的重要路段，在公路勘察设计之初，需要对沿线地层岩性、地质构造、不良地质等进行全面的勘察研究，提出合理可行的方案。

任务点1 崩塌灾害分析

问题导学

假设该路段上一处边坡，边坡坡角较大，边坡风化较为严重，岩体较为破碎，卸荷裂隙发育，边坡表面岩体松动，在重力的作用下，容易发生小型崩塌掉块。但坡体内无长大控制性裂缝或极不利结构面组合，且边坡低矮，整体稳定性较好，无明显变形迹象，未见地下水集中排泄。如果你是勘察或设计施工人员，请根据以下问题完成该任务点的学习。

1. 崩塌是指陡坡上的岩土体在(　　)的作用下突然脱离母体向下翻滚、坠落于(　　)的地质现象。

2. 崩塌形成的基本条件包括(　　)、(　　)及(　　)。

3. 若山坡或边坡坡面崩塌岩块的体积及数量不大，岩石的破碎程度不严重，可以采用的治理措施为(　　)。

4. 排水沟属于(　　)排水措施，渗沟属于(　　)排水措施。

5. 该处边坡可以采用的防护措施有(　　)、(　　)。

知识讲解

崩塌是指陡坡上的岩土体在自重作用下突然脱离母体向下翻滚、坠落于坡下的地质现象。崩塌不仅会发生在山区陡峻斜坡上，也会发生在河流、湖泊等的高陡岸坡上，还会发生在公路路堑的高陡边坡上，给人类的生命和财产安全造成威胁。

一、崩塌的特点及危害

(一)崩塌的特点

一般情况下，崩塌具有以下四个特点：

(1)速度快，发生猛烈；

(2)崩塌体的运动不沿固定的面或带发生；

(3)崩塌体在运动后，其原来的整体性遭到完全破坏；

(4)崩塌的垂直位移大于水平位移。

崩塌

(二)崩塌的危害

崩塌是山区公路常见的突发性病害。小的崩塌对行车安全及公路养护工作影响较大；大的崩塌会破坏公路、桥梁，击毁行车，有时崩积物会堵塞河道，引起路基水毁，严重影响交通营运及安全等(图5-1-1)。

二、崩塌形成的条件

崩塌形成的条件主要有基本条件和诱发条件。

(一)基本条件

崩塌形成的基本条件包括：地形地貌、地层岩性及地质构造条件。

1. 地形地貌条件

崩塌多发生于边坡坡角大于45°的陡坡上，尤其是大于60°的陡坡，地形切割越剧烈、高差越大越易形成崩塌，图5-1-2所示崩塌体所在的边坡就属于陡峻边坡。

图5-1-1 崩塌

a)崩塌前一天

b)崩塌后一天

图5-1-2 陡峻边坡崩塌前后对比图

2. 地层岩性条件

崩塌一般易发生于比较坚硬的脆性岩石构成的斜坡上、软硬互层的悬崖上及陡峻松散的土坡上。图5-1-2所示边坡岩性为坚硬的花岗岩。

3. 地质构造条件

自然界的斜坡可能会存在各种构造面,如岩层层面、裂隙面、断层面、节理面等,这些构造面对坡体的切割、分离为崩塌的形成提供了脱离母体(山体)的边界条件。当其软弱结构面倾向于临空面且倾角较大时,易发生崩塌;或坡面上两组呈楔形相交的结构面,当其组合交线倾向于临空面时,也会发生崩塌。图5-1-3所示边坡纵横向节理切割严重,为岩体脱离母体提供了有利的构造条件。

图5-1-3　节理切割导致崩塌

(二)诱发条件

诱发崩塌的外界因素包括地震、水及人为因素。

1. 地震

地震使岩土体松动,可使坡体中产生新的结构面且降低原有结构面的强度,破坏坡体的稳定性,从而诱发崩塌。

2. 水

地表水和地下水的存在对崩塌的发生起到了很重要的作用。水能软化岩土体、加速岩土体的风化作用,降低岩土体的强度,同时对潜在崩塌体产生动、静水压力及浮托力,从而诱发崩塌。

3. 人为因素

人为因素对崩塌的影响主要表现在勘测设计不合理、施工处理不当、运营阶段养护不当等方面,具体如下:

(1)线路未能绕避可能发生严重崩塌的不良地质地段。

(2)路堑边坡设计过高过陡。

(3)未设防崩建筑物进行遮挡或防崩建筑物设计不够彻底。

(4)不适宜地采用大爆破施工。

(5)施工方法不当,如在施工中不按规程自上而下开挖路堑,为节省人工,先挖下部,致使上部岩土体大量崩塌等。

(6)运营阶段养护不及时或养护方法不当等,如对易崩塌地段处置措施缺损未及时处理、排水系统堵塞等。

三、崩塌的分类

(一)根据崩塌体物质不同分类

崩塌根据崩塌体物质不同可分为岩崩和土崩,如图5-1-4和图5-1-5所示,崩塌体物质分别为岩体和土体。

图5-1-4　岩崩

图5-1-5　土崩

(二)根据崩塌的发展模式分类

崩塌根据崩塌的发展模式可分为倾倒式、滑移式、坠落式崩塌(图5-1-6～图5-1-8)。

图5-1-6　倾倒式崩塌

图5-1-7　滑移式崩塌

图5-1-8 坠落式崩塌

(三)根据崩塌体规模分类

崩塌根据崩塌体规模分为山崩、剥落、落石。当岩崩的规模巨大,涉及山体者为山崩,如图5-1-9所示;斜坡上岩体在强烈的物理风化作用下,较细小的碎块、岩屑沿坡面坠落或翻滚的现象为剥落,如图5-1-10所示;在陡崖上个别较大岩块崩落、翻滚向下的为落石,如图5-1-11所示。

图5-1-9 山崩

图5-1-10 剥落

图5-1-11 落石

四、崩塌的防治

(一)防治原则

崩塌的防治主要应把握"以防为主,防治结合"的原则,然后根据具体情况具体分析。

(二)防治措施

根据崩塌的规模和危害程度,对崩塌进行防治,防治措施分别为:绕避、刷坡清除、加固山坡和路堑边坡、修建排水构造物及拦挡建筑物等。

1. 绕避

对可能发生大规模崩塌地段,节理裂隙切割严重,危岩、崩塌发育地段,处理困难且工程造价太高的地段，必须设法绕避。

2. 刷坡清除

若山坡或边坡坡面崩塌岩块的体积及数量不大，岩石的破碎程度不严重，可采用全部清除并放缓边坡进行必要的防护加固。若斜坡上有较大的危石，如图5-1-12所示，一并清除。

3. 加固山坡和路堑边坡

在临近公路路基的上方，如有悬空的危岩或巨大块体的危石威胁行车安全，则应采用与其地形相适应的支护、支顶等支撑建筑物（危岩支顶），挂网或用锚固方法予以加固，对坡面深凹部分可进行嵌补，对危险裂缝进行灌浆。图5-1-13所示坡面采用了灌浆的加固措施。

图5-1-12 坡上危岩

图5-1-13 加固边坡

4. 修建排水构造物

在有水活动的地段布置排水构造物，以拦截疏导，防止水流渗入岩土体加剧斜坡失稳。排除地面水，可修建截水沟、排水沟等；排除地下水，可修建渗井渗沟、盲沟盲洞等。图5-1-14所示为截水沟、渗沟。

a）截水沟

b）渗沟

图5-1-14 排水构造物

5. 修建拦挡建筑物

对中、小型崩塌，可修建遮挡建筑物和拦截建筑物。

(1)对中型崩塌地段,如绕避方案不经济,可采用明洞、棚洞等遮挡建筑物。

(2)若山坡的母岩风化严重,崩塌物质来源丰富,或崩塌虽然规模不大,但可能频繁发生,则可修建拦截建筑物,如落石平台、落石槽、拦石堤或拦石墙等。图5-1-15所示为拦挡建筑物。

a)棚洞

b)主动防护网

c)被动防护网

d)拦石墙

图5-1-15 拦挡建筑物

小组学习

学习了崩塌的相关知识,请用思维导图总结归纳该任务点的内容,厘清崩塌发生条件、危害及防治措施,并思考如何利用节理玫瑰花图分析边坡的稳定性。

要点总结

崩塌要点总结

知识小测

学习了任务点1内容，请大家扫码完成知识小测并思考以下问题。

1. [2010年度全国勘察设计注册土木工程师(岩土)执业资格考试试题]在边坡工程中，采用柔性防护网的主要目的为(　　)。

A. 增加边坡的整体稳定性　　B. 提高边坡排泄地下水的能力

C. 美化边坡景观　　D. 防止边坡落石

2. (2023年一建《公路》考试真题)隧道发生塌方的主要原因是(　　)。

A. 不良地质及水文地质条件　　B. 初期支护背后有较小的空洞

C. 隧道设计考虑不周　　D. 施工方法和措施不当

E. 局部锚杆长度不够

3. 地质构造对崩塌的影响有哪些？

4. 地震作为崩塌的诱发因素是怎么造成边坡失稳的？

5. 简述崩塌的防治措施。

任务点2 滑坡灾害分析

问题导学

假设该路段上有一处边坡，正对河流，该边坡位于沙匡—苦竹坝断层带的2条次级断层之间，所在山头高程为1245m，坡度为25°～30°，顶部为一平台，坡度较缓。下伏基岩岩性为黑色峨眉山玄武岩，发育有柱状节理，上覆强风化破碎灰岩及含碎石黏土。该地降雨充沛。所处地区为中强地震区，地震活动频繁。如果你是勘察或设计施工人员，请结合以下问题完成该任务点的学习。

1. 该边坡可能发生的地质灾害类型为(　　)。

2. 滑坡是指斜坡上的岩土体，在(　　)作用下，沿着一定的(　　)向下滑动的现象。

3. 假设上覆松散岩土体较薄，可以采用(　　)方法进行滑坡治理。

4. 该地区地质构造如何影响边坡的稳定性？

知识讲解

滑坡

滑坡是指斜坡上的岩土体，在自重作用下，沿着一定的软弱面(或带)整体或局部向下滑动的现象。滑坡是山区公路常见的病害，经常会造成交通中断，影响公路交通安全运营。

一、滑坡的形态要素

滑坡的形态要素主要包括：滑坡体(滑体)、滑动面(滑面)、滑动带(滑带)、滑坡床(滑床)、滑坡台阶、滑坡壁、滑坡舌、滑坡裂缝等(图5-1-16)。

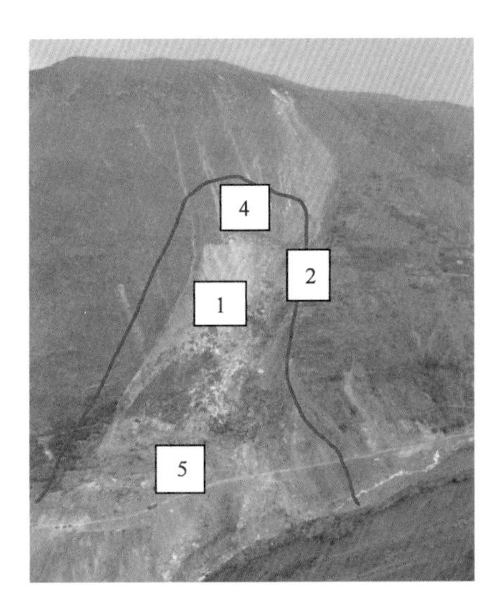

a)某滑坡全貌

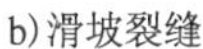
b)滑坡裂缝

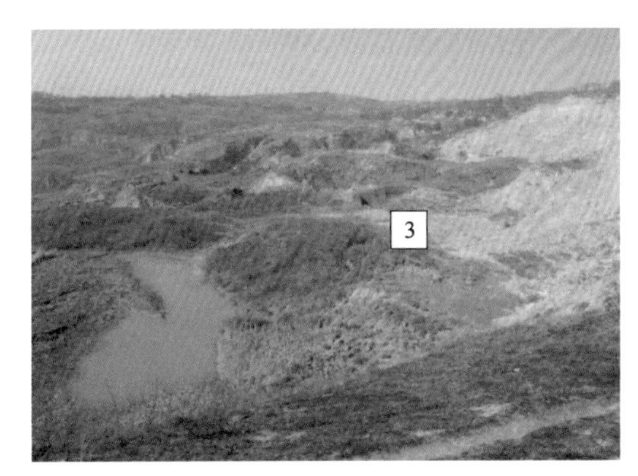

c)滑坡台阶

图5-1-16 滑坡的形态要素

1-滑坡体(滑体);2-滑动带(滑带);3-滑坡台阶;4-滑坡壁;5-滑坡舌;6-滑坡裂缝

二、滑坡的危害

滑坡是我国山区公路病害最为严重和普遍的一种。滑坡发生在施工期间会影响工期,增加投资;发生在运营期间会造成交通中断,甚至造成生命及财产的重大损失,增加大量的维修整治费用。特别是大规模的滑坡会堵塞河道、摧毁公路、破坏厂矿、掩埋村庄,对山区建设和交通设施危害很大。

三、滑坡的形成条件

滑坡的形成条件包括基本条件和诱发条件。基本条件包括地形地貌、地层岩性、地质构造,诱发条件包括地震、水、人类工程活动等。

(一)基本条件

1. 地形地貌

滑坡主要发育于深山峡谷地区、陡峭的岸坡。地形地貌条件决定了边坡形态,对边坡稳定性有直接的影响。我国西南山区,沿金沙江、岷江等河谷地区,边坡松动破裂、崩塌、滑坡等现象十分普遍。

2. 地层岩性

地层岩性对边坡稳定性影响很大,软硬相间并有软化、泥化或易风化的夹层时,最易造成边坡失稳滑坡。边坡岩土体性质及结构是形成滑坡的物质基础。红黏土、黄土、膨胀土等土质边坡,泥岩、页岩、凝灰岩、片岩、板岩等岩质边坡都为滑坡的发生提供了有利的岩性条件。

3. 地质构造

边坡上存在顺坡的层面、节理面、不整合面、断层面(带)等软弱结构面都是潜在的滑动面。另外结构面为降雨等进入斜坡提供了通道,特别是当平行和垂直斜坡的陡倾构造面及顺坡缓倾的构造面发育时,滑坡最易发生。

(二)诱发条件

1. 地震

地震会破坏边坡岩土体的完整性,使岩土体变得更加松散,破坏了岩土体的初始应力状态,导致边坡失稳滑坡。

2. 水

水是诱发滑坡产生的重要条件,水的作用主要表现在软化岩土体、降低岩土体强度、润滑滑动面、增大滑坡滑动风险等。

3. 人类工程活动

人类不合理的工程活动直接破坏山体的稳定性,诱发滑坡。如不合理开挖坡脚、坡体堆载、爆破、水库蓄(泄)水、矿上开采等都可诱发滑坡。

四、滑坡的分类

根据滑坡体的物质组成、规模等滑坡有不同的分类,见表5-1-1。

滑坡分类　　表5-1-1

分类依据	分类名称	特点
滑坡体的物质组成	黄土滑坡	发生于黄土地区,多属于崩塌性滑坡,滑动速度快,变形急剧,规模及动能巨大,常群集出现
	黏土滑坡	发生于黏土层为主的地层中,滑坡地貌明显,滑动速度较慢,规模较小,多成群出现
	堆积层滑坡	发生于斜坡或坡脚处的堆积体中,物质成分多为坡积土、人工填土及碎块石等,因堆积物成分、结构、厚度不同,滑坡形状、大小不一

续上表

分类依据	分类名称	特点
滑坡体的物质组成	岩质滑坡	滑坡体物质为岩石，主要发生于软弱岩层或具有软弱夹层的岩层中
滑动面与层面的关系	均质滑坡	多发生在岩性均一的软弱岩层或土层中，滑动面常呈圆弧形
	顺层滑坡	滑体沿着岩层层面发生滑动，岩层走向与斜坡走向一致，一般分布在顺倾向的山坡上
	切层滑坡	滑坡面切过岩层层面，一般沿倾向山体的断裂面滑动，多发生在逆向坡中，滑面很不规则
滑坡体的规模［按《地质灾害分类分级标准（试行）》（T/CAGHP 001—2018）］	小型滑坡	滑坡体体积小于$10 \times 10^4 m^3$
	中型滑坡	滑坡体体积为$10 \times 10^4 \sim 100 \times 10^4 m^3$
	大型滑坡	滑坡体体积为$100 \times 10^4 \sim 1000 \times 10^4 m^3$
	特大型滑坡（巨型滑坡）	滑坡体体积大于$1000 \times 10^4 m^3$
滑动面埋深	浅层滑坡	滑动面埋深小于6m
	中层滑坡	滑动面埋深为6～20m
	深层滑坡	滑动面埋深大于20m
滑坡的滑动力学特征	推移式滑坡	始滑部位位于滑动面的上部，因坡上堆积重物或修建建筑物，引起边坡上部不稳或压力增加，推动边坡下部滑动
	牵引式滑坡	始滑部位位于滑动面的下部，由于坡脚受河流冲刷或人工开挖等原因，首先在边坡下部发生滑动，引起自下而上的依次下滑
滑坡的滑动速度	蠕动型滑坡	人们仅凭肉眼难以看见其运动，通过仪器观测才能发现的滑坡
	慢速滑坡	每天滑动数厘米至数十厘米，人们凭肉眼可直接观察到的滑坡
	中速滑坡	每小时滑动数十厘米至数米的滑坡
	高速滑坡	每秒滑动数米至数十米的滑坡

五、滑坡的野外识别

在野外，从宏观角度，可以根据一些外表迹象和特征，粗略地对滑坡体进行判断。若要准确判断，则需要进一步观察和研究，借助勘测手段最终确认。

（一）地貌标志

滑坡处常见圈椅状地貌；滑坡体两侧沟谷呈双沟同源现象；滑坡舌突向河心，呈河谷不协调现象；在滑坡体的中部常有一级或多级异常台阶状平地，如图5-1-17所示。

图5-1-17 滑坡的地貌标志

(二)地物标志

新滑坡上常见醉树、醉汉林,老滑坡上常见马刀树,如图5-1-18所示。

a)醉汉林

b)马刀树

图5-1-18 滑坡的地物标志

(三)水文地质标志

由于滑坡造成岩土体错动,改变了地下水的流动路径,从而在滑坡体前缘坡脚处,有堵塞多年的泉水复活现象或出现泉水(井水)突然干枯、井(钻孔)水位突变等异常现象;在滑坡体两侧坡面洼地和上部常见喜水植物茂盛生长,如图5-1-19所示。

图5-1-19 滑坡的水文地质标志

(四)滑坡边界及滑坡床标志

滑坡后壁常见顺坡擦痕,拉张裂缝等;滑坡两侧(中部)常有沟谷或裂缝(一般为剪切裂缝),滑坡前缘土体常有滑坡鼓丘、鼓胀、裂缝等,如图5-1-20所示。

图5-1-20 滑坡裂缝

六、滑坡的防治

(一)防治原则

滑坡的防治,贯彻“以防为主,整治为辅”的原则。大型滑坡整治工程量大、技术处理难度大,在测设时应尽可能采用绕避方案;对中、小型滑坡应力求采取工程量小、施工方便、经济合理的防治方案。总之对滑坡的防治应在综合考虑经济和安全两个方面后采取合理方案。

(二)防治措施

根据滑坡的规模和危害程度,对滑坡进行防治。防治措施可归纳为“绕、减、固、排、挡”五个字,分别对应绕避、减重和反压、加固边坡、排水及修筑支挡工程等。

1. 绕避

对可能发生大型滑坡地段,处理困难且造价太高,进行方案比较后设法绕避。

2. 减重和反压

滑坡的发生主要是抗滑力小于滑动力,所以从受力方面考虑,要增大抗滑力,减小滑动力。对推移式滑坡,在上部主滑段减重,常达到根治的效果。对其他性质的滑坡,在主滑段减重也能起到减小下滑力的作用。但减重后将增大暴露面,有利于地面水渗入坡体,使坡体岩石风化,所以减重后要注意暴露面的及时处理,如图5-1-21所示。

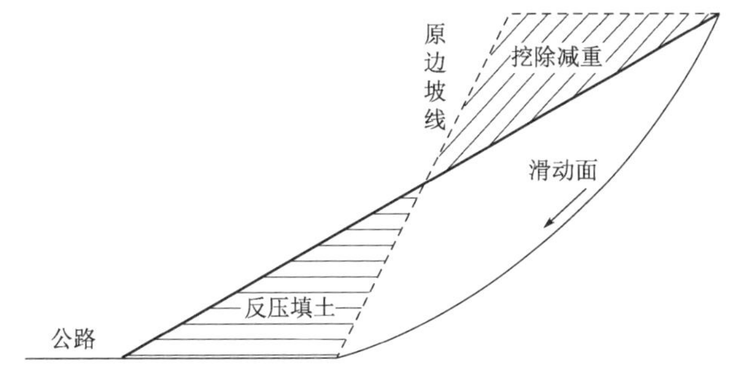

图5-1-21 刷方减重反压

在抗滑段进行加重从而增大抗滑力也是一种行之有效的治理滑坡方法。在滑坡体前缘堆填土石加重，如做成堤、坝等，能增大抗滑力而稳定滑坡，但填方时，必须做好地下排水工程，否则会堵塞原有地下排水出口，造成滑坡体排水不畅等后患。

3. 加固边坡

一般采用焙烧法（煅烧法）、注浆及化学加固等物理化学方法对滑坡进行整治，达到改善边坡土体性质、加固边坡的目的。

4. 排水

排水主要包括排除地表水、排除地下水及防止水流冲刷三个方面。

（1）排除地表水

排除地表水的目的是拦截、旁引地表水，避免地表水流入滑坡区；或将滑坡范围内的雨水及泉水尽快排除，阻止地表水进入滑坡体内。应首先采取排除地表水的措施并长期运用。其主要措施有修建截水沟、排水沟、急流槽、路边沟等，如图5-1-22所示，同时应对坡面进行相应防护。

a）急流槽

b）截水沟、排水沟

c）路边沟

图5-1-22　排除地表水设施

（2）排除地下水

排除地下水主要是将地下水疏导引出滑坡体范围。主要措施有修建盲沟、盲洞、渗沟、渗井、垂直钻孔等，如图5-1-23所示。

a）渗井

b）渗沟

图5-1-23　排除地下水设施

(3)防止水流冲刷

为了防止江、河、湖水、库水对滑坡体坡脚的冲刷掏蚀,可设置护坡、护岸、护堤,在边坡坡体前缘抛石、铺设石笼等防护工程或修筑丁坝等导流构造物,如图5-1-24所示。

a)抛石

b)石笼

c)丁坝

d)顺坝

图5-1-24 防止水流冲刷的防护措施

5. 修筑支挡工程

修筑支挡工程可以提高滑坡体的抗滑力,增加滑坡的重力平衡条件,使滑坡体迅速恢复稳定。支挡工程主要有抗滑挡土墙、抗滑桩、锚(杆)索挡土墙等。

(1)抗滑挡土墙:抗滑挡土墙由于施工时破坏山体平衡小,稳定滑坡收效快,故在整治滑坡中经常采用。图5-1-25所示为挡土墙。

(2)抗滑桩:抗滑桩是以桩作为抵抗滑坡滑动的工程建筑物,适用于深层滑坡,尤其是缺乏石料地区和处理正在活动的滑坡。抗滑桩设桩位置灵活,施工简单,开挖面积小,对坡体的扰动较小。抗滑桩布置取决于滑体密实程度、滑坡推力大小和施工条件。图5-1-26所示为抗滑桩。

图5-1-25 挡土墙

图5-1-26 抗滑桩

(3)锚(杆)索挡土墙:锚(杆)索挡土墙由锚杆、肋柱和挡板三部分组成。滑坡推力作用在挡板上,由挡板将滑坡推力传于肋柱传至锚(杆)索,最后通过锚(杆)索传到滑动面以下的稳定地层中,通过锚(杆)索的锚固来维持整个结构的稳定。其优点是节约材料,可成功代替庞大的混凝土挡土墙。图5-1-27所示为锚索挡土墙。

图5-1-27 锚索挡土墙

由于滑坡成因复杂，影响因素多，以上几种方法常常同时使用，综合治理。

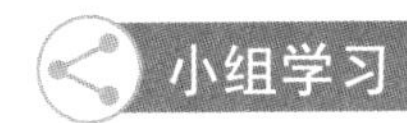

学习了滑坡的相关知识，请用思维导图总结归纳该任务点的内容，要求包含滑坡的形成条件、危害、野外识别及防治措施等内容。讨论滑坡的五字防治措施具体表示哪些措施。

滑坡要点总结

知识小测

学习了任务点2内容，请大家扫码完成知识小测并思考以下问题。

1. ［2011年度全国勘察设计注册土木工程师(岩土)执业资格考试试题］在斜坡将要发生滑动的时候，由于拉力的作用滑坡后部产生一些张开的弧形裂缝，此种裂缝称为(　　)。

A. 鼓张裂缝　　B. 扇形裂缝　　C. 剪切裂缝　　D. 拉张裂缝

2. ［2011年度全国勘察设计注册土木工程师(岩土)执业资格考试试题］在铁路选线遇到滑坡时，下列选项错误的是(　　)。

A. 对于性质复杂的大型滑坡，线路应尽量绕避

B. 对于性质简单的中型滑坡，线路可不绕避

C. 线路必须通过滑坡时，宜从滑坡体中部通过

D. 线路通过稳定滑坡下缘时，宜采用路堤形式

3. 在野外怎样识别滑坡?

4. 如果你处在危险斜坡上，如何避险?

任务点3　泥石流灾害分析

问题导学

假设路段途经一处泥石流沟，呈长条形，主沟长20. 5km，宽30~50m。两侧发育多条冲沟，流域地形高差大，新构造运动强烈，地震活动频繁，人类工程活动影响强烈。流域内降雨丰沛且具有明显的季节性，主要集中在夏季。另外区域内物源丰富，主沟泥石流松散物源主要包括滑坡堆积物、支沟泥石流堆积物和古泥石流堆积台地、人类工程活动堆积物以及沟床堆积物，其次还有崩积物、残坡积等第四系堆积物。如果你是勘察或设计施工人员，请分析路线应如何通过，并结合以下问题完成任务点的学习。

1. 泥石流形成的条件有(　　)、(　　)、(　　)。
2. 典型的泥石流分为三个区,上游为(　　)区,中游叫(　　)区,下游为(　　)。
3. 泥石流不同分区对泥石流的发育都有哪些贡献?
4. 路线从此沟通过时应采用什么方式?

知识讲解

泥石流是含有大量固体物质(泥、砂、石)的特殊洪流,为高浓度的液相、固相混合流,是山区特有的一种不良地质现象。它不仅可以堵塞、冲毁、淤埋道路、桥梁等工程,还可以冲毁沿途的农田、村镇房屋设施等。泥石流发生突然、来势凶猛,历时短暂,破坏力强,直接威胁人类的生命及财产安全。

泥石流

一、泥石流的主要危害方式

泥石流在沟谷中往往突然爆发、能量巨大、来势凶猛,历时短暂,复发频繁。主要活动特征和危害方式为"冲"和"淤"(图5-1-28)。"冲"是指以巨大的冲击力作用于建筑物而造成直接破坏;"淤"是指构造物被泥石流搬运堆积下来的泥、砂、石淤埋。

图5-1-28　泥石流的"冲"和"淤"

二、泥石流形成的基本条件

泥石流的形成必须具备三个基本条件:地形地貌条件、物源条件及水源条件。

(一)地形地貌条件

在地形上,具备山高沟深、地势陡峻、沟床纵坡降大、流域形态有利于汇集周围山坡上的水流和固体物质等特点。在地貌上,典型的泥石流地貌一般可分为形成区、流通区和堆积区。上游形成区多为三面环山、一端出口的瓢状或漏斗状,岩土体破碎、植被不发育,有利于汇水和汇物源;中游流通区多为狭窄陡深的峡谷,谷床纵坡降大,有利于泥石流提速;下游堆积区多为地形开阔平坦的山前平原,使倾泻下来的泥石流降速堆积。图5-1-29所示为上游漏斗状地形和下游平坦地形。

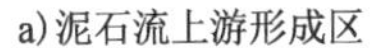

a）泥石流上游形成区

b）泥石流下游堆积区

图5-1-29 泥石流的地形地貌

（二）物源条件

泥石流常发生在地质构造复杂、断裂褶皱发育、新构造活动强烈、地震烈度较高的地区。地表岩层破碎，滑坡、崩塌、错落等不良地质发育，为泥石流的形成提供了丰富的物源；另外，岩层结构碎裂软弱、易风化、节理发育或软硬相间地层，也易形成丰富的碎屑物来源；人类的滥伐乱垦造成水土流失及不合理开挖、弃土、弃渣、采石等也为泥石流提供了丰富的物源条件。图5-1-30所示为不同的物源汇集。

a）崩塌方式提供物源

b）滑坡方式提供物源

c）沟底搬运方式提供物源

d）多种作用共同构成泥石流物质来源

图5-1-30 泥石流的物源

(三)水源条件

水既是泥石流的重要组成部分,又是泥石流的重要激发条件和搬运介质(动力来源)。泥石流的发生与短时间内突然性的大量流水密切相关。泥石流的水源主要有强度较大的暴雨、冰川积雪的强烈消融及水库、河流、湖泊等的突然溃决等。图5-1-31所示为不同的水源条件。

a)山洪

b)冰川融雪

c)河水暴涨

d)溃坝

图5-1-31 泥石流的水源

三、泥石流的类型

根据不同的分类依据,泥石流可以分为不同的类型,详见表5-1-2。

泥石流的分类 表5-1-2

分类依据	分类名称	特点	示例
流域特征	标准型泥石流	流域呈扇形、瓢形，可明显划分为形成区、流通区和堆积区。泥石流的规模和破坏力较大	
	沟谷型泥石流	沟谷明显，流域呈长条形，形成区和流通区区分不明显，沿沟谷既有堆积也有冲刷。破坏力较强，周期较长，规模较大	
	山坡型泥石流	沟谷浅、坡度陡、流程短。沟谷与山坡基本一致，无明显的流通区，形成区直接与堆积区相连。堆积物棱角尖锐、明显。冲击力大，淤积速度较快，规模较小	
物质状态	黏性泥石流	含大量黏性土，黏性大，密度高，有阵流现象。固体物质占40%~60%，最高达80%。水不是搬运介质，而是组成物质。稠度大，石块呈悬浮状态，爆发突然，持续时间短，破坏力大	

续上表

分类依据	分类名称	特点	示例
物质状态	稀性 泥石流	水为主要成分，黏土、粉土含量一般小于5%，固体物质占10%~40%，有很大分散性。搬运介质为稀泥浆，砂石以滚动或跳跃的方式前进，具有强烈的下切作用。其堆积物在堆积区呈扇状散流，停积后似“石海”	
物质成分	泥石流	由大量细颗粒物质(粉砂、黏土等)和粒径不等的砂、石块组成，主要发生在花岗岩、片麻岩、板岩、千枚岩和页岩分布地区。西藏波密、四川西昌、云南东川和甘肃武都等地区的泥石流均属于此类	
	泥流	以黏性土为主，含少量砂粒、石块，黏度大，呈稠泥状，主要分布在我国西北黄土高原地区	
	水石流	由水和大小不等的砂粒、石块组成，在石灰岩、大理岩、白云岩和部分花岗岩、砾岩山区形成的泥石流，含泥量很少。主要分布在我国华山、太行山、北京西山等地区	

续上表

分类依据	分类名称	特点	示例
爆发规模（按照一次堆积总量或洪峰量的大小不同分类）	特大型泥石流	泥石流一次堆积总量大于100万m^3，洪峰量大于$200m^3/s$	
	大型泥石流	泥石流一次堆积总量10万～100万m^3，洪峰量$100\sim200m^3/s$	
	中型泥石流	泥石流一次堆积总量1万～10万m^3，洪峰量$50\sim100m^3/s$	
	小型泥石流	泥石流一次堆积总量小于1万m^3，洪峰量小于$50m^3/s$	

四、泥石流的防治

（一）防治原则

泥石流的防治应当贯彻“以防为主、以避为宜、治理为辅、防治结合”的原则。结合公路工程实际情况，进行经济及安全的合理评估，采取“防、避、治”相结合的方针。

（二）防治措施

泥石流的防治要因势利导，顺其自然，就地论治，因害设防和就地取材，“排、挡、固”等措施相结合。一般在泥石流的形成区主要以防止汇水和汇物源为主，多采用排导和固土的方式，流通区和堆积区以排导、拦挡、防护为主。公路工程建设中经常采用生物防护与工程防护相结合的综合治理措施。

1. 水土保持工程

在泥石流上游形成区、流通区内，封山育林、植树造林、平整山坡、修筑梯田；修筑排水系统及山坡防护工程等，阻止物源及水源的汇聚，阻止泥石流加速，减轻泥石流的危害。水土保持虽是根治泥石流的一种方法，但需要一定的自然条件，收益时间也较长，一般应与其他措施配合进行。图5-1-32所示为水土保持后的效果。

2. 拦挡工程

在泥石流中游流通区，山高坡陡，可以修建拦挡工程，控制泥石流的固体物质和地表径流，减缓坡降，降低泥石流速度，以减少泥石流对下游工程的冲刷、撞击和淤埋。拦挡工程主要有拦挡坝(图5-1-33)、格栅坝、停淤场等。

图5-1-32 水土保持后的效果

图5-1-33 拦挡坝

3. 跨越工程

在泥石流流通区、堆积区可以通过修建桥梁、隧道、涵洞等跨(穿)越工程保证公路顺利通过泥石流区域。图5-1-34所示为采用桥梁跨越泥石流沟。

4. 排导工程

在泥石流下游堆积区，可以修建排导工程，改善泥石流流势、增大桥梁等建筑物的泄洪能力，使泥石流按设计意图顺利排泄。排导工程包括渡槽、排导沟、导流堤等。图5-1-35所示为某泥石流沟的导流堤。

图5-1-34 桥梁跨越

图5-1-35 排导工程——导流堤

5. 防护工程

在泥石流地区，对桥梁、隧道、路基及其他重要工程设施，修建防护工程，用以抵御或消除泥石流对主体建筑物的冲刷、冲击、侧蚀和淤埋等。防护工程主要有护坡、挡土墙、顺坝和丁坝等。图5-1-36所示为某泥石流沟的沟侧挡土墙。

图5-1-36　防护工程——沟侧挡土墙

小组学习

学习了泥石流的相关知识,请用思维导图总结归纳该任务点的内容,要求包含泥石流的形成条件、危害、识别及防治措施等内容。讨论在泥石流不同的区域应采取哪些防治措施,在泥石流沟附近的村民应注意哪些问题。

要点总结

泥石流要点总结

知识小测

学习了任务点3内容,请大家扫码完成知识小测并思考以下问题。

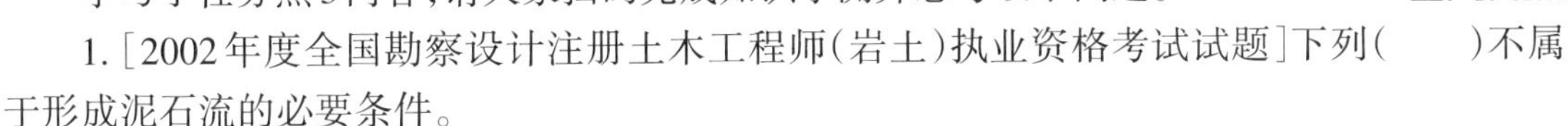

1. [2002年度全国勘察设计注册土木工程师(岩土)执业资格考试试题]下列(　　)不属于形成泥石流的必要条件。

A. 有陡峻,便于集水、聚物的地形　　B. 有丰富的松散物质来源

C. 有宽阔的排泄通道　　D. 短期内有大量的水的来源及其汇集

2. [2003年度全国勘察设计注册土木工程师(岩土)执业资格考试试题]对于泥石流地区的路基设计,下列(　　)说法是错误的。

A. 应全面考虑跨越、排导、拦截以及水土保持等措施,总体规划,综合防治

B. 跨越的措施包括桥梁、涵洞、渡槽和隧道等,其中以涵洞最为常用

C. 拦截措施的主要作用是将一部分泥石流拦截在公路上游,以防止泥石流的沟床进一步下切、山体滑塌和携带的冲积物危害路基

D. 排导沟的横切面应根据流量确定

3. 简单说明典型泥石流的分区及其防治。

4. 简述泥石流与洪水的异同点。

任务点4 岩溶灾害分析

假设高速公路路过一片沉积岩区，该路段所在区域降雨量充沛，四季分明。通过勘察主要为石灰岩，路线区域见多处坑洞，如果你是勘察或设计施工人员，请分析路线从此通过时应做哪些工作以确保公路安全，并结合以下问题完成任务点的学习。

1. 岩溶发育的基本条件是(　　)、(　　)和(　　)。

2. 经勘察路线下方有一大坑，体积比较大，设计要求架桥通过，桥梁基础应用(　　　)方式成桩。

3. 对比较小的干涸的溶洞，应该采用什么方法进行处置？具体应该怎么做？

知识讲解

一、岩溶及岩溶作用

岩溶作用是指地表水和地下水对地表及地下可溶性岩石所进行的，以化学溶解作用为主、机械侵蚀作用为辅的溶蚀作用、侵蚀-溶蚀作用以及与之相伴生的堆积作用的总称。在岩溶作用下所产生的地表形态和沉积物，称为岩溶地貌和岩溶堆积物。岩溶作用及其所产生的一切岩溶现象的总称为岩溶，也称喀斯特(Karst)，图5-1-37所示为某处岩溶地貌。喀斯特是南斯拉夫西北部沿海一带石灰岩高原的地名，因那里发育各种石灰岩地貌，故借用此名。

岩溶

图5-1-37　岩溶地貌

我国岩溶地貌分布广、面积大，其中在桂、黔、滇、川东、川南、鄂西、湘西、粤北等地连片分布的就达55万km^2，尤以桂林山水、路南石林闻名于世。

在岩溶地区，由于地上地下的岩溶形态复杂多变，给工程建设造成相当大的困难，严重影响工程的安全。如路基水毁、路基坍塌、隧道涌水等。但有时可利用“天生桥”跨越河道、河谷、洼地；利用暗河、溶洞以扩建隧道等。因此，在岩溶区修建公路，应认真勘察岩溶发育程度及岩溶形态空间分布规律，以便充分利用某些可利用的岩溶形态，避让或防治岩溶病害，确保路线布局和路基稳定。

二、岩溶形成的基本条件

岩溶形成的基本条件包括：可溶性岩石、透水性岩层及有溶蚀能力的流动水。

1. 可溶性岩石

可溶性岩石是岩溶形成的物质基础，分为三类：碳酸盐类岩石（石灰岩、白云岩、泥灰岩等）、硫酸盐类岩石（石膏、硬石膏和芒硝等）、卤盐类岩石（钾、钠、镁盐岩石等）。

2. 透水性岩层

岩层透水性越好，岩溶越发育。岩层透水性主要取决于裂隙和孔洞的数量及连通情况。

3. 有溶蚀能力的流动水

水的溶蚀能力随着水中侵蚀性二氧化碳含量的增加而加强。

三、影响岩溶发育的因素

影响岩溶发育的因素很多，除上述基本条件外，还有地层（包括地层的组合、厚度）、构造（包括岩层产状、大地构造、地质构造等）、气候、覆盖层、植被等。其中，气候因素对岩溶影响最为显著。

1. 地层岩性

不同的地层组合特征构成不同的水文地质断面，同时也控制了岩溶的空间分布格局。由比较单一的各类碳酸盐岩层组成的均匀地层分布区，岩溶成片分布，且发育良好。由碳酸盐岩层和非碳酸盐岩层相间组成的互层状地层分布区，岩溶呈带状分布；以非碳酸盐岩层为主，中间夹有碳酸盐类岩层的间层状地层分布区，岩溶呈零星分布。

在巨厚层和厚层碳酸盐类岩层中，一般含不溶物较少，结晶颗粒粗大，因此溶解度较大，加之张开的节理裂隙发育，岩溶化程度较深；而薄层碳酸盐类地层则相反。

岩层产状主要由于控制地下水的流态，而对岩溶的发育程度及方向有影响。如水平岩层中岩溶多水平发育；直立岩层中岩溶可发育很深；倾斜岩层中，由于水的运动扩展面大，最有利于岩溶发育。

2. 地质构造

地质构造越发育，岩溶越发育。如节理发育区、褶皱轴部、断层破碎带等部位，岩溶往往发育强烈。

3. 气候

从大范围来说，气候是影响岩溶发育的一个重要因素。在我国气候温湿的南方，岩溶远较干燥寒冷的北方发育。

4. 地壳运动

地壳抬升时期，垂直方向岩溶发育，常形成落水洞；地壳运动稳定时期，水平方向岩溶发育，常形成水平溶洞。

四、岩溶地貌

岩溶地貌在碳酸盐岩层分布区最为发育，根据其出露情况，可分为地表岩溶地貌、地下岩溶地貌和组合岩溶地貌。常见的地表岩溶地貌有石芽、溶沟、溶槽、溶蚀漏斗、溶蚀洼地、干谷、盲谷、落水洞等;地下岩溶地貌有溶洞、暗河等;组合岩溶地貌有天生桥等。

五、岩溶区的主要工程地质问题

岩溶区的工程地质问题主要为以下两类。

(一)地基稳定性及塌陷问题

在岩溶地区,岩溶形成的石芽、溶沟、溶槽等造成基岩面起伏不均匀,如果地基处理不当可能会导致不均匀沉降;岩溶水使岩层产生孔洞,导致岩体强度降低,或持力层范围出现岩溶洞穴,导致地基承载力大大降低,造成地基失稳甚至出现塌陷。图5-1-38所示为岩溶引起的地面塌陷。

(二)渗漏和突水问题

由于岩溶地区的岩体中有许多裂隙、管道和溶洞,在进行水库、大坝、隧道、基坑等工程活动时,极有可能会出现渗漏和突水问题,造成人民生命及财产的损失和增加施工难度等。图5-1-39所示为岩溶区隧道突水。

图5-1-38　地面塌陷

图5-1-39　岩溶区隧道突水

六、岩溶的防治措施

(一)防治原则

岩溶区进行工程建设应尽量避开岩溶发育区域,无法避开时应遵循以防为主,防治结合的原则。对无水洞穴,进行堵塞,分层填筑分层压实;对有水洞穴,宜疏不宜堵,先进行岩溶整治,然后进行施工。选线选址时应“认真勘测、综合分析、全面比较、避重就轻、兴利防害”。

(二)防治措施

当岩溶地基稳定性不满足要求时,必须事先进行处理,做到防患于未然,通过勘测后综合分析,提出合理的措施方案。对岩溶和岩溶水的防治措施可以归纳为堵塞、疏导、跨越、清基加固等。

1. 堵塞

对基本停止发展的干涸溶洞，一般以堵塞为宜。如用片石堵塞路堑边坡上的溶洞，表面以浆砌片石封闭。对路基或桥基下埋藏较深的溶洞，一般可通过钻孔向洞内灌注水泥砂浆、混凝土、沥青等加以堵塞，以提高其强度。图5-1-40所示为用干砌片石或浆砌片石堵塞干涸溶洞。

2. 疏导

对经常有水或季节性有水的溶洞，一般宜疏不宜堵，应采取因地制宜、因势利导的方法。路基上方的岩溶泉和冒水洞，宜采用排水沟将水截流至路基外。对于路基基底的岩溶泉和冒水洞，设置集水明沟或渗沟，将水排出路基。图5-1-41所示为截水沟结合桥涵设施将泉水排出路基。

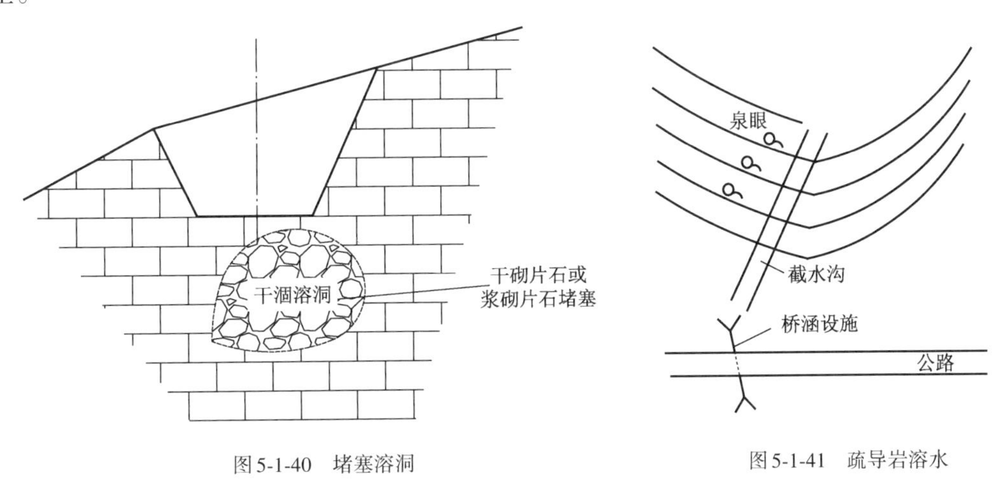

图5-1-40 堵塞溶洞

图5-1-41 疏导岩溶水

3. 跨越

对位于路基基底的开口干溶洞，当洞的体积较大或深度较深时，可采用构造物跨越。对于有顶板但顶板强度不足的干溶洞，可炸除顶板后进行回填，或设构造物跨越。图5-1-42中，由于溶洞较深，采用桥梁跨越通过。

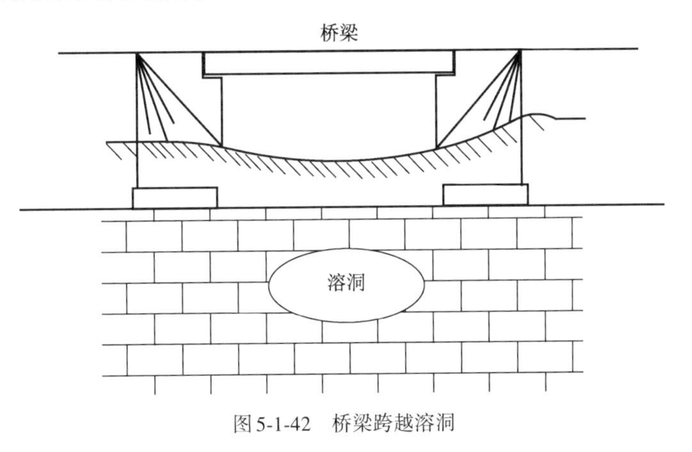

图5-1-42 桥梁跨越溶洞

4. 清基加固

在工程建设过程中，为防止基底溶洞坍塌及岩溶水渗漏，经常采用加固的方法进行处理。

(1)如果洞径大、洞内施工条件好，可以先清除洞内杂物，再采用浆砌片石支墙、支柱等加固。如需保持洞内水流畅通,可在支撑工程间设置涵管排水。

(2)如果洞径小、深度大,不能使用洞内加固方法,可采用石盖板或钢筋混凝土盖板进行跨越。

(3)如果洞径小、顶板薄或岩层破碎,可以采用爆破顶板然后用片石回填。

(4)如果溶洞内有充填物,宜优先采用注浆法、旋喷法进行加固,不能满足设计要求时宜采用构造物跨越。

(5)如需保持洞内流水通畅,应设置排水通道。

学习了岩溶的相关知识,请用思维导图总结归纳该任务点的内容,要求包含岩溶的形成条件、工程危害及防治措施等内容。讨论岩溶地貌与工程建设的关系,在岩溶区进行工程建设时要注意哪些问题。

岩溶要点总结

知识小测

学习了任务点4内容,请大家扫码完成知识小测并思考以下问题。

1. [2002年度全国勘察设计注册土木工程师(岩土)执业资格考试试卷]在碳酸盐岩石地区,土洞和塌陷一般由下列(　　)原因产生。

A. 地下水渗流　　B. 岩溶和地下水作用

C. 动植物活动　　D. 含盐土溶蚀

2. [2016年度全国勘察设计注册土木工程师(岩土)执业资格考试试卷]下列条件中不是岩溶发育的必需条件的为(　　)。

A. 岩石具有可溶性　　B. 岩体具有透水结构面

C. 具有溶蚀能力的水　　D. 岩石具有软化性

3. 岩溶发育的充分必要条件是什么?

4. 假设要在一处有水的溶洞处架设桥梁,应该怎么做?

5. 修路时遇到干的溶洞应该怎么处理?

任务点5　地震灾害分析

问题导学

该公路项目位于高地震烈度区,作为勘察和设计施工人员,应对地震进行设防,进行相关知识储备，通过学习和查阅相关资料及如下汶川地震信息完成下列问题：

2008年5月12日（星期一）14时28分04秒，四川省汶川县发生地震。根据中国地震局的数据，此次地震的里氏震级达8.0级，地震烈度达到11度。截至2008年9月18日12时，5·12汶川地震共造成69227人死亡，374643人受伤，17923人失踪，是中华人民共和国成立至今破坏力最大的地震，也是唐山大地震后伤亡最严重的一次地震。经国务院批准，自2009年起，每年5月12日为全国防灾减灾日。

1. 请完成图5-1-43所示地震要素图中空白框的填写。

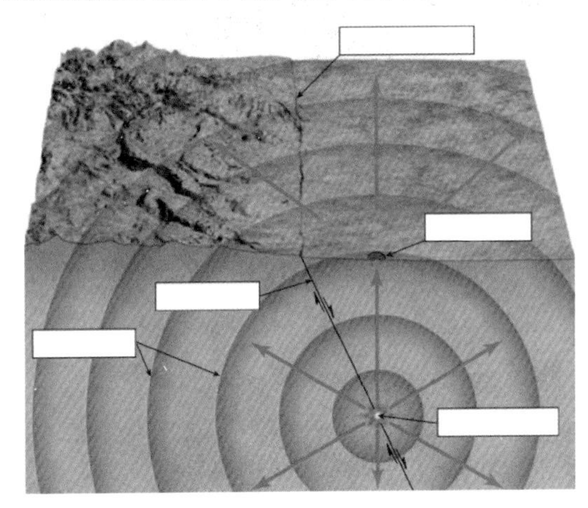

图5-1-43 地震要素图

2. 汶川是5·12汶川地震的（　　）。汶川地震按形成原因，属于（　　）地震；按震源深度，属于（　　）地震。

3. 下列关于震级和烈度叙述正确的是（　　）。

A. 震级是地震所释放出来能量大小的反映

B. 震级是由地面建筑物的破坏程度决定的

C. 烈度是由地震释放出来的能量大小决定的

D. 每次地震的烈度只有一个

E. 同一个地震，其烈度可以有多个

F. 现阶段，已经可以准确预报出地震的发生时间

知识讲解

地震是一种地球内部应力突然释放的表现形式，同台风、暴雨、洪水、雷电一样，是一种自然现象。全世界每年大约发生500万次地震，绝大多数地震因震级小，人感觉不到，但还是有部分地震造成了严重损失，如图5-1-44所示。我国是世界上地震活动较多且强烈的地区，地震活动主要分布在东南部的台湾和福建、广东沿海，以及华北地震带、西藏滇西地震带、横贯中国的南北向地震带。研究地震的成因、影响及如何防震，对保证工程质量，减少人民的生命及财产损失是非常必要的。

地震

图5-1-44　震后的城镇

一、地震的成因

由人类工程活动(如开山、开矿、爆破等)引起的地震叫人工地震,除此之外都叫天然地震。地震按成因不同分为构造地震、火山地震、陷落地震及诱发地震(人工地震)。

(一)构造地震

地球在不停地运动变化,内部产生巨大的作用力称为地应力。在地应力长期缓慢的积累和作用下,地壳的岩层发生弯曲变形,当地应力超过岩石本身所能承受的强度时,岩层产生断裂错动,突然释放巨大的能量并迅速传到地面,这就是构造地震。世界上90%以上的地震都是构造地震。强烈的构造地震破坏力很大,是人类预防地震灾害的主要对象。

(二)火山地震

由火山活动时岩浆喷发冲击或热力作用引起的地震叫火山地震。这种地震的震级一般比较小,影响范围不大且为数较少,占地震总数的7%左右。

(三)陷落地震

由于地下水溶解了可溶性岩石,使岩石中出现空洞并逐渐扩大或由于地下开采形成了巨大的空洞,造成岩石顶部和土层崩塌陷落而引发地震,叫陷落地震。这类地震震级很小,占地震总数的3%左右。

(四)诱发地震(人工地震)

在特定的地区因某种地壳外界因素诱发引起的地震,叫诱发地震,也叫人工地震。如水库蓄水、地下核爆炸、油井灌水、深井注液、采矿等也可诱发地震。其中最常见的是水库地震,其也是当前要严加关注的地震灾害之一。

二、地震分类

(一)按震源深度分类

根据震源深度,地震可分为三类:深源地震,震源深度为300~700km;中源地震,震源深度为70~300km;浅源地震,震源深度小于70km。破坏性较大的地震都属于浅源地震,约占全球地震总数的90%,而且震源多集中在地表以下5~20km的深度范围内。

(二)按震级分类

根据震级大小,地震可分为四类:微震(<3级)、弱震(3~4.5级)、中强震(4.5~6级)、强震(>6级)。

(三)按震中距分类

根据震中距,地震可分为三类:震中距小于100km的地方震、震中距100~1000km的近震和震中距大于1000km的远震。

(四)按发震时代分类

按发震时代,地震可分为现代地震、历史地震、古地震三类。

三、地震的形态要素

(1)震源:地震发生的起始位置,断层开始破裂的地方。

(2)震中:震源在地球表面上的垂直投影。震中及其附近的地方称为震中区,也称极震区;它是地震能量积聚和释放的地方。

(3)震源深度:震源处垂直向上到地表的距离。

(4)震中距:震中到地面上任一点的距离,简称震中距。

地震的要素如图5-1-45所示。

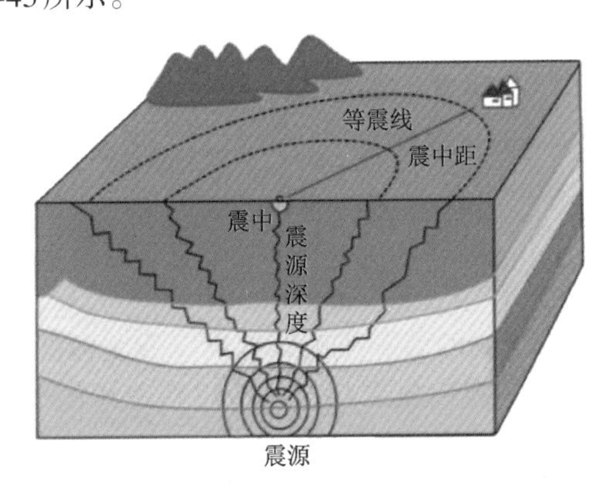

图5-1-45 地震的要素

四、地震波、震级和烈度

(一)地震波

地震发生时震源释放的能量以弹性波的形式向四周传播,这种弹性波就是地震波。其按传播方式可分为纵波(P波)、横波(S波)(纵波和横波均属于体波)和面波(L波)三种类型(图5-1-46)。纵波是推进波,地壳中传播速度为5.5~7km/s,最先到达震中,又称P波,它使地面发生上下振动,破坏性较弱。横波是剪切波,在地壳中的传播速度为3.2~4.0km/s,第二个到达震中,又称S波,它使地面发生前后、左右抖动,破坏性较强。面波又称L波,是由纵波与横波在地表相遇后激发产生的混合波,其波长大、振幅强,只能沿地表面传播,是造成建筑物强烈破坏的主要因素。

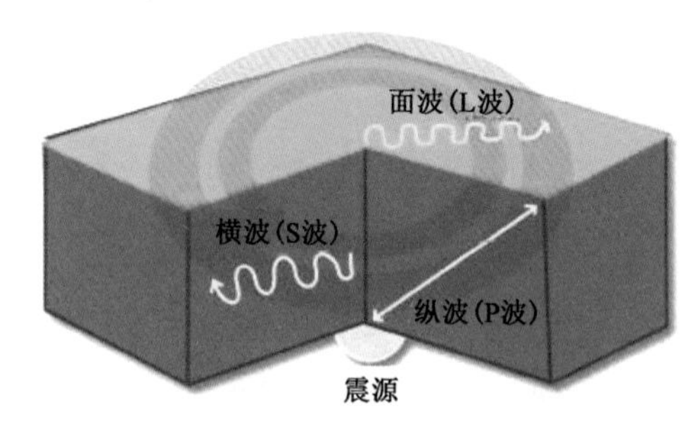

图5-1-46　地震波示意图

(二)震级

地震发生后,必须首先定出衡量地震强度大小和地表破坏轻重程度的标准,这些标准就是地震的震级和烈度。

地震时在短时间内释放出大量的能量。通常用震级的方式,描述地震释放的能量。此处的“级”,即震级。包括我国在内的许多国家采用里氏震级作为地震的衡量单位。

震级是表示地震强度大小的度量,与地震释放的能量有关。一次地震只有一个震级,以这次地震中的主震震级为代表。发生地震时从震源释放出来的弹性波能量越大,震级就越大。

目前已知最强地震的里氏震级是9.5级,其释放的能量相当于27000颗广岛原子弹释放的能量。8级地震的能量约为4级地震的10^5倍。5级以上地震能造成破坏,3.5级以下地震在一般情况下不能为人们所感知。

(三)烈度

烈度是指地震对地面和建筑物的影响或破坏程度。烈度根据受震物体的反应、房屋建筑物破坏程度和地形地貌改观等宏观现象来判断。地震烈度往往与地震震级、震中距、震源深度及当地工程地质条件等因素有关。因此,一次地震,震级只有一个,但烈度却是根据各地遭受破坏的程度和人为感觉的不同而不同,所以烈度会有多个。一般来说,烈度大小与震中距成反比,震中距越小,烈度越大,反之烈度越小,如图5-1-47所示。

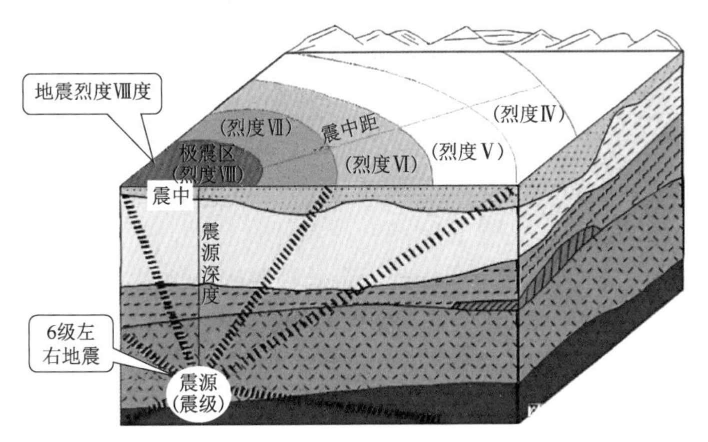

图5-1-47 地震烈度与震中距的关系示意图

震中区破坏最严重,离震中越远破坏越轻。烈度相同点的连线,称为等震线。地表各处由于地质条件不均一,破坏程度就不一样,因而等震线并不是规则的同心圆。

我国对烈度的划分如图5-1-48所示。

Ⅰ 人们感觉不到地面下方的运动
Ⅱ 处于楼层高处的人能感觉到轻微的晃动
Ⅲ 悬挂的物体摇摆不定,所有人都能感觉到晃动
Ⅳ 门、窗作响,停泊的汽车开始摇晃
Ⅴ 睡梦中的人被惊醒,门、窗晃动,盘子掉在地上
Ⅵ 行走困难,树木晃动,细长形的构造物被损毁

Ⅶ 站立困难,结构较差的建筑物倒塌
Ⅷ 烟囱倒塌,树枝折断,家具翻倒
Ⅸ 大部分建筑物结构损伤,地面开裂
Ⅹ 大面积地面开裂,山体滑坡,大部分建筑物损毁
Ⅺ 建筑物坍塌,地下管道破裂
Ⅻ 地面呈波状起伏,出现大范围的破坏

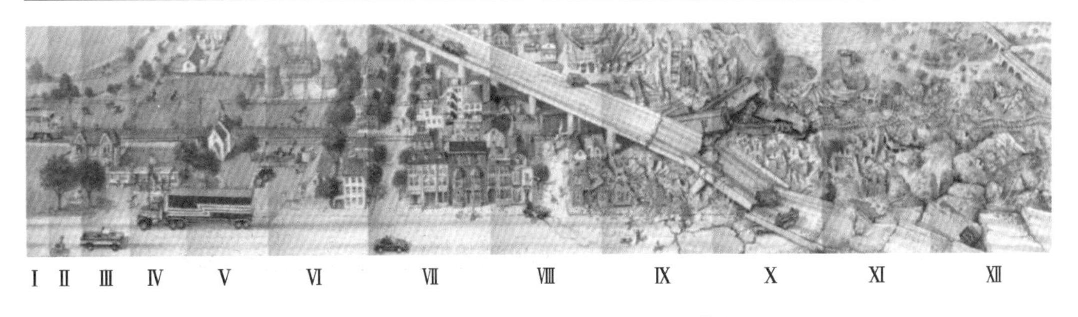

图5-1-48 中国地震烈度图(图源:中国地震信息网)

五、地震的危害与预防

(一)地震的危害

地震产生的危害包括直接灾害和次生灾害。

地震直接灾害是地震的原生现象,如地震断层错动,以及地震波引起地面振动所造成的灾害,主要有地面的破坏、建筑物与构筑物的破坏、山体等自然物的破坏等。

地震避险

地震次生灾害是直接灾害发生后,破坏了自然或社会原有的平衡或稳定状

态,从而引发出的灾害,主要有滑坡、崩塌、水灾、火灾、瘟疫等。

(二)地震预报、预警与预防

1. 地震预报

地震预报要求回答三个问题,即何时、何地、发生何种震级的地震。

2. 地震预警

地震预警是在地震发生后,利用震中附近台站观测到的地震波初期信息,快速估算地震基本参数并预测影响范围和程度,然后向可能受灾但破坏性地震波尚未到达的区域发布预警信息。

地震预警系统可以提供数秒至数十秒的预警时间,公众可以采取避震、疏散等措施减少人员伤亡。重大基础设施可采取各种紧急处置措施,像高速列车紧急制动避免脱轨,燃气管线及时关闭避免发生次生火灾,电梯紧急停止在最近楼层避免轿厢内人员被困。

3. 地震预防

地震的预防主要在于提高建筑物的抗震能力。在设计与施工中应根据地震区划的资料采取相应的抗震措施,特别是大型矿山、水库、重大工程设施以及工业建筑等,必须严格符合抗震要求。抗震建筑的实质在于加强建筑物的整体性、结构的牢固性及地基的稳固性。

六、道路震害

地震对道路及配套设施的影响是巨大的,具体表现如图5-1-49所示。

a)地震造成路面断裂

b)地震造成桥梁及附属设施破坏

c)不稳定斜坡地震裂缝

d)地震对隧道的破坏

图5-1-49　道路震害

七、抗震防震原则

（一）平原地区路基抗震防震原则

(1)尽量避免在地势低洼地带修筑路基。尽量避免沿河岸、水渠修筑路基，不得已时，也应尽量远离河、水渠。

(2)在软弱地基上修筑路基时，要注意鉴别地基中可液化砂土、易触变黏土的埋藏范围与厚度，并采取相应的加固措施。

(3)加强路基排水，避免路侧积水。

(4)严格控制路堤压实，特别是高路堤的分层压实。尽量使路肩与行车道部分具有相同的密实度。

(5)注意新老路基的结合。旧路加宽时，应在旧路基边坡上开挖台阶，并注意对新填土的压实。

(6)尽量采用黏性土做填筑路基的材料，避免使用低塑性的粉土或砂土。

(7)加强桥头路堤的防护工程。

（二）山岭地区路基防震原则

(1)沿河路线应尽量避开地震时可能发生大规模崩塌、滑坡地段。在可能因发生崩塌、滑坡而堵河成湖时，应估计其可能淹没的范围和溃决的影响范围，合理确定路线的方案和高程。

(2)尽量减少对山体自然平衡条件的破坏和自然植被的破坏，严格控制挖方边坡高度，并根据地震烈度适当放缓边坡坡度。在岩体严重松散地段和易崩塌、易滑坡地段，应采取防护加固措施。在高烈度区岩体严重风化地段，不宜采用大爆破施工。

(3)在山坡上宜尽可能避免或减少半填半挖路基，如不可能，则应采取适当加固措施。在横坡陡于1∶3的山坡上填筑路堤时，应采取措施保证填方部分与山坡的结合，同时应注意加强上侧山坡的排水和坡脚的支挡措施。在更陡的山坡上，应用挡土墙加固，或以栈桥代替路基。

(4)在不小于7度烈度区内，挡土墙应根据设计烈度进行抗震强度和稳定性的验算。干砌挡土墙应根据地震烈度限制墙高。浆砌挡土墙的砂浆强度等级较一般地区适当提高。在软弱地基上修建挡土墙时，可视具体情况采取换土、加大基础面积、采用桩基等措施。同时要保证墙身砌筑、墙背填土夯实与排水设施的施工质量。

（三）桥梁防震原则

(1)勘测时查明对桥梁抗震有利、不利和危险的地段，按照避重就轻的原则，充分利用有利地段选定桥位。

(2)在可能发生河岸液化滑坡的软弱地基上建桥时，可适当增加桥长、合理布置桥孔，避免将墩台布设在可能滑动的岸坡上和地形突变处，并适当增加基础的刚度和埋置深度，提高基础抵抗水平推力的能力。

(3)当桥梁基础置于软弱黏性土层或严重不均匀土层上时,应注意减轻荷载、加大基底面积、减少基底偏心、采用桩基础。当桥梁基础置于可液化土层时,基桩应穿过可液化土层,并在稳定土层中有足够的嵌入长度。

(4)尽量减轻桥梁的总重量,尽量采用比较轻型的上部构造,避免头重脚轻。对震动周期较长的高桥,应按动力理论进行设计。

(5)加强上部构造的纵横向连接,加强上部构造的整体性。选用抗震性能较好的支座,加强上、下部的连接,采取限制上部构造纵、横向位移或上抛的措施,防止落梁。

(6)多孔长桥宜分节建造,化长桥为短桥,使各分节能互不依存地变形。

(7)用砖、石圬工和水泥混凝土等脆性材料修建的建筑物,抗拉、抗冲击能力弱,接缝处是弱点,容易发生裂纹、位移、坍塌等病害,应尽量少用,并尽可能选用抗震性能好的钢材或钢筋混凝土。

5·12汶川地震,成都距离震中约92km,北川县距震中约140km,但北川所受损失却远大于成都,这是什么原因造成的呢?

地震要点总结

知识小测

学习了任务点5内容,请大家扫码完成知识小测并思考以下问题。

1.[2011年度全国勘察设计注册土木工程师(岩土)考试真题]当符合下列哪些选项的情况时,可忽略地震断裂错动对地面建筑的影响?(　　)

A. 10万年以来未曾活动过的断裂

B. 抗震设防烈度小于8度

C. 抗震设防烈度9度,隐伏断裂的土层覆盖厚度大于60m

D. 丙、丁类建筑

2.[2011年度全国勘察设计注册土木工程师(岩土)执业资格考试试卷]以下与地震相关的叙述中正确的是(　　)。

A. 地震主要是由火山活动和陷落引起的

B. 地震波中传播最慢的是面波

C. 地震震级是地震对地面和建筑物的影响或者破坏程度

D. 地震烈度是表示地震能量大小的量度

3. 简述地震震级与烈度的关系。

4. 简述地震波、S波、P波的含义。

5. 地震时假设你正在公交车上应如何做?

金沙江燃灯滑坡应急调查监测

燃灯滑坡(图5-1-50)位于西藏自治区昌都市江达县汪布顶乡燃灯村安置点上游约1km,金沙江右岸,为一特大型古滑坡堆积体的局部复活,古滑坡总体积约$2000\times10^4m^3$,其中强变形区体积约$130\times10^4m^3$,潜在滑坡区体积约$220\times10^4m^3$,后缘影响区体积约$280\times10^4m^3$,对岸残留古滑坡堆积区体积约$1500\times10^4m^3$。2020年7月19日汛期巡查时发现古滑坡堆积体前缘发生明显变形破坏,若古滑坡堆积体发生大规模失稳破坏,将威胁上下游沿岸城镇、村庄和交通、水电等工程设施的安全。

相关单位组织专家综合分析滑坡区地形地质条件、变形破坏特征、稳定性现状及发展趋势,提出以下防治措施建议:

1. 进行工程治理

在滑坡周边修建截、排水工程,对强变形区进行支挡和坡面防护,在滑坡治理前暂停公路开挖施工。

图5-1-50　燃灯滑坡全景及分区图

2. 开展专业监测

鉴于滑坡整体规模较大,且目前强变形区破坏迹象明显,潜在滑坡区亦可能复活,后缘影响区存在发生高位滑坡的地质和地形条件，建议开展专业监测，特别是后缘影响区应被纳入长期监测范围。

3. 加强群测群防及信息共享

建立该滑坡的群测群防体系，制定应急预案，加强西藏、四川两省信息共享与部门联动。

（素材来源：成都地质调查中心金沙江燃灯滑坡应急调查监测报告）

单元二 特殊土病害分析

我国地域幅员辽阔，在工程建设过程中会遇到多种不同的土，这些土具有独特的工程特性，在一定区域分布、特定物理环境或人为条件下形成，有工程意义上的特殊成分、状态和结构特征的土称为特殊土。中国特殊土地类别有软土、红黏土、人工填土、膨胀土、黄土、冻土等。地基土是工程建设中最为根本的部分，其稳定性建设决定整个上层建筑工程结构强度、硬度和牢固性以及整体的建设质量。地基土的分布离散性大，各个区域分布比较特殊，均会导致一些不良的后果，在此选取几种常见的地基土进行详细介绍。对特殊土的辨别和处理对于工程建设有着至关重要的作用，正确认识、辨别和处理特殊土具有重要的理论意义与工程应用价值。

知识目标

1. 知道软土的定义、分类、特性、力学特性，熟悉软土危害及分布范围。
2. 知道红黏土的定义、分类、性质、特性，熟悉红黏土危害及分布范围。
3. 知道冻土的定义、分类、特性，熟悉冻土危害及分布范围。

能力目标

1. 能识别软土病害并具备处理常见软土问题的能力，能灵活运用相应处置方法。
2. 能识别红黏土病害并具备处理常见红黏土问题的能力，能灵活运用相应处置方法。
3. 能识别冻土病害并具备处理常见冻土问题的能力，能灵活运用相应处置方法。

素质目标

1. 养成团结协作、甘当路石的职业素养。
2. 养成敢于奉献、知行合一的职业素养。
3. 养成刻苦钻研、勇于探索的职业素养。

任务点1 软土病害分析

情境描述

在公路桥梁、房屋建筑等工程的建设过程中，经常会出现特殊土地基，如沼泽、滩涂、冻土、红黏土等。这些特殊土地基含水率较高、土质较为疏松，且容易发生大面积的沉降和塌陷问题，在进行工程建设时，工程人员首先需学会分析不同土地特点，选择不同的地基土体处理方法进行加强处理，保证地基建设的稳定性。软土在各个省份都比较常见，但是不同的区域特点不一样，如下面两个案例：

案例一：某市某高速沿线的特殊性岩土为人工填土和软土。沿线表层普遍有人工填土，剥蚀斜坡地貌单元厚度一般小于1m，滨海浅滩地貌单元厚度较大，一般为2～7m，成分以花岗岩风化碎屑、黏性土和砂土为主，回填年限不一，均匀性较差。沿线软土主要分布于滨海浅滩地貌单元，厚度一般为1～12m，分布面积较大，以含淤泥中砂、淤泥为主，呈灰黑色～灰色，流塑～软塑状，该软土天然含水率高、天然孔隙比大、压缩性高、抗剪强度低，并有触变性、流变性。

案例二：某市某高速的路线起点至K3+980段为填海路段，其中填海范围内分布有0.4～11.0m厚度不均的淤泥及淤泥质土，其上覆盖土层厚度2.5～7m，根据淤泥及淤泥质土层厚度和填土厚度，根据下列情况（表5-2-1），请问采用什么方法进行处理和改善？(1)K0+000～K1+100段（淤泥及淤泥质土厚度0.4～1.7m，其上填土厚度2.5～6.0m，总处理深度2.9～7.7m），K3+585～K3+980段（淤泥及淤泥质土厚度约2.7m，其上填土厚度约4.5m，总处理厚度约7.2m）；(2)K1+100～K3+585段淤泥层较厚（淤泥及淤泥质土厚度1.7～11.0m，其上填土厚度2.0～6.0m，总处理深度8.0～16.0m）；(3)K2+200～K3+585段淤泥层较厚（淤泥及淤泥质土厚度1.6～10.0m，其上填土厚度2.0～6.0m，总处理深度8.0～16.0m）。

项目沿线软弱地基土分布情况 表5-2-1

序号	起讫桩号	长度（m）	处理深度（m）	含水率	液限	塑限	塑限指数	处理方法
1	K0+000～K1+100 K3+585～K3+980	1100		39.6%	51%	27%	24	强夯
2	K1+100～K3+585	2485	12～14	42.2%	52.5%	25%	27.5	碎石桩+满拍
3	K2+200～K3+585	1385		42%	52%	25%	27	碎石桩+满拍； 碎石垫层厚度60cm，碎石盲沟每30m设一道

问题导学

根据学习情境中的资料，对工程的地质组成进行充分了解，将工程目的和工程特点结合起来，选用有效的技术方法对软土进行科学的、合理的处理，对土质结构进行改造，增强其结构的稳定性，提高软土地基的质量，使其起到更好的承重作用，满足工程需求。请结合以下问题完成任务点学习。

1. 情境中遇到的特殊地基土有(　　)、(　　)类型,根据情境中描述软土有(　　　　　　　　　　)物理特点,有(　　　　　　　　　　)力学特性,在高速公路建设中可能会产生(　　　　　　　　　　)危害。

2. 如果你是施工员,根据案例一、案例二地质情况,路段地地下水位高,如何改善地基情况?需要采用什么方法提高此处的地基承载力?

(　　　　　　　　　　　　　　　　　　　　　　　　　　　　)。

3. 查找资料,软土地基常用处理方法有哪些?举例说明。(　　)、(　　)、(　　)、(　　)、(　　)。

知识讲解

一、软土的认知

软土一般是指天然含水量高、压缩性高、承载力低和抗剪强度很低的呈软塑~流塑状态的黏性土。软土是一类土的总称,并非指某一种特定的土,工程上常将软土细分为淤泥、淤泥质土、泥炭和泥炭质土等;具有天然含水量高、天然孔隙比大、压缩性高、抗剪强度低、固结系数小、固结时间长、灵敏度高、扰动性大、透水性差、土层层状分布复杂、各层之间物理力学性质相差较大等特点;广泛分布在我国东南沿海地区和内陆江河湖泊的周围。

(一)软土的分类

软土一般包括淤泥、淤泥质土、泥炭、泥炭质土等。淤泥是指在静水或缓慢的流水环境中沉积并含有机质的细粒土,其天然含水率大于液限,天然孔隙比大于1.5。淤泥质土是指在静水或非常缓慢的流水环境中沉积,天然孔隙比大于1.0而小于1.5,并含有有机质的一种结构性土。泥炭是指喜水植物遗体在缺氧条件下,经缓慢分解而形成的泥沼覆盖层。泥炭质土是指在某些河湖沉积低平原及山间谷地中,由于长期积水,水生植被茂密,在缺氧情况下,大量分解不充分的植物残体积累并形成泥炭层的土壤。

(二)软土的组成和状态特征

软土的组成和状态特征是由其生成环境决定的。软土主要由黏粒和粉粒等细小颗粒组成,它多形成于水流不通畅、饱和缺氧的静水盆地,因此软土的淤泥黏粒含量较高,一般达30%~60%。黏粒的黏土矿物成分以水云母和蒙脱石为主,含大量的有机质。有机质含量一般达5%~15%,最大达17%~25%。这些黏土矿物和有机质颗粒表面带有大量负电荷,与水分子作用非常强烈,因而在其颗粒外围形成很厚的结合水膜,且在沉积过程中由于粒间静电荷引力和分子引力作用,形成絮状和蜂窝状结构。所以,软土含有大量的结合水,并由于存在一定强度的粒间联结而具有显著的结构性。

由于软土的生成环境及粒度、矿物组成和结构特征,其结构性显著,呈饱和状态,在其自重作用下难以压实。因此,软土具有高孔隙比和高含水率,而且使淤泥一般呈欠压密状态,以致其孔隙比和天然含水率随埋藏深度变化很小,因而土质特别松软。淤泥质土一般则呈稍欠压密或正常压密状态，其强度有所增大。

淤泥和淤泥质土一般呈软塑状态，但其结构一经扰动破坏，其强度就会剧烈降低甚至呈流动状态。因此，淤泥和淤泥质土的稠度实际上通常处于潜流状态。

（三）软土物理力学特性

（1）高含水率和高孔隙性。软土的天然含水率一般为35%~80%，最大甚至超过200%。液限一般为40%~60%，天然含水率随液限的增大成正比增加。天然孔隙比在1~2之间，最大达3~4。其饱和度一般大于95%，因而天然含水率与其天然孔隙比呈直线关系。软土高含水率和高孔隙性特征是决定其压缩性和抗剪强度的重要因素。

（2）渗透性弱。软土的渗透系数一般为1×10^{-8}~1×10^{-6}cm/s，而大部分滨海相和三角洲相软土地区土层中夹有数量不等的薄层或极薄层粉砂、细砂、粉土等，故在水平方向的渗透性较竖直方向要大得多。该类土渗透系数小、含水率大且处于饱和状态，这不但延缓其土体的固结过程，而且在加荷初期，常易出现较高的孔隙水压力，对地基强度有显著影响。

（3）压缩性高。软土均属高压缩性土，其压缩系数$a_{0.1\sim0.2}$一般为0.5~1.5MPa^{-1}，最大可达4.5MPa^{-1}（例如渤海海域），它随着土的液限和天然含水率的增大而升高。

（4）抗剪强度低。软土的抗剪强度低且与加荷速度及排水固结条件密切相关，不排水三轴快剪所得抗剪强度值很小，且与其侧压力大小无关。排水条件下的抗剪强度随固结程度的增加而增大。

（5）具有较显著的触变性、蠕变性，具有明显的流变性。在荷载作用下，软土承受剪应力作用产生缓慢的剪切变形，并且可能导致抗剪强度的衰减，在主固结沉降完毕之后还可能继续产生较大的次固结沉降。

二、软土的危害

（一）软土地基对高层建筑的危害

软土作为工程建筑地基时表现得非常软弱和不稳定，在淤泥质软土发育地区进行工程活动时，常发生严重的工程地质灾害，主要表现是建筑物容易发生强烈的不均匀下沉，有时还因滑动变形造成地基或边坡失稳。在这类地基上直接建造多层建筑，沉降量往往非常大，如果均匀沉降和不均匀沉降过大，会导致建筑物倾斜使墙体开裂，严重的甚至倒塌。

（二）软土地基对道路桥梁的危害

软土地基不均匀沉降和过大沉降将严重影响路面的平整度，降低道路通行能力和安全度，路基路堤还可能会随着软土地基一起产生滑动现象，从而导致路面的整体遭到破坏。

三、软土的鉴别

《岩土工程勘察规范》（GB 50021—2001）（2009年版）规定凡符合以下三项特征即为软土：

以灰色为主的细粒土;天然含水率大于液限;天然孔隙比大于或等于1.0。综上,天然孔隙比大于或等于1.0,且天然含水率大于液限的细粒土应判定为软土,包括淤泥、淤泥质土、泥炭、泥炭质土等。根据《公路软土地基路堤设计与施工技术细则》(JTG/T D31-02—2013)中规定,软土鉴别可按表5-2-2进行。当表中部分指标无法获得时,可以天然孔隙比和天然含水率两项指标为基础,采用综合分析的方法进行鉴别。

软土鉴别表 表5-2-2

<table>
<tr><th rowspan="2">名称</th><th colspan="7">特征指标</th></tr>
<tr><th colspan="2">天然含水率(%)</th><th>天然孔隙比</th><th>快剪内摩擦角(°)</th><th>十字板抗剪强度(kPa)</th><th>静力触探锥尖阻力(MPa)</th><th>压缩系数$a_{0.1\sim0.2}$(MPa^{-1})</th></tr>
<tr><td>黏质土、有机质土</td><td>≥35</td><td rowspan="2">≥液限</td><td>≥1.0</td><td>宜小于5</td><td rowspan="2">宜小于35</td><td rowspan="2">宜小于0.75</td><td>宜大于0.5</td></tr>
<tr><td>粉质土</td><td>≥30</td><td>≥0.9</td><td>宜小于8</td><td>宜大于0.3</td></tr>
</table>

四、软土的常用处理方法

软土的处理根据深度不同分为浅层软基处理和深层软基处理,下面具体介绍相关技术。

(一)浅层软基处理技术

浅层软基处理一般是指表层软土厚度不超过3m浅层软弱地基处理,常采用垫层法、换填法、强夯法、排挤法、表层排水法、添加剂法等。

1. 垫层法

垫层通常用于路基填方较低的地段,要求在使用中软基的沉降值不影响设计预期目的。设置垫层时,可以根据具体情况采用不同的材料,常用的材料有砂或砂砾及灰土,也可用土工格栅、片石挤淤、砂砾垫层综合处理。

2. 换填法

换填法是指用人工、机械或爆破方法将路基软土挖除,换填强度较高的黏性土或砂、砾石、碎石等渗水材料,改变基底土的性质,效果良好,适用于软土层较薄、上部无硬土覆盖的情况。

图5-2-1中,左侧适用于一般填方路基路段,右侧适用于临水及浸水路基路段。路基底部填料宜使用透水材料作为填筑料,当上路床填料CBR值达不到规范要求时,可采用掺3%石灰进行处治。若软土层为黏土、亚黏土、砂性土等饱和性土体时,清表处理后,换填50cm的砂砾土或碎石土,压实处理,边缘加宽2m。当软土层为淤泥、淤泥质等高液限土体,当$H\leqslant2.0$m时,全部挖出换填处理;当$H>2.0$m时,可仅挖出换填1.5m,剩余部分采用抛石挤淤处理,边缘加宽3m。对于湿地路段,为不破坏原始水路状态,对地基换填处理时,下部宜填筑粒径较大的石块、砂砾等透水性材料,以沟通水路、保护湿地。换填层顶部设置不小于50cm的天然砂砾料垫层,天然砂砾料含泥量不得大于5%。

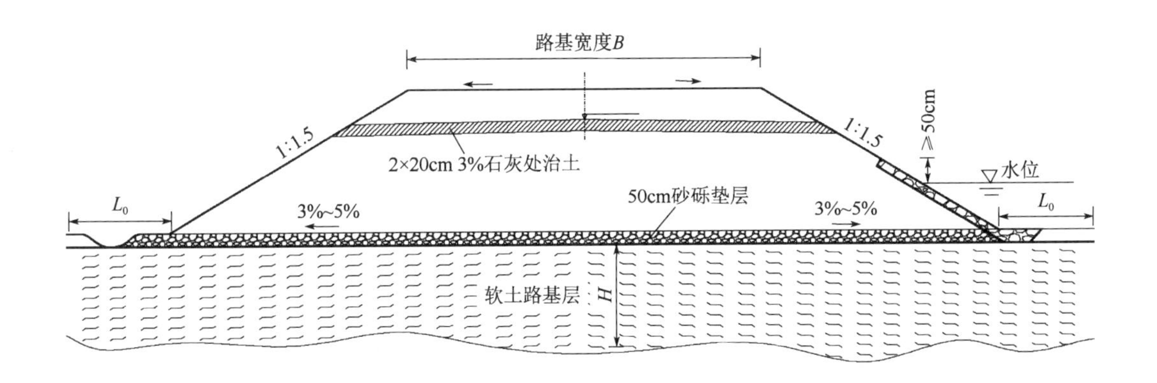

图5-2-1　软土路基换填处理横断面图

3. 强夯法

强夯法是指将十几吨至上百吨的重锤，从几米至几十米的高处自由落下，对土体进行动力夯击，使土产生强制压密而减少其压缩性、提高强度。这种加固方法主要适用于颗粒粒径大于0.05mm的粗颗粒土，如砂土、碎石土、山皮土、粉煤灰、杂填土、回填土、低饱和度的粉土、黏性土、微膨胀土和湿陷性黄土，对饱和的粉土和黏性土无明显效果。

根据学习情境案例一资料分析可知该路段软土层深度不大，埋藏浅，优先考虑采用强夯法进行软土地基的处理。

处理方法如下：采用强夯法处理此处地基路段。在整体施工前，应通过试夯确定最佳施工工艺和参数。设计夯锤重20t，落距15m，底面直径2.25m的圆形铸铁锤，有效加固深度不小于8m，单击夯能为3000kN·m。夯点的夯击次数按现场试夯得到的夯击次数和夯沉量关系线确定，以最后两击的平均夯沉量不大于10cm、夯坑深度、点夯击数三者之一作为止夯条件。强夯夯击完成后采用低能量满拍两遍，满拍夯击能为1000kN·m。然后修整强夯后的地面横坡为2%的路拱。夯后地基承载力不小于220kPa。当软土地基路段厚度3.0m<H≤6.0m时，坡脚处增加宽度L_0应满足：$H/2 \le L_0 \le 2H/3$，且$L_0 \ge 3.0$m；顶面填筑了不小于50cm的天然砂砾垫层，天然砂砾料含泥量不大于5%；路基底部填料宜使用透水性填料，当上路床填料CBR值达不到规范要求时，可采用掺3%石灰进行处置，如图5-2-2、图5-2-3所示。

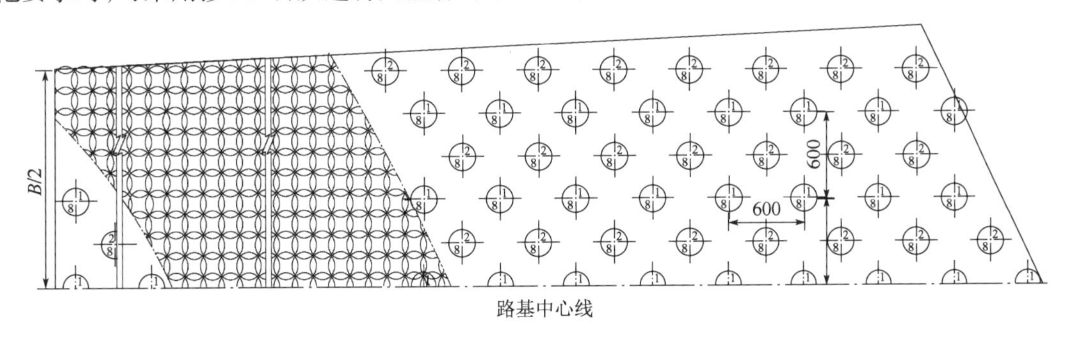

图5-2-2　某市某公路强夯处理设计图(尺寸单位：mm)

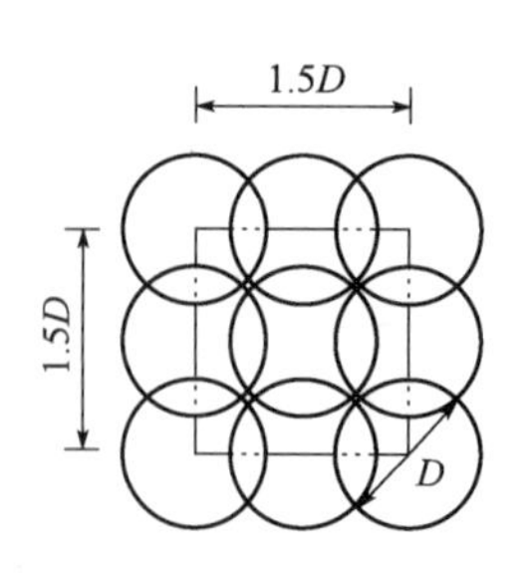

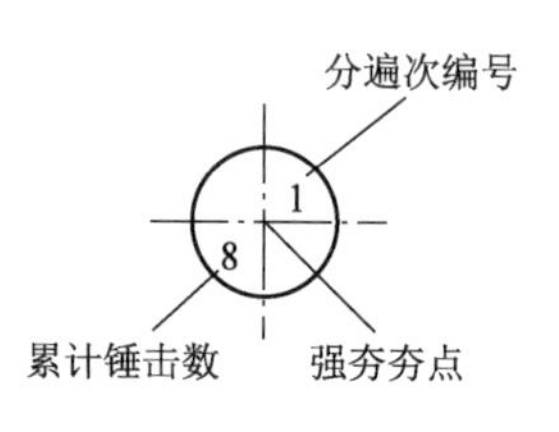

图 5-2-3 满拍锤印形式

4. 排挤法

高速公路经过水塘、鱼池和较深的流动性强的淤泥地段时，常遇到含水率高、淤泥压缩性大的淤泥质黏土软基以及水下软基等，对这类软基可采用排挤法来处理。排挤法又可分为两种：一种是抛石排挤，另一种是爆炸排挤。

5. 表层排水法

对土质较好、因含水率过大导致的软土地基，在填土之前，在地表面开挖沟槽，排除地表水，同时降低地基表层部分的含水率，以保障施工机械通行。为了使开挖出的沟槽在施工中达到盲沟的效果，应回填透水性好的砂砾或碎石。

6. 添加剂法

若表层为黏性土，在表层黏性土内掺入添加剂，改善地基的压缩性能和强度特性，以便施工机械的行驶，同时提高填土稳定性及增强固结效果。添加材料通常使用的是生石灰、熟石灰和水泥。石灰类添加材料通过现场拌和或厂拌，除了降低土壤含水率、产生团粒效果外，被固结的土随着时间的推移会发生化学性固结，使黏土成分发生质的变化，从而促进土体稳定。

(二)深层软基处理技术

深层软基处理一般是指表层软土厚度大于3m的地基处理，常采用袋装砂井法、挤密砂桩法、振冲碎石桩法、粉喷桩法、塑料排水板法、加筋土工布法、钢渣桩法、深层搅拌法、真空堆载联合预压法等。

1. 袋装砂井法

袋装砂井排水固结措施施工简便，费用较低，加固效果较好。施工时将袋装砂放入套管井内，填塞密实，逐节拔出套管，顶面铺设水平砂垫层或排水砂沟。软基中的水分在上部路基填土荷载的作用下，通过砂与水平砂垫层或纵横向连通的排水砂沟相通，形成排水通道，排走软基中的水分，从而达到排水固结软基的目的。

2. 挤密砂桩法

采用类似沉管灌注桩的机械和方法，通过冲击和振动，把砂挤入土中。挤密砂桩的主要作用是将地基挤实排水固结，从而提高地基的整体抗剪强度与承载力，减少地基不均匀沉降。这种方法一般能较好地适用于砂性土，不适用于饱和的软黏土地基处理。挤密砂桩用砂标准要求与袋装砂井的砂基本相同，不同的是挤密砂桩也可使用砂和角砾的混合料，含泥量不得大于5%。

3. 振冲碎石桩法

碎石桩是一种与周围土共同组成复合地基的桩体。碎石桩处理软基过程就是用振冲器产生水平向振动，在高压水流作用下边振边冲，在软弱地基中成孔，再在孔内分批填入碎石料，振冲器边振动边上拔，使得碎石料振挤密实。碎石桩桩体是一种散粒体的粗颗粒料，它具有良好的排水通道，有利于地基土的排水固结。在软基处理中，特别是在高填土桥头等过渡路段，为了减少地基土的变形，提高地基土的承载力，增强地基土的抗滑稳定能力，采用碎石桩加固处理是较理想的方法之一。

根据学习情境案例二资料，K1+100～K3+585段淤泥层较厚（淤泥及淤泥质土厚度1.7～11.0m，其上填土厚度2.0～6.0m，总处理深度8.0～16.0m），软土层深度很大，上面覆盖土层较厚，埋藏深，因为处理要求穿透淤泥及淤泥质土层，优先考虑采用碎石桩法进行软土地基的处理。设计处理如下：采用碎石桩加满拍处理此处地基路段。按三角形布置碎石桩，碎石桩应穿透软弱土层达到强风化岩石，碎石桩设置的间距d为1.5m，加密桩位于原三角形布置桩的中心，加密桩的桩长为原碎石桩的一半，长短交替布置。碎石桩的填料采用了级配良好且未风化的碎石，粒径为2～6cm，含泥量不应超过5%。碎石桩单桩承载力要求不小于330kPa，内摩擦角不小于35°，复合地基承载力不小于168kPa。满拍法处理见图5-2-3，碎石桩处理见图5-2-4。

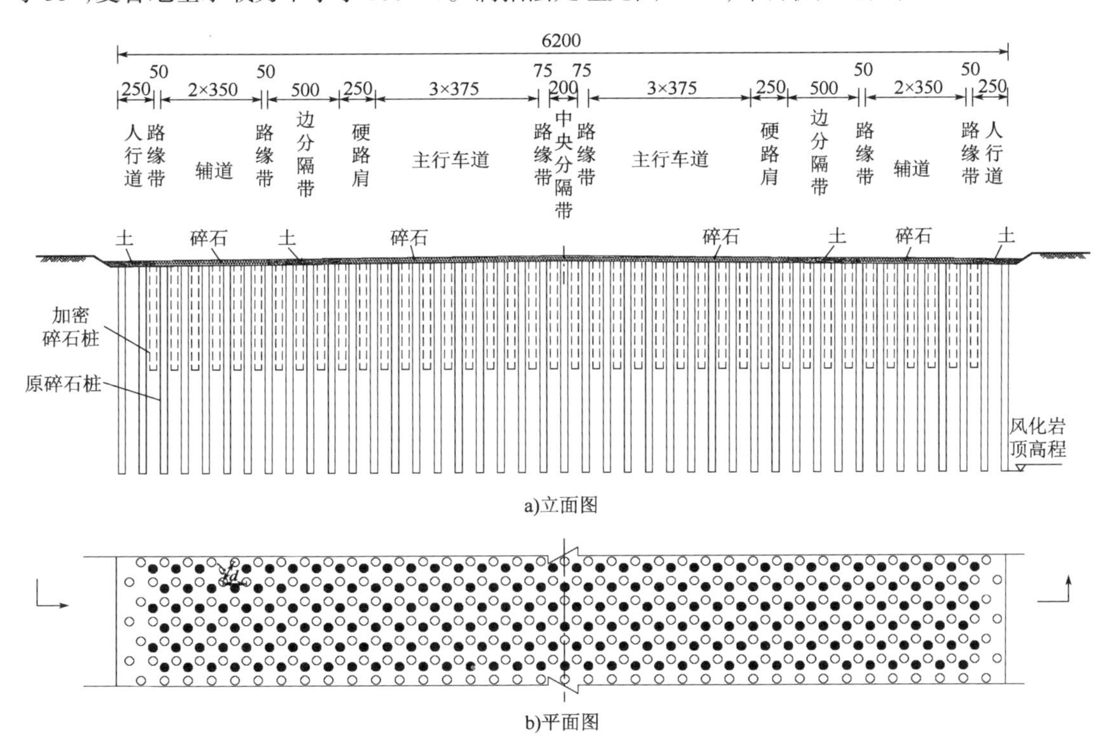

图5-2-4 某公路碎石桩处理设计图（尺寸单位：cm）

根据学习情境案例二资料，K2+200～K3+585段淤泥层较厚（淤泥及淤泥质土厚度1.6～10.0m，其上填土厚度2.0～6.0m，总处理深度8.0～16.0m），设计处理如下：采用碎石桩处理此处地基路段，因为此路段的地下水位高，碎石桩顶再加铺60cm的碎石，然后进行强夯满拍处理，以提高地基承载力，桩顶至路床顶60cm范围内所填碎石粒径小于10cm，碎石盲沟每30m设一道，利于排水，如图5-2-5所示。

图5-2-5 某公路碎石桩处理软土地基

4. 粉喷桩法

粉喷桩法是利用粉体喷射搅拌机械在钻成孔后，借助压缩空气，将水泥粉等固体材料以雾状喷入需加固的软土中，经原位搅拌、压缩并吸收水分，产生一系列物理化学反应，使软土硬结，形成整体性强、水稳定性好、强度较高的桩体，喷粉桩与桩间土一起形成复合地基，从而提高路基强度。其特点是强度形成快、预压时间短、地基沉降量小，主要适用于高含水率、高压缩性的淤泥、淤泥质黏土及桥头软基的处理。有关试验表明，一般含水率大于35%的软基宜选用粉喷桩。

5. 塑料排水板法

塑料排水板是一种能够加速软土地基排水固结的竖直排水材料。它在机械力作用下被插入软土地基后，能以较低的进水阻力聚集从周围土体中排出的孔隙水，并沿竖直排水通道排出，使土体固结，从而提高地基的承载力。塑料排水板具有良好的力学性能、足够强的纵向通水能力、较强的滤膜渗透性和隔土性。

6. 加筋土工布法

加筋土工布一般被铺设在路堤底部，以调整上部荷载对地基的应力分布。通过加筋土工布的纵横向抗拉力，来提高地基的局部抗剪强度和整体抗滑稳定性，并减少地基的侧向挤出量，一般适用于强度不均匀的软基地段、路基高填土、填挖结合处或桥头填土的软基处理。加筋土工布的材料不仅强度要符合设计要求，而且断裂时的应变，在填料为砂砾、土石混合料时还须满足一定的顶破强度，施工中加筋土工布应拉平紧贴下承层，其重叠、缝合和锚固应符合设计要求。

7. 钢渣桩法

钢渣桩法是利用工业废料的转炉钢渣作为加固材料，灌入事先形成的桩孔中，经振动密实、吸水固结而形成桩体。其加固机理是转炉钢渣吸收软基中的水分，桩体膨胀形成与周围土体挤密的主体，与地基形成整体受力结构。转炉钢渣氧化钙含量40%以上，其主要成分与水泥接近，具有高碱性和高活性，筛分后可作低标号水泥使用，因此钢渣桩具有较高的桩体强度。

8. 深层搅拌法

深层搅拌法利用水泥或石灰等其他材料作为固化剂的主剂，通过特别的深层搅拌机械，在地基深处将软土和固化剂强制搅拌，利用固化剂和软土之间所产生的一系列物理与化学反应，形成坚硬拌和柱体，与原土层一起起到复合地基的作用。其优点是能有效减少总沉降量，地基加固后无附加荷载，适用于高含水率地基，等等。但其造价较高且施工质量难以检测，在设计时，应具体情况具体分析，根据不同的地质条件和荷载条件调整配合比、置换率、桩长等，以满足承载力及沉降的要求。

9. 真空堆载联合预压法

该方法具有真空预压和堆载预压的双重加固效果，是在真空预压法和堆载预压法基础上发展起来的软基加固方法。对于高速公路，可以利用路堤自身的堆载，在无需卸载的情况下，再加以真空进行预压，加固效果良好，在造价、工期、环保方面优于传统软基。主要工艺流程如下：先清除原地表土，平整场地→铺设一定厚度砂砾垫层并压实→按要求铺设塑料排水板→铺设主管与滤管→埋设砂砾垫层中的真空度测头→挖密封沟→安装主管出膜装置→铺设一定厚度的砂砾垫层→铺设一层针刺无纺土工布与双层真空膜→再铺设一层针刺无纺土工布，同时安装抽真空装置→回填密封沟→将主管连接到抽真空装置→设置膜上沉降标（测沉降初值）→试抽真空→检查膜上及密封沟漏气情况。然后正式开始抽真空，真空度稳定在80kPa并保持7～10d，开始填筑堆载，从路床顶面起算的超载高度为1m，在预压过程中应保证该超载高度，并及时填筑沉降补方。

真空堆载联合预压法

学习了软土的浅层软基处理和深层软基处理方法，请绘制思维导图比较不同处理方法的适用条件、原理和效果。

要点总结

软土要点总结

知识小测

学习了任务点1内容，请大家扫码完成知识小测并思考以下问题。

1.（2016年全国注册岩土工程师真题）真空预压法处理软弱地基，若要显著提高地基固结速度，以下哪些选项的措施是合理的？（　　）

A. 膜下真空度从50kPa增大到80kPa

B. 当软土层下有厚层透水层时，排水竖井穿透软土层进入透水层

C. 排水竖井的间距从1.5m减小到1.0m

D. 排水砂垫层由中砂改为粗砂

2.（2016年全国注册岩土工程师真题）某软土路堤拟采用CFG桩复合地基，经验算，最危险滑动面通过CFG桩身，其整体滑动稳定性系数不满足要求，下列（　　）方法可显著提高复合地基的整体滑动稳定性。

A. 提高CFG桩的混凝土强度等级　　B. 在CFG桩桩身内设置钢筋笼

C. 增加CFG桩桩长　　D. 复合地基施工前对软土进行预压处理

3. 方案比选。某新项目占地面积约4000m^2，位于福建沿海区域，软土主要由冲积海积相和海积相沉淀的淤泥及淤泥土组成，计划建设一个大型的加油站，周边暂无建筑物影响，临近河流。该项目地质条件如下：(1)第一层主要为素填土层，主要由砂质黏土、粉质黏土、砂土等组成，呈松散状态，含15%～40%的碎石、块石、混凝土块等硬杂质。层厚2.40～3.20m，该层平均厚度为2.84m。(2)第二层主要为淤泥层，富含有机质和腐殖质，有腥臭味，呈流塑状。层厚14.20～19.70m，该层平均厚度为16.36m。(3)第三层主要为黏土层，土质较好，干强度及韧性高，呈软塑~可塑状态。层厚13.70～15.20m，该层平均厚度为14.66m。(4)第四层主要为粗砾砂层，主要以石英质为主，含较多黏粉粒，局部含较多圆砾，分散性较好，级配不良，以中密状为主。层厚3.40～7.10m，该层平均厚度为5.69m。(5)第五层主要为砂质黏性土层，由花岗岩风化残积而成，不均匀含砂粒，呈可塑～硬塑。层厚4.30～18.70m，该层平均厚度为9.77m。该地区场地内地表水不发育，地表水对场地影响较小，多为大气降雨补给。对该项目地基土处理提出几种处置措施，如桩基础、强夯置换、挤密砂桩法，请对比分析几种方案的施工流程、优缺点、适用条件，完成表5-2-3。

软土地基处理方案比选表　　表5-2-3

方案	施工流程	优点（工期、费用）	缺点（工期、费用）	适用条件
桩基础				
强夯置换				
挤密砂桩法				
CFG桩				

综上分析，该项目最终确定（　　）方案进行处理，原因是（　　）。

任务点2　红黏土病害分析

情境描述

某项目区内地貌单元主要为丘陵和低山，其表层为耕植土，上部为红黏土，下部为基岩，局部溶蚀槽谷、溶蚀洼地底部存在软弱土，厚度小于10m；地下水埋深0.3～14.5m，主要为包气带上层滞水、基岩裂隙水。红黏土在该区内分布较广，场地整平后，跑道基础下部分布的红黏土成棕红、褐红，该红黏土含水率高、孔隙比大、液塑性高及塑性指数大，易产生不均匀沉降，该区域进行地基处理后可满足要求。红黏土在全场广泛分布，厚度一般为2～8m，收缩性强，膨胀等级为Ⅲ级。应根据红黏土分布位置和结构特点进行针对性处理。

问题导学

根据勘察揭露地层情况，在对场地施工条件、设计要求、工程造价、施工工期及对环境的影响等方面综合考虑后，本工程在部分区域采用碎石桩+CFG(水泥粉煤灰碎石桩)组合型复合地基处理红黏土，桩长可至基岩，碎石桩可采用振动沉管，充盈系数为1.34。请结合上述情境及以下问题完成该任务点的学习。

1. 情境中特殊地基土为红黏土，请问红黏土有(　　　　　　　　　　)危害。
2. 请问红黏土有明显(　　　　　　　　　　　　　　　　　　　　)特征。
3. 查资料，如何判断红黏土的膨胀等级？
(　　　　　　　　　　　　　　　　　　　　　　　　　　　　　　　　　　　　　　)。
4. 思考为什么该处要采用碎石桩+CFG(水泥粉煤灰碎石桩)处理红黏土地基。
(　　　　　　　　　　　　　　　　　　　　　　　　　　　　　　　　　　　　　　)。

知识讲解

红黏土是石灰岩等经过风化作用及其他一些复杂的红土化作用形成的黏性土，覆盖于基岩上，呈现为铁红、棕红、褐色等颜色，主要分布在热带及亚热带的部分区域，具有显著的结构效应。红黏土经过复杂的搬运堆积作用后仍具有该土质的基本性质，其中的次生红黏土液限大于45%。红黏土的天然孔隙比大于1.0，最大可达1.94，在一般情况下天然含水率接近塑性，饱和度大于85%，其中黏土矿物含量较高，主要成分为伊利石和高岭石，具有高分散性，结合水的能力强，天然含水率在40%~65%之间，红黏土的液限一般在50%~90%之间，塑限在26%~47%之间。图5-2-6为典型红黏土试样，表5-2-4为典型红黏土试样的基本物理力学性质。

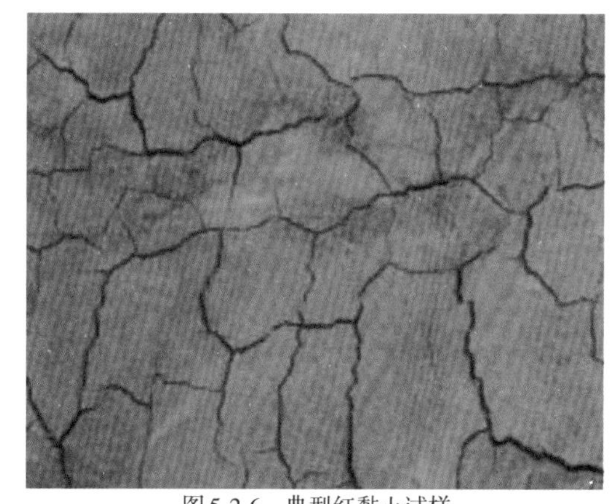

图5-2-6　典型红黏土试样

典型红黏土试样基本物理力学性质　　表5-2-4

统计项目	密度 (g/cm^3)	土粒比重	含水率 (%)	孔隙比	液限 (%)	塑限 (%)	渗透系数 (cm/s)
范围值	1.87~1.99	2.67~2.73	19.5~25.6	1.23~1.40	48.4~53.7	25.5~35.2	$4.65\times10^{-6}\sim8.29\times10^{-6}$
平均值	1.92	2.69	22.4	1.38	49.6	27.2	6.16×10^{-6}

一、红黏土的认知

(一)红黏土定义

红黏土是指碳酸盐类岩石(石灰岩、白云岩、泥质泥岩等)，在亚热带温湿气候条件下，经风化而成的残积、坡积或残-坡积的褐红色、棕红色或黄褐色的高塑性黏土。红黏土的天然含水率高,孔隙比较大,但仍较坚硬,强度较高。其黏土矿物以高岭石为主,也含多量石英颗粒。红黏土是一种区域性的特殊土,由石灰岩系岩石风化并经过复杂的红土化作用形成的棕红、褐黄等色的高塑性黏土,称为石灰岩类红黏土。液限大于或等于50%的红黏土,称为原生红黏土。原生红黏土经搬运、沉积仍保留其基本特征,且液限大,称次生红黏土。

(二)红黏土的一般性质

红黏土是当前我国建筑工程中常遇到的特殊土壤之一,常常表现为棕红色、褐黄色,此种土壤塑性较高,但是黏结性比较大。主要是在风化作用下常存在于碳酸盐岩的母岩上层,土壤间的空隙度较大。

(1)天然含水率和孔隙比较高,一般分别为30%~60%和1.1~1.7,且多处于饱和状态,饱和度在85%以上。

(2)含较多的铁锰元素,因而其比重较大,一般为2.76~2.90。

(3)黏粒含量高,常超过50%,可塑性指标较高;含水比为0.5~0.8,且多为硬塑状态和坚硬或可塑状态;压缩性低,强度较高,压缩系数一般为0.1~0.4MPa^{-1},固结快剪的黏聚力一般为0.04~0.09MPa^{-1},内摩擦角一般为10°~18°。各指标变化幅度大,具有高分散性。

(4)透水性微弱,多为裂隙水和上层滞水。

(5)红黏土的厚度变化很大,主要由基岩的起伏和风化深度不同所致。

(三)红黏土的主要特征

红黏土广泛分布于我国中西部的云南、贵州、四川及两广地区,具有许多特殊的工程特性,主要特征如下。

(1)液限w_L>50%、孔隙比e>1.0。

(2)沿埋藏深度从上到下含水率增加,土质由硬到软明显变化。

(3)在天然情况下,虽然膨胀率甚微,但失水收缩强烈,故表面收缩,裂隙发育。

(4)红黏土经后期水流再搬运,可在一些近代冲沟、洼谷、阶地、山麓等处堆积于各类岩石上而成为次生红黏土,由于其搬运不远,很少外来物质,仍然保持红黏土基本特征,液限w_L>45%,孔隙比e>0.9。

二、红黏土的危害

红黏土是一种区域性特殊土,天然条件下,红黏土含水率一般较高,结构疏松,收缩性很强,当水平方向厚度变化不大时,极易引起不均匀沉陷而导致建筑破坏,因为具有明显的收缩性、裂隙性和分布不均匀等工程地质特性而存在很大的工程隐患。

胀缩性红黏土容易引起房屋开裂,红黏土滑坡容易引起边坡失稳,大量降水容易引发塌陷等地质灾害。

三、红黏土的鉴别

颜色为棕红或褐黄,覆盖于碳酸盐岩层之上,其液限大于或等于50%的高塑性黏土,应判定为原生红黏土。经搬运、沉积后仍保留原生红黏土基本特征，且其液限大于45%的黏土可判定为次生红黏土。

红黏土的状态除了按液性指数判定外，红黏土表现出的不同湿度状态（软硬程度）按照式(5-2-1)所示含水比α_w划分为5类，即坚硬、硬塑、可塑、软塑、流塑，见表5-2-5。

$$\alpha_w = w/w_L \tag{5-2-1}$$

式中：α_w——含水比；

w——天然含水率；

w_L——液限含水率。

按含水比分类的红黏土湿度状态 表5-2-5

状态	含水比α_w
坚硬	$\alpha_w \leq 0.55$
硬塑	$0.55 < \alpha_w \leq 0.70$
可塑	$0.70 < \alpha_w \leq 0.85$
软塑	$0.85 < \alpha_w \leq 1.00$
流塑	$\alpha_w > 1.00$

红黏土的结构可以根据其裂隙发育特征按表5-2-6分类。

红黏土的结构分类 表5-2-6

土体结构	裂隙发育特征
致密状的	偶见裂隙(<1条/m)
巨块状的	较多裂隙(1～2条/m)
碎块状的	富裂隙(>5条/m)

红黏土的复浸水特性可以按表5-2-7分类。

红黏土的复浸水特性分类 表5-2-7

类别	I_r与I_r'关系	复浸水特性
Ⅰ	$I_r \geq I_r'$	收缩后复浸水膨胀，能恢复到原位
Ⅱ	$I_r < I_r'$	收缩后复浸水膨胀，不能恢复到原位

注：$I_r = w_L/w_P$，$I_r' = 1.4 + 0.0066w_L$。

红黏土的地基均匀性可以按表5-2-8分类。

红黏土的地基均匀性分类 表5-2-8

地基均匀性	地基压缩层范围内岩土组成
均匀	全部由红黏土组成
不均匀	由红黏土和岩石组成

四、红黏土地基的常用处理方法

红黏土地基处理方法一般有换填垫层法、振冲碎石桩法、深层搅拌法（注浆法）、强夯法等。

（一）换填垫层法

该方法主要使用各种材料代替原有地基土层，在实施过程中主要使用压实性能高的合成材料(例如碎石、砾石),更换缓冲层来处理地基,保证地基的整体稳定性。

(二)振冲碎石桩法

该方法主要利用振冲碎石桩法处治红黏土地基,由于桩体的透水性很好,可导致地基加速固结。

(三)深层搅拌法(注浆法)

该方法主要利用钻孔机(主要是深层搅拌机械)将固化剂注入原始土壤层中,然后通过搅拌机将其均匀搅拌,使固化剂以及软土地基完全融合。固化的材料通常为粉煤灰、石灰以及水泥等化学类型的材料,比如CFG桩(水泥、粉煤灰、碎石桩)法。

(四)强夯法

强夯法是指将十几吨至上百吨的重锤,从几米至几十米的高处自由落下,对土体进行动力夯击,使土产生强制压密而减少其压缩性。对于红黏土地基,强夯处理技术成本低、流程简单、施工效率高,在地基压实处理上有着不可忽视的应用价值。

根据学习情境,该项目所处区域适合用振冲碎石桩法、强夯法,以有效地改善不良的地质条件,为工程的顺利建设提供支撑。

小组讨论并列表比较四种红黏土地基常用处理方法的处置原理、适用条件和处置效果。

红黏土要点总结

知识小测

学习了任务点2内容,请大家扫码完成知识小测并思考以下问题。

1.(2016年全国注册岩土工程师真题)下列哪些土层的定名是不正确的?(　　)

A. 颜色为棕红或褐黄,覆盖于碳酸岩系之上,其液限大于或等于50%的高塑性黏土称为原生红黏土

B. 天然孔隙比大于或等于1.0,且天然含水率小于液限的细粒土称为软土

C. 易溶盐含量大于0.3%,且具有溶陷、盐胀、腐蚀等特性的土称为盐渍土

D. 由细粒土和粗粒土混杂且缺乏中间粒径的土称为混合土

2. 某地区红黏土,液限指标值为52%~55%,最小值大于50%,塑限指标值在25%~28%之间,塑性指数最小值为26.3,大于26。该红黏土属于高液限红黏土吗?此地区的土能

直接用作填料吗?(　　)

3. 下列描述中哪一种说法错误?(　　)

(1)红黏土是指碳酸盐类岩石(如石灰岩)在湿热气候条件下,经强烈风化作用而形成的棕红、褐红、黄褐色的高塑性黏土。

(2)红黏土广泛分布于我国中西部的云南、贵州、四川及两广地区,均具有许多特殊的工程特性。

(3)颜色为棕红或褐黄,覆盖于碳酸盐岩系之上,液限大于或等于50%的高塑性黏土应判定为原生红黏土。

(4)红黏土,它的天然含水率高,孔隙比较小,但仍然较坚硬,强度较高。其他黏性土矿物以高岭石为主,也含多量石英颗粒。

任务点3 冻土病害分析

情境描述

俗话说:"冰冻三尺,非一日之寒。"北方地区,冬季温度常在0℃以下,潮湿的土壤呈冻结状态,这种现象在气象学上称为冻土。冻土是一种对温度极为敏感的土体介质,含有丰富的地下冰,其中也夹杂着各种岩石,还掺杂着各种土壤。随着国家"一带一路"倡议的提出,寒区道路工程日益增多,建设中面临着很多冻土相关的地基病害问题(图5-2-7)。"世界屋脊"青藏高原,由于其海拔过高,气候特殊,高原冻土广泛存在。

图5-2-7　土体冻胀、路基融沉

北方某省道一级公路,路段气候属于北寒温带湿润型森林气候,年平均气温-5.3~3.1℃,年平均气温-0.7~0℃岛状多年冻土均发育于低洼地、地表积水、草生长茂盛、草炭和泥炭发育的沼泽化湿地当中。冻土地区很容易产生冻胀和融沉。冻土的天然上限浅,一般为0.8~2.3m,天然上限最大为2.5m;冻土厚度较小,一般为1.5~3m,最大厚度约为5.9m。冻土总含水率高,一般为35%~65%。多年冻土多为层状或整体构造的富冰冻土、饱冰冻土、多冰冻土,本路段多年冻土的地温较高,处于退化阶段,极不稳定。该项目所处地区冬季气候寒冷,一月份平均气温-30~-27℃,极端最低气温-49℃,降雪量很大,平均积雪厚度0.2~0.5m。冻土类型属于多年冻土,融沉类型属于弱融沉。

问题导学

如果上述项目中出现了两种路况，请结合以下问题完成任务点的学习。路况一：该地区桩号K12+000～K13+800，冻土长度为1800m，冻结土类型为碎石土，上限为1.6m，下限为3.8m，厚度为2.2m。路况二：该地区桩号K15+000～K17+000，冻土长度为2000m，冻结土类型为碎石土，上限为2.5m，下限为8.4m，厚度为5.9m。

1. 随着气温的变化容易产生什么问题？请问该地区冻土以后可能会导致什么危害？

(　　　　　　　　　　　　　　　　　　　　　　　　)

2. 路况一、路况二均处于冻土区域，用什么方法处理比较好？

(　　　　　　　　　　　　　　　　　　　　　　　　)。

3. 查资料，冻土地基常用处理方法有哪些？举例说明。

(　　　　)、(　　　　)、(　　　　)、(　　　　)、(　　　　)。

知识讲解

一、冻土的认知

(一)冻土的定义

冻土(图5-2-8)是一种温度低于0℃且含有冰的岩土，是一种对温度十分敏感且性质不稳定的土体。冻土中的冰可以冰晶或冰层的形式存在，冰晶可以小到微米甚至纳米级，冰层可厚到米或百米级，从而构成冻土中五花八门、千姿百态的冷生构造。

根据冻土冻结延续时间，冻土一般可分为3类：短时冻土，冻结时间小于1个月，一般为数天或数小时(夜间冻结)，冻结深度从数毫米至数十毫米；季节冻土，冻结时间等于或大于1个月，冻结深度从数十毫米至1～2m，为每年冬季冻结、夏季全部融化的周期性冻土；多年冻土，冻结状态持续2年或2年以上。

图5-2-8　冻土

(二)冻土的特征

冻土地基最明显的特点就是对温度很敏感，即冻胀和融沉。在冻结状态下，冻土地基具有较低的压缩性或不具压缩性和较高的强度等工程特性。但在全球变暖的现状下，冻土地基承载力降低，压缩性变化较大，使地基产生融陷冻胀。

（三）冻土的分布范围

地球上多年冻土、季节冻土、短时冻土区的面积约占陆地面积的50%。其中，多年冻土面积占陆地面积的25%。

我国冻土可分为多年冻土和季节冻土。多年冻土分布在东北大、小兴安岭，西部阿尔泰山、天山、祁连山及青藏高原等地，约占我国国土面积的23%，其中季节冻土占中国领土面积50%以上，其南界西从云南章凤，向东经昆明、贵阳，绕四川盆地北缘，到长沙、安庆、杭州一带。季节冻结深度在黑龙江省南部、内蒙古东北部、吉林省西北部可超过3m，往南随纬度降低而减小。

二、冻土的危害

由于冻土的特殊性，在冻土区修筑建（构）筑物必将面临冻胀破坏和融沉破坏两大危害。

（一）冻胀破坏

冻胀的外观表现是土表层不均匀地升高，冻胀变形常常可以形成冻胀丘及隆起等一些地形外貌。当地基土的冻结线侵入基础的埋置深度范围内时，将会引起基础产生冻胀。当基础底面置于季节冻结线之下时，基础侧表面可能受到地基土切向冻胀力的作用；当基础底面置于季节冻结线之上时，基础可能受到地基土切向冻胀力及法向冻胀力的作用。在上述冻胀力作用下，结构物基础将明显地表现出随季节上抬和下落变化。当这种冻融变形超过结构物所允许的变形时，便会产生各种形式的裂缝和破坏。

（二）融沉破坏

融沉指冻土融化时发生的下沉现象，它包括与外荷载无关的融化沉降和与外荷载直接相关的压密沉降。一般是由于自然（气候转暖）或人为因素（或砍伐与焚烧树木、房屋采暖）改变了地面的温度状况，引起季节融化层深度加大，使地下冰或多年冻土层发生局部融化。在天然情况下发生的融沉往往表现为热融凹地、热融湖沼和热融阶地等，这些都是不利于工程建筑物安全和正常运营的。融沉是多年冻土地区引起结构物破坏的主要原因。结构物基础热融沉陷主要是由于施工和运营的影响，改变了原自然条件的水热平衡状态，使多年冻土的上限下降，如图5-2-9所示。

图5-2-9　冻土沉陷

三、冻土路基常用处理方法

在冻土地区修建结构物时，不仅要满足非冻土区结构物所要满足的强度与变形条件，还要考虑以冻土作为结构物地基时，它的强度随温度和时间而变化的情况。因此是否采用合适的防冻胀和融沉措施来保证冻土区结构物地基的稳定，是关系到冻土区工程建设成败的关键所在。一般来说，在多年冻土地区，处理冻胀融沉的措施主要是开挖换填、保温、隔绝地下水、采用特殊基础等，以减轻冻胀融沉的程度，解决冻土问题。

（一）挖方换填

在覆土深度比较浅的多年冻土地区，利用碎石、砾石等透水性较好的填料，置换出冻结深度范围内土质不好的冻胀土，这样一来，减少下部地下水在毛细作用下向上迁移，减轻冻胀变形的程度。挖方换填需要用透水性较好的碎石置换出透水性不良的冻胀土，因此适用于碎石等换填材料易于获取、冻土层深度不大的情况。

（二）复合式基础

多年冻土地区为防治冻土工程灾害常采取的一种路基处理措施是利用复合式基础，一般包括CFG桩、碎石桩等。在冻融期，地基土的承载力下降，碎石桩相对刚度较大，压缩性低，此时主要由碎石桩承担上部荷载，从而提高地基土的承载力；在冻胀期，相对于地基土体，碎石桩具有较好的渗透性，在复合地基中能够阻止复合地基冻胀。

（三）片碎石路基

利用片碎石路基大孔隙的特点，使空气可以在空隙中较自由地流通。在暖季，上部质量较轻的热空气往下传递会受到制约；在冷季，外部的冷空气质量较重而路基内部的热空气质量较轻，有利于对流，将路基内部的热量排出。片碎石路基需要大量的碎石填料，这就需要道路所在区域具有足量的碎石供施工填筑。同时，片碎石排水性能较差，在降水丰沛的区域要配合其他措施综合使用。

（四）热棒技术

热棒技术是利用热虹吸原理驱动热棒中的氨或者二氧化碳等工作介质进行循环，将地基中热量排出到大气中，从而使地基得到冷却。热棒下部分为蒸发段，上部分为冷凝段，中间是绝热材料。我国在20世纪80年代末首次将该技术应用于青藏公路、青藏铁路冻土路基处理中，可以明显降低路基土体温度，从而起到维持路基稳定的效果。但热棒的有效作用半径约为2.3m，应用有一定局限性，并且冷凝段是放置于空气中的，容易受到影响，若出现故障将对冻土造成非常不利的影响。同时目前我国对于热棒的养护维修更换并没有相关的系统研究，这些都限制了热棒技术的使用。

（五）保温板路基

保温板路基处理是在路基内铺设高热阻的保温材料（如EPS板），以阻止地层上部的热量传入下部土体,从而维持冻土稳定性。保温材料的吸水率小,隔水效果好,从而阻隔了冻胀过程中地下水的各种驱动力作用,有效阻止保温板下水分的迁移。目前保温板冻土处理技术在我国并未广泛应用。

(六)保温护道

保温护道能增加路基坡脚处地表层热阻,并对阻止路基侧向地表水渗入基底有一定作用。这种处理方式提高了路基稳定性,但保温护道的表面对冻土的影响大于天然地面,会加速冻土融化,融化深度逐渐加大,平均地温也会逐渐升高,所以保温护道处理方式不能作为冻土处理的主要方法。

(七)以桥代路

当热棒、抛石路基等处理措施在高含冰量冻土区使用效果有限时,可以采用桥代路的方法处理这类不稳定冻土。一般在高含冰量冻土区桥墩埋深较大,此时主要由桥墩与冻土层间的摩擦力承担上部荷载,冻土的冻融对路基的影响可以忽略。该处理方法的主要缺陷是造价过高,在冻土地区修建公路时不可能在沿线均采取以桥带路的方式处理冻土问题。

在中国多年冻土地区,多年冻土的连续性不是很高,所以结构物的平面布置具有一定的灵活性。通常情况下,可以尽量选择不融沉区,或以粗颗粒的不融沉性冻土作为地基,上述条件无法满足时,可利用多年冻土作为地基,但必须考虑到土在冻结与融化两种不同状态下,其力学性质、强度指标、变形特点、热稳定性等物理力学特征相差悬殊。

根据以上介绍的处理方法,分析学习情境中的背景,得出处理思路分析:根据项目区内多年冻土的构造特征、平面分布状况及所处环境条件,为保证多年冻土地区路基的稳定和可靠性,针对不同的多年冻土工程地质条件,处理时优先采用挖除换填处理方法,对于多年冻土埋藏较深、厚度较大的路段采取“保护冻土、控制融化速率”的处理原则。

具体处理方法实践:路况一处(桩号K12+000 ~ K13+800),综合建议用开挖换填法。路况二处(桩号K15+000 ~ K17+000),综合建议用保护冻土法,具体方法如下。

1. 开挖换填法

路况一的冻土深度为2. 2m,对于多年冻土埋藏较浅、下限深度小于5m的多年冻土,采取挖除换填毛石+砂砾的处治措施。首先挖除表层的软弱土后,基底先采用1m厚毛石填筑,在换填毛石的顶面,采用冲击碾压补强压实,冲压密实后的毛石顶面,再采用砂砾分层填筑压实,换填压实至原地表后铺设一层土工格栅,土工格栅采用双向拉伸土工格栅,设计抗拉强度不小于50kN/m,极限延伸率不超过5%,幅宽大于2m,其搭接宽度不小于20cm。冲压机具采用25kJ三边形冲击压路机,冲压的遍数根据换填厚度并结合施工现场的沉降观察等确定,一般采用30遍为宜。后期监测这种方法技术可行,质量有保障。

2. 保护冻土法

路况二的冻土深度为5. 9m,对于多年冻土埋藏较深、下限深度不小于5m的富冰、饱冰多年冻土路段,采取“保护冻土、控制融化速率”的处理原则。考虑到冻土较深,清表后易对原保温层造成破坏,且冻土融化极快不便于施工,出于保护冻土的原则,采取以下处治措施:在原地表上直接填筑180cm毛石,铺设土工格栅、透水土工布及20cm砂砾过渡层,各层碾压密实,并设置相应的沉降观测点、位移观测点、地温观测点，以便后期观测。经观测，该路段冻土采用此法进行处理，后期冻土段无明显下沉，效果显著。

学习了冻土，不同区域的冻土地基的特征不一样，请思考如何鉴定冻土地基，并列表比较冻土地基不同处置方法的原理和效果。

冻土要点总结

知识小测

学习了任务点3内容，请大家扫码完成知识小测并思考以下问题。

1. 某地基土为黏性土，其总的含水率小于w_P，平均融沉系数δ_0为1，试判断融沉等级为(　　)级，融沉类别为(　　)，冻土类型为(　　)。

2. (2016年注册岩土工程师真题)冻土地基土为粉黏粒含量16%的中砂，冻前地下水位距离地表1.4m，天然含水率17%，平均冻胀率3.6%，根据《公路桥涵地基与基础设计规范》(JTG 3360—2019)，该地基的季节性冻胀性属于下列哪个选项?(　　)

A. 不冻胀　　B. 弱冻胀　　C. 冻胀　　D. 强冻胀

3. (2016年注册岩土工程师真题)关于特殊土的有关特性表述，下列哪个选项是错误的?(　　)

A. 膨胀土地区墙体破坏常见“倒八字”形裂缝

B. 红黏土的特征多表现为上软下硬，裂缝发育

C. 冻土在冻结状态时承载力较高，融化后承载力会降低

D. 人工填土若含有对基础有腐蚀性的工业废料时，不宜作为天然地基

“地质癌症”之称，膨胀土的处治

某项目区间路基大部分都处于膨胀土地区，对路基的危害极大，膨胀土路基必须进行处理，以达到增强路基整体强度的目的，保证整个路基的稳定性和耐久性。整个路基沿线上覆土层种类较复杂，覆盖的土层为第四系人工弃土、粉质黏土、角砾土、碎石土、块石土；人工填土种植土、冲湖积层有机质土、黏土、粉砂、细砂、中砂、砾砂、圆砾土等。地层岩性分述如下。人工填土(种植土、角砾土)：灰褐、褐黄、褐红等色，软可塑状粉质黏土为主，含少量植物根系或有机质，为原农田、旱地、菜地及公路绿化带表层耕植土。普遍分布于测区表层，厚0～2m不等，属于季节性松软土，具有弱膨胀性，结构松散。黏土：褐灰、褐黄色，软塑，以黏粒为主，局部含10%～15%粉砂、细砂及细圆砾，局部含

膨胀土

少量有机质，切面较光滑，厚1～5m，埋深0.5～1.5m。为弱膨胀土。

该项目处置方法采用开挖换填，换填材料采用毛石，粒径30cm，碾压3~5次。首先，开挖到设计高程后，压路机对基底充分碾压密实。然后铺10cm的土夹石进行预压，再在现场将毛石与土夹石拌和均匀后进行填筑碾压密实。最后填筑剩余20cm土夹石。各项指标控制要求为压实度96%，弯沉值1.5mm，路基沉降值3mm。

膨胀土地基处理效果直接影响到路基的施工质量，路基的施工质量也越来越受到人们的关注。膨胀土路基是工程建设中常见的一种特殊土路基，不能直接作为路基填料，目前国内膨胀土地基处理的方法有换填法、湿度控制法、土质改良法、隔水法等，换填施工是膨胀土地基处理最简单且有效的方法。

（素材来源：吴润聪. 富水地区膨胀土地基处理技术的应用[J]. 中国建筑金属结构，2023，22(6)：62-64.）

青藏公路路边的“铁棒”是什么？

青藏高原是全球海拔最高的高原，素称“世界屋脊”。在古代，青藏高原作为地理屏障，拱卫着中华民族安全，使得中华文明成为世界上唯一延续至今的文明。该地区气候寒冷，工程建设困难，青藏公路于1950年开工、1954年通车运营，是世界上海拔最高、线路最长的柏油公路。

在进藏铁路和公路的两旁，都可以看到很多竖立的“铁棒”，这其实就是一种高效热导装置——热棒，它由碳素无缝钢管制成，是青藏铁路在运营过程中处理冻土病害、保护冻土的有效措施。高原冻土对温度极为敏感。一次次的冻胀与融沉，导致路面塌陷、下沉、变形、破裂、翻浆，形成“搓板路”“坑洼路”，造成车辆通行困难，甚至无法通行，成为青藏公路最大的“拦路虎”。驱车走在青藏公路上，不时会感到汽车的颠簸和上下翻腾，“罪魁祸首”就是冻土。所以，通过热棒的导冷作用，冬天在地下冻土层中储存大量冷量，在夏季使冻土不致融化，形成“永冻层”，提高了冻土的强度；可有效防止以冻土为路基的铁路、公路在运行时的融沉。热棒的工作原理很简单：当路基温度上升时，液态氨受热汽化，上升到热棒的上端，通过散热片将热量传导给空气，气态氨由此冷却液化变成了液态氨，又沉入了棒底。这样，热棒就相当于一个天然“制冷机”。所以，青藏高原大规模使用热棒后可以保持青藏铁路沿线多年冻土处于良好的冻结状态。

（素材来源于网络）

参考文献

[1] 赵明阶. 土力学与地基基础[M]. 北京:人民交通出版社,2010.

[2] 刘福臣,张家松,刘光程. 土力学与地基基础[M]. 2版. 北京:清华大学出版社,2018.

[3] 务新超,魏明. 土力学与基础工程[M]. 北京:机械工业出版社,2007.

[4] 罗筠. 工程岩土[M]. 3版. 北京:高等教育出版社,2019.

[5] 袁聚云,钱建国,张宏鸣,等. 土质学与土力学[M]. 4版. 北京:人民交通出版社,2009.

[6] 李晶. 土力学与地基基础[M]. 郑州:黄河水利出版社,2016.

[7] 傅裕. 土力学与地基基础[M]. 北京:清华大学出版社,2009.

[8] 熊文林. 工程岩土[M]. 北京:人民交通出版社股份有限公司,2021.

[9] 齐丽云,徐秀华,杨晓艳. 工程地质[M]. 4版. 北京:人民交通出版社股份有限公司,2017.

[10] 赵明阶. 边坡工程处治技术[M]. 北京:人民交通出版社,2003.

[11] 殷宗泽. 土工原理[M]. 北京:中国水利水电出版社,2007.

[12] 中华人民共和国交通运输部. 公路桥涵地基与基础设计规范:JTG 3363—2019[S]. 北京:人民交通出版社股份有限公司,2019.

[13] 中华人民共和国交通运输部. 公路桥涵设计通用规范:JTG D60—2015[S]. 北京:人民交通出版社股份有限公司,2015.

[14] 中华人民共和国交通运输部. 公路工程地质勘察规范:JTG C20—2011[S]. 北京:人民交通出版社,2011.

[15] 张振波,黄安,周佳迪,等. 基坑近近地铁车站主动土压力合力算法研究[J]. 岩土工程学报,2024,46(7):1516-1524.

[16] 孟泽彬. 基于极限平衡分析法的公路土质边坡稳定性分析[J]. 山西建筑,2021,47(3):99-100.

[17] 王崇敬,张龙,刘国伟. 模糊数学评判和数值模拟相结合的土质边坡稳定性综合评价[J]. 中国地质灾害与防治学报,2023,34(6):69-76.